統計ライブラリー

線形回帰分析

蓑谷千凰彦
[著]

朝倉書店

まえがき

本書は線形回帰分析の入門書である．確率変数 Y の変動を説明するモデルを

$$Y=f(X,\beta_1,\beta_2)+u$$

としよう．線形とは Y と X の関数関係ではなく，パラメータ β_1, β_2 に関して線形という意味である．パラメータに関して線形とは

$$\frac{\partial Y}{\partial \beta_j} \text{ が } \beta_j\ (j=1,2) \text{ と独立}$$

という意味である．

たとえば

$$Y=\beta_1+\beta_2\left(\frac{1}{X}\right)+u$$

$$Y=\beta_1+\beta_2X^2+u$$

は，いずれも $\partial Y/\partial\beta_j$ が $\beta_j\ (j=1,2)$ と独立であるから，パラメータ $\beta_j\ (j=1,2)$ に関して線形である．

また，モデル

$$Y=\beta_1 e^{\beta_2 X}u$$

は，$Y>0$，$\beta_1>0$，$u>0$ と仮定すれば

$$\log Y=\log\beta_1+\beta_2X+\log u$$

となり，$\log Y=Y^*$，$\log\beta_1=\beta_1^*$，$\beta_2=\beta_2^*$，$\log u=u^*$ とおけば

$$Y^*=\beta_1^*+\beta_2^*X+u^*$$

と表すことができる．$\beta_1{}^*$ は β_1 のみの変換，$\beta_2^*=\beta_2$ であるから，Y^* のモデルは $\partial Y^*/\partial\beta_j^*$ が $\beta_j^*\ (j=1,2)$ したがって $\beta_j\ (j=1,2)$ と独立であり，やはり線形モデルになる．

他方，モデル

$$Y=\frac{\beta_1}{\beta_1+\exp(\beta_2 X)}+u$$

は，$\partial Y/\partial\beta_j$ が $\beta_j(j=1, 2)$ と独立ではなく，このモデルは $\beta_j(j=1, 2)$ に関して非線形である.

本書は入門書であるが，線形回帰分析の技術的な手続きのみを示した書ではない．統計理論についても可能な限り証明も省略せず，証明が長くなる，あるいは少し煩瑣な内容は，各章で数学注として示した．初めて回帰分析を学ぶ読者は数学注を飛ばしても本文は理解できるであろう.

1章から4章までの回帰分析の目的は次の4点である.

(1) パラメータ（モデルを特徴づけている定数）の推定.

(2) 設定したモデルは，Y の観測結果をどの程度説明できるか.

(3) モデルに現れるどの説明変数が系統的に Y の変動を説明し，どの説明変数が説明力をもたないか（仮説の検定).

(4) Y の値の予測と予測区間の設定.

各章の概要を示しておこう．回帰分析の重要な概念のほとんどは，説明変数が1個の単純回帰モデル

$$Y_i=\alpha+\beta X_i+u_i,\quad i=1, \cdots, n$$

に現れるので，1章，2章を単純回帰モデルの説明に充てた.

1章はこの単純回帰モデルのパラメータ（α, β, u_i の分散 σ^2）の推定，2章はモデルの説明力，仮説検定および予測である.

本書であつかうモデルは，X の値が与えられると Y の値が一義的に決まる決定論的モデルではなく，Y の偶然変動を許容する確率モデルである(1.2節)．次に，正規線形回帰モデルといわれるモデルの5つの仮定とその意味を述べる(1.3節).

パラメータ推定法は最小2乗法（1.4節）と最尤法（1.6節）の2通りの方法を説明し，最小2乗推定量の特性は1.9節，最尤推定量の特性は3章の重回帰モデルで示した（3.14節)．最尤法に関連して，パラメータそれぞれの尤度関数を描くためには各パラメータのプロファイル尤度関数が必要である．プロファイル尤度関数の求め方とグラフを1.7節で示している．その他1章では，散布図や残差の検討が有用なこと（1.4節)，σ^2 の不偏推定に現れる自由度の概念の説明（1.5

節), 定数項なしの単純回帰モデルのパラメータ推定（1.8節）をあつかっている.

2章はまず，モデルの説明力を表す決定係数（2.2節）と，その解釈にあたって注意すべき点を述べた（2.3節）.

2.4節と2.6節は，パラメータに関する仮説検定を，ネイマン・ピアソン流の仮説検定の論理の枠のなかで説明している．2.4節はα, β，2.6節はσ^2に関する仮説検定である．2.5節は計算の順序を示した．2.7節は仮説検定と関連しているp値の説明である.

点推定とともに, パラメータの区間推定も推定量の精度を知る上で重要である. 2.8節はα, β, σ^2の信頼区間の設定をあつかっている.

2.9節は説明変数X_0の値が与えられたとき，Yの平均予測値$E(Y_0)$と点予測値それぞれの予測区間を示した.

1章，2章とも統計理論のみに終始しないで具体例によって，あるいはモンテ・カルロ実験によって理論を確認している.

3章，4章は説明変数が2個以上の重回帰モデル

$$Y_i = \beta_1 + \beta_2 X_{2i} + \cdots + \beta_k X_{ki} + u_i, \quad i = 1, \cdots, n$$

をあつかう．1章，2章の単純回帰モデルで示した概念の重回帰モデルへの一般化がほとんどの内容を占めている.

1章，2章では現れなかった3章における新しい概念は，重回帰係数β_jの最小2乗推定量$\hat{\beta}_j$が有している意味（3.8節），フリッシュ・ウォフ・ラベル（FWL）の定理（3.9節），自由度修正済み決定係数，赤池情報量基準AIC，シュワルツ・ベイズ情報量基準SBIC，一般相互確認GCV，ハナン・キン統計量HQ（以上3.11節），偏回帰作用点プロット（3.12節），多重共線性（3.15節）である.

重回帰モデルにおいては，個々の説明変数X_{ji}とY_iとの散布図（X_{ji}, Y_i）に推定された回帰線を描くことはできない．重回帰モデルにおける説明変数各々の説明力，変数の型が適切かどうかなどを知る上で有用なのが偏回帰作用点プロットである.

質的属性の代理変数としてのダミー変数は3.10節で説明した.

4章は重回帰モデルにおける仮説検定と予測をあつかう．仮説検定は$H_0 : \beta_j = 0$の検定（4.2節），$\beta_1, \cdots, \beta_k$に関する線形制約，たとえば，$H_0 : \beta_2 + \beta_3 = 1$,

$H_0: \beta_4 = \beta_5$ の検定(4.3 節)である．$\boldsymbol{\beta}$ の信頼域, 線形制約の信頼域はそれぞれ 4.4 節，4.6 節で示した．

σ^2 に関する仮説検定は 4.7 節，信頼区間は 4.8 節である．4.9 節は重回帰モデルによる予測と予測区間を示した．

4.10 節は，確率変数を X とするとき，X の関数，たとえば $1/x$，e^x，$\log x$，などの分散を求めるデルタ法を，1 変量，2 変量，重回帰モデルのケースに分け説明した．

1 章から 4 章までの具体例ではすべて，i 番目の最小 2 乗残差を e_i とすると，% 表示の

$$a_i^2 = 100 \times \left(\frac{e_i^2}{\sum_{i=1}^{n} e_i^2} \right)$$

を平方残差率とよび, 大きな a_i^2 を「外れ値」として注目し, 具体例によっては「外れ値」を除いた推定結果も示した．残差平方和 $\sum_{i=1}^{n} e_i^2$ は最小 2 乗法で最小にしようとしている損失関数であり，この損失関数で大きなウエイトを占める e_i^2 をもつモデルは定式化にも問題があるのかも知れない．定式化テストをあつかっているのが次の 5 章である．

定式化したモデルが適切かどうかは，推定結果の決定係数の大きさ，$\hat{\beta}_j$ の t 値，残差の検討によってかなりの程度判断できる．しかし, 決定係数が高くても, もっと良い定式化，もっと適切な変数の型があるかも知れない．

定式化ミスにもさまざまなケースがある．

(1) 誤差項 u の期待値 0 の仮定が成立していない．

(2) (1) と関連するが，Y の変動を説明する重要な系統的要因が説明変数として入っていない．

(3) (2) とは逆に，Y の変動を説明する要因としては不適切な説明変数が入っている．

(4) 説明変数および（あるいは）被説明変数を別の型に変換する（たとえば，対数変換やベキ乗など）方が良い．

等々である．

5.2.1 項，5.2.2 項は上記 (1)，5.2.3 項は (2)，5.2.4 項は (3)，(4) と関連

しているボックス・コックス変換は不均一分散との関係で6.6節で説明している．推定量の特性の点から重要な定式化ミスは（2）であることが5.2.3項，5.2.4項で明らかにされる．

定式化テストにはさまざまな方法があるが，5.3節でもっとも簡単で，かつよく用いられるRESETテストを紹介し，1章から4章までのいくつかの具体例をこのRESETテストにかけ検定している．定式化ミスを検出する方法としてRESETテストは万能ではないし，このテストによって一義的に適切な定式化が決定されるわけではないが，試みる価値はある．

1.3節で述べた正規線形回帰モデルの仮定が崩れる場合として

（i）誤差項 u の期待値が0でない

（ii）u の分散は均一でない（不均一分散）

（iii）u は自己相関している

（iv）u は正規分布に従っていない

（v）X 所与と仮定することはできない

がある．

6章は上記（ii）の不均一分散，7章は（iii）の自己相関のなかでも，とくに時系列データで問題となる1階の自己相関AR(1)

$$u_t = \rho u_{t-1} + \varepsilon_t, \quad |\rho| < 1$$

をあつかっている．

6章，7章とも，u が不均一分散あるいはAR(1)のとき，1章から4章までで展開してきた方法を次の視点から検討している．

(1) パラメータ推定量の特性の何が保持され，どの特性が成立しなくなるか．

(2) $H_0: \beta_j = 0$ の t 検定は成立するか．不均一分散やAR(1)を無視して，通常の t 検定を行うとどのような問題が生ずるか．とくに第I種の過誤（$H_0: \beta_j = 0$ が正しいとき，この正しい H_0 を棄却して，間違っている $H_1: \beta_j \neq 0$ を採択するというエラー）が大きくなるのはどのような状況においてであるか．

(3) 均一分散あるいは自己相関なしの仮説を検定する方法にどのような方法があるか．

(4) 不均一分散あるいは AR(1) が生じていると判断されるとき，どう対処すべきか.

6.2 節は不均一分散の型を述べ，6.3 節は上記 (1)，(2) の検討である．6.4 節は均一分散の仮説を検定する方法として，e-$\hat{Y}$ プロット，ブロイシュ・ペーガン (BP)，ホワイト (W)，ゴドフライ・コーエンカー (GK) のテストを説明する.

被説明変数および (あるいは) 説明変数を変換することによって，不均一分散を均一分散へと変えることができる場合がある．6.5 節の分散安定化変換，6.6 節のボックス・コックス変換はこの問題をあつかっている.

不均一分散への対処として，一般化最小 2 乗法 (GLS) を 6.7 節，ホワイトの不均一分散一致推定量を 6.8 節で説明した．6 章の最後に，簡単なモンテ・カルロ実験によって，6 章で述べた統計理論を確認している.

7 章は誤差項の自己相関，とくに AR(1) のケースをあつかっている．7.2 節は AR(1) の特徴，7.3 節は AR(1) を前述 (1)，(2) の問題意識のもとで展開している.

AR(1)の検定法は 7.4 節で，残差のグラフ，ダービン・ワトソン検定 (DW 検定)，m テスト，h 統計量を説明した.

7.5 節から 7.7 節で，誤差項が AR(1) のときのパラメータ推定法として GLS と最尤法を説明した．GLS は実行可能な GLS として 2 ステッププレイス・ウインステン (2SPW) および格子探索法である (7.5 節，7.6 節)．最尤法は格子探索法およびビーチ・マッキノン法 (BM) である (7.7 節)．誤差項が AR(1) のとき，BM による最尤法がもっともすぐれた方法であるから，この BM を詳細に説明している.

時系列データを用いる回帰分析においては見せかけの回帰という問題が生じやすい．この問題の簡単な紹介が 7.8 節である．無意味な推定結果 (例 7.6) やモンテ・カルロ実験が示されている.

本書を読み進めるとき役立つと思われる統計学および行列に関する数学的内容を数学付録として付けた．以下の A から I までである．A：クラメール・ラオの不等式，B：行列とベクトルの微分，C：跡 trace の定義と性質，D：分割行列の逆行列，E：固有値と固有ベクトル，F：対称行列の変換，G：正規確率変数の 2

次形式の分布，H：正規確率変数の関数の独立，I：カーネル密度関数.

最後になったが，朝倉書店編集部の方々には多大なお世話になったことを記し，御礼を申し上げます.

2015 年 2 月

蓑谷千凰彦

目　　次

1

単純回帰モデルのパラメータ推定

1.1 はじめに

回帰分析の重要な概念のほとんどは，単純回帰モデル

$$Y_i=\alpha+\beta X_i+u_i, \quad i=1, \cdots, n$$

に現れる．したがって1章，2章でこの単純回帰モデルのパラメータ推定，モデルの説明力，仮説検定と信頼区間および予測について詳細に説明する．

本章は単純回帰モデルのパラメータ(α, β および u_i の分散 σ^2)推定をあつかう．1.2節で確率モデルとしての単純回帰モデルの説明，1.3節で正規線形回帰モデルといわれるモデルの5つの仮定とその意味を述べる．

1.4節は単純回帰モデルの3つのパラメータ α, β, σ^2 の推定法として最小2乗法と最尤法を，具体例も入れ説明する．1.4.1項で散布図を描くことが，適切な関数形を決めるとき有用であることを示す．

1.4.2項は最小2乗法による α, β の推定と計算方法を具体例に依り説明し，残差，誤差率，平方残差率の計算も，推定結果の検討に役立つことを示した．1.4.3項は σ^2 の推定量として不偏推定量 s^2 が用いられることを説明している．この s^2 の計算に自由度という概念が現れる．1.5節はこの自由度の説明である．

1.6節は最尤法による α, β, σ^2 の推定，1.7節はプロファイル尤度関数の求め方と，具体例による β と σ^2 のプロファイル対数尤度関数を示した．

定数項 α なしの単純回帰モデルを推定する場合のパラメータ β, σ^2 の推定は1.8節であつかっている．

1.9節は，5つの仮定のもとでは α, β の最小2乗推定量 $\hat{\alpha}, \hat{\beta}$ は最尤推定量に等しいが，この $\hat{\alpha}, \hat{\beta}$ の有している特性を詳しく説明し，$\hat{\beta}$ とは異なる β の線形不偏推定量 b と $\hat{\beta}$ の分布の相違を実験で示した．

1.2　単純回帰モデル

モデル

$$Y_i=\alpha+\beta X_i+u_i, \quad i=1, \cdots, n \tag{1.1}$$

は Y の X への回帰である．Y は被説明変数，従属変数，反応変数，X は説明変数，独立変数，刺激変数など分野によってさまざまなよばれ方をする．本書は Y を被説明変数，X を説明変数とする．説明変数が 1 個のとき単純回帰モデル，2 個以上のとき重回帰モデルである．

(1.1) 式の u は X 以外の Y に影響を与える無数の諸要因 $\varepsilon_1, \varepsilon_2, \cdots$の和

$$u_i=\varepsilon_{1i}+\varepsilon_{2i}+\cdots$$

と考えることができるが，どの ε_j も Y に系統的にではなく，単に偶然的に小さな影響を与えるだけの誤差であり，u は確率誤差項である．あるいは撹乱項とよばれることもある．

X が 1 単位変化することによって，系統的な影響を，Y は X から β だけ受けるが，u は系統的に Y に影響を与える要因ではなく，予測不可能な確率変動をするにすぎない．すなわち，(1.1) 式は X の水準が与えられれば一義的に Y の水準が決まる決定論的モデル

$$Y_i=\alpha+\beta X_i, \qquad i=1, \cdots, n$$

ではなく，確率的に変動する u によって Y にも偶然変動が許容されている確率モデルである．n は観測データの総数である．

α, β はモデルを特徴づけている定数であり，パラメータとよばれる．

本章ではまず (1.1) 式の単純回帰モデルの理想的な状態，すなわち正規線形回帰モデルの古典的な諸仮定が成立している状態とは何かを次節で説明する．次に，この古典的正規線形回帰モデルの諸仮定が成立しており，観測データ $(X_1, Y_1), (X_2, Y_2), \cdots, (X_n, Y_n)$ が所与のとき，次の 4 点を目的として説明する．

(1)　モデルを特徴づけている定数，すなわちパラメータをいかにして推定するか．

(2)　設定したモデルはどの程度の説明力をもつか．説明力を何によって測り，それはどのような意味をもっているか．

(3)　X は Y に系統的に影響を与える重要な変数であるという (1.1) 式は，

いうまでもなく1つの仮説の提示にすぎない．Y の変動を説明する上で，X は確かに重要な変数であるかどうかをいかにして検定するか．

(4)　所与の X_0 に対する Y の予測.

1章で（1），2章で（2）から（4）を説明する．

1.3　正規線形回帰モデルの諸仮定

正規線形回帰モデルとは，次の5つの仮定が成立している場合である．

(1)
$$E(u_i)=0, \quad i=1, \cdots, n \tag{1.2}$$

誤差項 u_i は正の値あるいは負の値をとるが，平均的にみれば0であるという仮定である．X が所与，あるいは確率変数でないとすれば，この仮定は

$$E(Y_i)=\alpha+\beta X_i$$

を意味している．すなわち，（1.1）式の $\alpha+\beta X_i$ で示される X の線形関数は Y_i の平均的な大きさを説明しようとしており，実際に観測される Y_i の値は，この期待値に偶然変動が伴った

$$Y_i=E(Y_i)+u_i$$

であることをこの仮定は表している．（1.1）式のモデルを設定した以上，当然含意として有している仮定が（1.2）式と考えることができる．

この仮定のみを取り上げて，仮定が正しいかどうかを検定することはできない．Y を説明する重要な変数として，X 以外に，たとえば Z が（1.1）式から欠落しているとすれば，$E(Z_i)=0$ でない限りこの仮定（1.2）式は成立しない．モデルの説明力がきわめて悪いとすれば，この仮定は成立しておらず，X 以外の何か重要な系統的要因がモデル（1.1）式には明示的に入っていなかったと考えざるを得ない．

(2)
$$E(u_i^2)=\sigma^2, \quad i=1, 2, \cdots, n \tag{1.3}$$

u_i の期待値は0であるから，$E(u_i^2)$ は u_i の分散 $\mathrm{var}(u_i)$ である．この分散が i とは関係なく一定であるということを（1.3）式は表しており，均一分散の仮定とよばれる．（1.3）式は誤差項 u に関する仮定であるが，この仮定は $\mathrm{var}(Y_i)$ が一定という仮定でもある．なぜならば，X 所与のとき，$Y_i-E(Y_i)=u_i$ に注意すれば

$$\mathrm{var}(Y_i) = E\left[Y_i - E(Y_i)\right]^2 = E(u_i^2) = \sigma^2$$

となるからである.

均一分散の仮定は，いいかえれば

$$E(u_i^2) = \sigma_i^2$$

のように，iとともに分散が変化する不均一分散ではないということを意味する．たとえば

$$E(u_i^2) = \sigma^2\left[E(Y_i)\right]^2$$

したがって

$$\mathrm{var}(Y_i) = \sigma^2\left[E(Y_i)\right]^2$$

の場合には，Y_iの分散が $[E(Y_i)]^2$ に比例して大きくなる，いいかえれば，Y_iの標準偏差はY_iの期待値の水準が大きくなると，それに比例して大きくなる，という不均一分散を意味する．仮定 (1) と (2) を合わせて書くと

$$E(Y_i) = \alpha + \beta X_i$$

$$\mathrm{var}(Y_i) = \sigma^2$$

であるから，Yの平均的な値はXの水準とともに変化するが，Yの期待値のまわりのばらつきはXあるいは$E(Y)$ の大きさに関わりなく一定であるということを意味する.

uが正規分布，したがってYも正規分布するという仮定のもとで，均一分散の場合と，$\mathrm{var}(Y_i) = \sigma^2[E(Y_i)]^2$ の不均一分散の場合を図示したのが，**図 1.1** で

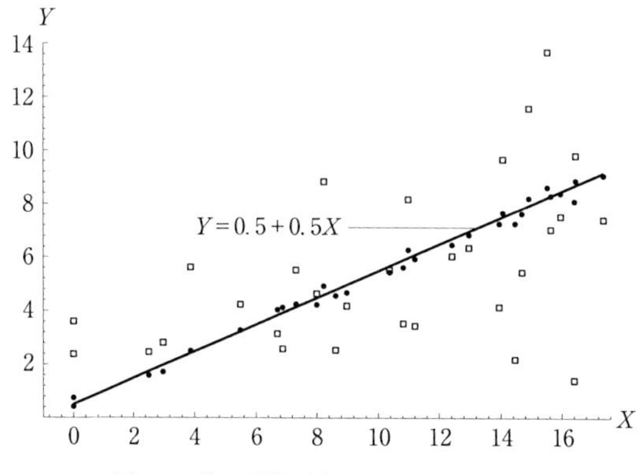

図 1.1 均一分散（•）と不均一分散（▫）

ある．$\alpha=\beta=0.5$ の単純回帰モデルであり，●は

$$E(u_i)=0,\quad E(u_i^2)=0.2$$

の均一分散，□は誤差項が不均一分散

$$E(u_i)=0,\quad E(u_i^2)=0.2\left[E(Y_i)\right]^2=0.2(0.5+0.5X_i)^2$$

$$i=1,\cdots,30$$

のケースである．●，□とも X_i, $i=1,\cdots,30$ の値は同じである．$E(Y_i)$ は X_i の増加関数であるから，X の値が大きくなると $E(Y_i)$ も大きくなる．母回帰線ともよばれる $E(Y_i)=0.5+0.5X_i$ のまわりの Y_i の散らばりは，均一分散の場合は偶然変動であるが，不均一分散の場合は X の水準，したがって $E(Y)$ の水準が大きくなるにしたがってきわめて大きくなっていることがわかる．

均一分散の仮定が成立しているかどうかの検定方法は 6 章で説明する．

(3)
$$E(u_iu_j)=0,\quad i\neq j,\quad i,j=1,\cdots,n \tag{1.4}$$

u_i, u_j の期待値は 0 であるから，この仮定は，u_i と u_j の共分散 $\mathrm{cov}(u_i,u_j)$ が 0，すなわち

$$\mathrm{cov}(u_i,u_j)=E(u_iu_j)=0$$

という仮定と同じである．この仮定は被説明変数 Y_i と Y_j の共分散が 0 ということを意味する．なぜならば，X 所与のとき

$$\begin{aligned}\mathrm{cov}(Y_i,Y_j)&=E\left\{\left[Y_i-E(Y_i)\right]\left[Y_j-E(Y_j)\right]\right\}\\&=E(u_iu_j)=0\end{aligned} \tag{1.5}$$

となるからである．

この仮定は観測点 i と $j(\neq i)$ の u 自らは相関していないということを示しているから，自己相関なしの仮定ともいわれる．

時系列データを用いて回帰分析するとき，この仮定はきわめて崩れやすい仮定である．たとえば $j=i-1$ の場合に被説明変数でこの自己相関なしという仮定を述べれば，Y_i は Y_{i-1} と無相関であるということを意味する．i 期の Y の大きさは i 期の X と，i 期に発生する偶然変動 u のみによって決まり，$i-1$ 期までに Y がどのような水準に達していたかとは関係がない，ということが仮定されている．しかし人間行動には慣性があり，たとえば，消費者行動を考えると，$i-1$ 期までに消費がどのような水準に達していたかとは無関係に，i 期の消費水準が i 期のみの X と u によって決まるとは考えられない．時間 i の間隔が年ではなく半

年あるいは四半期あるいは月次と短くなればなるほど，前期との相関は強いと考えられる．自己相関なしという仮定は，このような前期との相関もないと考えている．しかし，最初は自己相関なしの仮定で進むことにする．

(4)　X は指定変数である

この仮定は，厳密に解釈すれば，実験あるいは観測時に，分析者が X の水準を指定し，固定することができるということを意味する．このとき，X は分析者によって制御されているから確率変数ではない．ところが説明変数のすべてが分析者が実験をコントロールして得たデータではないから，指定変数という仮定は成立しない．しかし幸いにも，X は確率変数であったとしても，u と統計的に独立であるならば，あるいは X 所与のもとでという条件のもとで展開される回帰モデルならば，これらのモデルの結論と，X は指定変数であるという仮定のもとで展開される回帰モデルの結論はほとんど同じである．X は指定変数である，あるいは所与である，あるいは u と統計的に独立であるという仮定自体が間違いであるというケースは Y と X が同時決定される場合である．本書では，X 所与の仮定のもとで進める．

(5)　u は正規分布をする

正規分布は 1 つの確率分布であり，u_i が正規分布をするという仮定がいつも正しいとは限らない．しかし，幸い，仮定 (3) や (2) のようにそれ程しばしば崩れる仮定ではない．正規分布の仮定がそれ程大きく崩れることがないということは，中心極限定理を援用できることが多いということでもある．1.2 節で示したように u_i は X_i 以外の Y_i に影響を与える無数の諸要因の和

$$u_i = \varepsilon_{1i} + \varepsilon_{2i} + \cdots$$

と表すことができる．ε_j の数はきわめて多く，どの ε_{ji} も u_i に微小な影響力しかもっていないとすれば，u_i が正規分布するという仮定は中心極限定理によって正当化される．

仮定 (1)，(2)，(3)，(5) は簡単に

$$u_i \sim \mathrm{NID}(0, \sigma^2)$$
$$i = 1, 2, \cdots, n \qquad (1.6)$$

と表すことができる．(1.6) 式が示していることは，$i=1, \cdots, n$ において，u_i は期待値 0，分散 σ^2 をもつ正規分布に従い，独立であるということである．NID は normally independently distributed の頭文字である．

さて，以上の5つの仮定が古典的正規線形回帰モデルの仮定である．理想的な確率モデルの状況といってもよい．まずこの仮定のもとでパラメータ推定や仮説検定を行い，6章で仮定（2），7章で仮定（3）が成立しない状況をあつかう．

1.4　パラメータ推定

（1.1）式のパラメータは α, β, σ^2 である．この3個のパラメータを，観測データ $(X_1, Y_1), \cdots, (X_n, Y_n)$ から推定したい．パラメータ推定は，Y と X の関係を表す関数形をどう定式化するかにも依存する．それゆえまず散布図について説明する．

1.4.1　散　布　図

散布図とは横軸を説明変数 X，縦軸を被説明変数 Y とし，観測点 $(X_1, Y_1), \cdots, (X_n, Y_n)$ を打点した図である．**図1.2** は25銘柄のタバコの一酸化炭素 CO とニコチン NIC の散布図，**図1.3** は $\log(CO)$ と $\log(NIC)$ の散布図である．図から判断して CO と NIC の間で線形関係

$$CO = \alpha + \beta NIC$$

あるいは対数線形

$$\log(CO) = \alpha + \beta \log(NIC)$$

を仮定してもよいことがわかる．

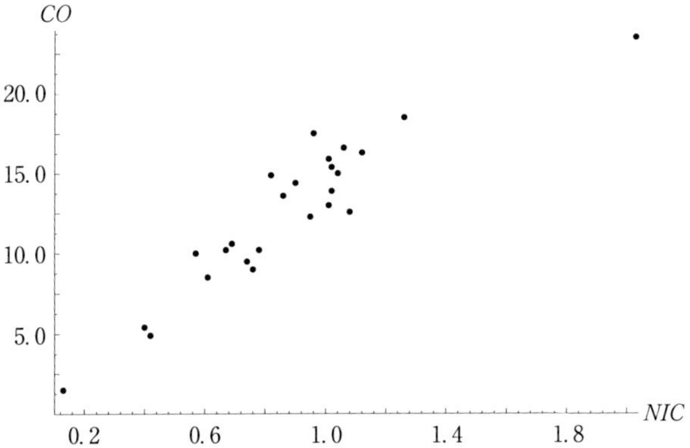

図1.2　CO（一酸化炭素）と NIC（ニコチン）の散布図

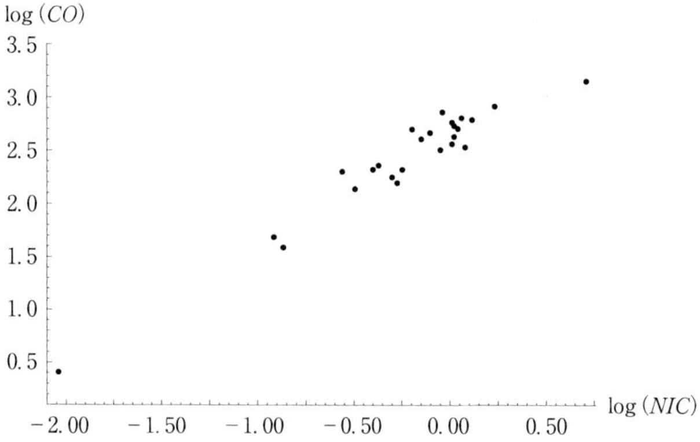

図 1.3 log (*CO*) と log (*NIC*) の散布図

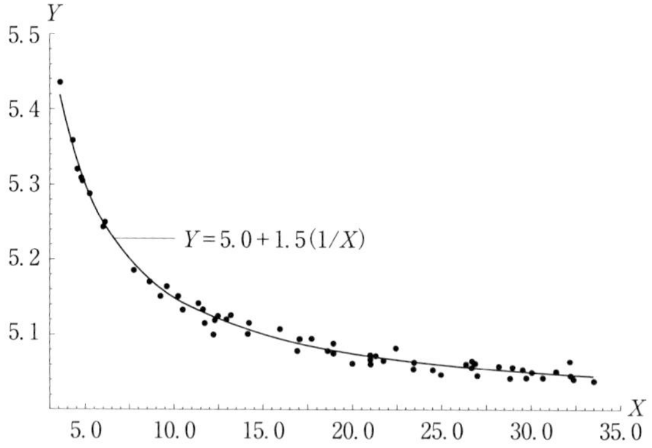

図 1.4 散布図と $Y=\alpha+\beta\left(\frac{1}{X}\right)$

このように散布図を描くことによって Y と X の間の関数関係を，大体の目安にすぎないが，目で判断することができる．図 1.4 から図 1.7 はすべて (X, Y) 平面の散布図で示されている．

図 1.4 は

$$Y=\alpha+\beta\left(\frac{1}{X}\right)$$

図 1.5，**図 1.6** は

$$\log(Y)=\alpha+\beta\log(X)$$

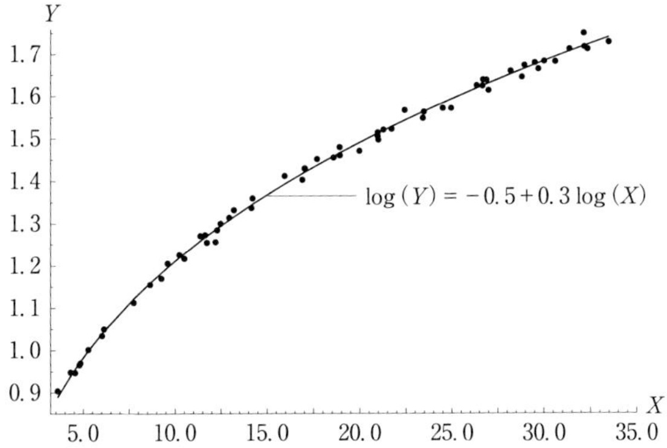

図 1.5　散布図と $\log Y=\alpha+\beta\log X,\ 0<\beta<1$

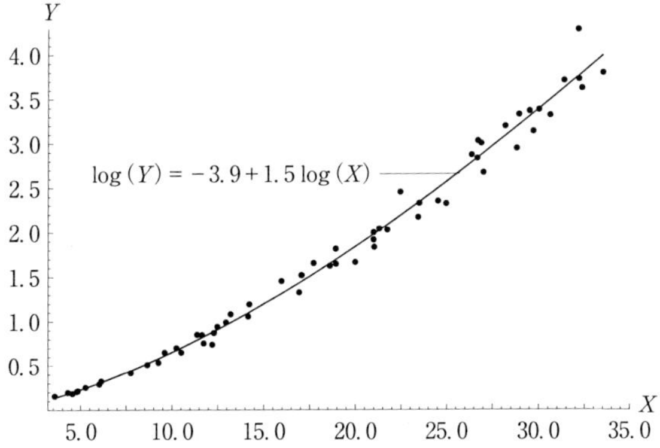

図 1.6　散布図と $\log Y=\alpha+\beta\log X,\ \beta>1$

であり，図 1.5 は $0<\beta<1$，図 1.6 は $\beta>1$ の例である．

図 1.7 は半対数

$$\log(Y)=\alpha+\beta X$$

である．

散布図を描いて適切な関数形を決定できるとは限らない．また散らばりが大き過ぎて関数関係などは読みとれないかもしれない．しかし少なくとも線形関係でよいか，あるいは対数線形の方がよいかの判断には役立つし，Y, X がどのような動きをしてきたのかを知る上でも散布図は有用である．

散布図を描くことを奨めるもう 1 つの理由は，観測点のなかに集団から大き

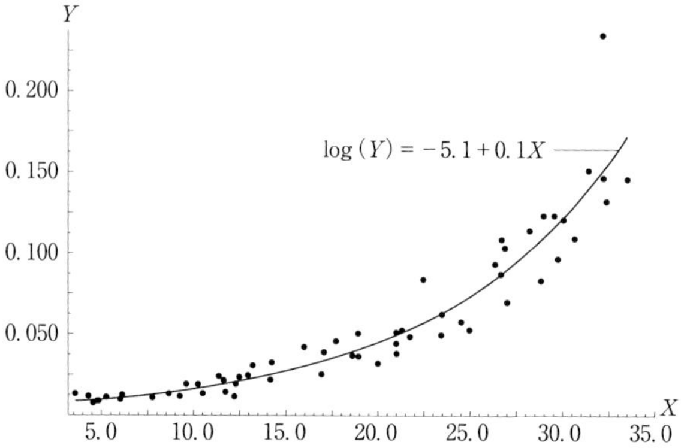

図 1.7　散布図と $\log Y = \alpha + \beta X$

く外れた外れ値 outlier がないかどうかをチェックすることができる．たとえば図 1.7 の右上の観測点は，集団から大きく離れている外れ値と判断される．転記ミスなどの単純な理由でないとすれば，外れ値も 1 つの観測値である．しかし外れ値の存在はパラメータ推定値に大きな影響を与える．この外れ値を除いてパラメータ推定をする方がよいかもしれないし，外れ値のウエイトを小さくして推定するという方法もある．なぜこのような外れ値が生じているのかその理由を追求し，その外れ値を精査することによって観測結果に対して洞察を深めることもできる．

仮定 (1)～(5) のもとで, (1.1) 式のパラメータは α, β および σ^2 の 3 つである．このなかでもとくに α, β に関心があるという場合が多い．σ^2 のように関心の外にあると考えられるパラメータは局外パラメータ nuisance parameter とよばれることがある．

パラメータを推定する方法として, 最小 2 乗法および最尤法の 2 つを説明する．

1.4.2　最小 2 乗法による $\boldsymbol{\alpha}, \boldsymbol{\beta}$ の推定

3 つのパラメータ α, β, σ^2 のうち，まず α, β を最小 2 乗法で推定する．(1.1) 式の α, β をいま何らかの方法で推定した値を a, b とする．たとえば，**図 1.8** に示されているように，$\bar{X}, \bar{Y}$ をそれぞれ X, Y の標本平均とするとき，(X_6, Y_6) を選び β の推定値 b を

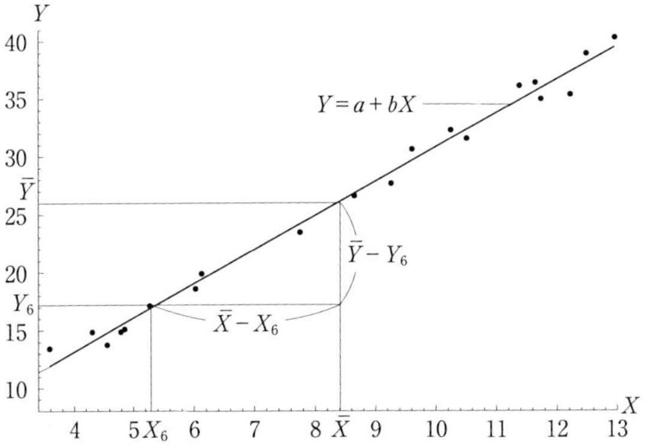

図 1.8 最小 2 乗法を用いない α, β の推定

$$b=\frac{\bar{Y}-Y_6}{\bar{X}-X_6}$$

によって求め，この直線と Y 軸との交点を a とする．

このようにして何らかの方法で α, β を推定して，それらをそれぞれ a, b とするとき，この a, b を用いて，Y_i の推定値

$$\tilde{Y}_i=a+bX_i$$

が得られる．$\tilde{Y}_i$ は Y ティルダ tilde と読む．tilde とは波形符のことである．観測値 Y_i と推定値 $\tilde{Y}_i$ の差は誤差

$$r_i=Y_i-\tilde{Y}_i=Y_i-a-bX_i$$

である．推定値 a, b がどのように与えられるかによって誤差 r_i の値は当然異なってくる．最小 2 乗法とは，誤差の 2 乗和 $\sum_{i=1}^{n} r_i^2$ を最小にする a, b を選択しようという基準である．誤差の絶対値の総和 $\sum_{i=1}^{n} |r_i|$ を最小にするという別の基準もあるし，$\sum_{i=1}^{n} r_i^4$ を最小にするという最小 4 乗法という方法も考えられる．しかし数学的にあつかいやすいのは誤差の 2 乗和を最小にするという最小 2 乗原理である．

通常の最小 2 乗法 ordinary least squares method は OLS と略され，最小 2 乗推定量は OLSE（E は estimator）と略される．

最小 2 乗原理による α, β の推定量をそれぞれ $\hat{\alpha}, \hat{\beta}$ とし，単純回帰モデル（1.1）式からの Y_i の推定値を

$$\hat{Y}_i=\hat{\alpha}+\hat{\beta}X_i \tag{1.7}$$

としよう．$\hat{Y}$ は Y ハット hat とよむ．Y_i と $\hat{Y}_i$ の差，誤差はとくに残差 residual とよばれることが多い．残差を

$$e_i = Y_i - \hat{Y}_i \tag{1.8}$$

と表す．$\hat{\alpha}$, $\hat{\beta}$ は残差平方和 $\sum_{i=1}^{n} e_i^2$ を最小にする α, β の推定量であるから，次の必要条件の解として得られる．

$$\frac{\partial \sum_{i=1}^{n} e_i^2}{\partial \hat{\alpha}} = 0 \tag{1.9}$$

$$\frac{\partial \sum_{i=1}^{n} e_i^2}{\partial \hat{\beta}} = 0 \tag{1.10}$$

残差平方和は

$$\sum_{i=1}^{n} e_i^2 = \sum_{i=1}^{n} \left(Y_i - \hat{Y}_i\right)^2 = \sum_{i=1}^{n} \left(Y_i - \hat{\alpha} - \hat{\beta} X_i\right)^2$$

であるから，(1.9) および (1.10) 式は次式を与える．以下，和の演算記号に現れる $i=1$ から n までは省略する．

$$-2\sum(Y_i - \hat{\alpha} - \hat{\beta} X_i) = 0 \tag{1.11}$$

$$-2\sum(Y_i - \hat{\alpha} - \hat{\beta} X_i) X_i = 0 \tag{1.12}$$

上式を書き直し，整理すれば次のような，最小 2 乗法における正規方程式 normal equations とよばれる式が得られる．

$$n\hat{\alpha} + \hat{\beta}\sum X_i = \sum Y_i \tag{1.13}$$

$$\hat{\alpha}\sum X_i + \hat{\beta}\sum X_i^2 = \sum X_i Y_i \tag{1.14}$$

(1.13) 式の両辺を n で割り，$\hat{\alpha}$ について解くと

$$\hat{\alpha} = \bar{Y} - \hat{\beta}\bar{X} \tag{1.15}$$

を得る．この $\hat{\alpha}$ を (1.14) 式の $\hat{\alpha}$ へ代入して $\hat{\alpha}$ を消去し，整理すると

$$\hat{\beta}(\sum X_i^2 - \bar{X}\sum X_i) = \sum X_i Y_i - \bar{Y}\sum X_i$$

が得られる．ところが

$$\begin{aligned}\sum(X_i - \bar{X})^2 &= \sum X_i^2 - 2\bar{X}\sum X_i + n\bar{X}^2 \\ &= \sum X_i^2 - 2\bar{X}\sum X_i + \bar{X}(n\bar{X}) \\ &= \sum X_i^2 - 2\bar{X}\sum X_i + \bar{X}\sum X_i \\ &= \sum X_i^2 - \bar{X}\sum X_i\end{aligned}$$

$$\begin{aligned}\sum(X_i-\bar{X})(Y_i-\bar{Y}) &= \sum X_iY_i-\bar{X}\sum Y_i-\bar{Y}\sum X_i+n\bar{X}\bar{Y}\\ &= \sum X_iY_i-\bar{X}\sum Y_i-\bar{Y}\sum X_i+\bar{X}\sum Y_i\\ &= \sum X_iY_i-\bar{Y}\sum X_i\end{aligned}$$

であるから，上式は

$$\hat{\beta}\sum(X_i-\bar{X})^2=\sum(X_i-\bar{X})(Y_i-\bar{Y})$$

となり，結局

$$\hat{\beta}=\frac{\sum(X_i-\bar{X})(Y_i-\bar{Y})}{\sum(X_i-\bar{X})^2} \tag{1.16}$$

が得られる．

表示法として，小文字で標本平均からの偏差

$$x_i=X_i-\bar{X}$$
$$y_i=Y_i-\bar{Y}$$

を示すものとすると，(1.16) 式は

$$\hat{\beta}=\frac{\sum x_iy_i}{\sum x_i^2} \tag{1.17}$$

と表すこともできる．

結局，求めたかった α, β の最小 2 乗推定量は，添字の i も省略し

$$\hat{\alpha}=\bar{Y}-\hat{\beta}\bar{X} \tag{1.18}$$

$$\hat{\beta}=\frac{\sum xy}{\sum x^2} \tag{1.19}$$

である．小文字は標本平均からの偏差，和の演算は 1 から n までである．

$\hat{\alpha}, \hat{\beta}$ を用いて (1.1) 式から得られる Y_i の推定値は

$$\hat{Y}_i=\hat{\alpha}+\hat{\beta}X_i, \quad i=1, \cdots, n \tag{1.20}$$

となる．上式の $\hat{\alpha}$ に (1.15) 式を代入し

$$\hat{Y}_i=\bar{Y}-\hat{\beta}\bar{X}+\hat{\beta}X_i=\bar{Y}+\hat{\beta}(X_i-\bar{X})$$

と表すと，標本回帰線 sample regression line ともいわれる $\hat{Y}_i$ は標本平均点 $(\bar{X}, \bar{Y})$ を通ることがわかる．

$\hat{Y}_i$ は $E(Y_i|X_i)=\alpha+\beta X_i$ の推定値であり，$E(Y|X)=\alpha+\beta X$ は母回帰線 population regression line である．

表 1.1　一酸化炭素（*CO*）とニコチン（*NIC*）

i	*CO*(mg)	*NIC*(mg)	i	*CO*(mg)	*NIC*(mg)	i	*CO*(mg)	*NIC*(mg)
1	13.6	0.86	10	15.4	1.02	19	17.5	0.96
2	16.6	1.06	11	13.0	1.01	20	4.9	0.42
3	23.5	2.03	12	14.4	0.90	21	15.9	1.01
4	10.2	0.67	13	10.0	0.57	22	8.5	0.61
5	5.4	0.40	14	10.2	0.78	23	10.6	0.69
6	15.0	1.04	15	9.5	0.74	24	13.9	1.02
7	9.0	0.76	16	1.5	0.13	25	14.9	0.82
8	12.3	0.95	17	18.5	1.26			
9	16.3	1.12	18	12.6	1.08			

出所：Ryan (2009), p. 185

▶例 1.1　タバコの一酸化炭素とニコチン

表 1.1 のデータは 25 銘柄のタバコそれぞれから 1 本を無作為に抽出し，タバコに含まれる一酸化炭素（*CO*）とニコチン（*NIC*）を調べた結果である．目的は *CO* と *NIC* の関係を知りたい．散布図は図 1.2 に *CO* と *NIC*, 図 1.3 に log (*CO*) と log (*NIC*) が示されている．ここではモデル

$$\log(CO)_i = \alpha + \beta \log(NIC)_i + u_i, \quad i = 1, \cdots, 25 \tag{1.21}$$

のパラメータ α, β を最小 2 乗法で推定しよう．

$Y = \log(CO)$, $X = \log(NIC)$ とおくと，表 1.1 のデータを用いて次の結果が得られる．計算の順序にも注意されたい．和の演算の添字 $i = 1$ から 25 は省略する．

$$\sum X = -5.736289, \quad \sum Y = 60.542966$$

$$\sum X^2 = 7.497675, \quad \sum Y^2 = 153.938341, \quad \sum XY = -7.373467$$

したがって，X, Y の平均および平均からの偏差平方和は以下のようになる．

$$\bar{X} = \frac{1}{n}\sum X = \frac{1}{25}(-5.736289) = -0.229452$$

$$\bar{Y} = \frac{1}{n}\sum Y = \frac{1}{25}(60.542966) = 2.421719$$

$$\sum x^2 = \sum X^2 - \frac{1}{n}\left(\sum X\right)^2 = 7.497675 - \frac{1}{25}\left(-5.736289\right)^2$$

$$= 6.181475$$

$$\sum y^2 = \sum Y^2 - \frac{1}{n}\left(\sum Y\right)^2 = 153.938341 - \frac{1}{25}\left(60.542966\right)^2$$

$$= 7.320312$$

$$\sum xy = \sum XY - \frac{1}{n}\left(\sum X\right)\left(\sum Y\right)$$

$$= -7.373467 - \frac{1}{25}(-5.736289)(60.542966)$$

$$= 6.518211$$

以上の結果を用いて，α, β の最小 2 乗推定値は次の通りである．

$$\hat{\beta} = \frac{\sum xy}{\sum x^2} = \frac{6.518211}{6.181475} = 1.054475$$

$$\hat{\alpha} = \bar{Y} - \hat{\beta}\bar{X} = 2.421719 - (1.054475)(-0.229452)$$

$$= 2.663670$$

丸めの誤差を少なくするため，小数点以下 6 位まで求めて計算したが，表 1.1 の CO のデータは 3 桁であるから，$\hat{\alpha}, \hat{\beta}$ もこれに合わせ

$$\hat{\alpha} = 2.66, \quad \hat{\beta} = 1.05$$

とすればよい．

(1.21) 式より

$$\frac{d \log (CO)}{d \log (NIC)} = \beta$$

はニコチン (NIC) が 1% 増えたとき一酸化炭素 (CO) が何 % 変化するかという弾力性を示す．$\hat{\beta} = 1.05$ より NIC 1% の増加は CO を 1.05% 増やすという関係が得られた．

$Y_i = \log (CO)_i$ の推定値は

$$\hat{Y}_i = 2.66 + 1.05X_i$$

残差は

$$e_i = Y_i - \hat{Y}_i$$

である．残差は Y の単位と同じであるから，たとえば，$e_i = 0.4$ のとき Y の単位が mg ではなく g であれば，0.4 の意味は異なる．Y の単位とは独立な残差の大きさを知るために

$$\text{誤差率 (\%)} = r_i = \left(\frac{e_i}{Y_i}\right) \times 100 \tag{1.22}$$

を計算することもある．ただし Y_i に 0 があれば誤差率は計算できない．

さらに

$$a_i^2(\%) = \left(\frac{e_i^2}{\sum_{i=1}^{n} e_i^2} \right) \times 100 \tag{1.23}$$

を求めると，i 番目の観測値の e_i^2 が最小にしようとしている残差平方和に占める割合がわかり，残差のチェックに有用である．a_i^2 を平方残差率とよんでおこう．

表 1.2 は $Y_i=\log(CO)_i$，$\hat{Y}_i=\log(CO)_i$ の推定値，残差 e_i，誤差率 r_i，平方残差率 a_i^2 である．平方残差率の大きい観測値は #3（$r_i=-8.02$, $a_i^2=14.35$），#25（$r_i=9.14$, $a_i^2=13.64$），#19（$r_i=8.44$, $a_i^2=13.06$），#13（$r_i=10.06$, $a_i^2=12.01$）の 4 銘柄である．この 4 個で残差平方和の実に 53.06% を占める．#3 のみ $\log(CO)$ を過大推定，他の 3 つは過小推定している．

図 1.9 に $Y=\log(CO)$，$X=\log(NIC)$ の散布図に，標本回帰線

$$\log(CO) = 2.66 + 1.05\log(NIC)$$

表 1.2　log (CO)，推定値，残差，誤差率，平方残差率

i	log (CO)	log (CO) の推定値	e_i	r_i (%)	a_i^2 (%)
1	2.61007	2.50463	0.10544	4.04	2.49
2	2.80940	2.72511	0.08429	3.00	1.59
3	3.15700	3.41028	−0.25328	−8.02	14.35
4	2.32239	2.24138	0.08101	3.49	1.47
5	1.68640	1.69746	−0.01107	−0.66	0.03
6	2.70805	2.70503	0.00302	0.11	0.00
7	2.19722	2.37428	−0.17706	−8.06	7.01
8	2.50960	2.60958	−0.09998	−3.98	2.24
9	2.79117	2.78317	0.00799	0.29	0.01
10	2.73437	2.68455	0.04982	1.82	0.56
11	2.56495	2.67416	−0.10921	−4.26	2.67
12	2.66723	2.55257	0.11466	4.30	2.94
13	2.30259	2.07093	0.23166	10.06	12.01
14	2.32239	2.40167	−0.07929	−3.41	1.41
15	2.25129	2.34616	−0.09487	−4.21	2.01
16	0.40547	0.51231	−0.10684	−26.35	2.55
17	2.91777	2.90737	0.01040	0.36	0.02
18	2.53370	2.74482	−0.21113	−8.33	9.97
19	2.86220	2.62062	0.24158	8.44	13.06
20	1.58924	1.74891	−0.15968	−10.05	5.70
21	2.76632	2.67416	0.09216	3.33	1.90
22	2.14007	2.14245	−0.00238	−0.11	0.00
23	2.36085	2.27239	0.08846	3.75	1.75
24	2.63189	2.68455	−0.05266	−2.00	0.62
25	2.70136	2.45441	0.24695	9.14	13.64

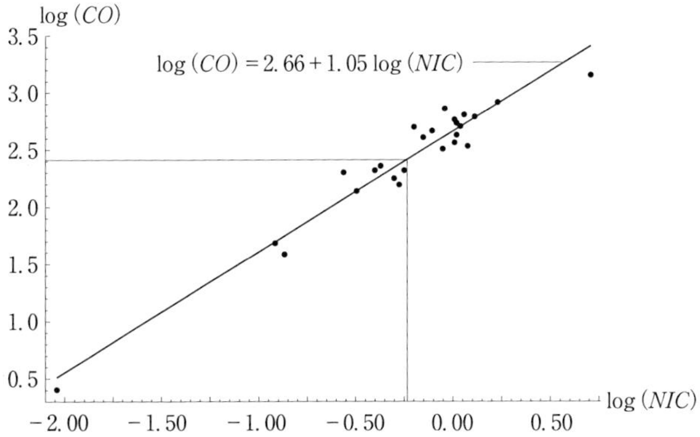

図 1.9 (1.21) 式の散布図と標本回帰線

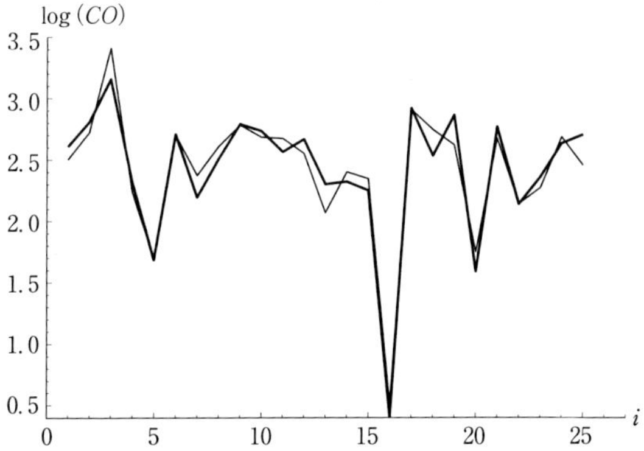

図 1.10 log (CO) の観測値（太い実線）と (1.21) 式からの推定値（細い実線）

が示されている．標本回帰線は $(\bar{X}, \bar{Y}) = (-0.23, 2.42)$ を通る．

図 1.10 は $\log(CO)$ の観測値を太い実線，モデルからの推定値を細い実線で示したグラフである．

1.4.3 σ^2 の推定

次にもう 1 つのパラメータ σ^2 の推定を考えよう．σ^2 は誤差項 u_i の分散

$$E(u_i^2) = \sigma^2$$

である．

$$E(Y_i)=\mu$$

のとき観測値 $Y_1, \cdots, Y_n$ から，$E(Y_i)$ を

$$\frac{1}{n}\sum_{i=1}^{n} Y_i=\bar{Y}$$

によって推定するという方法を $E(u_i^2)$ の推定にも適用してみよう（モーメント法といわれるパラメータ推定法である）．(1.1) 式より

$$u_i=Y_i-\alpha-\beta X_i$$

であるから，u_i の推定値は

$$e_i=Y_i-\hat{\alpha}-\hat{\beta}X_i$$

によって得られる．この e_i を用いて $E(u_i^2)=\sigma^2$ の推定値を

$$\hat{\sigma}^2=\frac{1}{n}\sum_{i=1}^{n} e_i^2 \tag{1.24}$$

によって求めるというのは自然であろう．

しかし，本章数学注 (1) に示されているように，単純回帰モデルの

$$E\left(\sum_{i=1}^{n} e_i^2\right)=(n-2)\sigma^2 \tag{1.25}$$

であるから

$$E(\hat{\sigma}^2)=\left(\frac{n-2}{n}\right)\sigma^2=\sigma^2-\frac{2}{n}\sigma^2<\sigma^2$$

となり，平均的に，$\hat{\sigma}^2$ は σ^2 を過小推定する．この偏り bias を補正するためには

$$s^2=\frac{1}{n-2}\sum_{i=1}^{n} e_i^2 \tag{1.26}$$

を σ^2 の推定量とすれば

$$E(s^2)=\frac{1}{n-2}E\left(\sum_{i=1}^{n} e_i^2\right)=\sigma^2 \tag{1.27}$$

となり，s^2 は σ^2 の不偏推定量 unbiased estimator を与える．σ^2 の推定量にはこの s^2 が用いられる．

例 1.1 のモデル (1.21) 式の推定結果から s^2 と $\hat{\sigma}^2$ を求めよう．残差平方和は，定義から

$$\sum_{i=1}^{n} e_i^2=\sum_{i=1}^{n}\left(Y_i-\hat{Y}_i\right)^2=\sum_{i=1}^{n}\left(Y_i-\hat{\alpha}-\hat{\beta}X_i\right)^2$$

であるが，e_i, $i=1, \cdots, n$ を計算しなくても次のようにして求めることができる．

数字注 (2) に示されているが，定数項のある回帰モデルで次式が成立する．

$$\sum_{i=1}^{n} y_i^2 = \sum_{i=1}^{n} \hat{y}_i^2 + \sum_{i=1}^{n} e_i^2 \tag{1.28}$$

ここで

$$\begin{aligned} y_i &= Y_i - \bar{Y} \\ \hat{y}_i &= \hat{Y}_i - \bar{\hat{Y}} = \hat{Y}_i - \bar{Y} \\ e_i &= Y_i - \hat{Y}_i = Y_i - \bar{Y} - (\hat{Y}_i - \bar{Y}) = y_i - \hat{y}_i \\ & \quad i = 1, \cdots, n \end{aligned}$$

である．

$$\hat{Y}_i = \hat{\alpha} + \hat{\beta} X_i = \bar{Y} + \hat{\beta}(X_i - \bar{X})$$

であるから

$$\hat{y}_i = \hat{\beta} x_i$$

となり

$$\sum_{i=1}^{n} \hat{y}_i^2 = \hat{\beta}^2 \sum_{i=1}^{n} x_i^2 = \hat{\beta} \left(\frac{\sum_{i=1}^{n} x_i y_i}{\sum_{i=1}^{n} x_i^2} \right) \sum_{i=1}^{n} x_i^2 = \hat{\beta} \sum_{i=1}^{n} x_i y_i \tag{1.29}$$

を用いて $\sum_{i=1}^{n} \hat{y}_i^2$ が得られる．したがって残差平方和は

$$\sum_{i=1}^{n} e_i^2 = \sum_{i=1}^{n} y_i^2 - \sum_{i=1}^{n} \hat{y}_i^2 = \sum_{i=1}^{n} y_i^2 - \hat{\beta} \sum_{i=1}^{n} x_i y_i$$

によって求めることができる．

例 1.1 の

$$\sum_{i=1}^{25} \hat{y}_i^2 = \hat{\beta} \sum_{i=1}^{25} x_i y_i = (1.054475)(6.518211) = 6.873291$$

となるから

$$\sum_{i=1}^{25} e_i^2 = 7.320312 - 6.873291 = 0.447021$$

が得られ，したがって

$$\begin{aligned} s^2 &= \frac{1}{n-2} \sum_{i=1}^{25} e_i^2 = \frac{1}{23}(0.447021) = 0.019436 \\ s &= \sqrt{s^2} = 0.139413 \end{aligned}$$

$$\hat{\sigma}^2 = \frac{1}{n}\sum_{i=1}^{25} e_i^2 = \frac{1}{25}(0.447021) = 0.017881$$

$$\hat{\sigma} = \sqrt{\hat{\sigma}^2} = 0.133720$$

となる．

(1.26) 式の分母の $n-2$ は残差 $e_1, \cdots, e_n$ の自由度（degrees of freedom，df と略される）である．この自由度という概念を説明しておこう．

1.5　自由度とは何か

n 個の変数 $z_1, z_2, \cdots, z_n$ は，n 次元空間を何ら制約なく，どこへでも動くことができる変数ならば，これを統計学では自由度 n をもつという．たとえば 2 個の変数 z_1, z_2 を考えよう．この 2 個の変数が 2 次元空間，すなわち (z_1, z_2) 平面を，何ら制約なく，どこへでも自由に動くことができるとき，z_1, z_2 は自由度 2 であるという．ところが，z_1 と z_2 の間に $z_1+z_2=c$（c は定数）という制約がある場合には，z_1, z_2 は 2 次元空間を自由に動くことができる変数ではなく，$z_1+z_2=c$ という 1 次元空間である直線上を動くことができるにすぎない．このことを統計学では，z_1, z_2 は $z_1+z_2=c$ という 1 つの制約によって自由度が 1 失われ，z_1 と z_2 の自由度は $2-1=1$ であるという．いいかえれば，z_1 が与えられると $z_2=c-z_1$ によって z_2 は決定され，z_1 とは独立に動くことはできない．

さて，n 個の最小 2 乗残差 $e_1, e_2, \cdots, e_n$ の自由度が n ではなく，$n-2$ になるのは次の理由による．(1.11) 式および (1.12) 式の左辺の（　）内は残差 e_i であるから，この必要条件は

$$\sum e_i = 0 \tag{1.30}$$

$$\sum e_i X_i = 0 \tag{1.31}$$

と $e_1, \cdots, e_n$ に関する 2 個の制約式と読むことができる．n 個の最小 2 乗残差 $e_1, \cdots, e_n$ は (1.30) 式および (1.31) 式で示される 2 本の制約によって自由度が 2 失われ $n-2$ になる．いいかえれば，n 個の残差 $e_1, \cdots, e_n$ があるが，このなかで $n-2$ 個が決まれば，残りの 2 個は (1.30) 式および (1.31) 式から決まり，n 個の残差のうち自由にどのような値でもとることができるのは $n-2$ 個である．残差平方和 $\sum e^2$ を自由度 $n-2$ で割れば，分散 σ^2 の不偏推定量が得られることを (1.27)

式は示している．

1.6 最尤法による $\boldsymbol{\alpha}, \boldsymbol{\beta}$ および $\boldsymbol{\sigma}^2$ の推定

パラメータ推定方法として，最小2乗法と並び重要な，最尤法 maximum likelihood method を説明しよう．ML 法と略されることが多い．

まず尤度関数 likelihood function を説明する．1.2 節で述べたように

$$u_i \sim \mathrm{NID}(0, \sigma^2)$$

であり，Y_i は u_i の線形関数であるから，正規分布に従う確率変数の線形関数はやはり正規分布する，ということを使うと

$$Y_i \sim \mathrm{NID}(\alpha + \beta X_i, \sigma^2)$$

が成り立つ．$Y_1, \cdots, Y_n$ は独立で正規分布に従い，$E(Y_i) = \alpha + \beta X_i$, $\mathrm{var}(Y_i) = \sigma^2$ の意味である．Y_i の確率密度関数は

$$f(Y_i) = \frac{1}{\sqrt{2\pi}\,\sigma} \exp\left\{-\frac{1}{2\sigma^2}(Y_i - \alpha - \beta X_i)^2\right\} \tag{1.32}$$

で与えられる．したがって，$Y_1, Y_2, \cdots, Y_n$ の同時確率密度関数は，$Y_1, \cdots, Y_n$ は独立であるから

$$\begin{aligned} &f(Y_1, Y_2, \cdots, Y_n ; \alpha, \beta, \sigma^2) \\ &\quad = f(Y_1) f(Y_2) \cdots f(Y_n) \\ &\quad = (2\pi\sigma^2)^{-\frac{n}{2}} \exp\left\{-\frac{1}{2\sigma^2}\sum_{i=1}^{n}(Y_i - \alpha - \beta X_i)^2\right\} \end{aligned} \tag{1.33}$$

となる．

同時確率密度関数は，パラメータ α, β, σ^2 が定数で，実験あるいは観測ごとに偶然変動をする確率変数は $Y_1, \cdots, Y_n$ であるということを表している．すなわち

$$f(\underbrace{Y_1, \cdots, Y_n}_{\text{確率変数}} ; \underbrace{\alpha, \beta, \sigma^2}_{\text{定数}})$$

である．ところが尤度関数という概念は，数学的には同時確率密度関数と比例関係にあるが，同時確率密度関数とは異なる．1組の観測値（$Y_1, Y_2, \cdots, Y_n$）が実験あるいは観測によって与えられたとき，この観測結果はいかなるパラメータ α, β, σ^2 のもとで生じたのであろうかと考える．いいかえれば，観測値（$Y_1, Y_2, \cdots$, Y_n）を所与としたとき，この観測結果は，X を固定したとしても，さまざまな（α,

β, σ^2）の組合わせのもとで発生したと考えることができる．たとえば，（$X_1, \cdots, X_n$）は固定されていたとしても，観測値（$Y_1, \cdots, Y_n$）をもたらしたのは（3, 1, 0.1）あるいは（−1, 0.5, 3）等々の（α, β, σ^2）のもとで発生した観測値と考えることができる．このように尤度関数とは，観測された確率変数の実現値を所与としたとき，パラメータを変数のように考える．すなわち，尤度関数とは

$$L(\underbrace{\alpha, \beta, \sigma^2}_{\text{変数}};\underbrace{Y_1, \cdots, Y_n}_{\text{所与}})$$

という概念である．しかし，数学的には尤度関数は同時確率密度関数と比例関係にあり，＝も比例定数１の特別の場合であるから，通常は

$$L = f(Y_1, \cdots, Y_n)$$

とおかれる．$L(\alpha, \beta, \sigma^2)$ は，観測値（X_1, Y_1），…，（X_n, Y_n）を所与とするとき，α, β, σ^2 は変数であり，α, β, σ^2 の同時確率密度ではない．尤度である．

さて，以上のことから，単純回帰モデルの尤度関数は（1.33）式と同じで，解釈の違いにすぎないから

$$L(\alpha, \beta, \sigma^2) = \left(2\pi\sigma^2\right)^{-\frac{n}{2}} \exp\left\{-\frac{1}{2\sigma^2}\sum(Y_i - \alpha - \beta X_i)^2\right\} \tag{1.34}$$

となる．

最尤法とは，この尤度関数の値を最大にする α, β, σ^2 のもとで $X_1, \cdots, X_n$ 所与のとき，観測結果（$Y_1, \cdots, Y_n$）が得られたと考える．（1.34）式で（X_1, Y_1），…，（X_n, Y_n）の値を所与としたとき，（α, β, σ^2）にさまざまな値を与えることによって尤度関数の値は異なった値をとる．このなかで尤度関数の値を最大にする（細かい概念の違いを無視していえば，（$Y_1, \cdots, Y_n$）にもっとも大きな確率を与える）（α, β, σ^2）の値を採用しようというのが最尤法の考え方である．いいかえれば，自然は，意地悪をしないで，もっとも生じやすい事象を我々に生ぜしめた，と考える．

この考え方を受入れるならば，尤度関数の値を最大にする α, β, σ^2 は次の必要条件を満たさなければならない．

$$\frac{\partial L}{\partial \alpha} = 0$$

$$\frac{\partial L}{\partial \beta} = 0$$

$$\frac{\partial L}{\partial \sigma^2}=0$$

尤度関数 L を最大にするパラメータの値と，単調増加変換である対数尤度関数 $\log L$ を最大にするパラメータの値は同じであるから，通常，偏微分が簡単にできる $\log L$ が最大にすべき目標関数として用いられる．

(1.34) 式の対数をとり次式を得る．

$$\log L=-\frac{n}{2}\log(2\pi)-\frac{n}{2}\log\sigma^2-\frac{1}{2\sigma^2}\sum_{i=1}^{n}\left(Y_i-\alpha-\beta X_i\right)^2 \tag{1.35}$$

α, β, σ^2 の最尤推定量を求めるための必要条件は以下のとおりである．

$$\frac{\partial\log L}{\partial\alpha}=\frac{1}{\sigma^2}\sum(Y_i-\alpha-\beta X_i)=0 \tag{1.36}$$

$$\frac{\partial\log L}{\partial\beta}=\frac{1}{\sigma^2}\sum(Y_i-\alpha-\beta X_i)X_i=0 \tag{1.37}$$

$$\frac{\partial\log L}{\partial\sigma^2}=-\frac{n}{2\sigma^2}+\frac{1}{2\sigma^4}\sum(Y_i-\alpha-\beta X_i)^2=0 \tag{1.38}$$

この 3 本の式から α, β, σ^2 の最尤推定量が得られる．

3 本の連立方程式であるが，(1.36) 式と (1.37) 式のみから α, β を求めることができ，その結果を (1.38) 式へ代入して，σ^2 を求めればよい，という体系になっている．さらに，(1.36) 式は (1.11) 式，(1.37) 式は (1.12) 式と同じ条件を示しているから，α, β の最尤推定量をそれぞれ $\tilde{\alpha}, \tilde{\beta}$ とすれば

$$\tilde{\alpha}=\bar{Y}-\tilde{\beta}\bar{X} \tag{1.39}$$

$$\tilde{\beta}=\frac{\sum xy}{\sum x^2} \tag{1.40}$$

と，それぞれ最小 2 乗推定定量 $\hat{\alpha}, \hat{\beta}$ と同じになる．この $\tilde{\alpha}, \tilde{\beta}$ を (1.38) 式の α, β に代入して，σ^2 について解くと，σ^2 の最尤推定量

$$\tilde{\sigma}^2=\frac{1}{n}\sum\tilde{e}^2 \tag{1.41}$$

が得られる．ここで

$$\tilde{e}_i=Y_i-\tilde{Y}_i=Y_i-\tilde{\alpha}-\tilde{\beta}X_i=Y_i-\hat{\alpha}-\hat{\beta}X_i$$

は最小 2 乗残差 e_i と同じである．

結局，いま考察している単純回帰モデルの仮定のもとでは，α, β の最小 2 乗推定量と最尤推定量は同じになる．

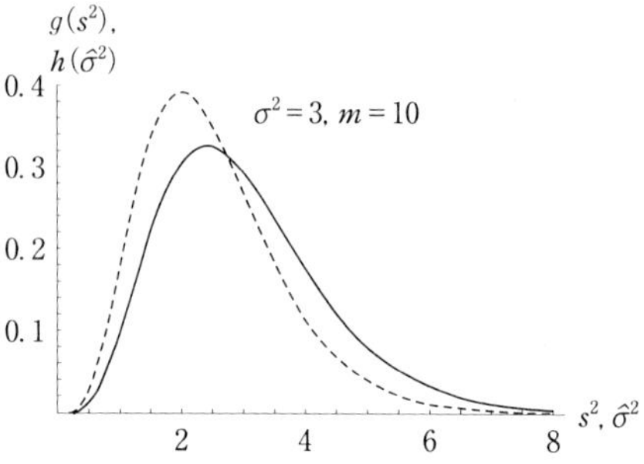

図 1.11　s^2 と $\hat{\sigma}^2$ の pdf（$\sigma^2=3,\ m=10$）

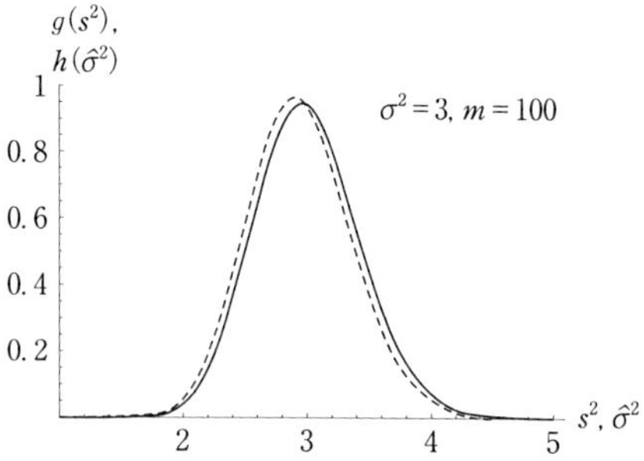

図 1.12　s^2 と $\hat{\sigma}^2$ の pdf（$\sigma^2=3,\ n=102,\ m=100$）

$\tilde{\sigma}^2$ は（1.24）式の $\hat{\sigma}^2$ と同じであるから，σ^2 の最尤推定量 maximum likelihood estimator（MLE と略す）$\tilde{\sigma}^2$ は，負の偏りをもつ σ^2 の推定量になる．

自由度 $m=n-2$, $\sigma^2=3$ の s^2 と $\hat{\sigma}^2=\tilde{\sigma}^2$ の分布をくらべてみよう．s^2, $\hat{\sigma}^2$ の確率密度関数はそれぞれ次式になる（証明は数学注（3）参照）．

$$g(s^2)=\frac{m^{\frac{m}{2}}\left(s^2\right)^{\frac{m}{2}-1}\exp\left(-\dfrac{ms^2}{2\sigma^2}\right)}{\left(2\sigma^2\right)^{\frac{m}{2}}\Gamma\left(\dfrac{m}{2}\right)} \tag{1.42}$$

$$h(\hat{\sigma}^2)=\frac{n^{\frac{m}{2}}\left(\hat{\sigma}^2\right)^{\frac{m}{2}-1}\exp\left(-\dfrac{n\hat{\sigma}^2}{2\sigma^2}\right)}{\left(2\sigma^2\right)^{\frac{m}{2}}\Gamma\left(\dfrac{m}{2}\right)} \tag{1.43}$$

図 1.11 は $m=10$（したがって $n=12$），**図 1.12** は $m=100$（$n=102$）のケース，実線が $g(s^2)$，点線が $h(\hat{\sigma}^2)$ である．$m=10$（$n=12$）のとき

$$E(\hat{\sigma}^2)=\left(\frac{n-2}{n}\right)\sigma^2=\left(\frac{10}{12}\right)3=2.5<\sigma^2=3$$

と，負の偏り -0.5 と大きい．$m=100$（$n=102$）と大標本になれば

$$E(\hat{\sigma}^2)=\left(\frac{100}{102}\right)3=2.94$$

であり，偏りは -0.06 と小さくなる．

1.7　プロファイル尤度関数

対数尤度関数（1.35）式には 3 つのパラメータ α, β, σ^2 があり，この式からパ

ラメータそれぞれの対数尤度関数を図示することができない．複数のパラメータがあるとき，それぞれのパラメータの尤度関数は，プロファイル尤度関数 profile likelihood function を求めることによって図示することができる．

1.7.1　$\boldsymbol{\beta}$ のプロファイル対数尤度関数

単純回帰モデルの β のプロファイル尤度関数は次のようにして得られる．β をある値 β で固定し，所与とすると，α, σ^2 の MLE は，(1.36) 式，(1.38) 式より，所与の β に対して

$$\tilde{\alpha}(\beta) = \bar{Y} - \beta\bar{X}$$

$$\tilde{\sigma}^2(\beta) = \frac{1}{n}\sum_{i=1}^{n}\left[Y_i - \tilde{\alpha}(\beta) - \beta X_i\right]^2$$

によって与えられる．このとき対数尤度関数の値は次式になる．

$$\log L(\beta) = -\frac{n}{2}\log(2\pi) - \frac{n}{2}\log\tilde{\sigma}^2(\beta) - \frac{1}{2\tilde{\sigma}^2(\beta)}\sum_{i=1}^{n}\left[Y_i - \tilde{\alpha}(\beta) - \beta X_i\right]^2 \tag{1.44}$$

β を β_0 からステップ h で β_1 まで変化させれば（これを $\beta = \beta_0(h)\beta_1$ と表す)，$\tilde{\alpha}(\beta)$, $\tilde{\sigma}^2(\beta)$ の値も変わり，(1.44) 式の $\log L(\beta)$ の値も変化する．この (1.44) 式が β のプロファイル対数尤度関数である．

$\beta = \tilde{\beta}$（β の MLE）のとき $\tilde{\alpha}(\beta) = \tilde{\alpha}$, $\tilde{\sigma}^2(\beta) = \tilde{\sigma}^2$ となるから，このとき (1.44) 式は単純回帰モデルの最大対数尤度 $\log L(\tilde{\alpha}, \tilde{\beta}, \tilde{\sigma}^2)$ を与える．

1.7.2　$\boldsymbol{\sigma}^2$ のプロファイル対数尤度関数

σ^2 を固定し，所与とするとき，α, β の MLE は，(1.36) 式，(1.37) 式より

$$\tilde{\alpha}(\sigma^2) = \tilde{\alpha}, \quad \tilde{\beta}(\sigma^2) = \tilde{\beta}$$

となる．したがって σ^2 所与のとき，σ^2 のプロファイル対数尤度関数は次式になる．

$$\begin{aligned}\log L(\sigma^2) &= -\frac{n}{2}\log(2\pi) - \frac{n}{2}\log\sigma^2 - \frac{1}{2\sigma^2}\sum_{i=1}^{n}(Y_i - \tilde{\alpha} - \tilde{\beta}X_i)^2 \\ &= -\frac{n}{2}\log(2\pi) - \frac{n}{2}\log\sigma^2 - \frac{n\tilde{\sigma}^2}{2\sigma^2}\end{aligned}$$

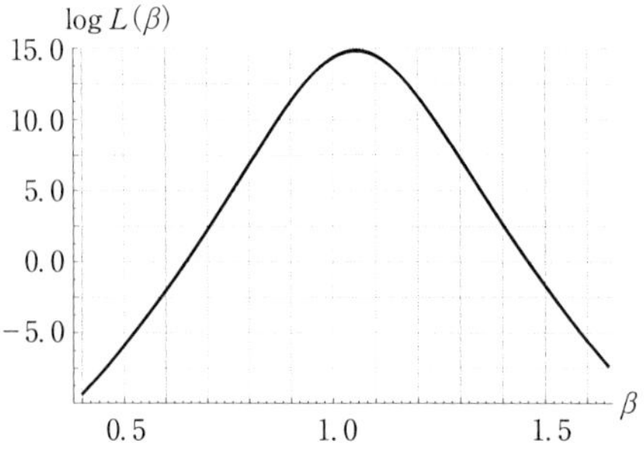

図 1.13 (1.21) 式の β のプロファイル対数尤度

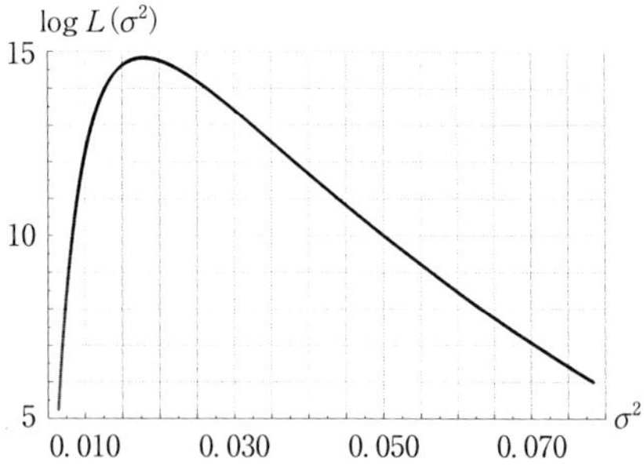

図 1.14 (1.21) 式の σ^2 のプロファイル対数尤度

$$= -\frac{n}{2}\left[\log(2\pi) + \log\sigma^2 + \frac{\tilde{\sigma}^2}{\sigma^2}\right] \tag{1.45}$$

$\sigma^2 = \tilde{\sigma}^2$ (MLE) のとき (1.45) 式は単純回帰モデルの最大対数尤度 $\log L$ ($\tilde{\alpha}$, $\tilde{\beta}$, $\tilde{\sigma}^2$) を与える.

図 1.13 は (1.44) 式において, $\beta = 0.40$ (0.0001) 1.65 と動かしたときの β のプロファイル対数尤度であり, $\hat{\beta} = 1.054475$ においてプロファイル対数尤度関数の値はモデルの最大対数尤度 14.826913 になる.

図 1.14 は (1.45) 式において, $\sigma = 0.08$ (0.0001) 0.28 と動かしたときの σ^2 のプロファイル対数尤度であり, σ の MLE $\tilde{\sigma} = 0.133720$ ($\tilde{\sigma}^2 = 0.017881$) においてプロファイル対数尤度関数の値はモデルの最大対数尤度 14.826913 になる.

1.8 定数項なしの単純回帰モデル

最初から, (1.1) 式で α は 0 と仮定して, 単純回帰モデル

$$Y_i = \beta X_i + u_i, \quad i = 1, \cdots, n \tag{1.46}$$

と定式化する場合がある. 1.2 節の仮定 (1) から (5) は成立すると仮定する. このときモデルの未知パラメータは β と σ^2 の 2 つである.

β の OLSE を $\hat{\beta}$ とし, $e_i = Y_i - \hat{\beta} X_i$ とおくと, $\hat{\beta}$ は次の必要条件の解として得られる.

$$\frac{d\sum_{i=1}^{n} e_i^2}{d\hat{\beta}} = \frac{d}{d\hat{\beta}}\sum_{i=1}^{n}\left(Y_i - \hat{\beta} X_i\right)^2$$

$$= -2\sum_{i=1}^{n}\left(Y_i - \hat{\beta}X_i\right)X_i = 0$$

上式を $\hat{\beta}$ について解き，$\hat{\beta}$ の OLSE

$$\hat{\beta} = \frac{\sum_{i=1}^{n} X_i Y_i}{\sum_{i=1}^{n} X_i^2} \tag{1.47}$$

を得る．(1.16) 式と比較されたい．

最小 2 乗残差 $e_1, \cdots, e_n$ には，上記の $\hat{\beta}$ を求める必要条件

$$\sum_{i=1}^{n} e_i X_i = 0$$

の制約のみが課され，$\sum_{i=1}^{n} e_i = 0$ の制約がない．したがって $e_1, \cdots, e_n$ の自由度は 1 失われ，$n-1$ になるから，σ^2 の不偏推定量は

$$s^2 = \frac{1}{n-1}\sum_{i=1}^{n} e_i^2 \tag{1.48}$$

によって与えられる．

先験的に $\alpha=0$ を仮定してもよい場合がある．たとえば, 通常の歩行速度（cm/歩）で X 分（たとえば 30 分）歩いて，どれだけの距離（Y, m）になるかという実験を n 人に対して行うとき，$X=0$ ならば $Y=0$ であるから，$\alpha=0$ と仮定してよい．しかし通常は α を 0 と仮定できるかどうか不明なことが多い．後に示すように，$\alpha=0$ という仮説を棄却できないとき，$\alpha=0$ のモデルが定式化される．

1.9 $\hat{\alpha}, \hat{\beta}$ の 特 性

α, β の OLSE $\hat{\alpha}, \hat{\beta}$ の特性を説明しよう．仮定 (1) から (5) のもとでは，$\hat{\alpha}, \hat{\beta}$ はそれぞれ α, β の MLE でもあった．s^2 と $\hat{\sigma}^2$ の特性は重回帰モデル 3.13 節で説明する．

1.9.1 $\hat{\alpha}, \hat{\beta}$ は Y_i の線形関数である

まず，$\hat{\alpha}, \hat{\beta}$ は $Y_1, \cdots, Y_n$ の線形関数であることを示す．和の演算記号の $i=1$ から n までは省略する．

$$\hat{\beta}=\frac{\sum_i x_i y_i}{\sum_i x_i^2}=\sum_i w_i y_i$$

と表すことができる．ここで

$$w_i=\frac{x_i}{\sum_i x_i^2}$$

であり，w_i は次の性質をもつ．

(i)　$\sum_i w_i=0$　$\left(\sum_i x_i=\sum_i (X_i-\bar{X})=0 \text{ であるから}\right)$

(ii)　$\sum w_i X_i=\frac{\sum_i x_i X_i}{\sum_i x_i^2}=\frac{\sum x_i(X_i-\bar{X})}{\sum_i x_i^2}$

$$=\frac{\sum_i x_i^2}{\sum_i x_i^2}=1$$

(iii)　$\sum_i w_i^2=\left(\frac{1}{\sum_i x_i^2}\right)^2\sum_i x_i^2=\frac{1}{\sum_i x_i^2}$

したがって w_i の性質 (i) を用いて

$$\hat{\beta}=\sum_i w_i y_i=\sum_i w_i(Y_i-\bar{Y})=\sum_i w_i Y_i$$

と表すことができるから，$\hat{\beta}$ は $Y_1, \cdots, Y_n$ の線形関数である．

同様に

$$\hat{\alpha}=\bar{Y}-\hat{\beta}\bar{X}=\frac{1}{n}\sum_i Y_i-\left(\sum_i w_i Y_i\right)\bar{X}$$

$$=\sum_i\left(\frac{1}{n}-\bar{X}w_i\right)Y_i=\sum_i v_i Y_i$$

も $Y_1, \cdots, Y_n$ の線形関数であることがわかる．$\hat{\beta}$ を与える $Y_1, \cdots, Y_n$ のウエイト合計 $\sum_i w_i=0$ であるが，$\hat{\alpha}$ を与える $Y_1, \cdots, Y_n$ のウエイト合計 $\sum_i v_i=1$ である．

1.9.2　$\hat{\boldsymbol{\alpha}}, \hat{\boldsymbol{\beta}}$ の分散および共分散

$$\hat{\beta}=\sum_i w_i Y_i=\sum w_i(\alpha+\beta X_i+u_i)$$

$$=\alpha\sum_i w_i+\beta\sum_i w_i X_i+\sum_i w_i u_i$$

において，w_i の性質 (i)，(ii) を用いれば

$$\hat{\beta} = \beta + \sum_i w_i u_i \tag{1.49}$$

と表すことができる．X_i 所与のとき w_i も所与であるから，w_i は確率変数ではない．したがって

$$E\left(\sum_i w_i u_i\right) = \sum_i w_i E(u_i) = 0$$

であり

$$E(\hat{\beta}) = \beta$$

が得られる．すなわち $\hat{\beta}$ は β の不偏推定量である．

$$\begin{aligned}\hat{\alpha} &= \sum_i v_i Y_i = \sum v_i(\alpha + \beta X_i + u_i) \\ &= \alpha \sum_i v_i + \beta \sum_i v_i X_i + \sum_i v_i u_i\end{aligned}$$

において，$\sum v_i = 1$

$$\sum_i v_i X_i = \sum_i \left(\frac{1}{n} - \bar{X} w_i\right) X_i = \bar{X} - \bar{X} = 0$$

であるから

$$\hat{\alpha} = \alpha + \sum_i v_i u_i \tag{1.50}$$

と表すことができる．v_i も確率変数ではないから，やはり

$$E(\hat{\alpha}) = \alpha$$

が成立し，$\hat{\alpha}$ も α の不偏推定量である．

$\hat{\alpha}, \hat{\beta}$ の分散をそれぞれ $\mathrm{var}(\hat{\alpha})$，$\mathrm{var}(\hat{\beta})$ と表す．$E(\hat{\beta}) = \beta$ であるから

$$\begin{aligned}\mathrm{var}(\hat{\beta}) &= E(\hat{\beta} - \beta)^2 = E\left(\sum_{i=1}^{n} w_i u_i\right)^2 \\ &= E\left(\sum_i w_i^2 u_i^2 + \sum_i \sum_{\substack{j \\ (i \neq j)}} w_i w_j u_i u_j\right) \\ &= \sum_i w_i^2 E(u_i^2) + \sum_i \sum_{\substack{j \\ (i \neq j)}} w_i w_j E(u_i u_j) \\ &= \sigma^2 \sum_i w_i^2 = \frac{\sigma^2}{\sum_i x_i^2}\end{aligned} \tag{1.51}$$

が得られる．最後の等号は w_i の性質 (iii)，その前の等号は $E(u_i^2) = \sigma^2$, $E(u_i u_j) = 0$ $(i \neq j)$ を用いている．

次に $\mathrm{var}(\hat{\alpha})$ を求める．$E(\hat{\alpha})=\alpha$ であるから

$$\begin{aligned}\mathrm{var}(\hat{\alpha})&=E(\hat{\alpha}-\alpha)^2=E\left(\sum_i v_i u_i\right)^2\\&=E\left(\sum_i v_i^2 u_i^2+\sum_{\substack{i\\(i\neq j)}}\sum_j v_i v_j u_i u_j\right)\\&=\sum_i v_i^2 E(u_i^2)=\sigma^2\sum_i v_i^2\end{aligned}$$

そして

$$\begin{aligned}\sum_i v_i^2&=\sum_i\left(\frac{1}{n}-\bar{X}w_i\right)^2\\&=\frac{1}{n}+\bar{X}^2\sum_i w_i^2-\frac{2\bar{X}}{n}\sum_i w_i\\&=\frac{1}{n}+\frac{\bar{X}^2}{\sum_i x_i^2}\end{aligned}$$

であるから

$$\mathrm{var}(\hat{\alpha})=\left(\frac{1}{n}+\frac{\bar{X}^2}{\sum_i x_i^2}\right)\sigma^2 \tag{1.52}$$

となる．

(1.51) 式，(1.52) 式から，σ^2 が小さいほど，説明変数 X のバラつき $\sum_i x_i^2$ が大きいほど，$\mathrm{var}(\hat{\alpha})$，$\mathrm{var}(\hat{\beta})$ は小さくなり，$\hat{\alpha}$, $\hat{\beta}$ の推定精度は高くなることがわかる．

$\hat{\alpha}$, $\hat{\beta}$ の共分散 $\mathrm{cov}(\hat{\alpha},\hat{\beta})$ は以下に示すように負になるから，$\hat{\alpha}$ と $\hat{\beta}$ は負の相関関係にある．

$$\begin{aligned}\mathrm{cov}(\hat{\alpha},\hat{\beta})&=E\left[(\hat{\alpha}-\alpha)(\hat{\beta}-\beta)\right]=E\left[\left(\sum v_i u_i\right)\left(\sum w_i u_i\right)\right]\\&=\sum_i v_i w_i E(u_i^2)+\sum_{\substack{i\\(i\neq j)}}\sum_j v_i w_j E(u_i u_j)\\&=\sigma^2\sum_i v_i w_i=\sigma^2\sum_i\left(\frac{1}{n}-\bar{X}w_i\right)w_i=-\frac{\bar{X}\sigma^2}{\sum_i x_i^2}\end{aligned} \tag{1.53}$$

さて，以上の準備のもとで，パラメータ推定量の特性を説明しよう．

1.9.3　最小2乗推定量 $\hat{\boldsymbol{\alpha}}, \hat{\boldsymbol{\beta}}$ の特性

(1)　$\hat{\alpha}, \hat{\beta}$ はそれぞれ α, β の不偏推定量 unbiased estimator である．

この性質 $E(\hat{\alpha})=\alpha$, $E(\hat{\beta})=\beta$ は1.9.2項ですでに示した．$\hat{\alpha}, \hat{\beta}$ の不偏性は1.2節の仮定（1）と（4）が満たされれば成り立つ．仮定（4）の X は確率変数であっても，u と統計的に独立であればよい．たとえば $\hat{\beta}$ を例にとると

$$E(\hat{\beta})=\beta+\sum_i E(w_i)E(u_i)=\beta \tag{1.54}$$

となる．

いいかえれば，不偏性は誤差項が不均一分散でも（仮定（2）が成立しない），自己相関があっても（仮定（3）が成立しない），正規分布しなくても（仮定（5）が成立しない）成り立つ．

(2)　$\hat{\alpha}, \hat{\beta}$ はそれぞれ α, β の最良線形不偏推定量 best linear unbiased estimator（BLUE）である――ガウス・マルコフの定理 Gauss-Markov theorem

BLUEとは，$\hat{\beta}$ を例にとると，$Y_1, \cdots, Y_n$ の線形関数として表すことができる β の任意の不偏推定量を b とするとき

$$\mathrm{var}(b) \geq \mathrm{var}(\hat{\beta}) \tag{1.55}$$

が成り立つ．すなわち，β の任意の線形不偏推定量のクラスのなかで，$\hat{\beta}$ の分散が最小である．証明は以下のとおりである．

β の任意の線形不偏推定量を

$$b=\sum_i c_i Y_i$$

とする．c_i は非確率変数である．

$$b=\sum_i c_i Y_i=\sum c_i(\alpha+\beta X_i+u_i)$$
$$=\alpha\sum_i c_i+\beta\sum_i c_i X_i+\sum_i c_i u_i$$
$$E(b)=\beta$$

であるためには

$$\sum_i c_i=0, \quad \sum_i c_i X_i=1$$

を $c_1, \cdots, c_n$ は満たさなければならない．この条件を満たすとき

$$b=\beta+\sum_i c_i u_i$$

と表すことができる．

$$\mathrm{var}(b)=E(b-\beta)^2=E\left(\sum_i c_i u_i\right)^2=\sigma^2\sum_i c_i^2$$

$$c_i=w_i+(c_i-w_i)$$

と分解すると

$$\sum_i c_i^2=\sum_i w_i^2+\sum_i (c_i-w_i)^2+2\sum w_i(c_i-w_i)$$

ところが

$$\sum_i w_i(c_i-w_i)=\left(\frac{1}{\sum x_i^2}\right)\sum_i c_i x_i-\sum_i w_i^2$$

$$=\left(\frac{1}{\sum x_i^2}\right)\sum c_i(X_i-\bar{X})-\frac{1}{\sum_i x_i^2}$$

において $\sum_i c_i X_i=1$, $\bar{X}\sum_i c_i=0$ を用いると，上式右辺は 0 となるから

$$\sigma^2\sum_i c_i^2=\sigma^2\sum_i w_i^2+\sigma^2\sum_i (c_i-w_i)^2$$

すなわち

$$\mathrm{var}(b)=\mathrm{var}(\hat{\beta})+\sigma^2\sum_i (c_i-w_i)^2$$

が得られる．$c_i \neq w_i$ のとき，上式右辺第 2 項は正であり，$c_i=w_i$, $i=1, \cdots, n$ のときのみ 0 となるから

$$\mathrm{var}(b)\geq\mathrm{var}(\hat{\beta})$$

が成り立ち，等号は $c_i=w_i$, $i=1, \cdots, n$ すなわち $b=\hat{\beta}$ のときに限られる．

同様に $Y_1, \cdots, Y_n$ に関して線形である α の任意の不偏推定量を

$$a=\sum_i d_i Y_i$$

とすると

$$\mathrm{var}(a)\geq\mathrm{var}(\hat{\alpha})$$

が成立する．d_i も非確率変数である．証明を以下に示す．

$$a=\sum_i d_i Y_i=\sum d_i(\alpha+\beta X_i+u_i)$$

$$=\alpha\sum_i d_i+\beta\sum_i d_i X_i+\sum_i d_i u_i$$

であるから

$$E(a)=\alpha$$

となるためには，$d_1, \cdots, d_n$ は

$$\sum_i d_i = 1, \quad \sum_i d_i X_i = 0$$

を満たさなければならない．このとき

$$a = \alpha + \sum_i d_i u_i$$

と表すことができるから

$$\mathrm{var}(a) = E(a-\alpha)^2 = E\left(\sum_i d_i u_i\right)^2 = \sigma^2 \sum_i d_i^2$$

$$d_i = v_i + (d_i - v_i)$$

と分解し

$$\begin{aligned}\sum_i v_i(d_i - v_i) &= \sum_i \left(\frac{1}{n} - \bar{X} w_i\right) d_i - \sum_i v_i^2 \\ &= \frac{1}{n} - \bar{X} \sum_i \left(\frac{x_i}{\sum x_i^2}\right) d_i - \left(\frac{1}{n} + \frac{\bar{X}^2}{\sum x_i^2}\right) \\ &= \frac{1}{n} - \bar{X}\left(\frac{-\bar{X}}{\sum x_i^2}\right) - \left(\frac{1}{n} + \frac{\bar{X}^2}{\sum x_i^2}\right) = 0\end{aligned}$$

したがって

$$\mathrm{var}(a) = \sigma^2 \sum_i v_i^2 + \sigma^2 \sum_i (d_i - v_i)^2 \geq \sigma^2 \sum_i v_i^2 = \mathrm{var}(\hat{\alpha}) \tag{1.56}$$

が得られる．$\mathrm{var}(a)$ が最小となるのは $d_i = v_i$, $i = 1, \cdots, n$, すなわち $a = \hat{\alpha}$ のときである．

$\hat{\alpha}, \hat{\beta}$ がそれぞれ α, β の BLUE であることを証明するために 1.2 節の仮定（1）から (4) までを用いている．したがって (1) から (4) の仮定の 1 つでも崩れれば，このガウス・マルコフの定理は成り立たない．しかし（1）から（4）の仮定が成立すれば α, β の最小 2 乗推定量 $\hat{\alpha}, \hat{\beta}$ は BLUE という望ましい性質をもつ．いいかえれば仮定（5）の誤差項の正規性は BLUE とは無関係であるから，誤差項の確率分布がどのような分布であろうと仮定（1）から（4）のもとで OLSE の BLUE が得られる．最小2乗法の魅力の1つはこのガウス・マルコフの定理である．

さらに仮定 (5) の誤差項の正規性が成立すれば，$\hat{\alpha}, \hat{\beta}$ はさらに次の特性をもつ．

(3) $\hat{\alpha}, \hat{\beta}$ は α, β の最小分散不偏推定量 minimum variance unbiased estimator（MVUE）である．

$Y_1, \cdots, Y_n$ に関して線形という制約がとれ，α, β のあらゆる不偏推定量のクラスのなかで，$\hat{\alpha}, \hat{\beta}$ はそれぞれ α, β の最小分散をもつ推定量になる．以下，このことを示す．

不偏推定量の分散には下限がある，ということを示すのがクラメール・ラオ不等式 Cramér-Rao inequality である．証明は数学付録 A1, A2 を参照されたい．

いま

$$\boldsymbol{\theta}=\begin{bmatrix}\alpha\\ \beta\end{bmatrix},\quad \hat{\boldsymbol{\theta}}=\begin{bmatrix}\hat{\alpha}\\ \hat{\beta}\end{bmatrix}$$

とする．

$$E(\hat{\boldsymbol{\theta}})=\begin{bmatrix}E(\hat{\alpha})\\ E(\hat{\beta})\end{bmatrix}=\begin{bmatrix}\alpha\\ \beta\end{bmatrix}$$

はすでに示した．フィッシャーの情報行列を求めよう．

正規分布を仮定した（1.36）式，（1.37）式より次式が得られる

$$\frac{\partial \log L}{\partial \alpha}=\frac{1}{\sigma^2}(\sum Y_i-n\alpha-\beta\sum X_i)$$

$$\frac{\partial \log L}{\partial \beta}=\frac{1}{\sigma^2}(\sum Y_iX_i-\alpha\sum X_i-\beta\sum X_i^2)$$

したがって 2 次微分は以下のようになる．

$$\frac{\partial^2 \log L}{\partial \alpha^2}=-\frac{n}{\sigma^2}$$

$$\frac{\partial^2 \log L}{\partial \beta^2}=-\frac{\sum X_i^2}{\sigma^2}$$

$$\frac{\partial^2 \log L}{\partial \alpha\partial \beta}=-\frac{\sum X_i}{\sigma^2}$$

これらの結果からフィッシャーの情報行列は次式になる．

$$\boldsymbol{I}(\boldsymbol{\theta})=\frac{1}{\sigma^2}\begin{bmatrix}n & \sum X_i\\ \sum X_i & \sum X_i^2\end{bmatrix}=\frac{n}{\sigma^2}\begin{bmatrix}1 & \bar{X}\\ \bar{X} & \dfrac{1}{n}\sum X_i^2\end{bmatrix}$$

$\boldsymbol{\theta}$ は 2×1 のパラメータベクトル，$\hat{\boldsymbol{\theta}}$ を $\boldsymbol{\theta}$ の不偏推定量，$\boldsymbol{V}(\hat{\boldsymbol{\theta}})$ を $\hat{\boldsymbol{\theta}}$ の共分散行列とする．すなわち

$$\boldsymbol{\theta}=\begin{bmatrix}\theta_1\\ \theta_2\end{bmatrix},\quad \hat{\boldsymbol{\theta}}=\begin{bmatrix}\hat{\theta}_1\\ \hat{\theta}_2\end{bmatrix},\quad E(\hat{\boldsymbol{\theta}})=\boldsymbol{\theta}$$

$$\boldsymbol{V}(\hat{\boldsymbol{\theta}})=\begin{bmatrix}\mathrm{var}(\hat{\theta}_1) & \mathrm{cov}(\hat{\theta}_1,\hat{\theta}_2)\\ \mathrm{cov}(\hat{\theta}_1,\hat{\theta}_2) & \mathrm{var}(\hat{\theta}_2)\end{bmatrix}$$

である．クラメール・ラオ不等式とは次式である．

$$\boldsymbol{V}(\hat{\boldsymbol{\theta}}) \geq \boldsymbol{I}(\boldsymbol{\theta})^{-1} \tag{1.57}$$

ここで不等号は

$$\boldsymbol{V}(\hat{\boldsymbol{\theta}}) - \boldsymbol{I}(\boldsymbol{\theta})^{-1} \text{ は正値半定符号}$$

ということを意味する.

$\boldsymbol{I}(\boldsymbol{\theta})$ はフィッシャーの情報行列 Fisher's information matrix であり，次式である.

$$\boldsymbol{I}(\boldsymbol{\theta}) = -E\left[\frac{\partial^2 \log L(\boldsymbol{\theta})}{\partial\boldsymbol{\theta}\partial\boldsymbol{\theta}'}\right]$$
$$= \begin{bmatrix} -E\left[\dfrac{\partial^2 \log L(\boldsymbol{\theta})}{\partial\theta_1^2}\right] & -E\left[\dfrac{\partial^2 \log L(\boldsymbol{\theta})}{\partial\theta_1\partial\theta_2}\right] \\ -E\left[\dfrac{\partial^2 \log L(\boldsymbol{\theta})}{\partial\theta_2\partial\theta_1}\right] & -E\left[\dfrac{\partial^2 \log L(\boldsymbol{\theta})}{\partial\theta_2^2}\right] \end{bmatrix}$$

$\boldsymbol{V}(\hat{\boldsymbol{\theta}})$ の最小値を与える $\boldsymbol{I}(\boldsymbol{\theta})^{-1}$ はクラメール・ラオの下限 Cramér–Rao lower bound とよばれる.

$\boldsymbol{I}(\boldsymbol{\theta})$ の（n/σ^2）を除く行列式の値は

$$\frac{1}{n}\sum X_i^2 - \bar{X}^2 = \frac{1}{n}\left(\sum X_i^2 - n\bar{X}^2\right) = \frac{1}{n}\sum x_i^2$$

となるから

$$\boldsymbol{I}(\boldsymbol{\theta})^{-1} = \frac{\sigma^2}{\sum x_i^2}\begin{bmatrix} \dfrac{1}{n}\sum X_i^2 & -\bar{X} \\ -\bar{X} & 1 \end{bmatrix} \tag{1.58}$$

となる. $\boldsymbol{I}(\boldsymbol{\theta})^{-1}$ の（1, 1）要素の

$$\sum X_i^2 = \sum x_i^2 + n\bar{X}^2$$

と表すと，（1, 1）要素は

$$\sigma^2\left(\frac{1}{n} + \frac{\bar{X}^2}{\sum x_i^2}\right) = \mathrm{var}(\hat{\alpha}) \qquad \text{（(1.52) 式）}$$

(2, 2) 要素は (1.51) 式の $\mathrm{var}(\hat{\beta})$, (1, 2) 要素は (1.53) 式の $\mathrm{cov}(\hat{\alpha}, \hat{\beta})$ と等しい. すなわち, $\mathrm{var}(\hat{\alpha})$, $\mathrm{var}(\hat{\beta})$, $\mathrm{cov}(\hat{\alpha}, \hat{\beta})$ はクラメール・ラオの下限に等しい. 結局, α, β の OLSE $\hat{\alpha}, \hat{\beta}$ は，仮定（1）から（5）のもとで，α, β のあらゆる不偏推定量のクラスのなかで，分散が最小であることが示された.

(4)　$\hat{\alpha}, \hat{\beta}$ はそれぞれ α, β の一致推定量である.

推定量 $\hat{\theta}$ が θ の一致推定量 consistent estimator とは

$$\underset{n\to\infty}{\text{plim}}\,\hat{\theta}=\theta$$

となることである．$\hat{\theta}$ が一致性をもつための十分条件がある．次の 2 つの条件である．

（i）　漸近的不偏性　$\lim_{n\to\infty} E(\hat{\theta})=\theta$

（ii）　$\lim_{n\to\infty} \text{var}(\hat{\theta})=0$

まず $\hat{\beta}$ の一致性を示す．$E(\hat{\beta})=\beta$ であるから，当然（i）は成立する．

$$\text{var}(\hat{\beta})=\left(\frac{\sigma^2}{n}\right)\left(\frac{\sum x_i^2}{n}\right)^{-1}$$

と表し

$$\frac{1}{n}\sum x_i^2 \underset{n\to\infty}{\longrightarrow} \sigma_x^2(\neq 0)$$

と仮定する．すなわち X のバラつきを示す $\dfrac{\sum x_i^2}{n}$ は 0 でない σ_x^2 に収束すると仮定すると

$$\lim_{n\to\infty} \text{var}(\hat{\beta})=\lim_{n\to\infty}\left(\frac{\sigma^2}{n}\right)\left(\sigma_x^2\right)^{-1}=0$$

となるから

$$\underset{n\to\infty}{\text{plim}}\,\hat{\beta}=\beta$$

が得られる．

$\hat{\alpha}$ についても $E(\hat{\alpha})=\alpha$ であるから（i）は満たされる．

$$\text{var}(\hat{\alpha})=\sigma^2\left(\frac{1}{n}+\frac{\bar{X}^2}{\sum x^2}\right)=\frac{\sigma^2}{n}\left(1+\frac{\bar{X}^2}{\sum x_i^2/n}\right)$$

において，さらに

$$\bar{X}=\frac{1}{n}\sum X_i \underset{n\to\infty}{\longrightarrow} \mu_x(\neq 0)$$

を仮定すると

$$\lim_{n\to\infty} \text{var}(\hat{\alpha})=\lim_{n\to\infty}\left(\frac{\sigma^2}{n}\right)\left(1+\frac{\mu_x^2}{\sigma_x^2}\right)=0$$

したがって

$$\underset{n\to\infty}{\text{plim}}\,\hat{\alpha}=\alpha$$

が成り立つ.

上記で仮定した

$$\frac{1}{n}\sum X_i \underset{n\to\infty}{\longrightarrow} \mu_x (\neq 0)$$

$$\frac{1}{n}\sum x_i^2 \underset{n\to\infty}{\longrightarrow} \sigma_x^2 (\neq 0)$$

は, X_i が時系列データとすると, X_i は定常過程に従い, 非定常過程ではない, ということを意味する.

(5) $\hat{\alpha}, \hat{\beta}$ は正規分布する

$$\hat{\alpha} = \alpha + \sum v_i u_i \qquad ((1.50) 式)$$

$$\hat{\beta} = \beta + \sum w_i u_i \qquad ((1.49) 式)$$

と, $\hat{\alpha}, \hat{\beta}$ とも正規分布をする u の線形関数であるから, やはり正規分布し

$$\hat{\alpha} \sim N\left(\alpha, \sigma^2\left(\frac{1}{n} + \frac{\bar{X}^2}{\sum x_i^2}\right)\right) \tag{1.59}$$

$$\hat{\beta} \sim N\left(\beta, \frac{\sigma^2}{\sum x_i^2}\right) \tag{1.60}$$

が成り立つ.

▶例 1.2 $\boldsymbol{\hat{\beta}}$ と $\boldsymbol{b}$ の比較

簡単な実験によって, 単純回帰モデル (1.1) 式を, 仮定 (1) から (5) のもとで得られる β の OLSE $\hat{\beta}$ と, β の線形不偏推定量 $b = \sum_{i=1}^{n} c_i Y_i$ の平均, 分散などの値と分布を比較してみよう. 説明変数は 5,000 回の実験において表 1.1 のニコチン (NIC) の値を固定する. すなわち, 毎回 NIC の値は同じである. Y_i, $i = 1, \cdots, n$ を発生させるデータ生成過程 data generating process を DGP と略す. DGP とモデルは次のとおりである.

DGP

$$Y_i = 2.66 + 1.05 \log (NIC)_i + \varepsilon_i, \quad i = 1, \cdots, n$$

$$\varepsilon_i \sim \mathrm{NID}(0, \sigma^2), \quad \sigma^2 = 0.14^2$$

パラメータ 2.66, 1.05 は (1.21) 式 OLSE, σ は (1.21) 式の σ の推定値 $s = 0.14$ を与えた.

$$b=\sum_{i=1}^{n} c_i Y_i$$

$$c_i=\frac{gx_i+h_i}{g\sum_{i=1}^{n} x_i^2},\quad g=0.2$$

$$\sum_{i=1}^{n} h_i=0,\quad \sum_{i=1}^{n} h_i X_i=0$$

$$h_1=h_2=\cdots=h_{n-2}=\frac{1}{n}$$

$$h_{n-1}=\frac{1}{X_n-X_{n-1}}\left\{-\left(\frac{n-2}{n}\right)X_n+\frac{1}{n}\sum_{i=1}^{n-2} X_i\right\}$$

$$h_n=\frac{1}{X_n-X_{n-1}}\left\{\left(\frac{n-2}{n}\right)X_{n-1}-\frac{1}{n}\sum_{i=1}^{n-2} X_i\right\}$$

$$i=1, \cdots, n,\quad n=25$$

モデル

$$Y_i=\alpha+\beta\log(NIC)_i,\quad i=1, \cdots, n$$

β の線形推定量 b は，DGP に示されているように $\sum_{i=1}^{n} h_i=0$, $\sum_{i=1}^{n} h_i X_i=0$ の制約を課すことによって不偏推定量になる．$h_1=h_2=\cdots=h_{n-2}=1/n$ を与え，h_{n-1}, h_n は h_i に関する 2 つの制約式から得られる．

ε_i に正規分布を仮定しているから，モデルの β の OLSE $\hat{\beta}$ は β の BLUE のみならず MVUE である．$n=25$ であり，実験を 5,000 回行った．5,000 回の実験から得られた $\hat{\beta}$ と b のカーネル密度関数を**図 1.15** に示した．カーネル密度関数

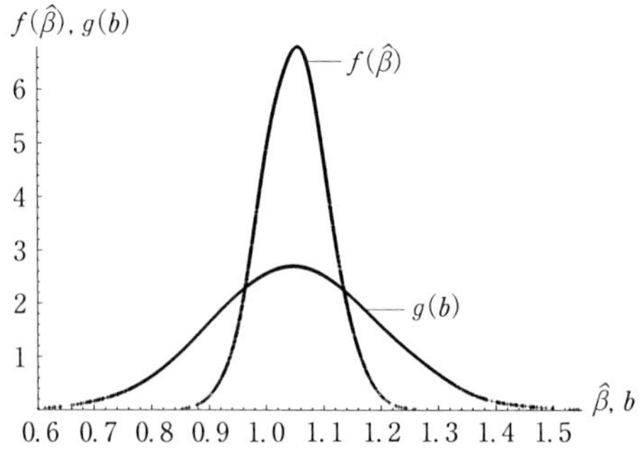

図 1.15 単純回帰モデルの β の MVUE $\hat{\beta}$ と線形不偏推定量 b のカーネル密度関数

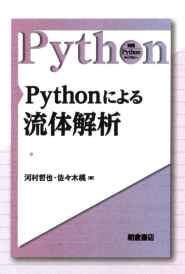

Kivyプログラミング ―Pythonでつくるマルチタッチアプリ―

久保 幹雄 監修／原口 和也 著

A5判／200頁　刊行:2018年6月
978-4-254-12896-3 C3341
定価3,520円（本体3,200円）

スマートフォンで使えるマルチタッチアプリケーションをPython／Kivyで開発。

計算物理学I ―数値計算の基礎/HPC/フーリエ・ウェーブレット解析―

小柳 義夫 監訳／秋野 喜彦・小野 義正・狩野 覚・小池 崇文・善甫 康成 訳

A5判／376頁　刊行:2018年4月
978-4-254-12892-5 C3341
定価5,940円（本体5,400円）

Landau et al., Computational Physicsを2分冊で邦訳

計算物理学II ―物理現象の解析・シミュレーション―

小柳 義夫 監訳／秋野 喜彦・小野 義正・狩野 覚・小池 崇文・善甫 康成 訳

A5判／304頁　刊行:2018年4月
978-4-254-12893-2 C3341
定価5,060円（本体4,600円）

計算科学の基礎を解説したI巻につづき，II巻では様々な物理現象を解析する

Pythonによる 数理最適化入門

久保 幹雄 監修／並木 誠 著

A5判／208頁　刊行:2018年4月
978-4-254-12895-6 C3341
定価3,520円（本体3,200円）

数理最適化の基本をPythonで実践しながら学ぶ。初学者向けにプログラミングの基礎も解説。

Pythonによる ファイナンス入門

中妻 照雄 著

A5判／176頁　刊行:2018年2月
978-4-254-12894-9 C3341
定価3,080円（本体2,800円）

初学者向けにファイナンスの基本事項とPythonによる実装を基礎から丁寧に解説する。

は巻末数学付録Iで説明している．$\hat{\beta}$, b とも平均は真の値 1.05 に近いが，b は広く分布しており，b の分散は $\hat{\beta}$ の分散よりかなり大きいことがわかる．

5,000 回の実験の $\hat{\beta}$ の平均 1.04985 は真の値 1.05 より少し小さい．b の平均 1.05075 は 1.05 より少し大きい．

$\mathrm{var}(\hat{\beta})=\dfrac{\sigma^2}{\sum x_i^2}$ の値 0.0031109 に対し，$\mathrm{var}(b)=\sigma^2\sum c_i^2$ は 0.020097 と約 6.5 倍大きい．

$\hat{\beta}$, b のバラつきの相違も大きく，5,000 回の実験における $\hat{\beta}$ の最小値 0.8525，最大値 1.2567（範囲＝最大値－最小値＝0.4042）に対し，b の最小値 0.5112，最大値 1.7336（範囲＝1.2224）であり，b の範囲も広がっている．

説明変数 $X=\log(NIC)$ は 5,000 回の実験で表 1.1 の NIC の値を与え，指定変数の仮定を満たし，$\hat{\beta}$ も b も正規分布する．正規分布の歪度＝0，尖度＝3 であるが，$\hat{\beta}$, b の 5,000 回の実験結果の歪度，尖度の平均値はそれぞれ，0.030, 3.052, 0.067, 3.143 である．実験結果も $\mathrm{var}(\hat{\beta})<\mathrm{var}(b)$ を示しており，ε に正規分布を仮定しているから，$\hat{\beta}$ は BLUE のみならず MVUE である．

●数学注（1） $E(\sum e^2)=(n-2)\sigma^2$ の証明

和の演算は $i=1$ から n までである．

$$e_i=Y_i-\hat{Y}_i=Y_i-\bar{Y}-(\hat{Y}_i-\bar{Y})=y_i-\hat{y}_i$$

$$y_i=Y_i-\bar{Y}=\alpha+\beta X_i+u_i-(\alpha+\beta\bar{X}+\bar{u})$$

$$=\beta(X_i-\bar{X})+u_i-\bar{u}=\beta x_i+u_i-\bar{u}$$

$$\hat{y}_i=\hat{Y}_i-\bar{Y}=\hat{\alpha}+\hat{\beta}X_i-\bar{Y}=\bar{Y}-\hat{\beta}\bar{X}+\hat{\beta}X_i-\bar{Y}=\hat{\beta}(X_i-\bar{X})=\hat{\beta}x_i$$

したがって

$$e_i=u_i-\bar{u}-(\hat{\beta}-\beta)x_i$$

この式の両辺を 2 乗して和をとると次式が得られる．

$$\sum e_i^2=\sum(u_i-\bar{u})^2+(\hat{\beta}-\beta)^2\sum x_i^2$$

$$-2(\hat{\beta}-\beta)\sum(u_i-\bar{u})x_i$$

$$=\sum u_i^2-n\bar{u}^2+(\hat{\beta}-\beta)^2\sum x_i^2-2(\hat{\beta}-\beta)\sum u_ix_i$$

次に期待値を求める．

$$E(\sum u_i^2)=\sum E(u_i^2)=n\sigma^2$$

$$E(\bar{u}^2)=E\left(\frac{1}{n}\sum u_i\right)^2=\frac{1}{n^2}\sum_i\sum_j E(u_iu_j)$$

$$=\frac{1}{n^2}\sum_i E(u_i^2)=\frac{\sigma^2}{n}$$

$$E(\hat{\beta}-\beta)^2=\mathrm{var}(\hat{\beta})=\frac{\sigma^2}{\sum x^2}$$

$$E\left[(\hat{\beta}-\beta)\sum xu\right]=E\left[\left(\sum wu\right)\left(\sum xu\right)\right]$$

$$=\sum_i\sum_j w_i x_j E(u_i u_j)=\sigma^2\sum_i w_i x_i=\sigma^2$$

以上の結果を用いると（1.25）式

$$E\left(\sum e^2\right)=n\sigma^2-\sigma^2+\sigma^2-2\sigma^2=(n-2)\sigma^2$$

を得る．

●数学注（2） $\sum y^2=\sum\hat{y}^2+\sum e^2$ の証明

残差の定義から

$$Y_i=\hat{Y}_i+e_i$$

両辺の $i=1$ から n までの和をとり，$\sum e_i=0$ に注意すれば

$$\sum Y=\sum\hat{Y}$$

が得られる．上式の両辺を n で割れば

$$\bar{Y}=\bar{\hat{Y}}$$

を得る．

$$Y_i=\hat{Y}_i+e_i$$

の両辺から $\bar{Y}$ を引き，$y_i=Y_i-\bar{Y}$，$\hat{y}_i=\hat{Y}_i-\bar{\hat{Y}}=\hat{Y}_i-\bar{Y}$ を用いると

$$y_i=\hat{y}_i+e_i$$

が成り立つ．この式の両辺を2乗して，$i=1$ から n まで和をとると

$$\sum y^2=\sum\hat{y}^2+\sum e^2+2\sum e\hat{y}$$

となる．ところが，（1.30）式，（1.31）式を用いて

$$\sum e\hat{y}=\sum e\hat{Y}=\sum e(\hat{\alpha}+\hat{\beta}X)=\hat{\alpha}\sum e+\hat{\beta}\sum eX=0$$

したがって（1.28）式

$$\sum y^2=\sum\hat{y}^2+\sum e^2$$

が成立する．

●数学注（3）

自由度 $m=n-2$ とおくと

$$v=\frac{ms^2}{\sigma^2}\sim\chi^2(m)\ \text{（3.13.2 項（5））}$$

の確率密度関数 probability density function（pdf と略す）は次式で与えられる．

$$f(v)=\frac{1}{2^{\frac{m}{2}}\Gamma\left(\frac{m}{2}\right)}e^{-\frac{v}{2}}v^{\frac{m}{2}-1},\quad v>0$$

ここで

$$\Gamma\left(\frac{m}{2}\right)=\int_0^\infty u^{\frac{m}{2}-1}e^{-u}du$$

はガンマ関数である.

ヤコービアンは

$$\frac{dv}{ds^2}=\frac{m}{\sigma^2}$$

となる.

したがって（1.42）式の s^2 の pdf $g(s^2)$ は次式になる.

$$\begin{aligned}g(s^2)&=f\left(\frac{ms^2}{\sigma^2}\right)\frac{dv}{ds^2}\\&=\frac{1}{2^{\frac{m}{2}}\Gamma\left(\frac{m}{2}\right)}\exp\left(-\frac{ms^2}{2\sigma^2}\right)\left(\frac{ms^2}{\sigma^2}\right)^{\frac{m}{2}-1}\left(\frac{m}{\sigma^2}\right)\\&=\frac{m^{\frac{m}{2}}\left(s^2\right)^{\frac{m}{2}-1}\exp\left(-\frac{ms^2}{2\sigma^2}\right)}{\left(2\sigma^2\right)^{\frac{m}{2}}\Gamma\left(\frac{m}{2}\right)},\quad s^2>0\end{aligned}$$

次に $\hat{\sigma}^2$ の pdf を求めよう.

$$v=\frac{ms^2}{\sigma^2}=\frac{\sum e_i^2}{\sigma^2}=\frac{n\hat{\sigma}^2}{\sigma^2}$$

であるから，ヤコービアンは

$$\frac{dv}{d\hat{\sigma}^2}=\frac{n}{\sigma^2}$$

となる.

したがって（1.43）式の $\hat{\sigma}^2$ の pdf $h(\hat{\sigma}^2)$ は次式になる.

$$\begin{aligned}h(\hat{\sigma}^2)&=f\left(\frac{n\hat{\sigma}^2}{\sigma^2}\right)\frac{dv}{d\hat{\sigma}^2}\\&=\frac{1}{2^{\frac{m}{2}}\Gamma\left(\frac{m}{2}\right)}\exp\left(-\frac{n\hat{\sigma}^2}{2\sigma^2}\right)\left(\frac{n\hat{\sigma}^2}{\sigma^2}\right)^{\frac{m}{2}-1}\left(\frac{n}{\sigma^2}\right)\\&=\frac{n^{\frac{m}{2}}\left(\hat{\sigma}^2\right)^{\frac{m}{2}-1}\exp\left(-\frac{n\hat{\sigma}^2}{2\sigma^2}\right)}{\left(2\sigma^2\right)^{\frac{m}{2}}\Gamma\left(\frac{m}{2}\right)},\quad \hat{\sigma}^2>0\end{aligned}$$

2

単純回帰モデルにおける説明力，仮説検定および予測

2.1 は じ め に

1 章の単純回帰モデルのパラメータ推定を継ぎ，単純回帰モデルにおける説明力，仮説検定，予測について説明する．

2.2 節でモデル全体としての説明力を示す決定係数，2.3 節でこの決定係数の解釈にあたって注意すべきことを述べる．

2.4 節，2.6 節はパラメータに関する仮説検定である．2.4 節は α, β, 2.6 節は σ^2 に関する仮説検定をあつかっている．2.7 節は仮説検定に関連して，検定統計量の p 値とはいかなる概念かを説明している．2.5 節は計算の順序を示した．

2.8 節はパラメータ α, β, σ^2 の信頼区間を設定し，仮説検定の両側検定との関係を述べる．

2.9 節は，説明変数 X_0 の値が与えられたときの Y の平均予測値 $E(Y_0)$ と点予側値それぞれの予測区間を説明し，具体例を挙げる．

2.2 モデルの説明力

決定係数

Y の変動を系統的に説明できる要因は X のみであるという（1.1）式のモデルは 1 つの仮説の提示にすぎない．このモデルがどれぐらい成功したかは，実際に観測された Y_i の値と，モデルからの推定値

$$\hat{Y}_i = \hat{\alpha} + \hat{\beta} X_i$$

の値をくらべれば $\hat{Y}_i$ の過大あるいは過小の程度がわかる．

個々の Y_i と $\hat{Y}_i$ の比較ばかりでなく，モデル全体の説明力を測る尺度を求めた

い．モデルが定数項をもてば，次の重要な式が成り立つ（(1.28) 式)．

$$\sum y^2 = \sum \hat{y}^2 + \sum e^2 \qquad (2.1)$$

ここで

$$\sum y^2 = \sum (Y_i - \bar{Y})^2$$

$$\sum \hat{y}^2 = \sum (\hat{Y}_i - \bar{\hat{Y}})^2 = \sum (\hat{Y}_i - \bar{Y})^2$$

であり，$\sum e^2$ は残差平方和である．(2.1) 式の証明は1章数学注 (2) で示した．

$\sum y^2$ は，被説明変数 Y の $\bar{Y}$ まわりの散らばり，全変動を表す．$\sum \hat{y}^2$ は，モデルによって説明することができる Y の推定値 $\hat{Y}$ の $\bar{Y}$ まわりの散らばり，いいかえれば，モデルによって説明できる平方和を表す．$\sum e^2$ は，$e_i = Y_i - \hat{Y}_i$ であるから，観測値 Y_i とモデルからの推定値 $\hat{Y}_i$ との乖離，いいかえれば，モデルによって説明できない平方和を表す．したがって，(2.1) 式を言葉でいえば

全変動＝モデルによって説明できる平方和＋モデルによって説明できない平方和

と，全変動が2つの平方和に分解されることを示している．

この (2.1) 式から，説明力を表す尺度として，全変動のどれだけをモデルによって説明できるかという決定係数 coefficient of determination が定義される．決定係数を r^2 で表すと

$$r^2 = \frac{\sum \hat{y}^2}{\sum y^2} \qquad (2.2)$$

である．

(2.1) 式より，$\sum \hat{y}^2 = \sum y^2 - \sum e^2$ であるから，この式を r^2 の分子へ代入して，r^2 は

$$r^2 = 1 - \frac{\sum e^2}{\sum y^2} \qquad (2.3)$$

と書くこともできる．$\sum y^2 > 0$, $\sum \hat{y}^2 \geq 0$ であるから，(2.2) 式より $r^2 \geq 0$ であり，$\sum e^2 \geq 0$, $\sum y^2 > 0$ であるから，(2.3) 式より $r^2 \leq 1$ であることがわかる．すなわち

$$0 \leq r^2 \leq 1 \qquad (2.4)$$

である．$r^2 = 1$ あるいは $r^2 = 0$ とはどのような場合かを考えてみよう．

(1)　$r^2 = 1$ のとき

$$r^2 = 1 \Rightarrow \sum e^2 = 0 \Rightarrow e_1, e_2, \cdots, e_n = 0 \Rightarrow \hat{Y}_i = Y_i, \quad i = 1, 2, \cdots, n$$

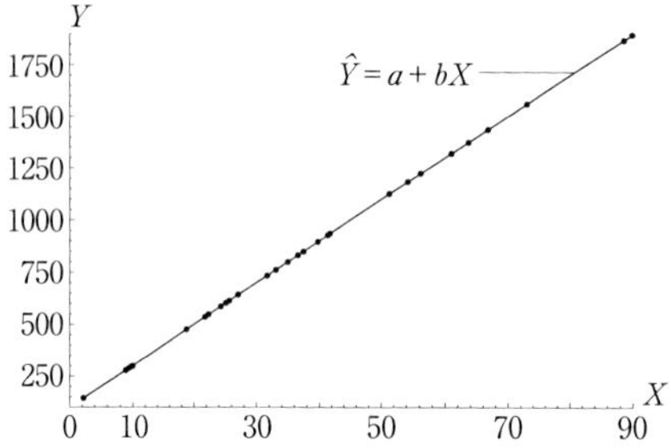

図 2.1(a)　$r^2=1(r=1)$ のケース

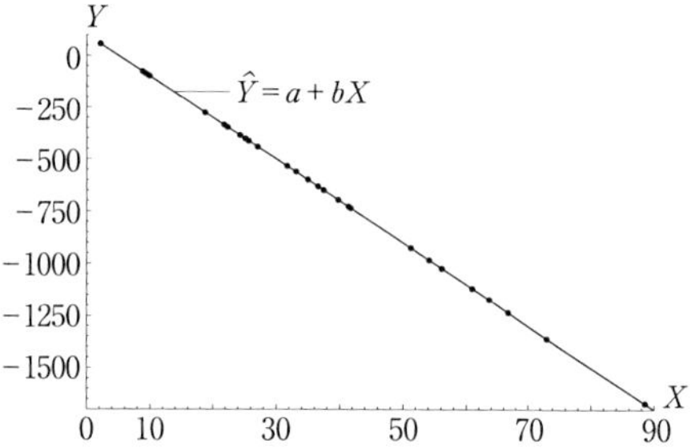

図 2.1(b)　$r^2=1(r=-1)$ のケース

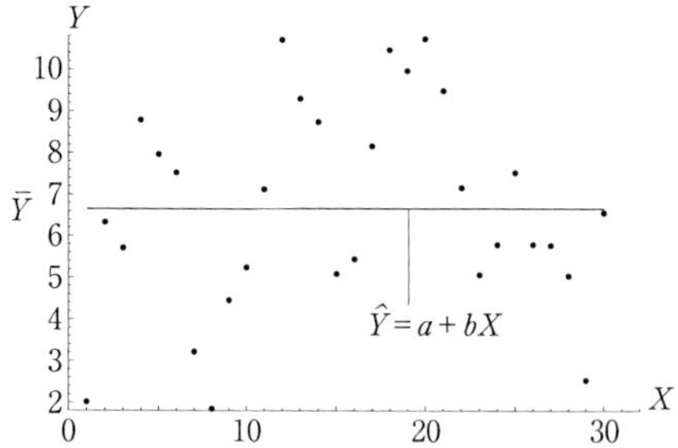

図 2.1(c)　$r^2=0$ のケース

は明らかであろう．すなわち，$r^2=1$ のときとは，すべての $i=1, \cdots, n$ に対して，モデルからの推定値 $\hat{Y}_i$ が観測値 Y_i に等しいという場合である．**図 2.1**(a)，(b) のケースが $r^2=1$ の場合であり，観測値（図の●）が推定値を与える直線 $\hat{Y}=a+bX$ の上にすべて並んでいる．モデルによって完全に Y の動きを説明できる場合である．

実際には $r^2=1$ となることはほとんどないが，1 に近ければ近いほど説明力が高いモデルである．たとえば $r^2=0.96$ であれば，全変動の 96% はモデルによって説明することができ，残り 4 % がモデルでは説明できない Y の全変動である．

(2)　$r^2=0$ のとき

$$r^2=0 \Rightarrow \sum \hat{y}^2=0 \Rightarrow \hat{y}_1=\hat{y}_2=\cdots=\hat{y}_n=0 \Rightarrow \hat{Y}_i=\bar{Y}, \quad i=1, 2, \cdots, n$$

$r^2=0$ のときには，モデルは結局，Y の変動を説明することができず，$\hat{Y}_i$ はすべての $i=1, \cdots, n$ に対して $\bar{Y}$ しか与えない（図 2.1(c)）．$\bar{Y}$ は説明変数 X がなくても，いつでも計算することができるから，$\hat{Y}_i=\bar{Y}$ はモデルの説明力ゼロを意味する．実際に，$r^2=0$ という場合は少ないが，0に近いほどモデルの説明力は低いということを示している．もし，$r^2=0.10$ であれば，全変動の10% しかモデルで説明することができず，残り90% は説明されないまま残されていることになる．

決定係数はモデル全体の説明力を測る尺度である．しかし，個々の観測値 Y_i を推定値 $\hat{Y}_i$ がどれぐらい説明しているか，過大推定か過小推定かという情報は決定係数では失われてしまっている．説明力を検討する場合には，決定係数と並んで，Y_i と $\hat{Y}_i$，e_i，$(e_i/Y_i)\times 100$ などもチェックするとよい．例1.1で示した誤差率（%）

$$r_i=\frac{e_i}{Y_i}\times 100$$

$$\text{平方残差率 } a_i^2\ (\%)=\left(\frac{e_i^2}{\sum e_i^2}\right)\times 100$$

も有用である．

決定係数を計算するとき，モデルによって説明できる平方和は（1.29）式で示したように

$$\sum \hat{y}^2=\hat{\beta}\sum xy \tag{2.5}$$

によって計算すればよい．例1.1の

$$\sum y^2=7.320312,\quad \sum \hat{y}^2=6.873291$$

であるから

$$r^2=\frac{\sum \hat{y}^2}{\sum y^2}=0.9389$$

となり，$\log(CO)$ の全変動の93.89% は $\log(NIC)$ によって説明することができる．

2.3　決定係数に関する3つの注意

決定係数は1に近いほど説明力が高く，0に近いほど説明力が低いということを述べた．これだけの単純な尺度であれば，決定係数を解釈するにあたって，困難な点は何もないが，実際には次の3点に注意しなければならない．

①　決定係数は，X が原因変数で Y が結果変数であるという，$X\rightarrow Y$ の因果関係の強さを測る尺度ではない．

単純回帰モデル（1.1）式を，Y を説明する仮説として提示したとき，分析者は X が因で Y が果である $(X \to Y)$ という因果関係を想定しているにちがいない．実験で刺激を与える X の値をコントロールし，どのような反応 Y が観測されるかは $X \to Y$ の例である．

単純回帰モデル（1.1）式の説明力は決定係数（2.2）式によって表される．このように考えれば，決定係数は $X \to Y$ の因果関係を測っていると思いたくなる．

ところが，（2.2）式で与えられる（1.1）式の決定係数は，X と Y の役割りを逆にした

$$X_i = \gamma + \delta Y_i + v_i \tag{2.6}$$

という単純回帰モデルの決定係数でもある．（2.6）式が理論的に意味があろうとなかろうと，X の Y への回帰をとり，γ, δ の最小 2 乗推定値を求め，決定係数

$$r_{XY}^{\ 2} = \frac{\sum \hat{x}^2}{\sum x^2} \tag{2.7}$$

を計算することは可能である．

（2.2）式と（2.7）式が同じ値になることを示そう．まず（2.2）式の分子は次のように書くこともできる．

$$\sum \hat{y}^2 = \hat{\beta} \sum xy = \left(\frac{\sum xy}{\sum x^2} \right) \sum xy = \frac{(\sum xy)^2}{\sum x^2}$$

したがって（2.2）式で示される Y の X への回帰をとったときの決定係数は次のように表すことができる．

$$r^2 = \frac{(\sum xy)^2}{\sum x^2 \sum y^2} \tag{2.8}$$

他方, X の Y への回帰をとる（2.6）式の, モデルによって説明される平方和は,（2.5）式との類比を考えれば，次式で与えられる．

$$\sum \hat{x}^2 = \hat{\delta} \sum yx = \left(\frac{\sum yx}{\sum y^2} \right) \sum yx = \frac{(\sum yx)^2}{\sum y^2}$$

上式を（2.7）式の分子へ代入することによって，（2.6）式の決定係数

$$r_{XY}^{\ 2} = \frac{\sum \hat{x}^2}{\sum x^2} = \frac{(\sum xy)^2}{\sum x^2 \sum y^2} \tag{2.9}$$

が得られ，この結果は（2.8）式と同じである．

結局，（2.2）式で示される決定係数は，モデル（1.1）式の説明力を測る尺度として導いたが，それは同時に（2.6）式のモデルの決定係数でもあることがわ

かった．(1.1) 式に $X \to Y$ という因果の関係が定式化されていると主張するのであれば，(2.6) 式には $Y \to X$ という因果の関係が定式化されていることになる．決定係数 r^2 はこの両者をともに示しているということは明らかに矛盾である．つまり r^2 は $X \to Y$ の因果関係の強さを示す尺度ではない．

(2.8) 式の形で示されている決定係数は，Y と X の相関係数の2乗であることがわかる．したがって，決定係数は因果関係を示さないといったことは，相関と因果という概念は異なる，と言い換えてもよい．

$X \to Y$ という因果関係を仮定することができるのは (1.1) 式を導いた理論であり，あるいはしばしば常識である．

② 決定係数は Y と X が1次関数の関係にあるかどうかを測る尺度である．たとえ，決定係数が0あるいは0に近いとしても，これは Y と X のすべての関係を否定するものではない．

たとえば，Y と X の間には，**図2.2** に示されているように

$$Y_i = 0.01 - 1.2X_i^2 + u_i, \quad i = 1, \cdots, 40$$

$$u_i \sim \mathrm{NID}\ (0, 1.6)$$

という関係がある．

散布図を作図すれば Y と X の間にパラメータの値はわからないが，2次の関係を読み取ることができる．しかし，散布図を描かないで，モデルとして

$$Y_i = \alpha + \beta X_i + \varepsilon_i, \quad i = 1, \cdots, 40$$

と定式化したと仮定しよう．このとき

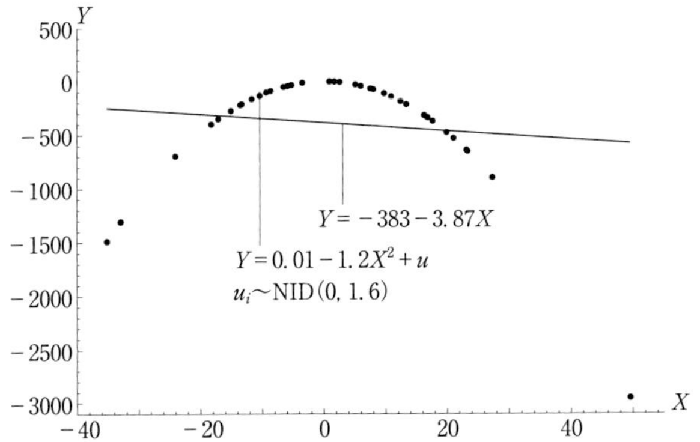

図2.2　$r^2 \fallingdotseq 0$ のケース

$$Y = -383 - 3.87X$$

が得られ，$r^2 = 0.016$ にすぎない.

$r^2 = 0.016$ とほとんど0であるが，この例は Y と X の間に2次の関係がある.

結局，決定係数（あるいは相関係数）が0あるいは0に近ければ Y と X の間に1次の関係はないということを示すが，しかしこのことはあらゆる関係が Y と X の間にないということを意味しない.

③　自由度が0ならば決定係数は1である.

単純回帰モデル（1.1）式の n 個の最小2乗残差 $e_1, e_2, \cdots, e_n$ の自由度は，(1.30) 式および（1.31）式の制約が課されることによって2失われ，$n-2$ になるということはすでに述べた．もし，(X_1, Y_1)，(X_2, Y_2) という2個の観測点 $(n=2)$ しかないとすれば，自由度0であり，（1.30）式および（1.31）式はそれぞれ次式となる.

$$e_1 + e_2 = 0$$

$$e_1 X_1 + e_2 X_2 = 0$$

したがって，$e_2 = -e_1$ を2番目の式に代入して整理すれば

$$e_1 (X_1 - X_2) = 0$$

が得られるから，$X_1 \neq X_2$ ならば，$e_1 = 0$，ゆえに $e_2 = 0$ が得られる．$e_1 = e_2 = 0$ であるから，$\sum e^2 = 0$，したがって $r^2 = 1$ となる.

この結果は，単純回帰モデルにおいて $n = 2$，したがって $\mathrm{df} = n - 2 = 0$ のとき，モデル（1.1）式が理論的に，あるいは常識で考えて全く無意味であったとしても，決定係数はつねに1となることを示している．2個の観測点しかなければ，最小2乗原理によって得られる回帰線 $\hat{Y}$ はつねにこの2点を通る直線となる.

自由度が0のとき，単純回帰では2次元空間で一義的に直線が決定され，決定係数が1になるという結論は，説明変数が2個以上の場合へと一般化することができる．たとえば，説明変数が2個現れる

$$Y_i = \beta_1 + \beta_2 X_{2i} + \beta_3 X_{3i} + u_i$$

というモデルにおける n 個の最小2乗残差 $e_1, e_2, \cdots, e_n$ の自由度は，3章で説明するように，$n-3$ である．したがって $n=3$ のとき自由度0になるが，このことは3次元空間において3点を結ぶ平面が一義的に決定され，やはり決定係数は1になる．説明変数が3個以上になっても，自由度0のとき，決定係数は1である.

先に，決定係数は1に近いほどモデルの説明力は高いと述べた．説明力が高け

れば良いモデルであると考えたくなるが，しかし，単純にこうは言えないということを前述の結果は示している．自由度が0であれば，説明変数にどのような変数が選ばれようと，$X_1 \neq X_2$ であれば，決定係数はつねに1であるから，決定係数の大きさは自由度との関連でみなければならない．

自由度が0ではなく，1や2になっても依然として決定係数は高いであろう．$n=3$ のとき，3点を通る直線が一義的に決まることはないから決定係数は1にはならないが，依然として1に近い値であろう．$n=3$, $\mathrm{df}=n-2=1$ しかないということは，観測点は3点あっても，そのなかで2点は直線によって一義的に決定されるから，モデルに問われている説明力は1個の観測点にしかすぎないと考えることができる．1個をどれぐらい説明できるかが問われているだけであるとすれば，説明力は高くて当然である．$n=4$，したがって，$\mathrm{df}=2$ となってもやはり決定係数は高いであろう．たとえば，表1.1の #1 から #3 までのデータを用いて，(1.21) 式を推定すると ($n=3$, $\mathrm{df}=1$)，$r^2=0.982$, #1 から #4 までのデータを用いると ($n=4$, $\mathrm{df}=2$)，$r^2=0.960$ である．

結局，自由度が小さければ決定係数が1に近いことは当たり前であり，別にモデルの良さを反映しているとは限らないということがしばしば生ずる．とすれば自由度がどれぐらいあればそのモデルの決定係数は説明力の尺度として信頼できるのか．客観的な基準があるわけではない．大体の目安として，自由度15以上ぐらいないと，決定係数が高くてもモデルの信頼度は余り高くないのではないかといわれている．もちろん1つの目安であって，自由度が14しかないから，そのモデルは信頼できないというような厳密な意味ではない．しかし1桁の自由度しかない推定結果は，決定係数が高くても，信頼度は小さい．他方，時系列データを用いて回帰モデルを推定するときには，観測期間を長くとり，自由度が多くなればなるほど信頼できる推定結果がもたらされるとは限らない．というのは，観測期間を長くとれば，パラメータ α や β が観測期間のどこかで変化したかも知れないという構造変化の問題が発生するからである．

最適の自由度はない．したがって，とくに時系列データで，ある関数を推定するとき，推定期間をいつからいつまでにすると一番良いかを決める絶対的な基準もない．パラメータの安定性と自由度15以上ぐらいが推定期間を決める1つの基準である．

決定係数の解釈において，決定係数は Y と $\hat{Y}$ の相関係数の 2 乗でもあるという点に注目すべきである．Y と $\hat{Y}$ の相関係数の 2 乗は

$$r^2{}_{Y\hat{Y}} = \frac{(\sum y\hat{y})^2}{\sum y^2 \sum \hat{y}^2} \qquad \text{（小文字は平均からの偏差）}$$

である．

$$\sum y\hat{y} = \sum(\hat{y}+e)\hat{y}$$

$$\sum e\hat{y} = 0 \qquad \text{（1 章数学注（2）参照）}$$

であるから，$\sum y\hat{y} = \sum \hat{y}^2$ となりこの結果を分子へ代入すれば

$$r^2{}_{Y\hat{Y}} = \frac{\sum \hat{y}^2}{\sum y^2} \tag{2.10}$$

となる．

2.4　α, β に関する仮説検定

2.4.1　β に関する検定

単純回帰モデル（1.1）式は 1 つの仮説の提示である．X が Y の変動を系統的に説明できる要因かどうかは，決定係数の大きさからもある程度は判断できる．仮説検定の理論を用いて，X が Y の系統的要因かどうかを検討しよう．

検定すべき帰無仮説 null hypothesis は

$$H_0 : \beta = 0$$

と設定される．（1.1）式において $\beta=0$ であれば，X がどのように変化しても Y に何ら影響を与えないから，この帰無仮説 H_0 は，X は Y の系統的要因ではないということを意味する．この H_0 と代替的な対立仮説 alternative hypothesis は

$$H_1 : \beta > 0$$

あるいは

$$H_1 : \beta < 0$$

あるいは

$$H_1 : \beta \neq 0$$

である．対立仮説をどう設定するかは，X が Y に負あるいは正の影響を与えるという可能性が理論的に無意味であるかどうかに依存している．もし，負の影響を与える状況を考えても理論として無意味であるならば，$\beta>0$ を対立仮説とす

る．負のあるいは正の影響も，理論的に意味があるとすれば，$\beta \neq 0$ と設定する．通常，$\beta > 0$ かあるいは $\beta < 0$ であろう．

いま

$$H_0 : \beta = 0, \quad H_1 : \beta > 0$$

のケースを考えよう．

仮説が設定されると次の段階は，検定統計量とその分布を知る必要がある．β に関する仮説検定であるから，β の推定量 $\hat{\beta}$ が検定統計量になる．

$$\mathrm{var}(\hat{\beta}) = \frac{\sigma^2}{\sum x^2} = \sigma_{\hat{\beta}}^2$$

とおくと，(1.60) 式に示されているように

$$\hat{\beta} \sim N(\beta, \sigma_{\hat{\beta}}^2)$$

であるから

$$Z = \frac{\hat{\beta} - \beta}{\sigma_{\hat{\beta}}} \sim N(0, 1) \tag{2.11}$$

である．もし σ の値がわかっていれば，上式を用いて，$\beta = 0$ の仮説は正規分布を用いて行うことができる．しかし通常，σ の値はわからない．したがって，$\mathrm{var}(\hat{\beta})$ の未知パラメータ σ^2 を (1.26) 式で与えられる不偏推定量 s^2 で推定し，$\mathrm{var}(\hat{\beta})$ の推定量を

$$s_{\hat{\beta}}^2 = \frac{s^2}{\sum x^2} \tag{2.12}$$

とおくと

$$t = \frac{\hat{\beta} - \beta}{s_{\hat{\beta}}} \sim t(n-2) \tag{2.13}$$

が成り立つ（数学注 (1) 参照）．$t(n-2)$ は自由度 $n-2$ の t 分布である．自由度 $n-2$ は前述の $e_1, \cdots, e_n$ の自由度である．

仮説検定の第3段階は棄却域の決定である．$H_0 : \beta = 0$ が正しいとすれば，(2.13) 式より

$$t = \frac{\hat{\beta} - 0}{s_{\hat{\beta}}} = \frac{\hat{\beta}}{s_{\hat{\beta}}} \sim t(n-2) \tag{2.14}$$

である．$H_0 : \beta = 0$ が正しい，すなわち (1.1) 式において X は Y の系統的要因ではないということが正しいとすれば，β の推定値 $\hat{\beta}$ も 0 近辺の値をとり，こ

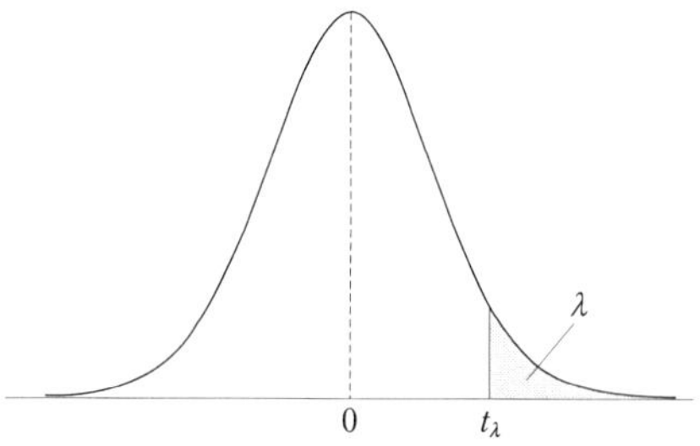

図 2.3　有意水準 λ の片側検定

のとき（2.14）式の t は 0 に近い値をとる．いいかえれば，（2.14）式から計算される t 値が 0 に近い値であれば $H_0: \beta=0$ と矛盾せず，H_0 を棄却すべき根拠を与えない．他方，対立仮説 $H_1: \beta>0$ の方が正しいとすれば，β の推定値 $\hat{\beta}$ も正の値をとるであろう．$\hat{\beta}$ が $s_{\hat{\beta}}$ にくらべて大きな値をとり，（2.14）式で計算される t 値が正の大きな値をとればとるほど，それは $H_0: \beta=0$ に不利な証拠となり，H_0 を棄却し，H_1 を採択すべき根拠となる．

以上の説明より，$H_0: \beta=0$ を棄却する領域を R とすると

$$R=\{t\,;\,t>t_\lambda\}$$

となることがわかる．t_λ は有意水準 λ のとき上側 λ の確率を与える t 分布の分位点であり，t_λ をこえる t の値からなる棄却域 R は**図 2.3** の黒く塗りつぶした部分である．

仮説検定の第 4 段階は，前述した検定方式を確認する．次の検定方式である．

$$t \in R \text{ ならば } H_0 \text{ を棄却し，} H_1 \text{ を採択}$$

$$t \notin R \text{ ならば } H_0 \text{ は棄却できない}$$

t が棄却域 R に落ちれば（$t \in R$），$H_0: \beta=0$ を棄却し，$H_1: \beta>0$ を採択する．このとき X は Y に正の影響を与える系統的要因であり，（1.1）式のモデルは意味があったということになる．

t が棄却域 R に落ちなければ（$t \notin R$），$H_0: \beta=0$ に不利な証拠とはみなされず，H_0 を棄却できない，したがって $H_1: \beta>0$ を支持できる証拠は得られなかったと判断する．このとき（1.1）式のモデル設定は失敗であった．

仮説検定の最後の段階は，（2.14）式によって t 値を計算し，棄却域に落ちるかどうかという検定を実施し，結論を述べることである．

▶例 2.1

例 1.1 の log(*CO*) の単純回帰モデル（1.21）式の

$$H_0: \beta=0, \quad H_1: \beta>0$$

を検定しよう．

$$s_{\hat{\beta}}^2=\frac{s^2}{\sum x^2}=\frac{0.019436}{6.181475}=3.144233\times 10^{-3}$$

であるから

$$s_{\hat{\beta}}=\sqrt{s_{\hat{\beta}}^2}=\sqrt{3.144233\times 10^{-3}}=0.056073$$

したがって

$$t=\frac{\hat{\beta}}{s_{\hat{\beta}}}=\frac{1.054475}{0.056073}=18.805$$

となる．有意水準 λ を 0.01 とすると，自由度 $n-2=25-2=23$ の上側 1% 点は，付表の t 分布表より，$t_{0.01}=2.500$ であるから，棄却域 R は

$$R=\{t\,;\,t>2.500\}$$

となる．t 値 18.805 は 2.500 よりはるかに大きい値であり，棄却域に落ちるから，$H_0: \beta=0$ が棄却され，$H_1: \beta>0$ を支持する強い証拠が得られた．log(*CO*) と log(*NIC*) の間には強い線形関係があり，*NIC* が 1% 増えると *CO* が約 1.05% 増えることがわかる．

2.4.2　α に関する検定

X が Y の変動を説明する系統的要因であるかどうかの検定は，前項で説明したが，これとは異なる α に関する検定がある．

（1.21）式の α は $NIC=1$(mg) のときの log(*CO*) の値であり，$\alpha=0$ は *CO* も 1(mg) であることを意味する．$\alpha>0$ であれば，$NIC=1$(mg) のとき $CO>1$，$\alpha<0$ のときには $CO<1$ の意味になる．

ここでは α が 0 という帰無仮説を検定しよう．$\alpha>0$ あるいは $\alpha<0$ いずれの可能性もあるから対立仮説は $\alpha\neq 0$ である．仮説検定の 5 つの段階に沿いながら，（1.21）式のモデルで説明しよう．

①　$H_0: \alpha=0, \quad H_1: \alpha\neq 0$

②　$t=\dfrac{\hat{\alpha}-\alpha}{s_{\hat{\alpha}}}\sim t(n-2)$　　(2.15)

$$s_{\hat{\alpha}}^2 = s^2\left(\frac{1}{n}+\frac{\bar{X}^2}{\sum x^2}\right) \tag{2.16}$$

は，(1.52) 式で示した

$$\mathrm{var}(\hat{\alpha}) = \sigma^2\left(\frac{1}{n}+\frac{\bar{X}^2}{\sum x^2}\right)$$

の不偏推定量である．

③　$H_0: \alpha=0$ のとき

$$t=\frac{\hat{\alpha}-0}{s_{\hat{\alpha}}}=\frac{\hat{\alpha}}{s_{\hat{\alpha}}} \sim t(n-2)$$

であり，対立仮説 $H_1: \alpha \neq 0$ から，棄却域は**図 2.4** に示したように，両側である．有意水準を λ，棄却域を R とすると

$$R=\{\mathrm{t}\,;\,|t|>t_{\lambda/2}\}$$

である．

$\lambda=0.05$ とすると，$n=25$ のとき df$=23$ であるから，$t_{0.025}=2.069$ である．

④　$t \in R$ ならば H_0 を棄却し，H_1 を採択する．このとき H_1 は $\alpha>0$ あるいは $\alpha<0$ であるが，下側棄却域へ落ちれば $\alpha<0$ を，上側棄却域へ落ちれば $\alpha>0$ を採択する．

$t \notin R$ ならば H_0 を棄却しない．

⑤　実際に検定を実施する．

$$s_{\hat{\alpha}}^2 = s^2\left(\frac{1}{n}+\frac{\bar{X}^2}{\sum x^2}\right) = (0.019436)\left[\frac{1}{25}+\frac{(-0.229452)^2}{6.181475}\right]$$
$$=9.429782\times 10^{-4}$$

したがって

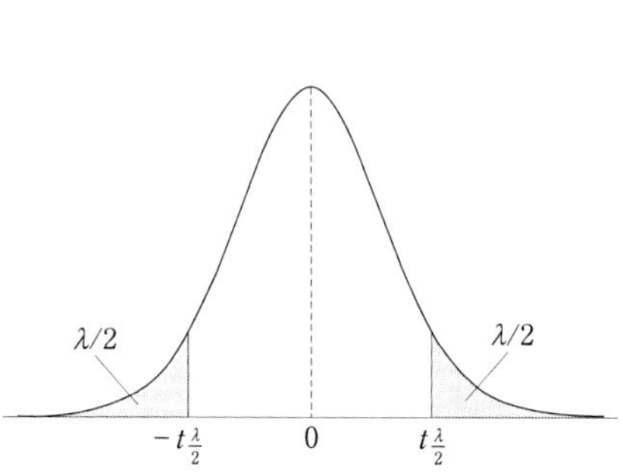

図 2.4　有意水準 λ の両側検定

$$s_{\hat{\alpha}}=\sqrt{s_{\hat{\alpha}}^2}=0.030708$$

ゆえに

$$t=\frac{\hat{\alpha}}{s_{\hat{\alpha}}}=\frac{2.663670}{0.030708}=86.742$$

この t 値は，有意水準 1% の棄却域

$$R=\{t\,;\,|t|>2.807\}$$

に落ちる．そして上側棄却域に落ちるから，$H_0:\alpha=0$ は棄却され，$\alpha>0$ が採択される．$\alpha>0$ を支持する証拠が得られた．

$NIC=1$(mg) のとき $\log(CO)$ は約 2.66, $CO=e^{2.66}=14.30$(mg) が，25 銘柄のタバコから予想される．

(1.21) 式の推定結果は次のように表される．

$$\log(CO)=\underset{(86.74)}{2.66}+\underset{(18.81)}{1.05}\log(NIC) \tag{2.17}$$

$$r^2=0.9389,\quad s=0.139,\quad n=25$$

パラメータ推定値の下の（　）内は H_0 のもとでの t 値である．標準偏差を示してもよいが，t 値の方が統計的に有意かどうか判断しやすいので，最近は t 値の方が（　）内に記される．CO も NIC も有効数字が 3 桁であるから，$\hat{\alpha}$, $\hat{\beta}$ も 3 桁にした．

2.5 計算の順序

さて，以上で当初の 3 つの目的，未知パラメータの推定，説明力，仮説検定について説明した．個々に述べてきたので，ここで計算の順序を示すという意味を含め，必要な計算をまとめておこう．電卓で計算する場合にはこの順序通り計算すればよい．1 組の観測値 $(X_1, Y_1), \cdots, (X_n, Y_n)$ があり，モデル (1.1) 式が設定されている．和の演算はすべて 1 から n までである．

まず

$$\sum X,\quad \sum Y,\quad \sum X^2,\quad \sum Y^2,\quad \sum XY$$

を計算する．次に平均と，平均からの偏差平方和，偏差の積和を計算する．

$$\bar{X}=\frac{1}{n}\sum X,\quad \bar{Y}=\frac{1}{n}\sum Y$$

$$\sum x^2 = \sum (X_i - \bar{X})^2 = \sum X^2 - \frac{1}{n}(\sum X)^2$$

$$\sum y^2 = \sum (Y_i - \bar{Y})^2 = \sum Y^2 - \frac{1}{n}(\sum Y)^2$$

$$\sum xy = \sum (X_i - \bar{X})(Y_i - \bar{Y}) = \sum XY - \frac{1}{n}(\sum X)(\sum Y)$$

以下，次の順序に従えば，パラメータ推定値，決定係数，t 値を求めることができる．

$$\hat{\beta} = \frac{\sum xy}{\sum x^2}$$

$$\hat{\alpha} = \bar{Y} - \hat{\beta}\bar{X}$$

$$\sum \hat{y}^2 = \hat{\beta} \sum xy$$

$$\sum e^2 = \sum y^2 - \sum \hat{y}^2$$

$$s^2 = \frac{\sum e^2}{n-2}, \quad s = \sqrt{s^2}$$

$$r^2 = \frac{\sum \hat{y}^2}{\sum y^2}$$

$$s_{\hat{\alpha}}^2 = s^2\left(\frac{1}{n} + \frac{\bar{X}^2}{\sum x^2}\right), \quad s_{\hat{\alpha}} = \sqrt{s_{\hat{\alpha}}^2}$$

$$t = \frac{\hat{\alpha}}{s_{\hat{\alpha}}}$$

$$s_{\hat{\beta}}^2 = \frac{s^2}{\sum x^2}, \quad s_{\hat{\beta}} = \sqrt{s_{\hat{\beta}}^2}$$

$$t = \frac{\hat{\beta}}{s_{\hat{\beta}}}$$

仮説検定の結果，$H_0 : \beta = 0$ が棄却され，設定したモデル（1.1）式が受容された場合には

$$\hat{Y}_i = \hat{\alpha} + \hat{\beta} X_i, \quad i = 1, \cdots, n$$

$$e_i = Y_i - \hat{Y}_i, \quad i = 1, \cdots, n$$

を計算する．誤差率，平方残差率も計算すると，個々の観測値を，モデルがどの程度説明しているかの検討に有用である．Y_i と $\hat{Y}_i$ のグラフも描くとよい．

2.6　σ^2 に関する仮説検定

回帰モデル（1.1）式を定式化したとき，通常，関心は α, β の推定値と，$\alpha=0$ あるいは $\beta=0$ の仮説が棄却されるかどうかであり，σ^2 は関心外として局外パラメータであることが多い．しかし σ^2 の値が，ある値 σ_0^2 と考えてよいかどうかを検定したい場合がある．

仮説を

$$H_0 : \sigma^2=\sigma_0^2$$
$$H_1 : \sigma^2\neq\sigma_0^2$$

と設定する．

検定統計量は σ^2 の不偏推定量 s^2 を用い

$$v=\frac{(n-2)s^2}{\sigma^2}\sim\chi^2(n-2) \tag{2.18}$$

によって棄却域を決定する．s^2 と関連するこのカイ 2 乗分布の証明は 3.13 節で行う．

H_0 が正しければ

$$v=\frac{(n-2)s^2}{\sigma_0^2}\sim\chi^2(n-2)$$
$$E(v)=n-2 \tag{2.19}$$

である．H_0 が正しければ $s^2\fallingdotseq\sigma_0^2$ となり，v は $n-2$ に近い値をとる．もし，H_1 の $\sigma^2>\sigma_0^2$ が正しければ s^2 も σ_0^2 より大きい値となり，v は $n-2$ より大きくなる．v が $n-2$ を超えて大きな値をとればとるほど H_0 に不利な証拠となり，H_1 の $\sigma^2>\sigma_0^2$ の方を支持する証拠を与える．逆に，H_1 の $\sigma^2<\sigma_0^2$ の方が正しければ，v は $n-2$ より小さくなり，v が $n-2$ より小さい値をとればとるほど H_0 に不利な証拠となり，H_1 の $\sigma^2<\sigma_0^2$ を支持する証拠となる．

したがって，有意水準を 0.05 とすると，自由度 23 の上側 0.025 の確率を与える 38.076 より大きい値，下側 0.025 の確率を与える 11.689 より小さい値が H_0 の棄却域 R を与える．すなわち

$$R=\{v\,;\,v<11.689\ \text{あるいは}\ v>38.076\}$$

であり，**図 2.5** の両側の黒く塗りつぶした領域である．

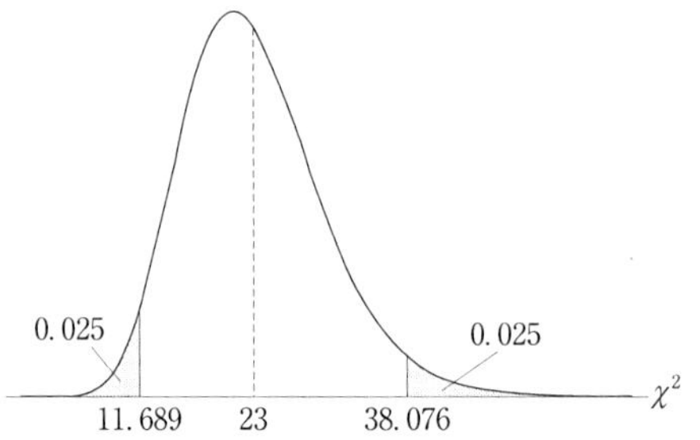

図 2.5　有意水準 0.05，自由度 23 の χ^2 分布による両側検定

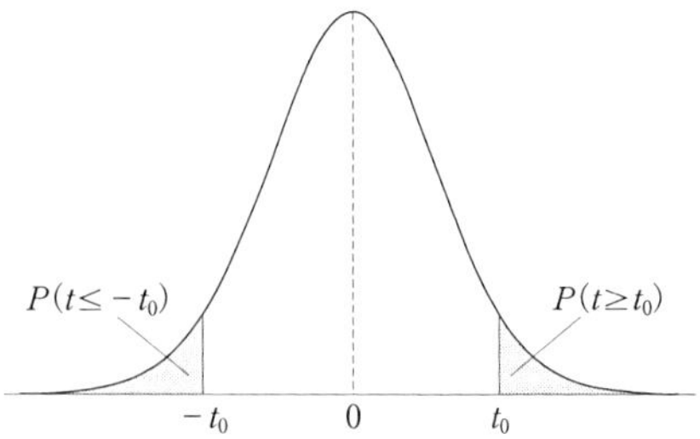

図 2.6　t 検定の p 値

(1.21) 式のモデルの σ^2 に対して，仮説

$$H_0 : \sigma^2 = 0.025$$

$$H_1 : \sigma^2 \neq 0.025$$

を検定しよう．(2.19) 式に $n=25$, $s^2=0.019436$, $\sigma_0^2=0.025$ を代入すると

$$v = \frac{(25-2)(0.019436)}{0.025} = 17.881$$

となり，棄却域には落ちない．H_0 を棄却することはできない．

2.7　有意確率（p 値）

仮説検定における t 値と並んで，最近は p 値（p-value），あるいは有意確率ともいわれる値も示すことが多い．この p 値を説明しておこう．ネイマン・ピアソン流の仮説検定においては，実験あるいは観測を行う前に有意水準を決め，棄却域を決定し，検定統計量の値が棄却域に落ちるかどうかだけを問題にする．しかし，実証分析の立場からは，$H_0 : \beta=0$ を検定する t 値が，たとえば 3.20 と 28.35 の場合では区別をしたくなる．棄却域に落ちるという意味では同じであっても，28.35 の t 値の方が，t 値 3.20 よりも $H_1 : \beta>0$ を支持する一層強い証拠になると判断する．

検定統計量 t の観測値を t_0 とすると，p 値とは，H_0 が正しいとき

$$\begin{aligned} &t_0>0 \text{ のとき}\quad p = P(t \geq t_0) + P(t \leq -t_0) \\ &t_0<0 \text{ のとき}\quad p = P(t \geq -t_0) + P(t \leq t_0) \end{aligned} \tag{2.20}$$

という確率を与える（**図 2.6** 参照，$t_0>0$ のケース）．すなわち，H_0 が正しいと

き，絶対値で観測された t_0 あるいはその t_0 より大きい値が発生する可能性がどれぐらいあるかを示している．もしこの p 値が 0.001 であるとすれば，観測された t 値もしくはその値をこえる確率は H_0 のもとでは 0.001 しかないということを示し，このような小さな確率でしか起こらないことが H_0 のもとで生じたというよりは，仮説 H_0 が間違っている証拠とみなすべきであろう．もし p 値が 0.20 もあれば，H_0 が正しいとき，$|t_0|$ もしくはそれより大きい t 値が得られる可能性は 0.20 もあるということを示し，したがって H_0 を棄却することはできない．

もし p 値が 0.04 のとき，有意水準 0.04 をこえる検定，たとえば 0.05 を考えている人は H_0 を棄却し，有意水準 0.04 未満，たとえば 0.01 で検定を考えている人は H_0 を棄却しないであろう．いいかえれば，p 値とは H_0 を棄却する最小の有意水準である．

p 値は通常，(2.20) 式の確率，図 2.6 でいえば分布両側の黒く塗りつぶした部分の面積を与えるから，対立仮説が $\beta>0$ あるいは $\beta<0$ の片側検定の場合には，t 分布は 0 を中心に対称であるから，(2.20) 式で計算されている p 値をさらに 1/2 にすればよい．

(1.21) 式の推定結果の例で p 値を計算すると

$$H_0 : \beta=0 \text{ に対して}$$

$$p=P(t\geq 18.81)+P(t\leq -18.81)=0.00000$$

対立仮説は $H_1 : \beta>0$ であるから，分析者にとって関心ある p 値はこの 1/2 であるが，いずれにしてもほとんど 0 である．$H_0 : \beta=0$ のもとで，ほとんど 0 の確率でしか生じないことが起きたと考えるよりは H_0 は間違っていると判断すべきである．

$$H_0 : \alpha=0 \text{ に対して}$$

$$p=P(t\geq 86.74)+P(t\leq -86.74)=0.00000$$

対立仮説は $H_1 : \alpha\neq 0$ であるから，この p 値はそのまま採用すればよい．しかしこの p 値も小数点第 6 位を四捨五入しても 0 であり，$H_0 : \alpha=0$ が正しいということは考えられない．

$H_0 : \sigma^2=0.025$ に対しては，$v=17.881>11.689$ であるから，$P(\chi^2>17.881)$ を p 値とすると 0.76391 と大きく，H_0 は棄却されない．

2.8　パラメータの区間推定

パラメータの点推定とともに区間推定もよく用いられる．信頼区間の幅が短ければパラメータ推定量の推定精度は高く，逆に幅が長ければ推定精度は低い．

また，信頼区間は両側検定と関連している．信頼区間の中に0が含まれれば，パラメータ$=0$の仮説を棄却できないし，0を含まなければ，パラメータ$=0$の仮説は棄却することができる．

単純回帰モデル（1.1）式のパラメータ α, β, σ^2 のそれぞれの信頼区間を求めよう．

2.8.1　$\boldsymbol{\alpha}, \boldsymbol{\beta}$ の信頼区間

確率変数 t が自由度 m の t 分布に従うとき

$$t \sim t(m)$$

と表し，$t(m)$ の上側 $\lambda/2$ の確率を与える分位点を $t_{\lambda/2}$ とすると

$$P(|t| \leq t_{\lambda/2}) = 1-\lambda$$

すなわち

$$P(-t_{\lambda/2} \leq t \leq t_{\lambda/2}) = 1-\lambda \tag{2.21}$$

が成立する．λ は通常，0.05あるいは0.01が指定される．

まず，α の99%信頼区間を求める．$m=n-2=23$, $\lambda=0.01$ のとき $t_{0.005}=2.807$ である．（2.15）式の t を（2.21）式へ代入して次式を得る．

$$P\left(-t_{0.005} \leq \frac{\hat{\alpha}-\alpha}{s_{\hat{\alpha}}} \leq t_{0.005}\right) = 0.99$$

上式より α の99%信頼区間は次式になる．

$$P(\hat{\alpha}-t_{0.005}s_{\hat{\alpha}} \leq \alpha \leq \hat{\alpha}+t_{0.005}s_{\hat{\alpha}}) = 0.99 \tag{2.22}$$

例1.1および2.4.2項より

$$\hat{\alpha}=2.663670, \quad s_{\hat{\alpha}}=0.030708$$

であるから，信頼区間の下限と上限は次のようになる．

$$\hat{\alpha}-t_{0.005}s_{\hat{\alpha}} = 2.663670-(2.807)(0.030708) = 2.577473$$

$$\hat{\alpha}+t_{0.005}s_{\hat{\alpha}} = 2.663670+(2.807)(0.030708) = 2.749867$$

有効数字3桁にして，α の99%信頼区間は

$$P(2.58 \le \alpha \le 2.75) = 0.99$$

となり，区間内に 0 を含まないから，2.4.2 項 $\lambda = 0.01$ の $H_0 : \alpha = 0$ の棄却と結論は同じである．区間幅 $= 2.75 - 2.58 = 0.17$ は $\hat{\alpha} = 2.66$ の 64%と短く，$\hat{\alpha}$ の推定精度は高い．

次に β の 99% 信頼区間を求めよう．(2.13) 式を (2.21) 式へ代入して整理し，β の 99% 信頼区間は次式になる．

$$P(\hat{\beta} - s_{\hat{\beta}}\, t_{0.005} \le \beta \le \hat{\beta} + s_{\hat{\beta}}\, t_{0.005}) = 0.99 \tag{2.23}$$

例 1.1 および例 2.1 より

$$\hat{\beta} = 1.054475, \quad s_{\hat{\beta}} = 0.056073$$

であるから，信頼区間の下限と上限は以下のようになる．

$$\hat{\beta} - s_{\hat{\beta}} t_{0.005} = 1.054475 - (2.807)(0.056073) = 0.897078$$

$$\hat{\beta} + s_{\hat{\beta}} t_{0.005} = 1.054475 + (2.807)(0.056073) = 1.211872$$

やはり，有効数字 3 桁で丸め

$$P(0.897 \le \beta \le 1.21) = 0.99$$

となり，この区間内に β が入ると 99% 確信することができる．

2.8.2　σ^2 の信頼区間

有意水準を λ とし，自由度 m のカイ 2 乗分布で上側 $\lambda/2$，下側 $\lambda/2$ の確率を与える分位点をそれぞれ $\chi^2_{\lambda/2}$, $\chi^2_{1-\lambda/2}$ とすると，(2.18) 式より

$$P\left(\chi^2_{1-\lambda/2} \le \frac{ms^2}{\sigma^2} \le \chi^2_{\lambda/2}\right) = 1 - \lambda$$

が得られる．したがって，σ^2 の $(1-\lambda) \times 100\%$ 信頼区間は次式になる．

$$P\left(\frac{ms^2}{\chi^2_{\lambda/2}} \le \sigma^2 \le \frac{ms^2}{\chi^2_{1-\lambda/2}}\right) = 1 - \lambda \tag{2.24}$$

(1.21) 式のモデルの σ^2 の 95% 信頼区間を求めよう．$m = 23$ のカイ 2 乗分布の上側 0.025，下側 0.025 の確率を与える分位点は，2.6 節で示したが，$\chi^2_{0.025} = 38.076$，$\chi^2_{0.975} = 11.689$ であり，$s^2 = 0.019436$ であるから，これらの値を (2.24) 式へ代入し

$$P\left(\frac{(23)(0.019436)}{38.076} \le \sigma^2 \le \frac{(23)(0.019436)}{11.689}\right) = 0.95$$

すなわち

$$P(0.011740 \leq \sigma^2 \leq 0.038243) = 0.95$$

小数第5位を四捨五入して，σ^2 の 95% 信頼区間は

$$P(0.0117 \leq \sigma^2 \leq 0.0382) = 0.95$$

となる．この区間内に 2.6 節で検定した $H_0 : \sigma_0^2 = 0.025$ は含まれるから，H_0 は棄却できなかったことと整合的である．

▶例 2.2　風速と直流発電量

Montgomery et al. (2012) Example 5.2 を参考にして，風速（WV）と直流発電量（DC）の関係を単純回帰モデルで考察する．風車を利用して電力を発生させることを研究している技術者がいる．この技術者は彼の風車から，風速（WV）とその風速のときの直流発電量のデータを集めた．**表 2.1** のデータである．WV の単位は mph（マイル/時間）である．

DC と WV の散布図が**図 2.7**(a)，DC と $\log(WV)$ の散布図が図 2.7(b)，DC と $1/WV$ の散布図が図 2.7(c) である．風速が強いほど直流発電量は大きいという正の関係があるが，図 2.7(a) からわかるように，DC と WV の線形関係は適切でない．図 2.7(b)，図 2.7(c) に示されている関係の方が DC と WV の関数として適していると判断することができる．図 2.7(a)，(b)，(c) に対応する単純回帰モデルはそれぞれ次式になる．

$$DC_i = \alpha_1 + \alpha_2 WV_i + \eta_i \tag{2.25}$$

$$DC_i = \gamma_1 + \gamma_2 \log(WV)_i + \varepsilon_i \tag{2.26}$$

$$DC_i = \alpha + \beta(1/WV)_i + u_i \tag{2.27}$$

表 2.1　直流発電量（DC）と風速（WV）

i	DC	WV	i	DC	WV	i	DC	WV
1	1.582	5.00	10	1.866	6.20	19	1.800	7.00
2	1.822	6.00	11	0.653	2.90	20	1.501	5.45
3	1.057	3.40	12	1.930	6.35	21	2.303	9.10
4	0.500	2.70	13	1.562	4.60	22	2.310	10.20
5	2.236	10.00	14	1.737	5.80	23	1.194	4.10
6	2.386	9.70	15	2.088	7.40	24	1.144	3.95
7	2.294	9.55	16	1.137	3.60	25	0.123	2.45
8	0.558	3.05	17	2.179	7.85			
9	2.166	8.15	18	2.112	8.80			

出所：Montgomery et al. (2012) p. 179, Table 5.5

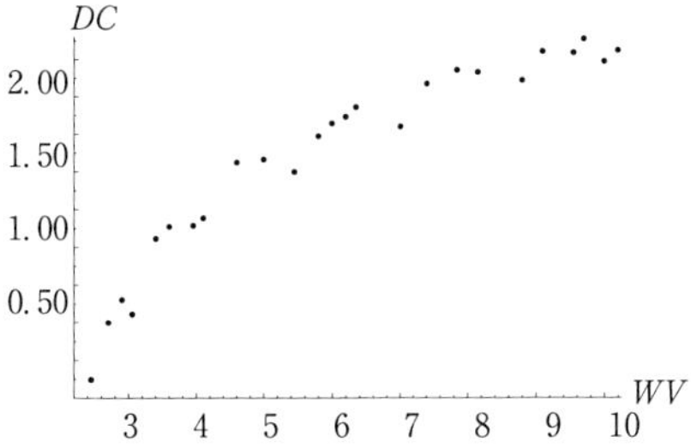

図 2.7(a)　DC と WV の散布図

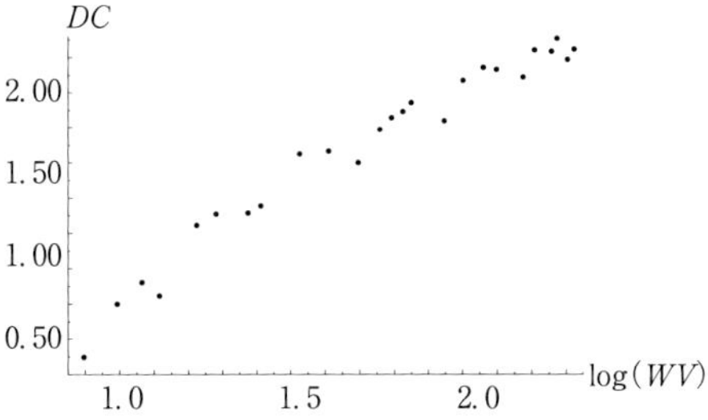

図 2.7(b)　DC と $\log(WV)$ の散布図

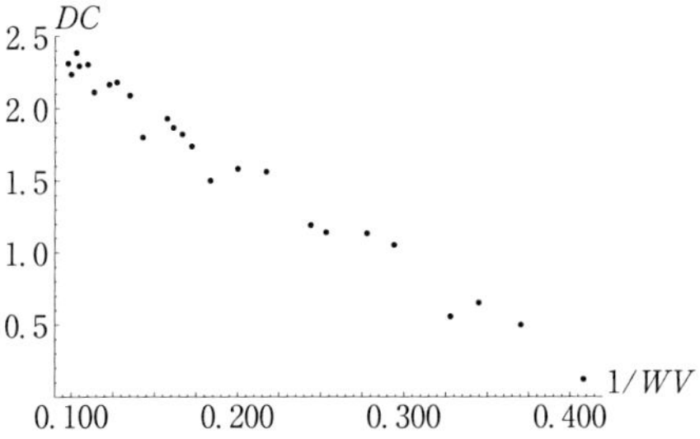

図 2.7(c)　DC と $1/WV$ の散布図

$$i=1, \cdots, 25$$

$\eta_i, \varepsilon_i, u_i$ は確率誤差項である．

OLS による上記 3 つのモデルの推定結果は以下のようになる．回帰係数推定値の下の（　）内は係数=0 の仮説のもとでの t 値，その下の（　）内は p 値である．

$$DC=\underset{\substack{(1.04)\\(0.310)}}{0.1309}+\underset{\substack{(12.66)\\(0.000)}}{0.2411}\,WV \tag{2.28}$$

$$r^2=0.8745, \quad s=0.2361$$

$$DC=\underset{\substack{(-7.49)\\(0.000)}}{-0.8304}+\underset{\substack{(22.73)\\(0.000)}}{1.4168}\log(WV) \tag{2.29}$$

$$r^2=0.9574, \quad s=0.1376$$

$$DC=\underset{\substack{(66.34)\\(0.000)}}{2.9789}\underset{\substack{(-33.59)\\(0.000)}}{-6.9345}(1/WV) \tag{2.30}$$

$$r^2=0.9800, \quad s=0.0942$$

(2.28) 式の $\hat{\alpha}_2=0.2411$ は t 値の大きさから $H_0:\alpha_2=0$ を棄却し，$\alpha_2>0$ を支持する．風速（WV）が 0 であれば，当然直流発電量（DC）も 0 であるから，$\hat{\alpha}_1=0.1309$ が 0 と有意に異ならず，$H_0:\alpha_1=0$ が棄却されない，という (2.28) 式の結果も予想通りである．しかし，散布図が示していたように，(2.28) 式の r^2 は (2.29) 式，(2.30) 式より小さい．(2.29) 式の $r^2=0.9574$ は十分大きな値であるが，(2.30) 式の $r^2=0.9800$ よりは小さい．また，5.3 節で説明する定式化テスト RESET(2)，RESET(3) で (2.29) 式は定式化ミスが検出されるが，(2.30)式はこの定式化テストで定式化ミスは検出されない．それゆえ，以下(2.27)式とその推定結果 (2.30) 式を考察する．

(2.30) 式の結果を確認できるよう基礎データを示しておきたい．$Y=DC$, $X=1/WV$ とおく．$\hat{\alpha}$ や $\hat{\beta}$ は小数点 4 桁まで報告すればよいが，計算途上は丸めの誤差が入るので小数点 6 桁まで示す．2.5 節で示した計算の順序に従って (2.30) 式を確認されたい．和の演算はすべて $i=1$ から 25 までであるが，i は省略する．

$$\sum X=4.936372,\quad \sum Y=40.240000$$

$$\sum X^2=1.182813,\quad \sum Y^2=74.981492,\quad \sum XY=6.502488$$

$$\bar{X}=0.197455,\quad \bar{Y}=1.609600$$

$$\sum x^2=0.208102,\quad \sum y^2=10.211188,\quad \sum xy=-1.443096$$

$$\hat{\beta}=\sum xy/\sum x^2,\quad \hat{\alpha}=\bar{Y}-\hat{\beta}\bar{X}$$

$$\sum \hat{y}^2=\hat{\beta}\sum xy=(-6.934547)(-1.443096)=10.007217$$

$$r^2=\sum \hat{y}^2/\sum y^2$$

$$\sum e^2=\sum y^2-\sum \hat{y}^2=0.203971$$

$$s^2=\frac{\sum e^2}{n-2}=0.008868,\quad s=\sqrt{s^2}=0.094170$$

$$s_{\hat{\alpha}}^2=s^2\left(\frac{1}{n}+\frac{\bar{X}^2}{\sum x^2}\right)=0.002016,\quad s_{\hat{\alpha}}=\sqrt{s_{\hat{\alpha}}^2}=0.044900$$

$$t=\frac{\hat{\alpha}}{s_{\hat{\alpha}}}$$

$$s_{\hat{\beta}}^2=s^2/\sum x^2=0.042614,\quad s_{\hat{\beta}}=\sqrt{s_{\hat{\beta}}^2}=0.206432$$

$$t=\frac{\hat{\beta}}{s_{\hat{\beta}}}$$

表 2.2 は DC の観測値，(2.30) 式からの DC の推定値

表 2.2 DC, DC の推定値, 残差, 誤差率, 平方残差率

i	DC	DC 推定値	残差	誤差率 (%)	平方残差率 (%)
1	1.582	1.592	−0.010	−0.63	0.05
2	1.822	1.823	−0.001	−0.06	0.00
3	1.057	0.939	0.118	11.14	6.79
4	0.500	0.411	0.089	17.90	3.93
5	2.236	2.285	−0.049	−2.21	1.20
6	2.386	2.264	0.122	5.11	7.30
7	2.294	2.253	0.041	1.80	0.84
8	0.558	0.705	−0.147	−26.39	10.63
9	2.166	2.128	0.038	1.75	0.71
10	1.866	1.860	0.006	0.30	0.02
11	0.653	0.588	0.065	10.01	2.09
12	1.930	1.887	0.043	2.24	0.91
13	1.562	1.471	0.091	5.80	4.03
14	1.737	1.783	−0.046	−2.66	1.05
15	2.088	2.042	0.046	2.21	1.05
16	1.137	1.053	0.084	7.42	3.49
17	2.179	2.095	0.084	3.83	3.42
18	2.112	2.191	−0.079	−3.73	3.05
19	1.800	1.988	−0.188	−10.46	17.37
20	1.501	1.706	−0.205	−13.69	20.70
21	2.303	2.217	0.086	3.74	3.64
22	2.310	2.299	0.011	0.48	0.06
23	1.194	1.288	−0.094	−7.83	4.29
24	1.144	1.223	−0.079	−6.93	3.08
25	0.123	0.148	−0.025	−20.68	0.32

$$\widehat{DC}_i = \hat{\alpha} + \hat{\beta}(1/WV)_i$$

と残差

$$e_i = DC_i - \widehat{DC}_i$$

(1.22) 式で示した誤差率

$$r_i = 100 \times \left(\frac{e_i}{DC_i}\right)$$

(1.23) 式で示した平方残差率

$$a_i^2 = 100 \times \left(\frac{e_i^2}{\sum e^2}\right)$$

である.

#8, #25 の誤差率は 20% を超え, 平方残差率では #20 が 20.70%, #19 が 17.37% と大きく, この 2 個で残差平方和の 38.07% を占め, 大きな残差はこの

#19 と #20 である．

図 2. 8 は（WV, DC）の散布図に（2. 30）式から $\widehat{DC}_i$, **図 2. 9** は（$1/WV$, DC）の散布図に，同じ $\widehat{DC}_i$ を描いたグラフであり，**図 2. 10** は DC_i の観測値（太い実線）と推定値 $\widehat{DC}_i$（細い実線）のグラフである．#19, #20 を除き，DC の観測値をモデルはよく追っている．

（2. 27）式の定式化は

$$\frac{dDC}{dWV} = -\frac{\beta}{(WV)^2}$$

を意味するから，WV 1 単位（1 マイル/時間，1 マイル＝1. 609 km）の変化が

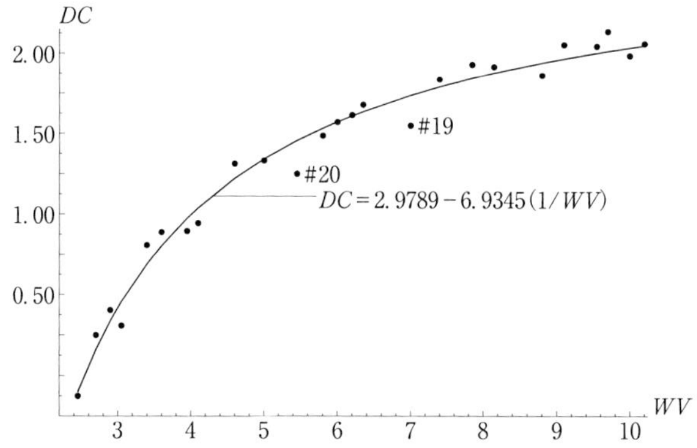

図 2. 8 DC, WV の散布図と（2. 30）式からの標本回帰線

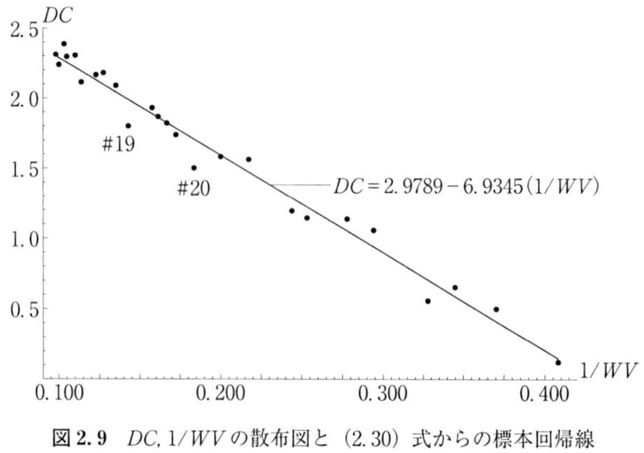

図 2. 9 DC, $1/WV$ の散布図と（2. 30）式からの標本回帰線

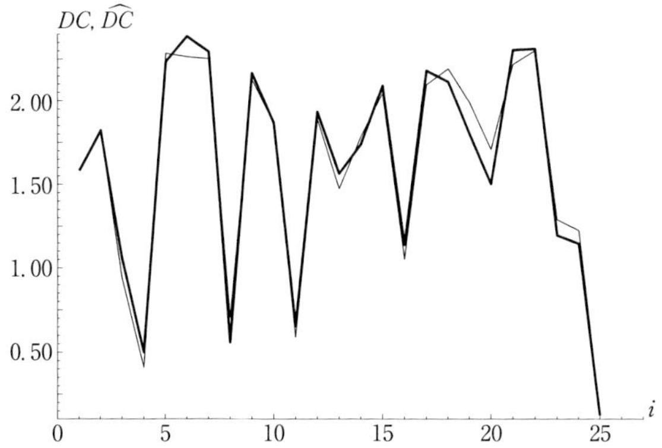

図 2.10 DC の観測値（太い実線）と (2.30) 式からの DC の推定値 $\widehat{DC}$（細い実線）

DC を変化させる大きさは $(WV)^2$ の大きさに反比例する．$\hat{\beta}=-6.9345$ であるから，たとえば $WV=3$ のとき

$$\frac{dDC}{dWV}=(6.9345)\frac{1}{3^2}=0.7705$$

であるが，$WV=10$ のときには

$$\frac{dDC}{dWV}=(6.9345)\frac{1}{10^2}=0.06935$$

と小さくなる．

(2.30) 式より DC が 0 となるのは $WV=2.3279$（約 3.7 km/時間 = 秒速約 1 m）の風速のときである．風速 1 m/s 以下では直流発電量 0 である．

α, β の MLE は OLSE と同じであり，σ^2 の MLE は

$$\hat{\sigma}^2=(0.090326)^2=0.008159$$

となり，$s^2=0.008868$ より小さい．

図 2.11，**図 2.12** はそれぞれ β, σ^2 のプロファイル対数尤度である．図 2.11 の β のプロファイル対数尤度は $\beta=\hat{\beta}=-6.9345$ のとき，モデルの最大対数尤度 $\log L(\hat{\alpha}, \hat{\beta}, \hat{\sigma}^2)=24.6348$ になる．図 2.11 には β の 95% 信頼区間が 95% CI（CI は confidence interval の略）として示されている．

$$P(-7.3616\leq\beta\leq-6.5075)=0.95$$

である．

図 2.12 の σ^2 のプロファイル対数尤度は $\sigma^2=\hat{\sigma}^2=0.008159$ のとき，モデルの

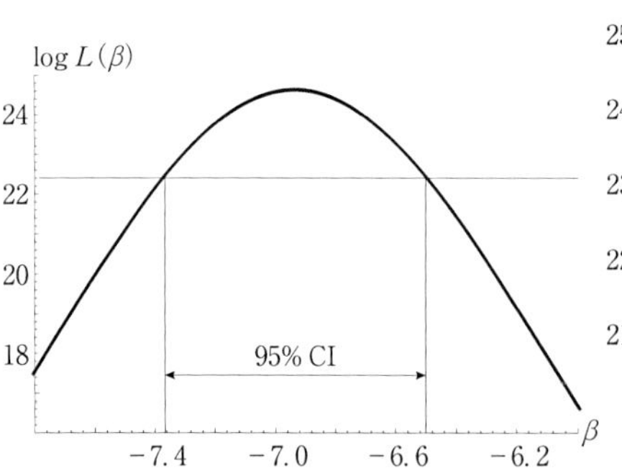

図 2.11 (2.27) 式の β のプロファイル対数尤度

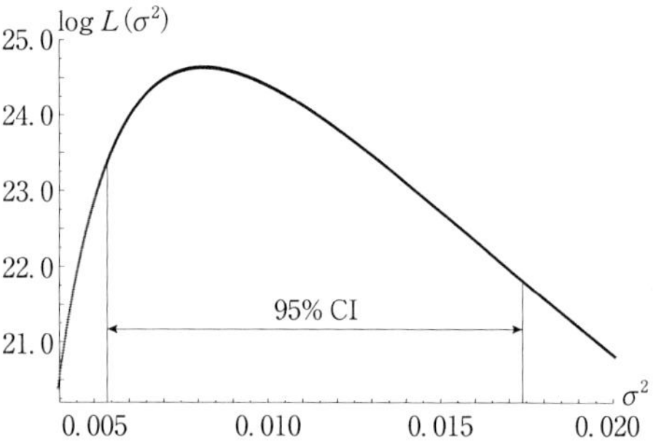

図 2.12 (2.27) 式の σ^2 のプロファイル対数尤度

最大対数尤度 24.6348 になる．σ^2 の 95% 信頼区間

$$P(0.005357 \leq \sigma^2 \leq 0.017450) = 0.95$$

も図に示されている．

2.9 予　　　測

説明力も高く，正規線形回帰モデルの仮定も満たされている単純回帰モデルが得られたとき，このモデルを用いて，X_0 が与えられたときの Y の値 Y_0 を予測したい．Y_0 の値は

$$Y_0 = \alpha + \beta X_0 + u_0 \tag{2.31}$$

によって発生し，確率誤差項 u_0 は，やはり次の仮定を満たすものとする．

$$E(u_0) = 0$$
$$E(u_0^2) = \sigma^2$$
$$E(u_0 u_i) = 0, \quad i = 1, \cdots, n$$
$$u_0 \sim N(0, \sigma^2)$$

2.9.1 平均予測値と予測区間

(2.31) 式より，X_0 所与のとき，Y_0 の平均は次式になる．

$$E(Y_0) = \alpha + \beta X_0$$

(正確には $E(Y_0|X_0)$ と条件つき期待値であるが，1 章と同様，X 所与という条

件を省略して表している).

この Y_0 の平均予測値 $E(Y_0)$ に対する予測値は

$$\hat{Y}_0=\hat{\alpha}+\hat{\beta}X_0 \tag{2.32}$$

である. $\hat{\alpha}, \hat{\beta}$ は観測値 $(X_i, Y_i), i=1, \cdots, n$ から得られた α, β の推定値である. $X_0=X_i$ ならば $\hat{Y}_0=\hat{Y}_i$ はモデルからの推定値である.

$E(Y_0)$ の $(1-\lambda)\times 100\%$ 予測区間 prediction interval を求めよう.

$$E(\hat{Y}_0)=\alpha+\beta X_0=E(Y_0)$$
$$\hat{Y}_0-E(\hat{Y}_0)=\hat{\alpha}-\alpha+(\hat{\beta}-\beta)X_0$$

であるから

$$\begin{aligned}
\mathrm{var}(\hat{Y}_0)&=E\left[\hat{Y}_0-E(\hat{Y}_0)\right]^2\\
&=E(\hat{\alpha}-\alpha)^2+X_0^2E(\hat{\beta}-\beta)^2+2X_0E(\hat{\alpha}-\alpha)(\hat{\beta}-\beta)\\
&=\mathrm{var}(\hat{\alpha})+X_0^2\,\mathrm{var}(\hat{\beta})+2X_0\,\mathrm{cov}(\hat{\alpha}, \hat{\beta})\\
&=\sigma^2\left(\frac{1}{n}+\frac{\bar{X}^2}{\sum x^2}\right)+\frac{\sigma^2X_0^2}{\sum x^2}-2\sigma^2X_0\frac{\bar{X}}{\sum x^2}\\
&=\sigma^2\left[\frac{1}{n}+\frac{(\bar{X}-X_0)^2}{\sum x^2}\right]
\end{aligned} \tag{2.33}$$

となる. ここで $\sum x^2=\sum_{i=1}^{n}x_i^2=\sum_{i=1}^{n}(X_i-\bar{X})^2$ である.

$$\hat{Y}_0=\hat{\alpha}+\hat{\beta}X_0=\alpha+\sum_{i=1}^{n}v_iu_i+\beta X_0+X_0\sum_{i=1}^{n}w_iu_i=\alpha+\beta X_0+\sum_{i=1}^{n}(v_i+X_0w_i)u_i$$

は正規分布をする $u_1, \cdots, u_n$ の線形関数であるから, やはり, $\hat{Y}_0$ も正規分布する. すなわち

$$\hat{Y}_0\sim N\left(E(Y_0), \mathrm{var}(\hat{Y}_0)\right)$$

である. したがって

$$Z=\frac{\hat{Y}_0-E(Y_0)}{[\mathrm{var}(\hat{Y}_0)]^{\frac{1}{2}}}\sim N(0, 1)$$

$$v=\frac{(n-2)s^2}{\sigma^2}\sim\chi^2(n-2)$$

Z と v は独立

($(\hat{\alpha}, \hat{\beta})$ と s^2 は独立という 3.13.2 項 (6) で証明することを用いて, $\hat{Y}_0$ と v, したがって Z と v は独立)

という結果を用いると，t 分布の定義より

$$t=\frac{Z}{\sqrt{v/(n-2)}}=\frac{\left[\hat{Y}_0-E(Y_0)\right]\Big/\sigma\left[\dfrac{1}{n}+\dfrac{(X_0-\bar{X})^2}{\sum x^2}\right]^{\frac{1}{2}}}{(s/\sigma)}$$

$$=\frac{\hat{Y}_0-E(Y_0)}{s\left[\dfrac{1}{n}+\dfrac{(X_0-\bar{X})^2}{\sum x^2}\right]^{\frac{1}{2}}}\sim t(n-2) \tag{2.34}$$

が成り立つ．この t を（2.21）式の t へ代入し，$E(Y_0)$ の $(1-\lambda)\times 100\%$ 予測区間として次式を得る．

$$P\left(\hat{Y}_0-t_{\lambda/2}\,s\left[\frac{1}{n}+\frac{(X_0-\bar{X})^2}{\sum x^2}\right]^{\frac{1}{2}}\leq E(Y_0)\right.$$

$$\left.\leq \hat{Y}_0+t_{\lambda/2}\,s\left[\frac{1}{n}+\frac{(X_0-\bar{X})^2}{\sum x^2}\right]^{\frac{1}{2}}\right)=1-\lambda \tag{2.35}$$

λ を固定すれば，予測区間の幅は，s が大きいほど，n が小さいほど，X_i, $i=1, \cdots, n$ の散らばり $\sum x^2$ が小さいほど，X_0 が $\bar{X}$ から遠く離れているほど長くなり，$E(Y_0)$ に対する予測精度は悪くなる．X_0 を除く 3 つの要因 s, n, $\sum x^2$ は観測上の問題であるが，X_0 の値にどのような値を与えるかは予測の問題である．(X, Y) が時系列データであれば，X_i, $i=1, \cdots, n$ の標本平均 $\bar{X}$ から遠く離れた時点の X_0 を用いれば，予測区間は広がり，予測精度は悪くなる．

2.9.2　点予測値と予測区間

X_0 が与えられたとき，平均的な Y_0 の値である $E(Y_0)$ ではなく，Y_0 自体の予測値を求めたい，という場合の方がむしろ多い．

Y_0 の点予測値は，誤差項 u_0 の値に対して何か事前の情報をもっていないとすれば，期待値 0 を仮定せざるを得ない．このとき Y_0 の点予測値は，やはり

$$\hat{Y}_0=\hat{\alpha}+\hat{\beta}X_0$$

である．予測誤差を

$$\varepsilon_0=Y_0-\hat{Y}_0$$

とすると，$E(Y_0)=E(\hat{Y}_0)$ であるから $E(\varepsilon_0)=0$ である．

$$\mathrm{var}(\varepsilon_0)=\mathrm{var}(Y_0)+\mathrm{var}(\hat{Y}_0)-2\,\mathrm{cov}(Y_0, \hat{Y}_0)$$

において

$$\mathrm{var}(Y_0)=E\Big[Y_0-E(Y_0)\Big]^2=E(u_0^2)=\sigma^2$$

$$\mathrm{var}(\hat{Y}_0)=\sigma^2\left[\frac{1}{n}+\frac{(X_0-\bar{X})^2}{\sum x^2}\right]\quad((2.33)\ 式)$$

$$\begin{aligned}\mathrm{cov}(Y_0,\hat{Y}_0)&=E\Big\{\Big[Y_0-E(Y_0)\Big]\Big[\hat{Y}_0-E(\hat{Y}_0)\Big]\Big\}\\&=E\Big\{u_0\Big[(\hat{\alpha}-\alpha)+(\hat{\beta}-\beta)X_0\Big]\Big\}\\&=E\left[u_0\left(\sum_{i=1}^n v_iu_i+X_0\sum_{i=1}^n w_iu_i\right)\right]\\&=\sum_{i=1}^n v_iE(u_0u_i)+X_0\sum_{i=1}^n w_iE(u_0u_i)=0\end{aligned}$$

であるから

$$\mathrm{var}(\varepsilon_0)=\sigma^2\left[1+\frac{1}{n}+\frac{(X_0-\bar{X})^2}{\sum x^2}\right]\tag{2.36}$$

となる．(2.33) 式と比較すればわかるように，u_0 の分散 σ^2 が新たに $\mathrm{var}(\varepsilon_0)$ には含まれる．

$$\begin{aligned}\varepsilon_0=Y_0-\hat{Y}_0&=(\alpha-\hat{\alpha})+(\beta-\hat{\beta})X_0+u_0\\&=\sum_{i=1}^n v_iu_i+X_0\sum_{i=1}^n w_iu_i+u_0\end{aligned}$$

であるから，ε_0 は正規分布する $u_1, \cdots, u_n, u_0$ の線形関数であるから，ε_0 も正規分布し，$\mathrm{var}(\varepsilon_0)=\sigma_0^2$ とおくと

$$\varepsilon_0\sim N(0,\sigma_0^2)$$

が成り立つ．

したがって

$$Z=\frac{\varepsilon_0}{\sigma_0}\sim N(0,1)$$

である．他方，次式はすでに述べた．

$$v=\frac{(n-2)s^2}{\sigma^2}\sim\chi^2(n-2)$$

ε_0 には確率変数 $\hat{\alpha}, \hat{\beta}, u_0$ が現れるが，$(\hat{\alpha}, \hat{\beta})$ と s^2 は独立，u_0 と $u_1, \cdots, u_n$ の関数である s^2 も独立であるから，ε_0 と s^2 は独立となり，Z と v も独立である．

以上の結果を用いると

$$t=\frac{Z}{\sqrt{v/(n-2)}}=\frac{\varepsilon_0/\sigma_0}{(s/\sigma)}$$

$$=\frac{\varepsilon_0}{s\left[1+\dfrac{1}{n}+\dfrac{(X_0-\bar{X})^2}{\sum x^2}\right]^{\frac{1}{2}}}=\frac{Y_0-\hat{Y}_0}{s\left[1+\dfrac{1}{n}+\dfrac{(X_0-\bar{X})^2}{\sum x^2}\right]^{\frac{1}{2}}}\sim t(n-2) \qquad (2.37)$$

が得られる．この t を（2.21）式の t へ代入し，次式で示される Y_0 の $(1-\lambda)\times$ 100% 予測区間を得る．

$$P\left(\hat{Y}_0-t_{\lambda/2}\,s\left[1+\frac{1}{n}+\frac{(X_0-\bar{X})^2}{\sum x^2}\right]^{\frac{1}{2}}\leq Y_0\right.$$

$$\left.\leq\hat{Y}_0+t_{\lambda/2}\,s\left[1+\frac{1}{n}+\frac{(X_0-\bar{X})^2}{\sum x^2}\right]^{\frac{1}{2}}\right)=1-\lambda \qquad (2.38)$$

▶例 2.3　直流発電量の予測と予測区間

例 2.2 の（2.27）式の推定式（2.30）式を用いて，$X_0=1/20$ を与えたときの直流発電量の予測値と予測区間を求めよう．$WV=20$ mph（マイル/時）は 1 マイル＝1.609 km であるから，風速 20×1.609＝32.18 km/時，秒速約 8.9 m の場合である．

$$n=25,\quad s=0.09417,\quad \bar{X}=0.197455,\quad \sum x^2=0.208102$$

であった．$\lambda=0.05$ とすると，自由度 23 の t 分布の上側 0.025 の確率を与える分位点は 2.069 である．

$i=1,\cdots,25$ は $X_0=1/WV$ の観測値を用い，$i=26$ のとき $X_0=1/20$ としたとき，(2.35) 式の $E(Y_0)=E(DC)$，(2.38) 式の $Y_0=DC$ とし，$\hat{Y}_0=\widehat{DC}$ として DC の観測値（ただし $DC_{26}=\widehat{DC}_{26}$）とともに**表 2.3** に示した．

$$X_0=1/20 \text{ のとき } \hat{Y}_0=2.632$$

$$P(2.558\leq E(Y_0)\leq 2.706)=0.95$$

$$P(2.424\leq Y_0\leq 2.841)=0.95$$

が $i=26$ の行に示されている．

表 2.4 には $\lambda=0.01$ のときの $E(Y_0)$ と Y_0 の 99% 予測区間が示されている．$\lambda=0.01$ のとき自由度 23 の t 分布の上側 0.005 の確率を与える分位点は 2.807 である．

表 2.4 の $i=26$ の行から，$X_0=1/20$ のとき $E(Y_0)$ と Y_0 の 99% 予測区間は以

下のようになることがわかる.

$$P(2.532 \le E(Y_0) \le 2.733) = 0.99$$

$$P(2.349 \le Y_0 \le 2.915) = 0.99$$

図 2.13 は（$1/WV$, DV）の散布図に $\hat{Y}_0$ を与える直線（図の真中の直線）と $E(Y_0)$, Y_0 の 95% 予測区間である．外側の上，下 2 本が Y_0 の 95% 予測区間，内側の上, 下 2 本が $E(Y_0)$ の 95% 予測区間である. 当然, Y_0 の予測区間の幅は $E(Y_0)$ のそれより広い.

25 個の DC の観測値（表 2.3，表 2.4 の $i=1$ から 25 の DC）のなかで $E(Y_0)$ の 95% 予測区間の外に落ちるのは #13, #19, #20 など 15 個，Y_0 の 95% 予測区間の外に落ちるのは #20 のみである．区間幅がもっと広い 99% 予測区間の場合で

表 2.3　直流発電量（DC）の平均予測値，点予測値と 95% 予測区間

i	DC	DC の予測値	$E(DC)$ の 95% 予測区間		DC の 95% 予測区間	
			下限	上限	下限	上限
1	1.582	1.592	1.553	1.631	1.393	1.791
2	1.822	1.823	1.782	1.864	1.624	2.022
3	1.057	0.939	0.883	0.996	0.736	1.142
4	0.500	0.411	0.327	0.494	0.199	0.622
5	2.236	2.285	2.228	2.342	2.082	2.488
6	2.386	2.264	2.208	2.320	2.061	2.467
7	2.294	2.253	2.197	2.308	2.050	2.455
8	0.558	0.705	0.637	0.773	0.499	0.912
9	2.166	2.128	2.078	2.178	1.927	2.329
10	1.866	1.860	1.818	1.902	1.661	2.060
11	0.653	0.588	0.514	0.662	0.379	0.796
12	1.930	1.887	1.844	1.929	1.687	2.086
13	1.562	1.471	1.431	1.511	1.273	1.670
14	1.737	1.783	1.743	1.824	1.584	1.982
15	2.088	2.042	1.995	2.089	1.841	2.242
16	1.137	1.053	1.001	1.105	0.851	1.254
17	2.179	2.095	2.046	2.145	1.895	2.296
18	2.112	2.191	2.138	2.244	1.989	2.393
19	1.800	1.988	1.943	2.034	1.788	2.188
20	1.501	1.706	1.667	1.746	1.508	1.905
21	2.303	2.217	2.163	2.271	2.015	2.419
22	2.310	2.299	2.241	2.357	2.096	2.502
23	1.194	1.288	1.244	1.331	1.088	1.487
24	1.144	1.223	1.178	1.269	1.023	1.423
25	0.123	0.148	0.050	0.246	−0.070	0.367
26	2.632	2.632	2.558	2.706	2.424	2.841

表 2.4　直流発電量（DC）の平均予測値，点予測値と 99% 予測区間

i	DC	DC の予測値	$E(DC)$ の 99%予測区間		DC の 99%予測区間	
			下限	上限	下限	上限
1	1.582	1.592	1.539	1.645	1.322	1.862
2	1.822	1.823	1.767	1.879	1.553	2.093
3	1.057	0.939	0.862	1.016	0.664	1.215
4	0.500	0.411	0.297	0.524	0.123	0.698
5	2.236	2.285	2.208	2.363	2.010	2.561
6	2.386	2.264	2.188	2.340	1.989	2.539
7	2.294	2.253	2.177	2.328	1.978	2.528
8	0.558	0.705	0.613	0.797	0.425	0.985
9	2.166	2.128	2.060	2.196	1.855	2.401
10	1.866	1.860	1.804	1.917	1.590	2.131
11	0.653	0.588	0.487	0.688	0.305	0.870
12	1.930	1.887	1.829	1.945	1.616	2.157
13	1.562	1.471	1.417	1.525	1.201	1.741
14	1.737	1.783	1.728	1.838	1.513	2.053
15	2.088	2.042	1.978	2.106	1.770	2.314
16	1.137	1.053	0.982	1.123	0.779	1.326
17	2.179	2.095	2.029	2.162	1.823	2.368
18	2.112	2.191	2.119	2.263	1.917	2.465
19	1.800	1.988	1.927	2.050	1.717	2.260
20	1.501	1.706	1.653	1.760	1.437	1.976
21	2.303	2.217	2.144	2.290	1.942	2.491
22	2.310	2.299	2.221	2.377	2.023	2.575
23	1.194	1.288	1.228	1.347	1.017	1.558
24	1.144	1.223	1.161	1.285	0.952	1.495
25	0.123	0.148	0.015	0.281	−0.148	0.444
26	2.632	2.632	2.532	2.733	2.349	2.915

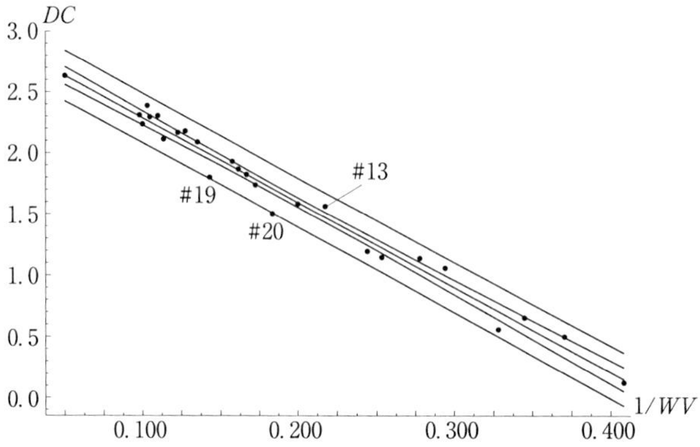

図 2.13　例 2.3 の $E(Y_0)$ と Y_0 の 95% 予側区間（$Y_0=DC_0$）

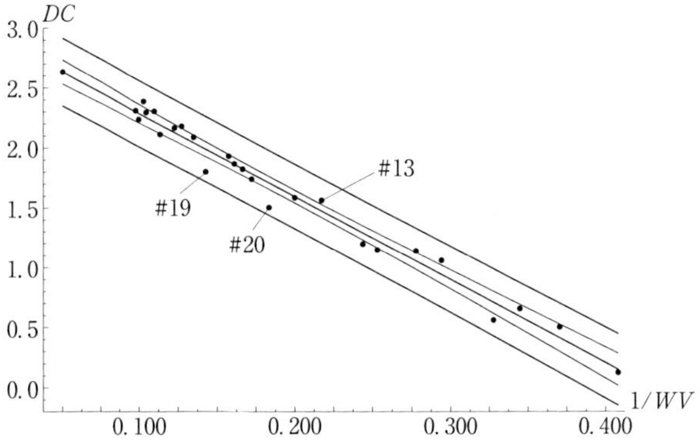

図 2.14　例 2.3 の $E(Y_0)$ と Y_0 の 99% 予側区間（$Y_0=DC_0$）

も上記 15 個のうち 12 個の DC は $E(Y_0)$ 予測区間の外に落ちる（**図 2.14**）．Y_0 の 99% 予測区間の外に落ちる DC はない．

▶例 2.4　年齢と最高血圧

表 2.5 のデータは，健康な成人 20 人の年齢（AGE）と最高血圧（BP）である．5 種類の散布図を描いてみた．**図 2.15**(a) から (e) はそれぞれ (AGE, BP)，$(AGE, \log(BP))$，$(\log(AGE), \log(BP))$，$(AGE^2\times10^{-4}, \log(BP))$，$(AGE^{1.825}\times10^{-4}, \log(BP))$ である．散布図から適切な関数形を見出すのは困難であるが，図 2.15 (a) や (c) より，(b), (d), (e) の線形関係の方が良いと思われる．図 2.5(e) の $AGE^{1.825}$ の 1.825 は，$\log(BP)$ を被説明変数とするとき，AGE のボックス・コックス変換で尤度を最大にする値である．6.6 節で説明するボックス・コックス変換の結果をここで先取りしている．

表 2.5　最高血圧と年齢

BP	AGE	BP	AGE	BP	AGE	BP	AGE
120	20	128	31	128	46	130	43
128	43	136	58	136	53	124	26
141	63	132	46	146	70	121	19
126	26	140	58	124	20	126	31
134	53	144	70	143	63	123	23

出所：Daniel（2010）pp. 465, Q24.

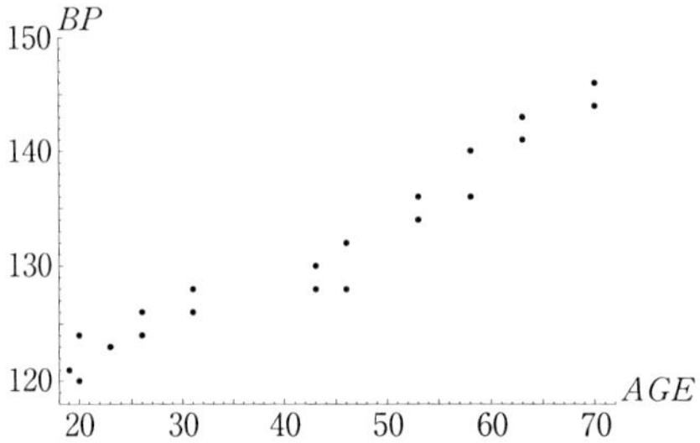

図 2.15(a)　(AGE, BP) の散布図

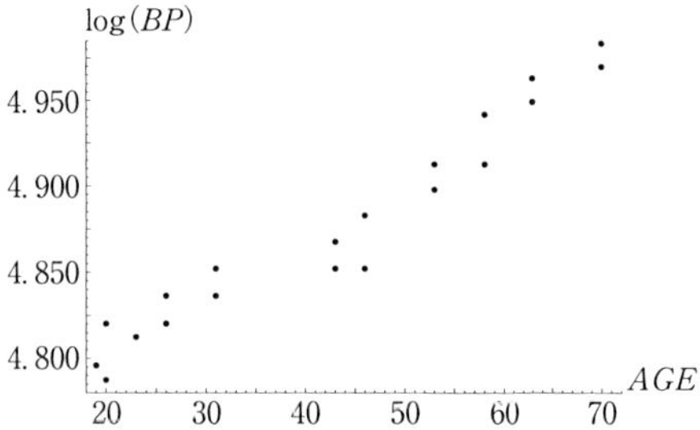

図 2.15(b)　$(AGE, \log(BP))$ の散布図

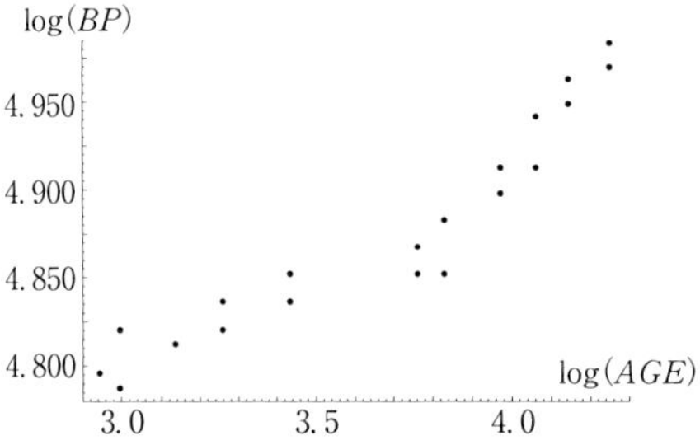

図 2.15(c)　$(\log(AGE), \log(BP))$ の散布図

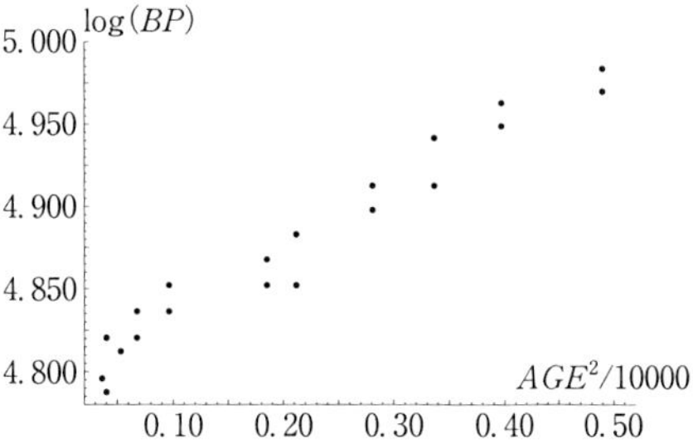

図 2.15(d)　$(AGE^2/10000, \log(BP))$ の散布図

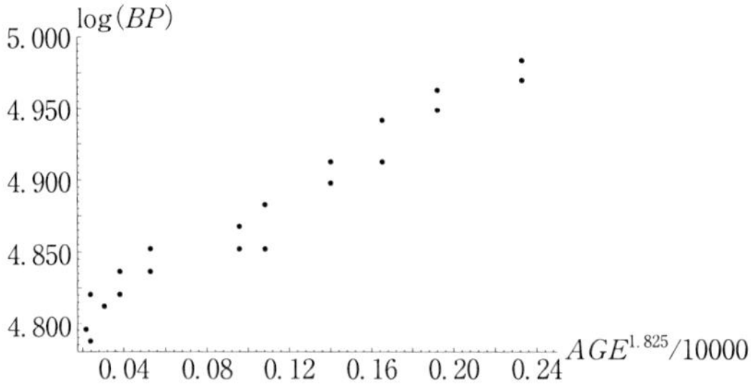

図 2.15(e)　$(AGE^{1.825}/10000, \log(BP))$ の散布図

(1)　パラメータ推定と説明力

図 2.15(a) から (e) までの散布図に対応する線形回帰モデルの OLS による推定結果は**表 2.6** である．パラメータ推定値の下の (　) 内は H_0：定数項$=0$ あるいは H_0：回帰係数$=0$ のもとでの t 値である．5 通りの定式化すべて t 値は大きく，H_0 は棄却される．決定係数が一番高いのは

$$\log(BP)_i = \beta_1 + \beta_2 (AGE_i^{1.825}/10000) + u_i \tag{2.39}$$

表 2.6　図 2.15(a) から (e) に対応する推定結果

被説明変数	定数項	AGE	$\log(AGE)$	AGE²/10000	AGE^1.825/10000	決定係数	s
BP	112.3	0.4451				0.9345	2.120
	(87.24)	(16.03)					
$\log(BP)$	4.732	0.003365				0.9394	0.0154
	(506.76)	(16.70)					
$\log(BP)$	4.411		0.127			0.8819	0.0215
	(108.86)		(11.59)				
$\log(BP)$	4.794			0.3863		0.9535	0.0135
	(910.67)			(19.22)			
$\log(BP)$	4.788				0.8272	0.9541	0.0134
	(873.25)				(19.35)		

$$i=1, \cdots, 20$$

のモデルである．

$$X_i^* = AGE_i^{\lambda}/10000, \quad \lambda = 1.825$$

とすると

$$\frac{dX_i^*}{d(AGE)_i} = \lambda AGE_i^{\lambda-1}/10000$$

であるから，(2.39) 式より

$$\frac{d(BP)_i}{d(AGE)_i} = \frac{d(BP)_i}{dX_i^*} \cdot \frac{dX_i^*}{d(AGE)_i} = \beta_2 (BP)_i \lambda (AGE_i)^{\lambda-1}/10000$$

が得られる．加齢 1 年の最高血圧への限界効果 $d(BP)/d(AGE)$ は AGE，その AGE のときの最高血圧 BP の水準にも依存し，β_2 と λ の値も関係する．たとえば，表 2.5 の #1, $AGE=20$, $BP=120$ の人の $d(BP)/d(AGE)=0.214$, #16, $AGE=43$, $BP=130$ の人の $d(BP)/d(AGE)=0.437$, #10, $AGE=70$, $BP=146$ の人の $d(BP)/d(AGE)=0.723$ となる．20 人の $d(BP)/d(AGE)$ の平均は 0.446 となる．この平均値を用いれば, $AGE=20$, $BP=120$ の人は 10 年後に, 平均的にであるが, $120+0.446\times 10 \fallingdotseq 124.5$ と予想される．

表 2.7 は $\log(BP)$ の実績値, (2.39) 式の推定式からの $\log(BP)$ の推定値, 残差, 誤差率，平方残差率である．#11 の平方残差率 20.71% がとくに大きい．#11 は $AGE=46$, $BP=128$ であり，モデルから予想される $e^{4.878} \fallingdotseq 131.4$ より低い BP の成人である．

図 2.16 は（$AGE^{1.825}/10000$, $\log(BP)$）の散布図に，(2.39) 式の推定回帰線を描いたグラフであり，#1, #6, #11 は平方残差率の大きい観測点である．

表 2.7　log(*BP*), log(*BP*) の推定値，残差，誤差率，平方残差率

i	log(*BP*)	log(*BP*) の推定値	残差	誤差率	平方残差率
1	4.787	4.808	−0.020	−0.43	12.91
2	4.852	4.867	−0.015	−0.32	7.42
3	4.949	4.947	0.001	0.03	0.07
4	4.836	4.820	0.016	0.34	8.33
5	4.898	4.904	−0.006	−0.13	1.29
6	4.852	4.832	0.020	0.42	12.62
7	4.913	4.925	−0.012	−0.25	4.75
8	4.883	4.878	0.005	0.10	0.76
9	4.942	4.925	0.017	0.34	8.59
10	4.970	4.981	−0.011	−0.23	3.89
11	4.852	4.878	−0.026	−0.53	20.71
12	4.913	4.904	0.008	0.17	2.18
13	4.984	4.981	0.003	0.05	0.21
14	4.820	4.808	0.012	0.26	4.78
15	4.963	4.947	0.016	0.31	7.52
16	4.868	4.867	0.000	0.00	0.00
17	4.820	4.820	0.000	0.01	0.00
18	4.796	4.806	−0.010	−0.22	3.32
19	4.836	4.832	0.004	0.09	0.60
20	4.812	4.814	−0.001	−0.03	0.06

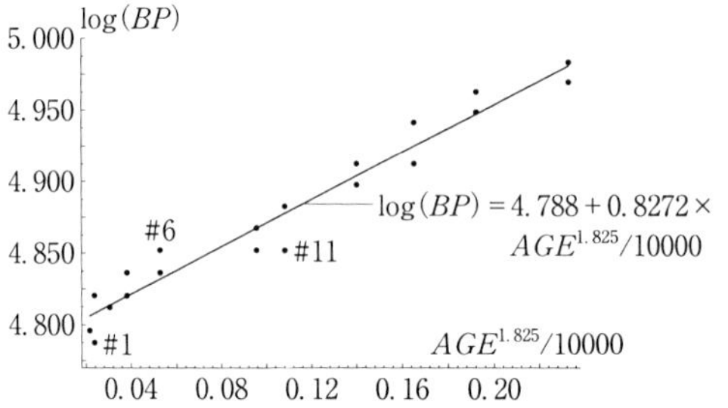

図 2.16　($AGE^{1.825}$/10000, log(*BP*)) の散布図と (2.39) 式の推定回帰線

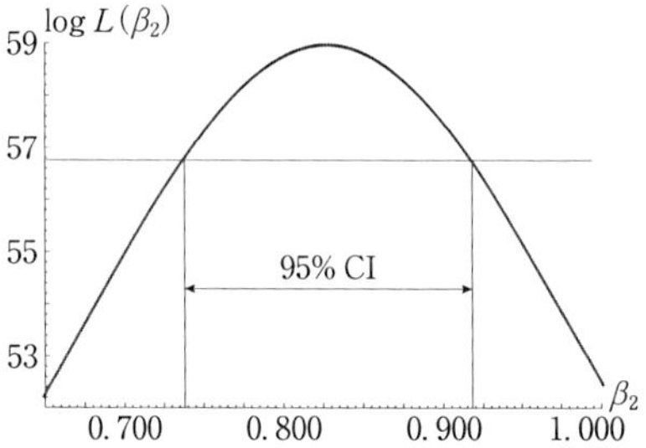

図 2.17　(2.39) 式の β_2 のプロファイル対数尤度

図 2.17 は (2.39) 式の β_2 のプロファイル対数尤度である．$\beta_2=\hat{\beta}_2=0.8272$ のとき，モデルの最大対数尤度 $\log L(\hat{\beta}_1, \hat{\beta}_2, \hat{\sigma}^2)$ と同じ値 58.9650 になる．$\hat{\sigma}^2=(0.012687)^2=1.6096\times10^{-4}$ である．

β_2 の 95% 信頼区間は，自由度 $n-2=18$ の t 分布上側 0.025 の確率を与える分位点 $t_{0.025}=2.101$，$\hat{\beta}_2$ の標準偏差の推定値 $s_2=0.0427$ を用いて

表 2.8　log(BP) の平均予測値，点予測値と 95% 予測区間

i	log(BP)	log(BP) の予測値	E[log(BP)] の 95% 予測区間		log(BP) の 95% 予測区間	
			下限	上限	下限	上限
1	4.787	4.808	4.798	4.818	4.778	4.838
2	4.852	4.867	4.861	4.874	4.839	4.896
3	4.949	4.947	4.937	4.957	4.918	4.977
4	4.836	4.820	4.811	4.829	4.790	4.849
5	4.898	4.904	4.897	4.911	4.875	4.933
6	4.852	4.832	4.824	4.840	4.803	4.861
7	4.913	4.925	4.917	4.933	4.896	4.954
8	4.883	4.878	4.872	4.884	4.849	4.907
9	4.942	4.925	4.917	4.933	4.896	4.954
10	4.970	4.981	4.968	4.994	4.950	5.012
11	4.852	4.878	4.872	4.884	4.849	4.907
12	4.913	4.904	4.897	4.911	4.875	4.933
13	4.984	4.981	4.968	4.994	4.950	5.012
14	4.820	4.808	4.798	4.818	4.778	4.838
15	4.963	4.947	4.937	4.957	4.918	4.977
16	4.868	4.867	4.861	4.874	4.839	4.896
17	4.820	4.820	4.811	4.829	4.790	4.849
18	4.796	4.806	4.796	4.816	4.776	4.836
19	4.836	4.832	4.824	4.840	4.803	4.861
20	4.812	4.814	4.804	4.823	4.784	4.843
21	5.007	5.007	4.991	5.022	4.975	5.039

$$\hat{\beta}_2 \pm t_{0.025} s_2$$

によって得られるから

$$P(0.7374 \leq \beta_2 \leq 0.9170) = 0.95$$

となる．図 2.17 に示されている 95% CI はこの区間である．

(2)　予測

$AGE_0 = 75$ のとき最高血圧の予測値は（2.39）式の推定式を用いて

$$\log(Y_0) = 4.788 + 0.8272(75^{1.825}/10000) = 5.007$$

したがって $\hat{Y}_0 = e^{5.007} = 149.5$ となる．

X_0 の $i=1$ から 20 は AGE の観測値を用い，（2.35）式によって $E(Y_0)$ の 95%, 99% 予測区間，（2.38）式によって Y_0 の 95%, 99% 予測区間を計算したのが**表 2.8**，**表 2.9** である．$AGE_0 = 75$ は #21 である．$n=20$, $s=0.0134$，自由度 18 の t 分布上側 0.005 の確率を与える分位点は 2.878, $AGE^{1.825}/10000$ の標本平均 $=0.10754$ である．

図 2.18 は $E[\log(Y_0)]$ と $\log(Y_0)$ の 95% 予測区間，**図 2.19** は $E[\log(Y_0)]$

表 2.9　log(BP) の平均予測値，点予測値と 99% 予測区間

i	log(BP)	log(BP) の予測値	E[log(BP)] の 99% 予測区間		log(BP) の 99% 予測区間	
			下限	上限	下限	上限
1	4.787	4.808	4.794	4.821	4.767	4.849
2	4.852	4.867	4.859	4.876	4.828	4.907
3	4.949	4.947	4.934	4.961	4.906	4.988
4	4.836	4.820	4.808	4.832	4.780	4.860
5	4.898	4.904	4.895	4.914	4.865	4.944
6	4.852	4.832	4.821	4.843	4.792	4.872
7	4.913	4.925	4.914	4.936	4.885	4.965
8	4.883	4.878	4.869	4.886	4.838	4.917
9	4.942	4.925	4.914	4.936	4.885	4.965
10	4.970	4.981	4.963	4.999	4.939	5.023
11	4.852	4.878	4.869	4.886	4.838	4.917
12	4.913	4.904	4.895	4.914	4.865	4.944
13	4.984	4.981	4.963	4.999	4.939	5.023
14	4.820	4.808	4.794	4.821	4.767	4.849
15	4.963	4.947	4.934	4.961	4.906	4.988
16	4.868	4.867	4.859	4.876	4.828	4.907
17	4.820	4.820	4.808	4.832	4.780	4.860
18	4.796	4.806	4.792	4.820	4.765	4.847
19	4.836	4.832	4.821	4.843	4.792	4.872
20	4.812	4.814	4.801	4.826	4.773	4.854
21	5.007	5.007	4.986	5.028	4.963	5.051

と $\log(Y_0)$ の 99% 予測区間である．推定回帰線からもっとも離れている 2 本の曲線の上が $\log(Y_0)$ の予測区間の上限，下が下限であり，内側の 2 本の曲線は上，下それぞれ $E[\log(Y_0)]$ の予測区間の上限，下限である．図 2.19 は $E[\log(Y_0)]$，$\log(Y_0)$ の 99% 予測区間である．#1, #2, #7, #11 の 4 個の観測点は，$E(Y_0)$ の 99% 予測区間においても下限より小さい．たとえば，#11 の $\log(Y_0)=4.852$ に対して，E $[\log(Y_0)]$ の 99% 予測区間の下限は 4.869 である．年齢 46 歳，最高血圧 128($\log(128)=4.852$) の成人 (#11) は，モデルからは，低くても $e^{4.838}\fallingdotseq 126$ が予想される．#4, #6, #9, #15 の観測点は $E(Y_0)$ の 99% 予測区間の上限より大きい．しかし，上記 8 個とも $\log(Y_0)$ の 95% 予測区間内には含まれる．

#11 は平方残差率が 20.71% と損失関数である残差平方和の 1/5 強を占める．もしこの #11 を除いて (2.39) 式を推定すると次の結果が得られる．

$$\underset{\substack{(952.78)\\(0.000)}}{\log(BP)=4.790}+\underset{\substack{(21.27)\\(0.000)}}{0.8274}\,(AGE^{1.825}/10000)-\underset{\substack{(-2.18)\\(0.044)}}{0.0272D11}$$

$$r^2=0.9641,\quad s=0.0122$$

ここで

$$D11_i=\begin{cases}1, & i=11\text{ のとき}\\ 0, & \text{その他}\end{cases}$$

パラメータ推定値の変化は小さく，r^2 も少し大きいだけであるが，ダミー変数 $D11$ の係数は有意水準 5%で有意である．このダミー変数の使い方は 3.9 節の例 3.1 で説明している．

この例 2.4 は健康な成人 20 人の年齢と最高血圧の関係であり，わずか 20 人の小標本であるから，一般化し，標準とすることは危険であるが，最高血圧は年齢と独立ではない，ということを示している．健康診断では年齢に関係なく，最高

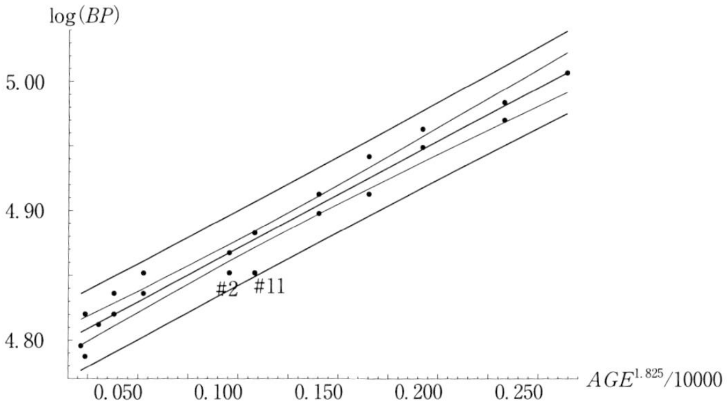

図 2.18　$E[\log(Y_0)]$ と $\log Y_0$ の 95% 予側区間

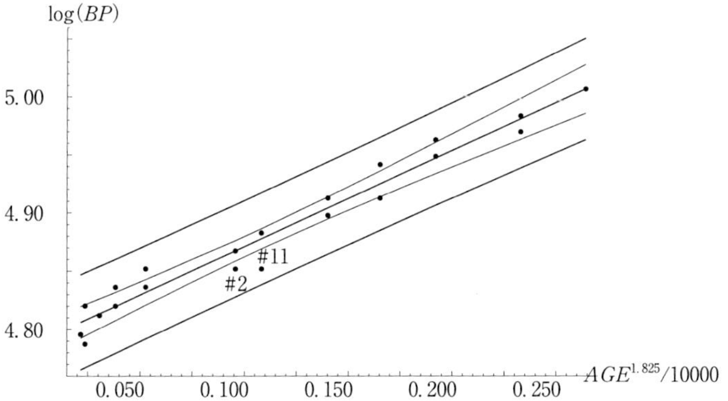

図 2.19　$E[\log(Y_0)]$ と Y_0 の 99% 予側区間

表 2.10　年齢と最高血圧および期待最高血圧の 95% 予測区間

年齢	最高血圧	期待最高血圧の 95% 予測区間	
		下限	上限
20	122.5	121.3	123.7
25	123.7	122.6	124.8
30	125.1	124.1	126.2
35	126.8	125.9	127.7
40	128.7	127.9	129.6
45	130.9	130.1	131.7
50	133.3	132.4	134.2
55	136.0	135.0	137.0
60	138.9	137.7	140.1
65	142.1	140.6	143.6
70	145.6	143.8	147.5
75	149.4	147.1	151.8

血圧の正常値は 130〜139 とされている．

しかし，(2.39) 式の推定結果（表 2.6 の最下段の値）を用いて，$AGE=20(5)75$ と与えて $\log(BP_0)$ を求め，(2.35) 式を用いて $E[\log(BP)_0]$ の 95% 予測区間を求め，$BP_0=\exp[\log(BP_0)]$, $E(BP_0)=\exp\{E[\log(BP_0)]\}$ として，**表 2.10** に年齢（AGE）と最高血圧（BP_0）および $E(BP_0)$ の 95% 予測区間を示した．

$n=20$ の小標本からの推測であるから，この表を標準とすることはできないが，年齢と無関係に，20 歳であろうと，60 歳であろうと一様に“正常”血圧を設定している現在の血圧診断に一石を投ずるデータである．

$X_i=AGE_i^{1.825}/10000$ とおくと，$\bar{X}=0.10754$, $\sum x^2=0.097903$, $s^2=0.000178841$, $n=20$, $t_{0.025}(18)=2.101$ を用いて期待最高血圧の 95% 予測区間を求めている．

●数学注　t 分布

厳密な証明ではなく，t 分布の概略である．

$$Z \sim N(0, 1)$$
$$v \sim \chi^2(m)$$
$$Z \text{ と } v \text{ は独立}$$

このとき

$$t=\frac{Z}{\sqrt{v/m}} \sim t(m)$$

これが t 分布の定義である．

$$\hat{\beta} \sim N(\beta, \sigma_{\hat{\beta}}^2)$$

であるから

$$Z = \frac{\hat{\beta} - \beta}{\sigma_{\hat{\beta}}} \sim N(0, 1)$$

他方

$$v = \frac{(n-2)s^2}{\sigma^2} \sim \chi^2(n-2)$$

Z と v は独立

は 3.13.2 項 (5), (6) で証明するが, 以上の結果を用いると

$$t = \frac{Z}{\sqrt{v/(n-2)}} = \frac{(\hat{\beta} - \beta)/\sigma_{\hat{\beta}}}{s/\sigma}$$

において

$$\sigma_{\hat{\beta}} = \frac{\sigma}{\sqrt{\sum x^2}}$$

であるから, これを上式の $\sigma_{\hat{\beta}}$ へ代入すれば

$$t = \frac{\hat{\beta} - \beta}{s/\sqrt{\sum x^2}} = \frac{\hat{\beta} - \beta}{s_{\hat{\beta}}} \sim t(n-2)$$

が得られる. $s/\sqrt{\sum x^2}$ は $\sigma_{\hat{\beta}}$ の推定量を与えるので $s_{\hat{\beta}}$ とおいた.

3

重回帰モデルのパラメータ推定と説明力

3.1 は じ め に

3 章は説明変数が 2 個以上ある重回帰モデルのパラメータ推定と，モデルの説明力を表す統計量を説明する．1 章，2 章の線形回帰モデルの仮定は，本章においても満たされているものとする．パラメータ推定法も 1 章と同じで，最小 2 乗法（3.3 節）と最尤法（3.7 節）である．

3.2 節は線形回帰モデルの仮定を重回帰モデルで行列を用いて説明している．最小 2 乗法と関連している節は，回帰係数 $\boldsymbol{\beta}$ の推定（3.3 節），最小 2 乗残差の性質（3.4 節），$\boldsymbol{\beta}$ の OLSE $\hat{\boldsymbol{\beta}}$ の共分散行列の推定（3.6 節），重回帰モデルにおける $\hat{\beta}_j$ が有している意味（3.8 節），フリッシュ・ウォフ・ラベル（FWL）の定理（3.9 節），偏回帰作用点プロット（3.12 節），$\hat{\boldsymbol{\beta}}$ の特性（3.13 節）である．

線形回帰モデルの仮定のもとで，OLSE $\hat{\boldsymbol{\beta}}$ は最尤推定量 MLE でもある．最尤法と関連している節は，パラメータ推定（3.7 節），1 章では説明しなかった MLE の特性が 3.14 節である．

説明力の尺度である決定係数は 2.2 節の決定係数と同じ概念である．新たに，3.11 節で自由度修正済み決定係数，AIC, SBIC, GCV, HQ を説明する．

1 章, 2 章の単純回帰モデルでは現れなかった新しい概念は, 3.8 節の $\hat{\beta}_j$ の意味, 3.11 節の自由度修正済み決定係数，3.12 節の偏回帰作用点プロット，3.15 節の多重共線性である．

3.2 重 回 帰 モ デ ル

重回帰モデル

$$Y_i = \beta_1 + \beta_2 X_{2i} + \cdots + \beta_k X_{ki} + u_i \tag{3.1}$$

を考えよう．i は i 番目，Y_i は被説明変数，X_{ji} は説明変数 j，u_i は誤差項を示す．$i=1, \cdots, n$ にわたって（3.1）式が成立するとすれば

$$\begin{aligned} Y_1 &= \beta_1 + \beta_2 X_{21} + \cdots + \beta_k X_{k1} + u_1 \\ Y_2 &= \beta_1 + \beta_2 X_{22} + \cdots + \beta_k X_{k2} + u_2 \\ &\vdots \quad \vdots \quad \vdots \qquad\qquad \vdots \quad \vdots \\ Y_n &= \beta_1 + \beta_2 X_{2n} + \cdots + \beta_k X_{kn} + u_n \end{aligned}$$

である．いま

$$\boldsymbol{y} = \begin{bmatrix} Y_1 \\ Y_2 \\ \vdots \\ Y_n \end{bmatrix}, \quad \boldsymbol{X} = \begin{bmatrix} 1 & X_{21} & \cdots & X_{k1} \\ 1 & X_{22} & \cdots & X_{k2} \\ \vdots & \vdots & & \vdots \\ 1 & X_{2n} & \cdots & X_{kn} \end{bmatrix}, \quad \boldsymbol{\beta} = \begin{bmatrix} \beta_1 \\ \beta_2 \\ \vdots \\ \beta_k \end{bmatrix}, \quad \boldsymbol{u} = \begin{bmatrix} u_1 \\ u_2 \\ \vdots \\ u_n \end{bmatrix}$$

とすれば，この重回帰モデルは

$$\boldsymbol{y} = \boldsymbol{X\beta} + \boldsymbol{u} \tag{3.2}$$

と表すことができる．

1.2 節で説明した正規線形回帰モデルの諸仮定を行列表示すれば次のようになる．

(1)　$E(\boldsymbol{u}) = \boldsymbol{0}$

(2)　$E(\boldsymbol{uu}') = \sigma^2 \boldsymbol{I}$

　　$\boldsymbol{I}$ は $n \times n$ の単位行列

(3)　u_i は正規分布に従う

(4)　$\boldsymbol{X}$ は所与

　　$\mathrm{rank}(\boldsymbol{X}) = k < n$

　　$\lim_{n \to \infty} \dfrac{\boldsymbol{X}'\boldsymbol{X}}{n} = \boldsymbol{Q} \neq \boldsymbol{0}$，$\boldsymbol{Q}$ は非特異行列

仮定（2）は u_i が自己相関なし，均一分散 σ^2 をもつということを表している．さらに仮定（3）より u_i が正規分布に従えば自己相関なし（u_i と u_j（$i \neq j$）の共分散 0）という仮定は u_i の独立を意味する．

仮定（4）の $\boldsymbol{X}$ 所与は説明変数 X_{ji}, $j=2, \cdots, k$ のなかに Y_i と同時決定される変数はなく，X_{ji} は確率変数であってもその値は所与である，ということを意味する．したがって正確には，たとえば $\boldsymbol{y}$ の期待値は $E(\boldsymbol{y}|\boldsymbol{X})$ と書くべきであるが，

以下簡単に $E(\boldsymbol{y})$ と表す．

$\mathrm{rank}(\boldsymbol{X})=k$ は（3.2）式の $\boldsymbol{X}$ の k 本の列ベクトルが 1 次独立，いいかえれば k 個の説明変数間に，たとえば

$$X_{4i}=X_{2i}+X_{6i}$$

$$X_{ki}=\gamma_1+\gamma_2X_{2i}+\cdots+\gamma_{k-1}X_{k-1,i}$$

のような厳密な線形関係はない，という仮定である．

$\lim_{n\to\infty}\dfrac{\boldsymbol{X}'\boldsymbol{X}}{n}=\boldsymbol{Q}$ の仮定は X_{ji}, $j-2$, $\cdots$, k, $i=1$, $\cdots$, n が定常過程に従っており，非定常過程ではない，ということも意味している．

3.3　未知パラメータの推定 —— 最小 2 乗法

$\boldsymbol{\beta}$ の通常の最小 2 乗推定量（OLSE と略す）を $\hat{\boldsymbol{\beta}}$ とすると，モデルからの $\boldsymbol{y}$ の推定値は

$$\hat{\boldsymbol{y}}=\boldsymbol{X}\hat{\boldsymbol{\beta}} \tag{3.3}$$

であり，$\boldsymbol{y}$ と $\hat{\boldsymbol{y}}$ の差は残差

$$\boldsymbol{e}=\boldsymbol{y}-\hat{\boldsymbol{y}} \tag{3.4}$$

である．残差平方和を最小にするのが $\hat{\boldsymbol{\beta}}$ であるから，$\hat{\boldsymbol{\beta}}$ は次の必要条件の解として得られる．

$$\frac{\partial\boldsymbol{e}'\boldsymbol{e}}{\partial\hat{\boldsymbol{\beta}}}=0 \tag{3.5}$$

$$\begin{aligned}\boldsymbol{e}'\boldsymbol{e}&=(\boldsymbol{y}-\hat{\boldsymbol{y}})'(\boldsymbol{y}-\hat{\boldsymbol{y}})=(\boldsymbol{y}-\boldsymbol{X}\hat{\boldsymbol{\beta}})'(\boldsymbol{y}-\boldsymbol{X}\hat{\boldsymbol{\beta}})\\&=\boldsymbol{y}'\boldsymbol{y}-\boldsymbol{y}'\boldsymbol{X}\hat{\boldsymbol{\beta}}-\hat{\boldsymbol{\beta}}'\boldsymbol{X}'\boldsymbol{y}+\hat{\boldsymbol{\beta}}'\boldsymbol{X}'\boldsymbol{X}\hat{\boldsymbol{\beta}}\end{aligned}$$

であるから，巻末数学付録 B の（B.4）式，（B.6）式を用いて

$$\frac{\partial\boldsymbol{y}'\boldsymbol{X}\hat{\boldsymbol{\beta}}}{\partial\hat{\boldsymbol{\beta}}}=\frac{\partial\hat{\boldsymbol{\beta}}'\boldsymbol{X}'\boldsymbol{y}}{\partial\hat{\boldsymbol{\beta}}}=\boldsymbol{X}'\boldsymbol{y}$$

$$\frac{\partial\hat{\boldsymbol{\beta}}'\boldsymbol{X}'\boldsymbol{X}\hat{\boldsymbol{\beta}}}{\partial\hat{\boldsymbol{\beta}}}=2(\boldsymbol{X}'\boldsymbol{X})\hat{\boldsymbol{\beta}}$$

となる．したがって必要条件（3.5）式は

$$\frac{\partial\boldsymbol{e}'\boldsymbol{e}}{\partial\hat{\boldsymbol{\beta}}}=-2\boldsymbol{X}'\boldsymbol{y}+2(\boldsymbol{X}'\boldsymbol{X})\hat{\boldsymbol{\beta}}=0 \tag{3.6}$$

となる．この必要条件を書き直すと，最小 2 乗法の正規方程式といわれる次式を

得る．

$$(\boldsymbol{X}'\boldsymbol{X})\hat{\boldsymbol{\beta}}=\boldsymbol{X}'\boldsymbol{y} \tag{3.7}$$

この正規方程式を $\hat{\boldsymbol{\beta}}$ について解き

$$\hat{\boldsymbol{\beta}}=(\boldsymbol{X}'\boldsymbol{X})^{-1}\boldsymbol{X}'\boldsymbol{y} \tag{3.8}$$

が得られる．ここで $\mathrm{rank}(\boldsymbol{X})=k$ であるから，$k\times k$ 行列 $\boldsymbol{X}'\boldsymbol{X}$ のランクは k であり，したがって逆行列が存在することを用いている．(3.8) 式は (1.13) 式，(1.14) 式の一般化である．

もし $k=n$ で $\mathrm{rank}(\boldsymbol{X})=k$ ならば $\boldsymbol{X}$ は $k\times k$ の平方行列になり，逆行列をもち，$(\boldsymbol{X}'\boldsymbol{X})^{-1}=\boldsymbol{X}^{-1}(\boldsymbol{X}')^{-1}$ であるから (3.8) 式より

$$\hat{\boldsymbol{\beta}}=\boldsymbol{X}^{-1}\boldsymbol{y}$$

を得る．このとき $\hat{\boldsymbol{y}}=\boldsymbol{X}\hat{\boldsymbol{\beta}}=\boldsymbol{y}$，したがって $\boldsymbol{e}=\boldsymbol{0}$ となる．これは完全決定といわれる場合であり，自由度 $n-k=0$ のとき，決定係数 $=1$ となることを示している．$n=k=2$ の場合を 2.3 節③で示した．

3.4　最小2乗残差の性質

最小2乗残差 $\boldsymbol{e}$ の主要な性質をみておこう．

$$\begin{aligned}\boldsymbol{e}&=\boldsymbol{y}-\hat{\boldsymbol{y}}=\boldsymbol{y}-\boldsymbol{X}\hat{\boldsymbol{\beta}}=\boldsymbol{y}-\boldsymbol{X}(\boldsymbol{X}'\boldsymbol{X})^{-1}\boldsymbol{X}'\boldsymbol{y}\\&=\left[\boldsymbol{I}-\boldsymbol{X}(\boldsymbol{X}'\boldsymbol{X})^{-1}\boldsymbol{X}'\right]\boldsymbol{y}=\boldsymbol{M}\boldsymbol{y}\end{aligned}$$

ここで

$$\boldsymbol{M}=\boldsymbol{I}-\boldsymbol{X}(\boldsymbol{X}'\boldsymbol{X})^{-1}\boldsymbol{X}' \tag{3.9}$$

である．この

$$\boldsymbol{e}=\boldsymbol{M}\boldsymbol{y} \tag{3.10}$$

すなわち $\boldsymbol{y}$ に左から (3.9) 式で定義される $\boldsymbol{M}$ を掛けると，これは，$\boldsymbol{y}$ の $\boldsymbol{X}$ への線形回帰を行ったときの残差を示すことに注目しよう．(3.9) 式の $\boldsymbol{M}$ は

$$\begin{aligned}\boldsymbol{M}&=\boldsymbol{M}'\\\boldsymbol{M}&=\boldsymbol{M}^2\end{aligned} \tag{3.11}$$

を満たす行列，すなわち，対称でベキ等な行列である．また

$$\boldsymbol{M}\boldsymbol{X}=\boldsymbol{0} \tag{3.12}$$

であるから

$$\boldsymbol{e}=\boldsymbol{My}=\boldsymbol{M}(\boldsymbol{X\beta}+\boldsymbol{u})=\boldsymbol{Mu} \tag{3.13}$$

と表すこともできる.

定数項をもつモデルのとき，すべての要素が1の $n\times 1$ ベクトルを $\boldsymbol{i}$，残りの説明変数から作られる $n\times(k-1)$ 行列を $\boldsymbol{X}_2$ とすると

$$\boldsymbol{X}=(\boldsymbol{i}\quad \boldsymbol{X}_2)$$

と分割できるから，(3.12) 式より

$$\boldsymbol{Mi}=\boldsymbol{0}$$
$$\boldsymbol{MX}_2=\boldsymbol{0}$$

が得られる.

さて，最小2乗残差 $\boldsymbol{e}$ の性質を示しておこう.

(1)　$\boldsymbol{X}'\boldsymbol{e}=\boldsymbol{0}$ $\qquad$ (3.14)

この性質は，$\boldsymbol{X}'\boldsymbol{e}=\boldsymbol{X}'(\boldsymbol{My})=(\boldsymbol{MX})'\boldsymbol{y}=\boldsymbol{0}$ より明らかであり，これは (3.6) 式で示されている最小2乗法の必要条件でもある．要素で示せば

$$\boldsymbol{X}'\boldsymbol{e}=\begin{bmatrix} 1 & 1 & \cdots & 1 \\ X_{21} & X_{22} & \cdots & X_{2n} \\ \vdots & \vdots & & \vdots \\ X_{k1} & X_{k2} & \cdots & X_{kn} \end{bmatrix}\begin{bmatrix} e_1 \\ e_2 \\ \vdots \\ e_n \end{bmatrix}=\begin{bmatrix} \sum e \\ \sum eX_2 \\ \vdots \\ \sum eX_k \end{bmatrix}=\boldsymbol{0}$$

である．この式を残差 $e_1, \cdots, e_n$ に関する制約と考えれば，この k 本の制約によって n 個の残差の自由度は k 失われ，$n-k$ になる．$k=2$ のケースが (1.30) 式，(1.31) 式である.

また，定数項があるときには

$$\sum e_i=0 \tag{3.15}$$

が成立するから

$$Y_i=\hat{Y}_i+e_i$$

より

$$\sum Y_i=\sum \hat{Y}_i$$

あるいは

$$\bar{Y}=\bar{\hat{Y}} \tag{3.16}$$

が得られる.

(2)　$\boldsymbol{e}'\hat{\boldsymbol{y}}=0$ $\qquad$ (3.17)

この性質も，$\boldsymbol{e}'\hat{\boldsymbol{y}}=(\boldsymbol{My})'\boldsymbol{X}\hat{\boldsymbol{\beta}}=\boldsymbol{y}'\boldsymbol{MX}\hat{\boldsymbol{\beta}}=0$ より明らかである．ベクトルの要素

で書けば

$$\boldsymbol{e}'\hat{\boldsymbol{y}} = (e_1\ \ e_2\ \cdots\ \ e_n)\begin{bmatrix}\hat{Y}_1\\ \hat{Y}_2\\ \vdots\\ \hat{Y}_n\end{bmatrix} = \sum e\hat{Y} = 0$$

である．この結果は

$$\sum(e-\bar{e})(\hat{Y}-\bar{\hat{Y}}) = \sum e(\hat{Y}-\bar{Y}) = \sum e\hat{Y} = 0$$

をもたらす．ところが上式左辺は e と $\hat{Y}$ の相関係数の分子であるから，この性質（2）は，最小 2 乗残差 e と被説明変数の推定値 $\hat{Y}$ は無相関である，ということを意味する．

（3）　$E(\boldsymbol{e}) = \boldsymbol{0}$　(3.18)

この性質は $E(\boldsymbol{e}) = E(\boldsymbol{Mu}) = \boldsymbol{M}E(\boldsymbol{u}) = \boldsymbol{0}$ から明らかであろう．

（4）　$\mathrm{var}(\boldsymbol{e}) = \sigma^2\boldsymbol{M}$　(3.19)

証明は以下の通りである．

$$\begin{aligned}\mathrm{var}(\boldsymbol{e}) &= E(\boldsymbol{ee}') = E(\boldsymbol{Muu}'\boldsymbol{M})\\ &= \boldsymbol{M}E(\boldsymbol{uu}')\boldsymbol{M} = \sigma^2\boldsymbol{M}\end{aligned}$$

ベキ等行列 $\boldsymbol{M}$ は

$$\boldsymbol{M} = \boldsymbol{I} - \boldsymbol{H}$$
$$\boldsymbol{H} = \boldsymbol{X}(\boldsymbol{X}'\boldsymbol{X})^{-1}\boldsymbol{X}'$$

と表されることもある．このとき

$$\mathrm{var}(\boldsymbol{e}) = \sigma^2(\boldsymbol{I} - \boldsymbol{H}) \tag{3.20}$$

であり，要素 e_i の分散のみを示せば

$$\mathrm{var}(e_i) = \sigma^2(1 - h_{ii}) \tag{3.21}$$

である．h_{ii} は $\boldsymbol{H}$ の（i, i）要素を表す．

行列 $\boldsymbol{H}$ は

$$\hat{\boldsymbol{y}} = \boldsymbol{X}\hat{\boldsymbol{\beta}} = \boldsymbol{X}(\boldsymbol{X}'\boldsymbol{X})^{-1}\boldsymbol{X}'\boldsymbol{y} = \boldsymbol{Hy}$$

と，$\boldsymbol{y}$ に左から $\boldsymbol{H}$ を掛けると $\hat{\boldsymbol{y}}$（ワイハットと読む）を与えるので，ハット行列とよばれることもある．$\boldsymbol{H}$ も

$$\boldsymbol{H}' = \boldsymbol{H},\quad \boldsymbol{H}^2 = \boldsymbol{H}$$

を満たす対称，ベキ等行列である．

（3.19）式は

$$E(\boldsymbol{uu}') = \sigma^2 \boldsymbol{I}$$

であっても，$\boldsymbol{u}$ の推定値を与える残差 $\boldsymbol{e}$ に関しては

$$E(\boldsymbol{ee}') = \sigma^2 \boldsymbol{M}$$

となり，$\boldsymbol{e}$ は自己相関 0 ではなく，均一分散でもない，ということを示している．

また，u_i の規準化は u_i/σ であるが，残差については（3.21）式より

$$\frac{e_i}{\sigma(1-h_{ii})^{\frac{1}{2}}}$$

が残差 e_i を規準化することがわかる．

σ を推定量 s で推定した

$$r_i = \frac{e_i}{s(1-h_{ii})^{\frac{1}{2}}} \tag{3.22}$$

は（内的）スチューデント化残差とよばれる．

3.5　$\boldsymbol{\sigma}^2$ の推定

σ^2 の不偏推定には，残差平方和を $e_1, \cdots, e_n$ の自由度 $n-k$ で割った

$$s^2 = \frac{\sum e^2}{n-k} \tag{3.23}$$

が用いられる．s^2 の不偏性の証明は次の通りである．

$$\sum e^2 = \boldsymbol{e}'\boldsymbol{e} = (\boldsymbol{Mu})'(\boldsymbol{Mu}) = \boldsymbol{u}'\boldsymbol{Mu}$$

したがって，巻末数学付録 C の（1）を用いて次の結果を得る．

$$\begin{aligned} E(\textstyle\sum e^2) &= E(\boldsymbol{u}'\boldsymbol{Mu}) = E\left[\mathrm{tr}(\boldsymbol{u}'\boldsymbol{Mu})\right] \\ &= E(\mathrm{tr}\boldsymbol{Muu}') = \mathrm{tr}\boldsymbol{M}E(\boldsymbol{uu}') = \mathrm{tr}\boldsymbol{M}\sigma^2\boldsymbol{I} \\ &= \sigma^2\mathrm{tr}\boldsymbol{M} \end{aligned}$$

次に，数学付録 C の（2）と（1）を用いて

$$\begin{aligned} \mathrm{tr}\boldsymbol{M} &= \mathrm{tr}\left[\boldsymbol{I} - \boldsymbol{X}(\boldsymbol{X}'\boldsymbol{X})^{-1}\boldsymbol{X}'\right] = \mathrm{tr}\boldsymbol{I} - \mathrm{tr}\left[\boldsymbol{X}(\boldsymbol{X}'\boldsymbol{X})^{-1}\boldsymbol{X}'\right] \\ &= \mathrm{tr}\boldsymbol{I} - \mathrm{tr}\left[(\boldsymbol{X}'\boldsymbol{X})^{-1}\boldsymbol{X}'\boldsymbol{X}\right] = n - \mathrm{tr}\boldsymbol{I} \\ &= n - k \end{aligned}$$

結局

$$E(\boldsymbol{e}'\boldsymbol{e}) = (n-k)\sigma^2 \tag{3.24}$$

であるから

$$E(s^2)=E\left(\frac{\boldsymbol{e}'\boldsymbol{e}}{n-k}\right)=\sigma^2 \tag{3.25}$$

が得られる.

3.6 $\hat{\boldsymbol{\beta}}$の共分散行列の推定

$\hat{\boldsymbol{\beta}}$の共分散行列

$$\mathrm{var}(\hat{\boldsymbol{\beta}})=E\left\{\left[\hat{\boldsymbol{\beta}}-E(\hat{\boldsymbol{\beta}})\right]\left[\hat{\boldsymbol{\beta}}-E(\hat{\boldsymbol{\beta}})\right]'\right\}$$

を求めよう.

$$\begin{aligned}\hat{\boldsymbol{\beta}}&=(\boldsymbol{X}'\boldsymbol{X})^{-1}\boldsymbol{X}'\boldsymbol{y}=(\boldsymbol{X}'\boldsymbol{X})^{-1}\boldsymbol{X}'(\boldsymbol{X}\boldsymbol{\beta}+\boldsymbol{u})\\&=\boldsymbol{\beta}+(\boldsymbol{X}'\boldsymbol{X})^{-1}\boldsymbol{X}'\boldsymbol{u}\end{aligned} \tag{3.26}$$

において，$\boldsymbol{X}$は所与と仮定しているから

$$E(\hat{\boldsymbol{\beta}})=\boldsymbol{\beta}+(\boldsymbol{X}'\boldsymbol{X})^{-1}\boldsymbol{X}'E(\boldsymbol{u})=\boldsymbol{\beta} \tag{3.27}$$

となり，$\hat{\boldsymbol{\beta}}$は$\boldsymbol{\beta}$の不偏推定量である.

(3.27) 式を $\mathrm{var}(\hat{\boldsymbol{\beta}})$ の定義へ代入し，(3.26) 式，3.2節の仮定 (2) を用いて

$$\begin{aligned}\mathrm{var}(\hat{\boldsymbol{\beta}})&=E\left[(\hat{\boldsymbol{\beta}}-\boldsymbol{\beta})(\hat{\boldsymbol{\beta}}-\boldsymbol{\beta})'\right]=E\left[(\boldsymbol{X}'\boldsymbol{X})^{-1}\boldsymbol{X}'\boldsymbol{u}\boldsymbol{u}'\boldsymbol{X}(\boldsymbol{X}'\boldsymbol{X})^{-1}\right]\\&=(\boldsymbol{X}'\boldsymbol{X})^{-1}\boldsymbol{X}'E(\boldsymbol{u}\boldsymbol{u}')\boldsymbol{X}(\boldsymbol{X}'\boldsymbol{X})^{-1}\\&=(\boldsymbol{X}'\boldsymbol{X})^{-1}\boldsymbol{X}'(\sigma^2\boldsymbol{I})\boldsymbol{X}(\boldsymbol{X}'\boldsymbol{X})^{-1}\\&=\sigma^2(\boldsymbol{X}'\boldsymbol{X})^{-1}\end{aligned} \tag{3.28}$$

が得られる.

未知パラメータ σ^2 を不偏推定量 s^2 で推定し，$\mathrm{var}(\hat{\boldsymbol{\beta}})$ の推定量

$$\boldsymbol{V}(\hat{\boldsymbol{\beta}})=s^2(\boldsymbol{X}'\boldsymbol{X})^{-1} \tag{3.29}$$

を得る. $(\boldsymbol{X}'\boldsymbol{X})^{-1}$ の (i, j) 要素を q^{ij}, $i, j=1, \cdots, k$ とし，$\mathrm{var}(\hat{\beta}_j)$ の推定量を s_j^2 と表すと

$$s_j^2=s^2q^{jj},\quad j=1, \cdots, k \tag{3.30}$$

である.

4.2節で証明するが，3.2節の仮定 (1) から (4) のもとで

$$t=\frac{\hat{\beta}_j-\beta_j}{s_j}\sim t(n-k),\quad j=1, \cdots, k \tag{3.31}$$

が成立する．したがって，この自由度 $n-k$ の t 分布を用いて，仮説 $H_0: \beta_j=0$ の検定を 2.4 節と同様に行うことができる．β_j に関する信頼区間の設定も 2.8 節と同様である．

3.7 未知パラメータの推定 —— 最尤法

最尤法によって（3.1）式のパラメータ $\boldsymbol{\beta}$ と σ^2 を推定しよう．

$\boldsymbol{y}$ は $\boldsymbol{u}$ の線形関数であるから，$\boldsymbol{y}$ も正規分布をし

$$E(\boldsymbol{y}) = \boldsymbol{X\beta}$$

$$\mathrm{var}(\boldsymbol{y}) = E(\boldsymbol{y}-\boldsymbol{X\beta})(\boldsymbol{y}-\boldsymbol{X\beta})' = E(\boldsymbol{uu}') = \sigma^2\boldsymbol{I}$$

であるから

$$\boldsymbol{y} \sim N(\boldsymbol{X\beta}, \sigma^2\boldsymbol{I}) \tag{3.32}$$

が成り立つ．したがって尤度関数は

$$L = (2\pi\sigma^2)^{-\frac{n}{2}} \exp\left\{-\frac{1}{2\sigma^2}(\boldsymbol{y}-\boldsymbol{X\beta})'(\boldsymbol{y}-\boldsymbol{X\beta})\right\} \tag{3.33}$$

となるから，対数尤度関数は次式で与えられる．

$$\log L = -\frac{n}{2}\log 2\pi - \frac{n}{2}\log\sigma^2 - \frac{1}{2\sigma^2}(\boldsymbol{y}-\boldsymbol{X\beta})'(\boldsymbol{y}-\boldsymbol{X\beta}) \tag{3.34}$$

$\boldsymbol{\beta}$ と σ^2 の最尤推定量は次の必要条件から得られる．

$$\frac{\partial \log L}{\partial \boldsymbol{\beta}} = -\frac{1}{2\sigma^2}\frac{\partial}{\partial \boldsymbol{\beta}}(\boldsymbol{y}'\boldsymbol{y} - 2\boldsymbol{y}'\boldsymbol{X\beta} + \boldsymbol{\beta}'\boldsymbol{X}'\boldsymbol{X\beta})$$

$$= \frac{1}{\sigma^2}(\boldsymbol{X}'\boldsymbol{y} - \boldsymbol{X}'\boldsymbol{X\beta}) = \boldsymbol{0}$$

$$\frac{\partial \log L}{\partial \sigma^2} = -\frac{n}{2\sigma^2} + \frac{1}{2\sigma^4}(\boldsymbol{y}-\boldsymbol{X\beta})'(\boldsymbol{y}-\boldsymbol{X\beta}) = 0$$

この必要条件より，$\boldsymbol{\beta}, \sigma^2$ の最尤推定量をそれぞれ $\tilde{\boldsymbol{\beta}}, \tilde{\sigma}^2$ とすれば

$$\tilde{\boldsymbol{\beta}} = (\boldsymbol{X}'\boldsymbol{X})^{-1}\boldsymbol{X}'\boldsymbol{y} \tag{3.35}$$

$$\tilde{\sigma}^2 = \frac{1}{n}\tilde{\boldsymbol{e}}'\tilde{\boldsymbol{e}} \tag{3.36}$$

$$\tilde{\boldsymbol{e}} = \boldsymbol{y} - \boldsymbol{X}\tilde{\boldsymbol{\beta}}$$

が得られる．(3.35)式 $\boldsymbol{\beta}$ の MLE $\tilde{\boldsymbol{\beta}}$ は(3.8)式の最小 2 乗推定量 $\hat{\boldsymbol{\beta}}$ と同じである．σ^2 の MLE $\tilde{\sigma}^2$ は残差平方和を n で割っているから，（3.23）式の σ^2 の不偏推定

量 s^2 とは異なっている．$\tilde{\boldsymbol{e}}'\tilde{\boldsymbol{e}}=\boldsymbol{e}'\boldsymbol{e}$ であるから

$$E(\hat{\sigma}^2)=\frac{1}{n}E(\boldsymbol{e}'\boldsymbol{e})=\left(\frac{n-k}{n}\right)\sigma^2=\sigma^2-\frac{k}{n}\sigma^2 \tag{3.37}$$

となり，$\hat{\sigma}^2$ は $-(k/n)\sigma^2$ だけ，平均的にみて，σ^2 を過小推定する偏りのある推定量をもたらすことがわかる．$k=2$ のときを 1.4.3 項で述べた．

結局，$\boldsymbol{u}\sim N(\boldsymbol{0},\sigma^2\boldsymbol{I})$ のとき，$\boldsymbol{\beta}$ の最小 2 乗推定量 $\hat{\boldsymbol{\beta}}$ と最尤推定量 $\tilde{\boldsymbol{\beta}}$ は等しい．σ^2 の最尤推定量 $\hat{\sigma}^2$ は，負の偏りをもち，σ^2 の不偏推定量である s^2 とは異なる．$\hat{\sigma}^2$ の負の偏りは k/n が大きいほど大きい．

3.8　偏回帰係数推定量の意味

(3.1) 式の偏回帰係数 β_j の OLSE $\hat{\beta}_j$ がどのような意味をもっているかを明らかにしておこう．

いま $n\times k$ 行列 $\boldsymbol{X}$ を $\boldsymbol{X}_1(n\times k_1)$ と $\boldsymbol{X}_2(n\times k_2)$ に分割する．$k_1+k_2=k$ である．この分割に対応して，$k\times 1$ ベクトル $\boldsymbol{\beta}$ を $\boldsymbol{\beta}_1(k_1\times 1)$ と $\boldsymbol{\beta}_2(k_2\times 1)$ に分割する．このとき

$$\begin{aligned}\boldsymbol{y}=\boldsymbol{X}\boldsymbol{\beta}+\boldsymbol{u}&=(\boldsymbol{X}_1\ \ \boldsymbol{X}_2)\begin{pmatrix}\boldsymbol{\beta}_1\\ \boldsymbol{\beta}_2\end{pmatrix}+\boldsymbol{u}\\ &=\boldsymbol{X}_1\boldsymbol{\beta}_1+\boldsymbol{X}_2\boldsymbol{\beta}_2+\boldsymbol{u}\end{aligned} \tag{3.38}$$

と表すことができる．

$$\boldsymbol{X}'\boldsymbol{X}=\begin{bmatrix}\boldsymbol{X}_1'\\ \boldsymbol{X}_2'\end{bmatrix}[\boldsymbol{X}_1\ \ \boldsymbol{X}_2]=\begin{bmatrix}\boldsymbol{X}_1'\boldsymbol{X}_1 & \boldsymbol{X}_1'\boldsymbol{X}_2\\ \boldsymbol{X}_2'\boldsymbol{X}_1 & \boldsymbol{X}_2'\boldsymbol{X}_2\end{bmatrix}$$

であるから

$$(\boldsymbol{X}'\boldsymbol{X})^{-1}=\begin{bmatrix}\boldsymbol{X}_1'\boldsymbol{X}_1 & \boldsymbol{X}_1'\boldsymbol{X}_2\\ \boldsymbol{X}_2'\boldsymbol{X}_1 & \boldsymbol{X}_2'\boldsymbol{X}_2\end{bmatrix}^{-1}=\begin{bmatrix}\boldsymbol{B}_{11} & \boldsymbol{B}_{12}\\ \boldsymbol{B}_{21} & \boldsymbol{B}_{22}\end{bmatrix}$$

に巻末数学付録 D の (D.1) 式を用いて次の結果を得る．

$$\begin{aligned}\boldsymbol{B}_{11}&=(\boldsymbol{X}_1'\boldsymbol{X}_1)^{-1}+(\boldsymbol{X}_1'\boldsymbol{X}_1)^{-1}\boldsymbol{X}_1'\boldsymbol{X}_2\boldsymbol{B}_{22}\boldsymbol{X}_2'\boldsymbol{X}_1(\boldsymbol{X}_1'\boldsymbol{X}_1)^{-1}\\ \boldsymbol{B}_{12}&=-(\boldsymbol{X}_1'\boldsymbol{X}_1)^{-1}\boldsymbol{X}_1'\boldsymbol{X}_2\boldsymbol{B}_{22}\\ \boldsymbol{B}_{21}&=-\boldsymbol{B}_{22}\boldsymbol{X}_2'\boldsymbol{X}_1(\boldsymbol{X}_1'\boldsymbol{X}_1)^{-1}\\ \boldsymbol{B}_{22}&=\left[\boldsymbol{X}_2'\boldsymbol{X}_2-\boldsymbol{X}_2'\boldsymbol{X}_1(\boldsymbol{X}_1'\boldsymbol{X}_1)^{-1}\boldsymbol{X}_1'\boldsymbol{X}_2\right]^{-1}\end{aligned}$$

$$= (\boldsymbol{X}_2'\boldsymbol{M}_1\boldsymbol{X}_2)^{-1}$$

ここで $\boldsymbol{M}_1$ は次式の対称，ベキ等行列である．

$$\boldsymbol{M}_1 = \boldsymbol{I} - \boldsymbol{X}_1(\boldsymbol{X}_1'\boldsymbol{X}_1)^{-1}\boldsymbol{X}_1'$$

したがって

$$\begin{bmatrix} \hat{\boldsymbol{\beta}}_1 \\ \hat{\boldsymbol{\beta}}_2 \end{bmatrix} = (\boldsymbol{X}'\boldsymbol{X})^{-1}\boldsymbol{X}'\boldsymbol{y} = \begin{bmatrix} \boldsymbol{B}_{11} & \boldsymbol{B}_{12} \\ \boldsymbol{B}_{21} & \boldsymbol{B}_{22} \end{bmatrix} \begin{bmatrix} \boldsymbol{X}_1'\boldsymbol{y} \\ \boldsymbol{X}_2'\boldsymbol{y} \end{bmatrix}$$

より

$$\begin{aligned} \hat{\boldsymbol{\beta}}_2 &= -(\boldsymbol{X}_2'\boldsymbol{M}_1\boldsymbol{X}_2)^{-1}\boldsymbol{X}_2'\boldsymbol{X}_1(\boldsymbol{X}_1'\boldsymbol{X}_1)^{-1}\boldsymbol{X}_1'\boldsymbol{y} + (\boldsymbol{X}_2'\boldsymbol{M}_1\boldsymbol{X}_2)^{-1}\boldsymbol{X}_2'\boldsymbol{y} \\ &= (\boldsymbol{X}_2'\boldsymbol{M}_1\boldsymbol{X}_2)^{-1}\boldsymbol{X}_2'\left[\boldsymbol{y} - \boldsymbol{X}_1(\boldsymbol{X}_1'\boldsymbol{X}_1)^{-1}\boldsymbol{X}_1'\boldsymbol{y}\right] \\ &= (\boldsymbol{X}_2'\boldsymbol{M}_1\boldsymbol{X}_2)^{-1}\boldsymbol{X}_2'\boldsymbol{M}_1\boldsymbol{y} \\ &= \left[(\boldsymbol{M}_1\boldsymbol{X}_2)'(\boldsymbol{M}_1\boldsymbol{X}_2)\right]^{-1}(\boldsymbol{M}_1\boldsymbol{X}_2)'\boldsymbol{y} \end{aligned} \tag{3.41}$$

が得られる．

この結果は興味深い．(3.10) 式で述べたことを適用すれば，$\boldsymbol{M}_1\boldsymbol{X}_2$ は $\boldsymbol{X}_2$ の $\boldsymbol{X}_1$ への線形回帰における最小 2 乗残差である．いいかえれば，観測値 $\boldsymbol{X}_2$ のなかで，$\boldsymbol{X}_1$ の線形関数によって説明できる部分を除いた残りが $\boldsymbol{M}_1\boldsymbol{X}_2$ である．(3.41) 式は $\boldsymbol{y}$ のこの $\boldsymbol{M}_1\boldsymbol{X}_2$ への線形回帰を行ったときの回帰係数推定値が $\hat{\boldsymbol{\beta}}_2$ であることを示している．あるいは (3.41) 式の右辺に現れる $(\boldsymbol{M}_1\boldsymbol{X}_2)'\boldsymbol{y} = \boldsymbol{X}_2'\boldsymbol{M}_1\boldsymbol{y} = \boldsymbol{X}_2'\boldsymbol{M}_1 \cdot \boldsymbol{M}_1\boldsymbol{y} = (\boldsymbol{M}_1\boldsymbol{X}_2)'\boldsymbol{M}_1\boldsymbol{y}$ と表すこともできることに注意しよう．$\boldsymbol{M}_1\boldsymbol{y}$ は $\boldsymbol{y}$ の $\boldsymbol{X}_1$ への線形回帰の残差，いいかえれば，観測値 $\boldsymbol{y}$ のなかで $\boldsymbol{X}_1$ の線形関数によって説明できる部分を除いた残りである．したがって $\hat{\boldsymbol{\beta}}_2$ はこの $\boldsymbol{M}_1\boldsymbol{y}$ の $\boldsymbol{M}_1\boldsymbol{X}_2$ への線形回帰を行ったときの回帰係数推定値でもある．

同様にして，巻末数学付録 (D.2) 式を用いると

$$\boldsymbol{B}_{11} = \left[\boldsymbol{X}_1'\boldsymbol{X}_1 - \boldsymbol{X}_1'\boldsymbol{X}_2(\boldsymbol{X}_2'\boldsymbol{X}_2)^{-1}\boldsymbol{X}_2'\boldsymbol{X}_1\right]^{-1} = (\boldsymbol{X}_1'\boldsymbol{M}_2\boldsymbol{X}_1)^{-1}$$

$$\boldsymbol{B}_{12} = -\boldsymbol{B}_{11}\boldsymbol{X}_1'\boldsymbol{X}_2(\boldsymbol{X}_2'\boldsymbol{X}_2)^{-1}$$

と表すこともできることから

$$\hat{\boldsymbol{\beta}}_1 = (\boldsymbol{X}_1'\boldsymbol{M}_2\boldsymbol{X}_1)^{-1}\boldsymbol{X}_1'\boldsymbol{M}_2\boldsymbol{y} = \left[(\boldsymbol{M}_2\boldsymbol{X}_1)'(\boldsymbol{M}_2\boldsymbol{X}_1)\right]^{-1}(\boldsymbol{M}_2\boldsymbol{X}_1)'\boldsymbol{y} \tag{3.42}$$

が得られ，$\hat{\boldsymbol{\beta}}_1$ は $\boldsymbol{y}$ の $\boldsymbol{M}_2\boldsymbol{X}_1$ への，あるいは，$\boldsymbol{M}_2\boldsymbol{y}$ の $\boldsymbol{M}_2\boldsymbol{X}_1$ への線形回帰を行ったときの回帰係数推定値である．

以上のことから，$\boldsymbol{X}_1$ を説明変数 X_j の $n \times 1$ 観測値ベクトル，$\boldsymbol{\beta}_1$ をスカラー β_j

と考えれば，$\hat{\beta}_j$ は，重回帰モデル（3.1）式において，X_j から，X_j 以外の定数項を含む説明変数の線形の影響を除いた後のあるいは Y および X_j 双方から，X_j 以外の定数項を含む説明変数の線形の影響を除いた後の，Y への影響を示すパラメータ推定値になっていることがわかる．

3.9 FWL の定理

次に，フリッシュ・ウォフ・ラベル Frisch-Waugh-Lovell の定理（略して FWL の定理）といわれている内容を説明しよう．

（3.38）式に左から $\boldsymbol{M}_1$ を掛け，$\boldsymbol{M}_1\boldsymbol{X}_1=\boldsymbol{0}$ に注意すると次式を得る．

$$\boldsymbol{M}_1\boldsymbol{y}=\boldsymbol{M}_1\boldsymbol{X}_2\boldsymbol{\beta}_2+\boldsymbol{M}_1\boldsymbol{u} \tag{3.43}$$

ここで

$$\boldsymbol{M}_1=\boldsymbol{I}-\boldsymbol{X}_1(\boldsymbol{X}_1'\boldsymbol{X}_1)^{-1}\boldsymbol{X}_1'$$

である．

（3.38）式の $\boldsymbol{\beta}_1$，$\boldsymbol{\beta}_2$ の OLSE をそれぞれ $\hat{\boldsymbol{\beta}}_1$，$\hat{\boldsymbol{\beta}}_2$

（3.43）式の $\boldsymbol{\beta}_2$ の OLSE を $\boldsymbol{b}_2$

とする．FWL の定理は次の 2 つから成る．

（1） $\hat{\boldsymbol{\beta}}_2=\boldsymbol{b}_2$

（2） （3.38）式と（3.43）式の OLS 残差は等しい

（3.38）式の $\hat{\boldsymbol{\beta}}_2$ は（3.41）式に示されており，この $\hat{\boldsymbol{\beta}}_2$ は（3.43）式の $\boldsymbol{\beta}_2$ の OLSE $\boldsymbol{b}_2$ に等しいことは直ちにわかる．

(2)の証明は以下の通りである．

（3.38）式の OLS 残差を $\boldsymbol{e}$，推定値を $\hat{\boldsymbol{y}}$ とすると

$$\begin{aligned}\boldsymbol{M}_1\boldsymbol{y}&=\boldsymbol{M}_1(\hat{\boldsymbol{y}}+\boldsymbol{e})=\boldsymbol{M}_1(\boldsymbol{X}_1\hat{\boldsymbol{\beta}}_1+\boldsymbol{X}_2\hat{\boldsymbol{\beta}}_2+\boldsymbol{e})\\&=\boldsymbol{M}_1\boldsymbol{X}_2\hat{\boldsymbol{\beta}}_2+\boldsymbol{M}_1\boldsymbol{e}=\boldsymbol{M}_1\boldsymbol{X}_2\boldsymbol{b}_2+\boldsymbol{M}_1\boldsymbol{M}\boldsymbol{y}\end{aligned}$$

$$(\boldsymbol{M}_1\boldsymbol{X}_1=\boldsymbol{0},\quad \boldsymbol{e}=\boldsymbol{M}\boldsymbol{y}\text{ を使用})$$

となる．ところが

$$\boldsymbol{M}_1\boldsymbol{M}=\left[\boldsymbol{I}-\boldsymbol{X}_1(\boldsymbol{X}_1'\boldsymbol{X}_1)^{-1}\boldsymbol{X}_1'\right]\boldsymbol{M}=\boldsymbol{M}\qquad(\because \boldsymbol{X}_1'\boldsymbol{M}=\boldsymbol{0})$$

であるから上式は次のように表すことができる．

$$\boldsymbol{M}_1\boldsymbol{y}=\boldsymbol{M}_1\boldsymbol{X}_2\boldsymbol{b}_2+\boldsymbol{M}\boldsymbol{y}$$

そして

$$\boldsymbol{M}_1\boldsymbol{y}-\boldsymbol{M}_1\boldsymbol{X}_2\boldsymbol{b}_2=\text{(3.43) 式の OLS 残差}$$
$$\boldsymbol{M}\boldsymbol{y}=\text{(3.38) 式の OLS 残差 }\boldsymbol{e}$$

であるから FWL の (2) が得られる.

FWL の定理を応用して得られる例を 2 つ示そう.

▶例 3.1

$$\underset{n\times 1}{\boldsymbol{X}_1}=\boldsymbol{i}=\begin{bmatrix}1\\1\\\vdots\\1\end{bmatrix}$$

とすると, $\boldsymbol{i}'\boldsymbol{i}=n$ であり, $\boldsymbol{M}_1$ は次のようになる.

$$\begin{aligned}\boldsymbol{M}_1&=\boldsymbol{I}-\boldsymbol{X}_1(\boldsymbol{X}_1'\boldsymbol{X}_1)^{-1}\boldsymbol{X}_1'=\boldsymbol{I}-\boldsymbol{i}(\boldsymbol{i}'\boldsymbol{i})^{-1}\boldsymbol{i}'\\&=\boldsymbol{I}-\frac{1}{n}\boldsymbol{i}\boldsymbol{i}'\end{aligned}\tag{3.44}$$

このとき

$$\boldsymbol{M}_1\boldsymbol{y}=\begin{bmatrix}Y_1-\bar{Y}\\Y_2-\bar{Y}\\\vdots\\Y_n-\bar{Y}\end{bmatrix}=\underline{\boldsymbol{y}}$$

$$\boldsymbol{M}_1\boldsymbol{X}_2=\begin{bmatrix}X_{21}-\bar{X}_2&\cdots&X_{k1}-\bar{X}_k\\X_{22}-\bar{X}_2&\cdots&X_{k2}-\bar{X}_k\\\vdots&&\vdots\\X_{2n}-\bar{X}_2&\cdots&X_{kn}-\bar{X}_k\end{bmatrix}=\underline{\boldsymbol{X}}_2$$

となる. すなわち, $\boldsymbol{y}$ に左から (3.44) 式の対称, ベキ等行列 $\boldsymbol{M}_1$ を掛けると平均からの偏差ベクトルになり, $\boldsymbol{X}_2$ に左から $\boldsymbol{M}_1$ を掛けると平均からの偏差行列になる. したがって (3.38) 式の $\boldsymbol{\beta}_2$ の OLSE $\hat{\boldsymbol{\beta}}_2$ は, 平均からの偏差ベクトル $\underline{\boldsymbol{y}}$, 行列 $\underline{\boldsymbol{X}}_2$ を用いて

$$\hat{\boldsymbol{\beta}}_2=(\underline{\boldsymbol{X}}_2'\underline{\boldsymbol{X}}_2)^{-1}\underline{\boldsymbol{X}}_2'\underline{\boldsymbol{y}}\tag{3.45}$$

として求めることもできる.

▶例 3.2

次の重回帰モデルを考えよう.

$$\underset{n\times 1}{\boldsymbol{y}} = \underset{n\times k}{\boldsymbol{X}}\underset{k\times 1}{\boldsymbol{\beta}} + \underset{n\times 1}{\boldsymbol{D}_i}\underset{1\times 1}{\gamma} + \underset{n\times 1}{\boldsymbol{u}} \tag{3.46}$$

ここで

$$\underset{n\times 1}{\boldsymbol{D}_i} = \begin{bmatrix} 0 \\ 0 \\ \vdots \\ 1 \\ 0 \\ \vdots \\ 0 \end{bmatrix}$$

は i 番目の要素のみ1で,残りは0のベクトルである.(3.38) 式で

$$\boldsymbol{X}_1 = \boldsymbol{D}_i, \quad \boldsymbol{X}_2 = \boldsymbol{X}$$

と考えよう.このとき

$$\boldsymbol{M}_1 = \boldsymbol{I} - \boldsymbol{D}_i(\boldsymbol{D}_i'\boldsymbol{D}_i)^{-1}\boldsymbol{D}_i' = \boldsymbol{I} - \boldsymbol{D}_i\boldsymbol{D}_i' \qquad (\boldsymbol{D}_i'\boldsymbol{D}_i = 1)$$

したがって

$$\boldsymbol{M}_1\boldsymbol{y} = (\boldsymbol{I} - \boldsymbol{D}_i\boldsymbol{D}_i')\boldsymbol{y} = \boldsymbol{y} - \boldsymbol{D}_i\boldsymbol{D}_i'\boldsymbol{y}$$

$$= \begin{bmatrix} Y_1 \\ Y_2 \\ \vdots \\ Y_i \\ \vdots \\ Y_n \end{bmatrix} - \begin{bmatrix} 0 \\ 0 \\ \vdots \\ Y_i \\ \vdots \\ 0 \end{bmatrix} = \begin{bmatrix} Y_1 \\ \vdots \\ Y_{i-1} \\ 0 \\ Y_{i+1} \\ \vdots \\ Y_n \end{bmatrix}$$

$$\boldsymbol{M}_1\boldsymbol{X} = \begin{bmatrix} 1 & X_{21} & \cdots & X_{k1} \\ \vdots & \vdots & & \vdots \\ 1 & X_{2,i-1} & \cdots & X_{k,i-1} \\ 0 & 0 & \cdots & 0 \\ 1 & X_{2,i+1} & \cdots & X_{k,i+1} \\ \vdots & \vdots & & \vdots \\ 1 & X_{2n} & \cdots & X_{kn} \end{bmatrix}$$

となる．そして

$$\boldsymbol{y}=\boldsymbol{X\beta}+\boldsymbol{D}_i\gamma+\boldsymbol{u}$$

の両辺に左から $\boldsymbol{M}_1$ を掛け，$\boldsymbol{M}_1\boldsymbol{D}_i=\left[\boldsymbol{I}-\boldsymbol{D}_i(\boldsymbol{D}_i'\boldsymbol{D}_i)^{-1}\boldsymbol{D}_i'\right]\boldsymbol{D}_i=\boldsymbol{D}_i-\boldsymbol{D}_i=\boldsymbol{0}$ に注意すれば

$$\boldsymbol{M}_1\boldsymbol{y}=\boldsymbol{M}_1\boldsymbol{X\beta}+\boldsymbol{M}_1\boldsymbol{u}$$

となる．

上式の $\boldsymbol{\beta}$ の OLSE は，次式で与えられる．

$$\hat{\boldsymbol{\beta}}=\left[(\boldsymbol{M}_1\boldsymbol{X})'(\boldsymbol{M}_1\boldsymbol{X})\right]^{-1}(\boldsymbol{M}_1\boldsymbol{X})'\boldsymbol{M}_1\boldsymbol{y}$$

ところが i 番目の観測値を除いた被説明変数ベクトルを

$$\underset{(n-1)\times 1}{\boldsymbol{y}(i)}=\begin{bmatrix} Y_1 \\ \vdots \\ Y_{i-1} \\ Y_{i+1} \\ \vdots \\ Y_n \end{bmatrix}$$

i 番目を除いた説明変数行列を

$$\underset{(n-1)\times k}{\boldsymbol{X}(i)}=\begin{bmatrix} 1 & X_{21} & \cdots & X_{k1} \\ \vdots & \vdots & & \vdots \\ 1 & X_{2,i-1} & \cdots & X_{k,i-1} \\ 1 & X_{2,i+1} & \cdots & X_{k,i+1} \\ \vdots & \vdots & & \vdots \\ 1 & X_{2n} & \cdots & X_{kn} \end{bmatrix}$$

とすると

$$(\boldsymbol{M}_1\boldsymbol{X})'(\boldsymbol{M}_1\boldsymbol{y})=\boldsymbol{X}'(i)\boldsymbol{y}(i)$$
$$(\boldsymbol{M}_1\boldsymbol{X})'(\boldsymbol{M}_1\boldsymbol{X})=\boldsymbol{X}'(i)\boldsymbol{X}(i)$$

であるから，$\hat{\boldsymbol{\beta}}$ は $\boldsymbol{y}(i)$ と $\boldsymbol{X}(i)$ を用いて

$$\hat{\boldsymbol{\beta}}(i)=\left[\boldsymbol{X}'(i)\boldsymbol{X}(i)\right]^{-1}\boldsymbol{X}'(i)\boldsymbol{y}(i) \tag{3.47}$$

と表すこともできる．

すなわち（3.46）式の $\boldsymbol{\beta}$ の OLSE は，i 番目の観測値を除いた $\boldsymbol{y}(i)$ の $\boldsymbol{X}(i)$ への回帰を行ったときの回帰係数推定値 $\hat{\boldsymbol{\beta}}(i)$ に等しい．（3.38）式で i 番目の観

測値（Y_i 1 X_{2i} … X_{ki}）を除いてパラメータを推定したいとき，ダミー変数ベクトル $\boldsymbol{D}_i$ を説明変数として（3.38）式に追加すればよい，ということを（3.47）式は示している．

さらに，(3.46) 式の推定値を

$$\hat{\boldsymbol{y}} = \boldsymbol{X}\hat{\boldsymbol{\beta}}(i) + \boldsymbol{D}_i\hat{\gamma}$$

とし，残差ベクトルを $\boldsymbol{q}$ とすると

$$\boldsymbol{y} = \hat{\boldsymbol{y}} + \boldsymbol{q} = \boldsymbol{X}\hat{\boldsymbol{\beta}}(i) + \boldsymbol{D}_i\hat{\gamma} + \boldsymbol{q}$$

と表すことができる．

上式両辺に左から $\boldsymbol{D}_i'$ を掛け

$$\boldsymbol{D}_i'\boldsymbol{y} = Y_i$$

$$\boldsymbol{D}_i'\boldsymbol{X} = \boldsymbol{x}_i' = (1\ \ X_{2i}\ \cdots\ X_{ki})$$

$$\boldsymbol{D}_i'\boldsymbol{D}_i = 1$$

$$\boldsymbol{D}_i'\boldsymbol{q} = q_i = 0$$

$$\left(\because 3.4\text{節（1）の性質を用いて} \begin{pmatrix} \boldsymbol{X}' \\ \boldsymbol{D}_i' \end{pmatrix} \boldsymbol{q} = \begin{pmatrix} \boldsymbol{X}'\boldsymbol{q} \\ \boldsymbol{D}_i'\boldsymbol{q} \end{pmatrix} = \boldsymbol{0}\right)$$

に注意すれば

$$Y_i = \boldsymbol{x}_i'\hat{\boldsymbol{\beta}}(i) + \hat{\gamma}$$

が得られる．すなわち

$$\hat{\gamma} = Y_i - \boldsymbol{x}_i'\hat{\boldsymbol{\beta}}(i)$$

となる．ここで

$\boldsymbol{x}_i'\hat{\boldsymbol{\beta}}(i) = \boldsymbol{y}(i)$ の $\boldsymbol{X}(i)$ への回帰を行ったとき，パラメータ推定に用いなかった i 番目の Y_i を $\boldsymbol{x}_i'\hat{\boldsymbol{\beta}}(i)$ で予測したときの予測値

であるから，$\boldsymbol{D}_i$ のパラメータ推定値 $\hat{\gamma}$ は，i 番目の予測誤差である．

γ が 0 と有意に異なれば，(3.46) 式より，i 番目の

$$E(Y_i) = \boldsymbol{x}_i'\boldsymbol{\beta} + \gamma \neq \boldsymbol{x}_i'\boldsymbol{\beta}$$

となるから Y_i の期待値が $\boldsymbol{x}_i'\boldsymbol{\beta}$ から γ だけ変化したことを示す．

3.10 ダミー変数

説明変数に，連続的な値をとることができない変数を含めたい場合がある．性，企業規模，産業，地域，地震やストライキなどの突発的出来事，消費税増税とい

う制度的変更などである．このような属性に対してはダミー変数（代理変数）を定義し，このダミー変数を説明変数として回帰モデルのなかへ入れる．ダミー変数の使い方として次の2点を本節で述べる．

(1)　質的属性の代理変数

(2)　季節変動の処理

3.10.1　質的属性の代理変数

男女の区別，企業規模の大，中，小の区別等々連続的な値をとることができない質的属性をダミー変数によって表す．たとえば，性別を表すダミー変数

$$DX=\begin{cases}1, & \text{男性のとき}\\ 0, & \text{女性のとき}\end{cases}$$

を定義する．次の2通りの定式化がある．$i=1, \cdots, n$ とする．

$$Y_i=\beta_1+\beta_2 X_{2i}+\beta_3 DX_i+u_i \tag{3.48}$$

$$Y_i=\beta_1+\beta_2 X_{2i}+\beta_3 (DX\cdot X_2)_i+\varepsilon_i \tag{3.49}$$

(3.48) 式は

$$\text{男性のとき：}\quad Y_i=\beta_1+\beta_3+\beta_2 X_{2i}+u_i$$

$$\text{女性のとき：}\quad Y_i=\beta_1+\beta_2 X_{2i}+u_i$$

となるから，β_2 は男女同じであるが，定数項が男女で異なるという定式化である．

これに対して，(3.49) 式は説明変数として $DX\cdot X_2$ が新しく定義され

$$\text{男性のとき：}\quad Y_i=\beta_1+(\beta_2+\beta_3)X_{2i}+\varepsilon_i$$

$$\text{女性のとき：}\quad Y_i=\beta_1+\beta_2 X_{2i}+\varepsilon_i$$

となるから，定数項は男女同じであるが，X_2 の係数が，男性 $\beta_2+\beta_3$，女性 β_2 と男女で異なるという定式化である．

3.10.2　季節ダミー

四半期や月次の時系列データには季節変動がある．年末のボーナスにより第4四半期（10～12月）の経済変数の値（とくに消費）は他の四半期より大きい．

四半期原系列を Y_t とすると，Y_t は次の4つの変動要因から成ると仮定される．

$$Y_t=T_t\times C_t\times S_t\times I_t$$

ここで

$$T_t=\text{趨勢要因 trend component}$$

C_t = 循環要因 cyclical component

S_t = 季節要因 seasonal component

I_t = 不規則要因 irregular component

Y_t から S_t を取り出して TCI から構成されるのが季節変動調整済み四半期データである．季節調整法に関する詳細な説明は国友（2007）を参照されたい．

季節変動調整済みではなく，四半期原系列のデータを用いて回帰分析をする場合を考えよう．季節変動は季節ダミーによって処理できるのではないかと考え，次のように定式化される．X_t, Y_t とも四半期原系列である．

$$Y_t = \alpha + \beta X_t + \gamma_2 Q_{2t} + \gamma_3 Q_{3t} + \gamma_4 Q_{4t} + u_t \tag{3.50}$$

ここで

$$Q_{jt} = \begin{cases} 1, & \text{第}\,j\,\text{四半期} \\ 0, & \text{その他} \end{cases}$$

$$j = 2, 3, 4, \quad t = 1, \cdots, n$$

（3.50）式のパラメータ β の OLSE $\hat{\beta}$ は，3.8 節で述べたことを適用すれば以下の意味をもつ．OLS によって得られる Y_t の推定値

$$\hat{Y}_t = \hat{\alpha}_1 + \hat{\alpha}_2 Q_{2t} + \hat{\alpha}_3 Q_{3t} + \hat{\alpha}_4 Q_{4t}$$

は Y_t の変動のうち，季節ダミーによって表すことができる各四半期の動きである．したがって

$$R_{Y_t} = Y_t - \hat{Y}_t$$

は，Y_t から季節ダミーで表すことができる季節変動を除去した値である．

同様に，X の定数項，Q_2, Q_3, Q_4 への回帰を行ったときの推定値 $\hat{X}_t$ と X_t の残差

$$R_{X_t} = X_t - \hat{X}_t = X_t - (\hat{\beta}_1 + \hat{\beta}_2 Q_{2t} + \hat{\beta}_3 Q_{3t} + \hat{\beta}_4 Q_{4t})$$

は，X_t から季節ダミーによって表すことができる季節変動を除去した値になる．

（3.50）式の $\hat{\beta}$ は，R_{Y_t} の R_{X_t} への定数項なしの回帰

$$R_{Y_t} = \gamma R_{X_t}$$

における γ の OLSE に等しい．

3.11　モデルの説明力

3.11.1　決 定 係 数

2.2 節および 2.3 節の単純回帰モデルの決定係数に関する説明は重回帰モデルにも適用することができる.

(3.1) 式のようにモデルに定数項があるとき, 1 章数学注 (2) と同様重回帰モデルにおいても, (3.17) 式を用いて

$$\sum e_i\hat{y}_i=\sum e_i(\hat{Y}_i-\bar{Y})=\sum e_i(\hat{\beta}_1+\hat{\beta}_2X_{2i}+\cdots+\hat{\beta}_kX_{ki})$$
$$=0$$

となるから

$$\sum_{i=1}^{n}y_i^2=\sum_{i=1}^{n}\hat{y}_i^2+\sum_{i=1}^{n}e_i^2 \tag{3.51}$$

が成り立つ. ここで

$$y_i=Y_i-\bar{Y}$$
$$\hat{y}_i=\hat{Y}_i-\bar{\hat{Y}}=\hat{Y}_i-\bar{Y}$$
$$e_i=Y_i-\hat{Y}_i=y_i-\hat{y}_i$$

である. したがってモデルの説明力は決定係数

$$R^2=\frac{\sum\hat{y}^2}{\sum y^2} \tag{3.52}$$

によって測ることができる (和の演算の添字 i は省略した).
(2.4) 式と同様

$$0\leq R^2\leq 1$$

である.

$$\sum\hat{y}^2=\sum(y-e)\hat{y}=\sum y\hat{y}$$

と表すと (3.52) 式は

$$R^2=\frac{(\sum y\hat{y})^2}{\sum y^2\cdot\sum\hat{y}^2}$$

となり, 重回帰モデルにおいても R^2 は Y と $\hat{Y}$ の相関係数の 2 乗である.

モデルに定数項がないとき $\sum e\neq 0$, したがって $\bar{\hat{Y}}\neq\bar{Y}$ であり, (3.51) 式は成立しない. 平均まわりでなく原点まわりの

$$\sum Y^2 = \sum \hat{Y}^2 + \sum e^2 \tag{3.53}$$

が成立するから，定数項のないモデルのとき決定係数は

$$R^2 = \frac{\sum \hat{Y}^2}{\sum Y^2}$$

か，あるいは Y と $\hat{Y}$ の相関関係の 2 乗として計算される．

定数項のあるモデルのとき，全変動 $\sum y^2$，モデルによって説明される平方和，残差平方和は次のように計算すればよい．和の演算は $i=1$ から n までである．

$$\sum y^2 = \sum (Y_i - \bar{Y})^2 = \sum Y_i^2 - \frac{1}{n}\left(\sum Y_i\right)^2$$

$$= \boldsymbol{y}'\boldsymbol{y} - \frac{1}{n}\left(\sum Y_i\right)^2$$

$\hat{\boldsymbol{y}} = \boldsymbol{X}\hat{\boldsymbol{\beta}}$ であるから

$$\hat{\boldsymbol{y}}'\hat{\boldsymbol{y}} = \hat{\boldsymbol{\beta}}'\boldsymbol{X}'\boldsymbol{X}\hat{\boldsymbol{\beta}} = \hat{\boldsymbol{\beta}}'\boldsymbol{X}'\boldsymbol{y}$$

$$\sum \hat{y}^2 = \sum (\hat{Y}_i - \bar{Y})^2 = \sum \hat{Y}_i^2 - \frac{1}{n}\left(\sum Y_i\right)^2$$

$$= \hat{\boldsymbol{y}}'\hat{\boldsymbol{y}} - \frac{1}{n}(\sum Y_i)^2 = \hat{\boldsymbol{\beta}}'\boldsymbol{X}'\boldsymbol{y} - \frac{1}{n}\left(\sum Y_i\right)^2$$

$$\sum e^2 = \sum y^2 - \sum \hat{y}^2$$

3.11.2 自由度修正済み決定係数

説明変数の数 k が増えれば，同じことであるが自由度 $n-k$ が小さくなれば，追加される説明変数が何であろうと，決定係数は大きくなる（同じ大きさのままという可能性がゼロではないが，ほとんどこのようなことは生じない）．

たとえば

$$\underset{n\times 1}{\boldsymbol{y}} = \underset{n\times k_1}{\boldsymbol{X}_1}\underset{k_1\times 1}{\boldsymbol{\beta}_1} + \underset{n\times 1}{\boldsymbol{u}} \tag{3.54}$$

に，さらに k_2 個の説明変数 $\boldsymbol{X}_2(n\times k_2)$ が追加されたモデル

$$\boldsymbol{y} = \boldsymbol{X}_1\boldsymbol{\beta}_1 + \boldsymbol{X}_2\boldsymbol{\beta}_2 + \boldsymbol{\varepsilon} \tag{3.55}$$

があるとしよう．自由度はそれぞれ $n-k_1$, $n-(k_1+k_2)$ となる．

$\boldsymbol{X}_1$ のみのモデル，$\boldsymbol{X}_1$, $\boldsymbol{X}_2$ のモデルの残差平方和を，それぞれ $\sum_{i=1}^{n} e_{1i}^2$, $\sum_{i=1}^{n} e_i^2$ とすると，モデルによって説明できる平方和は $\boldsymbol{X}_1$ のみのモデルが

$$\sum \hat{y}_1^2 = \sum y^2 - \sum e_1^2$$

$\boldsymbol{X}_1, \boldsymbol{X}_2$ のモデルが

$$\sum \hat{y}^2 = \sum y^2 - \sum e^2$$

となる．そして

$$\sum e_1^2 > \sum e^2 \Leftrightarrow \sum \hat{y}^2 > \sum \hat{y}_1^2$$

が成り立つ（証明は数学注（1）に示した）.

したがって次式が成り立つ.

(3.55) 式の決定係数＞(3.54) 式の決定係数

以上のことから，$i=1, \cdots, n$ の Y_i の変動を説明する複数のモデルがあり，それぞれのモデルの説明変数の数が異なっているとき，同じことであるが自由度が異なっているとき，決定係数の大，小を比較すれば，自由度の小さいモデルの方が決定係数は大きい. 自由度 0 のとき決定係数が 1 になることはすでに前述した.

(3.52) 式は

$$R^2 = 1 - \frac{\sum e^2}{\sum y^2} \tag{3.56}$$

と表すことができるから，上式右辺第 2 項の分母，分子をそれぞれの自由度で割って，自由度の影響を R^2 から除去しようとするのが自由度修正済み決定係数という概念である.

(3.56) 式の $\sum e^2$ の自由度は 3.4 節（1）で示したように $n-k$ である．分母の

$$\sum y^2 = \sum (Y_i - \bar{Y})^2$$

は，$\sum_{i=1}^{n} (Y_i - \bar{Y}) = 0$ の制約によって，$y_1, \cdots, y_n$ の自由度は 1 失われ $n-1$ になる.

したがって，自由度修正済み決定係数を $\bar{R}^2$ と表すと

$$\bar{R}^2 = 1 - \frac{\sum e^2/(n-k)}{\sum y^2/(n-1)} = 1 - \frac{n-1}{n-k}\frac{\sum e^2}{\sum y^2}$$

$$= 1 - \frac{n-1}{n-k}(1-R^2) \tag{3.57}$$

である.

R^2 が負になることはないが

$$0 < R^2 < \frac{k-1}{n-1}$$

のとき $\bar{R}^2$ は負になる．たとえば $n=11$ と標本数が少なく，$k=3$ のとき $R^2 < 0.2$ ならば $\bar{R}^2 < 0$ となる.

3.11.3　AIC, SBIC, GCV および HQ

説明変数の数が増えれば自由度は小さくなり，残差平方和 $\sum e^2$ は小さくなる．したがって分散 σ^2 の MLE $\hat{\sigma}^2=\sum e^2/n$ は小さくなる．

(3.1) 式の重回帰モデルの対数尤度関数 (3.34) 式の $\boldsymbol{\beta}, \sigma^2$ に MLE

$$\hat{\boldsymbol{\beta}}=(\boldsymbol{X}'\boldsymbol{X})^{-1}\boldsymbol{X}'\boldsymbol{y}$$

$$\hat{\sigma}^2=\frac{1}{n}\sum_{i=1}^{n}e_i^2=\frac{1}{n}\boldsymbol{e}'\boldsymbol{e}=\frac{1}{n}(\boldsymbol{y}-\boldsymbol{X}\hat{\boldsymbol{\beta}})'(\boldsymbol{y}-\boldsymbol{X}\hat{\boldsymbol{\beta}})$$

を代入すると，対数尤度関数の最大値

$$\begin{aligned}\log L^* &= -\frac{n}{2}\log 2\pi-\frac{n}{2}\log\hat{\sigma}^2-\frac{1}{2\hat{\sigma}^2}(\boldsymbol{y}-\boldsymbol{X}\hat{\boldsymbol{\beta}})'(\boldsymbol{y}-\boldsymbol{X}\hat{\boldsymbol{\beta}})\\ &= -\frac{n}{2}\log 2\pi-\frac{n}{2}\log\hat{\sigma}^2-\frac{1}{2\hat{\sigma}^2}(n\hat{\sigma}^2)\\ &= -\frac{n}{2}(\log 2\pi+1+\log\hat{\sigma}^2) \qquad (3.58)\end{aligned}$$

を得る．最小値は

$$-\log L^*=\frac{n}{2}(\log 2\pi+1+\log\hat{\sigma}^2)=l$$

である．

説明変数 k の値が増えればこの損失関数 l の値は小さくなる．(3.34) 式には $\beta_j,\ j=1,\cdots,k$ と σ^2 の $k+1$ 個の未知パラメータがある．モデルの未知パラメータの数を p とすると，この p の数をペナルティとして l に加え，モデル選択の基準にしようとするのが AIC (Akaike information criteria，赤池情報量基準) であり，SBIC (Schwartz Bayes information criteria，シュワルツ・ベイズ情報量基準)，GCV (generalized cross validation，一般相互確認)，HQ (Hannan and Quinn) 統計量である．それぞれ以下のように定義される．

$$\mathrm{AIC}=-2\log L^*+2p$$

$$\mathrm{SBIC}=-2\log L^*+p\log n$$

$$\mathrm{GCV}=-2\log L^*-2n\log\left(1-\frac{p}{n}\right)$$

$$\mathrm{HQ}=-2\log L^*+2p\log(\log n)$$

(統計解析ソフトによって定義が異なっているので，ソフトに示されている定義に注意)．

この4つの基準はいずれも小さいほど説明力の高いモデルであるがペナルティの大きさが異なる．たとえば $p=3$, $n=30$ のとき，ペナルティは AIC が 6, SBIC が 10.2, GCV が 6.3, HQ が 7.3 となり，SBIC のペナルティが一番大きい．

R^2 や $\bar{R}^2$ は1に近いほどモデルの説明力が高いことを示す．しかし上記4つの基準は，値が小さいほどモデルの説明力が高い，ということを示すのみで下限はない．1つのモデルの AIC や SBIC の値のみ検討しても意味がない．同じ Y の変動を説明する複数のモデルがあるとき，競合するモデルの AIC や SBIC の値を比較することではじめて意味をもつ．

いま，同じ Y の変動を説明する2つのモデル A, B があり，推定結果から，それぞれ AIC(A)，AIC(B)が得られたとしよう．この2つの AIC の差がどれぐらいあれば，2つのモデルの説明力に有意な差があると言ってよいのか．1つの基準は

$$|\mathrm{AIC(A)}-\mathrm{AIC(B)}|\geq 2$$

である（蓑谷（1996），pp. 42～44）．

すなわち，AIC の差が絶対値で2以上あれば，AIC の小さいモデルの方が説明力は高い，という判断である．

これまで重回帰モデルの統計理論の説明に終始してきたが，具体例によって理論的説明を確認しよう．

▶例 3.3　配達時間

(1)　モデルとパラメータ推定

ある清涼飲料のメーカーは，販売代理店に設置されている自動販売機への配達時間に関心を抱いている．配達時間に影響する重要な要因は，清涼飲料が入っている箱の数と，運転手が自動販売機まで歩く距離であろうと予想している．

25箇所から**表 3.1** に示されているデータが得られた．表の

DVT＝配達時間，単位：分

$CASE$＝箱の数

DIS＝距離，単位：フィート，1フィート≒0.305 m

である．配達時間が一番短いのは #7 の 8（分），箱の数は 2, 距離は 110 フィート（約 33.6 m），一番長いのは #9 の 79.24（分），箱の数も 30 ともっとも多く，距

表 3.1　配達時間のデータ

i	DVT	$CASE$	DIS	i	DVT	$CASE$	DIS	i	DVT	$CASE$	DIS
1	16.68	7	560	11	40.33	16	688	21	17.90	10	140
2	11.50	3	220	12	21.00	10	215	22	52.32	26	810
3	12.03	3	340	13	13.50	4	255	23	18.75	9	450
4	14.88	4	80	14	19.75	6	462	24	19.83	8	635
5	13.75	6	150	15	24.00	9	448	25	10.75	4	150
6	18.11	7	330	16	29.00	10	776				
7	8.00	2	110	17	15.35	6	200				
8	17.83	7	210	18	19.00	7	132				
9	79.24	30	1460	19	9.50	3	36				
10	21.50	5	605	20	35.10	17	770				

出所：Montgomery et al. (2012) p.74, Table 3.2

離も 1460 フィート（約 445.3 m）と一番遠い．

モデル

$$DVT_i = \alpha_1 + \alpha_2 CASE_i + \alpha_3 DIS_i + \varepsilon_i, \quad i = 1, \cdots, 25 \tag{3.59}$$

を OLS で推定した結果は次式である．係数推定値の下の（　）は，$H_0 : \alpha_j = 0$ の仮説のもとでの t 値，その下の（　）は自由度 $n-3=25-3=22$ の t 分布による p 値である．

$$\underset{\substack{(2.13)\\(0.044)}}{DVT = 2.34123} + \underset{\substack{(9.46)\\(0.000)}}{1.61591 CASE} + \underset{\substack{(3.98)\\(0.001)}}{0.014385 DIS}$$

$$R^2 = 0.9596, \quad \bar{R}^2 = 0.9559, \quad s = 3.2595 \tag{3.60}$$

p 値から判断して，有意水準 5% で $\hat{\alpha}_1$ は 0 と有意に異なり，$\hat{\alpha}_2, \hat{\alpha}_3$ は有意水準 1% でも有意である．$\bar{R}^2$ も大きく，説明力も高い．しかし 5.3 節で説明する定式化ミスのテスト RESET(2) および RESET(3) で定式化ミスが検出される．

(3.59) 式よりも説明力が高く，RESET で定式化ミスなしと判断されたモデルは次のモデルである．

$$DVT_i = \beta_1 + \beta_2 CASE_i + \beta_3 DIS_i^2/100000 + u_i$$
$$i = 1, \cdots, 25 \tag{3.61}$$

変数記号を変え，$Y = DVT$, $X_2 = CASE$, $X_3 = DIS^2/100000$ とおく．OLS による (3.61) 式の推定結果をまず示す．

$$\underset{\substack{(7.14)\\(0.000)}}{Y = 6.19140} + \underset{\substack{(11.05)\\(0.000)}}{1.41093 X_2} + \underset{\substack{(7.15)\\(0.000)}}{1.42471 X_3}$$

$$R^2 = 0.9791, \quad \bar{R}^2 = 0.9772, \quad s = 2.345 \tag{3.62}$$

R^2 も（3.60）式より高く，すべての $\hat{\beta}_j$ の p 値も小数第 4 位を四捨五入しても 0 である．

（3.62）式をもたらす計算を以下に示す．$n=25$ である．

$$\boldsymbol{y}=\begin{bmatrix} Y_1 \\ Y_2 \\ \vdots \\ Y_n \end{bmatrix},\quad \boldsymbol{X}=\begin{bmatrix} 1 & X_{21} & X_{31} \\ 1 & X_{22} & X_{32} \\ \vdots & \vdots & \vdots \\ 1 & X_{2n} & X_{3n} \end{bmatrix}$$

とする．和の演算は $i=1$ から n までである．

$$\boldsymbol{X}'\boldsymbol{X}=\begin{bmatrix} n & \sum X_2 & \sum X_3 \\ \sum X_2 & \sum X_2^2 & \sum X_2 X_3 \\ \sum X_3 & \sum X_3 X_2 & \sum X_3^2 \end{bmatrix}$$

$$=\begin{bmatrix} 25 & 219 & 67.25688 \\ 219 & 3055 & 1199.63795 \\ 67.25688 & 1199.63795 & 647.3507252 \end{bmatrix}$$

$$\boldsymbol{X}'\boldsymbol{y}=\begin{bmatrix} \sum Y \\ \sum X_2 Y \\ \sum X_3 Y \end{bmatrix}=\begin{bmatrix} 559.6 \\ 7375.44 \\ 3031.3042327 \end{bmatrix}$$

$$\hat{\boldsymbol{\beta}}=(\boldsymbol{X}'\boldsymbol{X})^{-1}\boldsymbol{X}'\boldsymbol{y}$$

$$=\begin{bmatrix} 0.13682606 & -0.01552043 & 0.01454606 \\ -0.01552043 & 0.0029625912 & -0.0038776217 \\ 0.01454606 & -0.0038776217 & 0.0072193006 \end{bmatrix}$$

$$\times\begin{bmatrix} 559.6 \\ 7375.44 \\ 3031.3042327 \end{bmatrix}$$

$$=\begin{bmatrix} 6.19139846 \\ 1.41093043 \\ 1.42470590 \end{bmatrix}$$

$$\hat{\boldsymbol{y}}'\hat{\boldsymbol{y}}=\hat{\boldsymbol{\beta}}'\boldsymbol{X}'\boldsymbol{y}=(6.19139846\quad 1.41093043\quad 1.42470590)$$

$$\times\begin{bmatrix} 559.6 \\ 7375.44 \\ 3031.3042327 \end{bmatrix}=1.8189656\times 10^4$$

$$\boldsymbol{y}'\boldsymbol{y} = \sum Y_i^2 = 1.8310629 \times 10^4$$

$$\sum y^2 = \boldsymbol{y}'\boldsymbol{y} - \frac{1}{n}\left(\sum Y_i\right)^2 = 1.8310629 \times 10^4 - \frac{1}{25}\left(559.6\right)^2$$

$$= 5784.5426$$

$$\sum \hat{y}^2 = \hat{\boldsymbol{y}}'\hat{\boldsymbol{y}} - \frac{1}{n}\left(\sum Y_i\right)^2 = 1.8189656 \times 10^4 - \frac{1}{25}\left(559.6\right)^2$$

$$= 5663.56995391$$

$$\sum e^2 = \sum y^2 - \sum \hat{y}^2 = 5784.5426 - 5663.56995391$$

$$= 120.972646$$

$$s^2 = \frac{1}{n-3}\sum e^2 = \frac{1}{22}(120.972646) = 5.49876$$

$$s = \sqrt{s^2} = 2.34494$$

$$\boldsymbol{V}(\hat{\boldsymbol{\beta}}) = s^2(\boldsymbol{X}'\boldsymbol{X})^{-1} = \begin{bmatrix} 0.752373 & -0.0853431 & 0.0799852 \\ -0.0853431 & 0.0162906 & -0.0213221 \\ 0.0799852 & -0.0213221 & 0.0396972 \end{bmatrix}$$

したがって $\hat{\beta}_j$ の標準偏差 $s_j,\ j=1, 2, 3$ は

$$\boldsymbol{s}(\hat{\boldsymbol{\beta}}) = \begin{bmatrix} s_1 \\ s_2 \\ s_3 \end{bmatrix} = \begin{bmatrix} (0.752373)^{\frac{1}{2}} \\ (0.0162906)^{\frac{1}{2}} \\ (0.0396972)^{\frac{1}{2}} \end{bmatrix} = \begin{bmatrix} 0.867394 \\ 0.127635 \\ 0.199242 \end{bmatrix}$$

となる．

$$R^2 = \frac{\sum \hat{y}^2}{\sum y^2} = \frac{5663.56995391}{5784.5426} = 0.979087$$

$$\bar{R}^2 = 1 - \frac{n-1}{n-k}(1-R^2) = 1 - \frac{25-1}{25-3}(1-0.979087)$$

$$= 0.977186$$

仮説 $H_0: \beta_j = 0,\ j=1, 2, 3$ を検定する検定統計量の t 値はそれぞれ次のようになる．

$$t = \frac{\hat{\beta}_1}{s_1} = \frac{6.19139846}{0.867394} = 7.138$$

$$t = \frac{\hat{\beta}_2}{s_2} = \frac{1.41093043}{0.127635} = 11.054$$

$$t=\frac{\hat{\beta}_3}{s_3}=\frac{1.4247059}{0.199242}=7.151$$

以上の計算結果から数値を丸めたのが（3.62）式である．自由度 $n-3=22$ の t 分布の上側 1% の確率を与える分位点は 2.508 であるから

$$H_0: \beta_j=0,\quad H_1: \beta_j>0,\quad j=2, 3$$

は，$j=2, 3$ ともに H_0 を棄却し，H_1 が支持される．

β_j, $j=1, 2, 3$ の MLE は OLSE と同じであり，σ^2 の MLE は

$$\hat{\sigma}^2=(2.19972)^2=4.8388$$

である．

$\beta_2, \beta_3, \sigma^2$ のプロファイル対数尤度は, 95% 信頼区間も入れ, **図 3.1**, **図 3.2**, **図 3.3** に示されている．β_2 のプロファイル対数尤度関数は次式である．

$$\log L(\beta_2)=-\frac{n}{2}\log(2\pi)-\frac{n}{2}\log\hat{\sigma}^2(\beta_2)$$
$$-\frac{1}{2\hat{\sigma}^2(\beta_2)}\sum_{i=1}^{n}\left[Y_i-\hat{\beta}_1(\beta_2)-\beta_2X_{2i}-\hat{\beta}_3(\beta_2)X_{3i}\right]^2 \tag{3.63}$$

ここで，$\hat{\beta}_1(\beta_2)$，$\hat{\beta}_3(\beta_2)$，$\hat{\sigma}^2(\beta_2)$ は，β_2 を固定したときの β_1, β_3, σ^2 の MLE である．図 3.1 は $\beta_2=1.0\ (0.0001)\ 1.82$ のプロファイル対数尤度であり，$\beta_2=\hat{\beta}_2=1.4109$ で対数尤度はモデルの最大対数尤度 -55.1817 に等しい最大値をとる．β_2 の 95% 信頼区間は，$t_{0.025}(22)=2.074$ を用いて

$$P(1.1462\leq\beta_2\leq1.6756)=0.95$$

となる．

β_3 のプロファイル対数尤度は $\beta_3=\hat{\beta}_3=1.4247$ のとき最大値 -55.1817（モデル

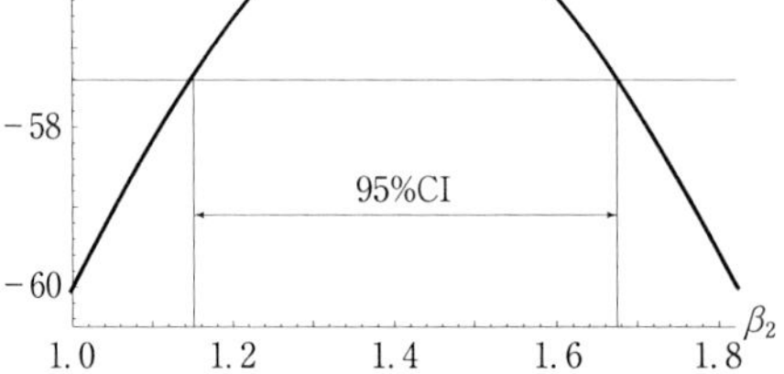

図 3.1　(3.61) 式の β_2 のプロファイル対数尤度

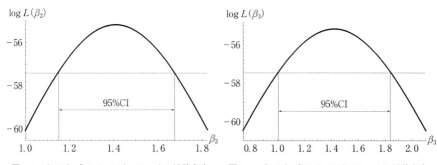

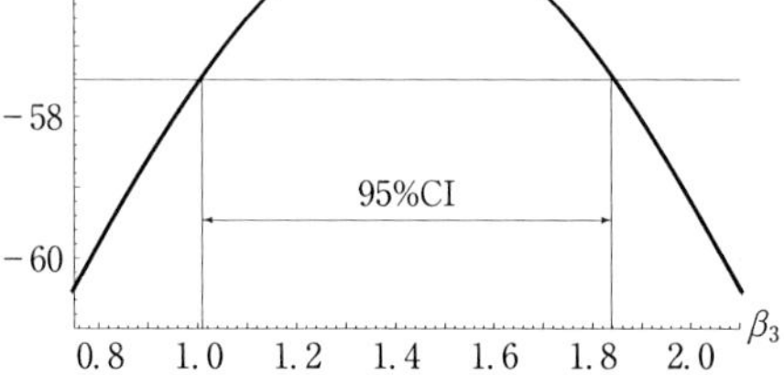

図 3.2　(3.61) 式の β_3 のプロファイル対数尤度

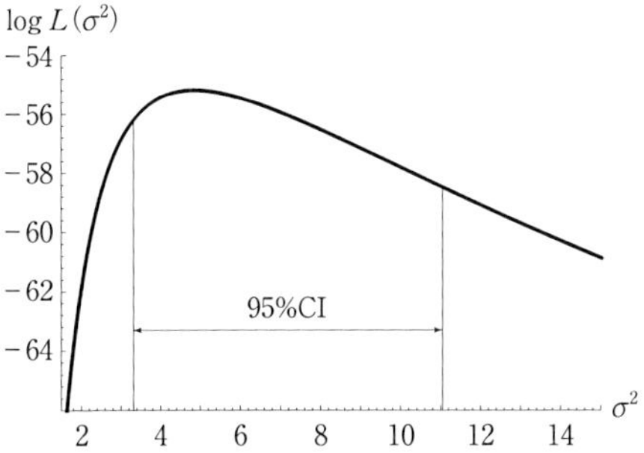

図 3.3　(3.61) 式の σ^2 のプロファイル対数尤度

の最大対数尤度）をとる．β_3 の 95% 信頼区間は

$$P(1.0115 \leq \beta_3 \leq 1.8379) = 0.95$$

である．

σ^2 のプロファイル対数尤度関数は（1.45）式の $\tilde{\sigma}^2$ を（3.62）式の σ^2 の MLE $\hat{\sigma}^2$ に代えればよい．

$$\frac{(n-3)s^2}{\sigma^2} \sim \chi^2(22)$$

と，自由度 $m=22$ のカイ 2 乗分布の $\chi^2_{0.025}=36.781$，$\chi^2_{0.975}=10.982$ であるから，(2.24) 式を用いて，σ^2 の 95% 信頼区間

$$P(3.2890 \leq \sigma^2 \leq 11.015) = 0.95$$

が得られる．$\sigma^2 = \hat{\sigma}^2 = 4.8388$ のとき対数尤度は最大となり，最大値はモデルの最大対数尤度 −55.1817 に等しい．

(2)　説明力の比較

(3.60) 式と (3.62) 式，この 2 つのモデルの説明力を比較したのが**表 3.2** である．両モデルとも $k=3$ であるから，R^2 で比較することができる．表 3.2 はどの統計量も (3.62) 式の方が説明力が高いことを示している．AIC も (3.62) 式は (3.60) 式より 16.46 小さく，有意な差がある．

図 3.4 は Y の観測値（太い実線）と（3.62）式からの $\hat{Y}$（細い実線）のグラフである．過小，過大の推定はあるが，Y と $\hat{Y}$ の山，谷はほとんど同じである．

表 3.3 に Y_i, $\hat{Y}_i$, 残差 $e_i = Y_i - \hat{Y}_i$, 誤差率 r_i（(1.22) 式），平方残差率 a_i^2（(1.23) 式）が示されている．平方残差率が大きいのは #11 の 19.20%，#1 の 12.29% であり，この 2 個で，最小にしようとしている損失関数（残差平方和）の 31.49%

表 3.2　2つのモデルの説明力

統計量	(3.60) 式	(3.62) 式
R^2	0.9596	0.9791
$\bar{R}^2$	0.9559	0.9771
$\log L$	−63.4147	−55.1817
AIC	134.8294	118.3635
SBIC	139.7049	123.2390
GCV	135.5471	119.0811
HQ	136.1817	119.7157

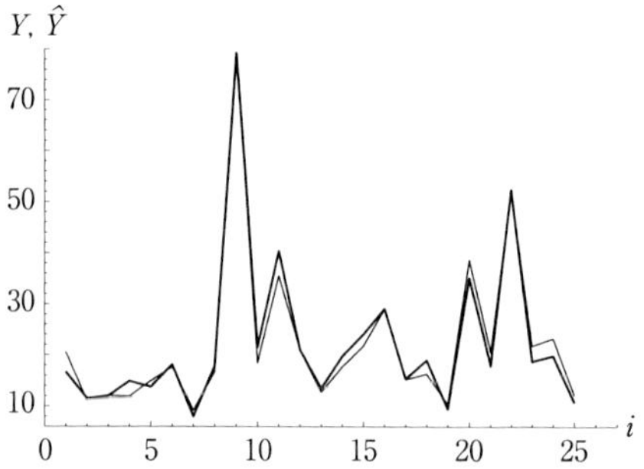

図 3.4　配達時間 (Y) の観測値 (太い実線) と (3.62) 式からの Y の推定値 (細い実線)

表 3.3　Y, (3.62) 式からの Y の推定値，残差，誤差率，平方残差率

i	Y	$\hat{Y}$	残差	誤差率	平方残差率
1	16.68	20.54	−3.86	−23.12	12.29
2	11.50	11.11	0.39	3.36	0.12
3	12.03	12.07	−0.04	−0.34	0.00
4	14.88	11.93	2.95	19.85	7.21
5	13.75	14.98	−1.23	−8.93	1.25
6	18.11	17.62	0.49	2.71	0.20
7	8.00	9.19	−1.19	−14.82	1.16
8	17.83	16.70	1.13	6.36	1.06
9	79.24	78.89	0.35	0.44	0.10
10	21.50	18.46	3.04	14.14	7.64
11	40.33	35.51	4.82	11.95	19.20
12	21.00	20.96	0.04	0.19	0.00
13	13.50	12.76	0.74	5.47	0.45
14	19.75	17.70	2.05	10.39	3.48
15	24.00	21.75	2.25	9.38	4.19
16	29.00	28.88	0.12	0.41	0.01
17	15.35	15.23	0.12	0.80	0.01
18	19.00	16.32	2.68	14.13	5.95
19	9.50	10.44	−0.94	−9.92	0.73
20	35.10	38.62	−3.52	−10.04	10.27
21	17.90	20.58	−2.68	−14.97	5.94
22	52.32	52.22	0.10	0.19	0.01
23	18.75	21.77	−3.02	−16.13	7.56
24	19.83	23.22	−3.39	−17.11	9.52
25	10.75	12.16	−1.41	−13.08	1.63

を占める．#11 は過小推定，#1 は過大推定であり，#1 の誤差率は一番大きい．

(3)　FWL の定理の確認

3.9 節で述べた FWL の定理を（3.61）式のモデルで確認しよう．Y および X_2 から X_3 の線形関数で示される影響を除去した変数をそれぞれ

$$R13_i = Y_i - (a_1 + a_2 X_{3i})$$
$$R23_i = X_{2i} - (c_1 + c_2 X_{3i})$$

とする．ここで $a_1 + a_2 X_{3i}$ は Y の X_3 への線形回帰を行ったときの Y_i の推定値，したがって $R13_i$ は OLS 残差である．$c_1 + c_2 X_{3i}$ は X_2 の X_3 への線形回帰を行ったときの X_{2i} の推定値，したがって $R23_i$ は OLS 残差である．

FWL の定理（1）は，（3.62）式の $\hat{\beta}_2 = 1.41093$ が，$R13_i$ の $R23_i$ への，定数項なしの回帰を行って得られる回帰係数の OLSE，すなわち

$$R13_i = b_2 R23_i$$

の b_2 に等しい，ということを述べている．実際，$R13$ の $R23$ への回帰モデルの推定結果は次式になる．

$$R13 = 1.41093\, R23$$

$b_2 = 1.41093 =$（3.62）式の $\hat{\beta}_2$ である．

FWL の定理（2）は，（3.62）式の残差 e_i と，上式の残差 $R13_i - 1.41093\, R23_i$ は等しい，ということを述べている．

次に，FWL の定理の応用として例 3.2 で示したことを，確かめてみよう．表 3.2 で平方残差率が一番大きい #11 を除いて（3.61）式を OLS で推定すると次式が得られる．$n = 24$ である．

$$\underset{\substack{(8.11)\\(0.000)}}{Y = 6.4226} + \underset{\substack{(11.18)\\(0.000)}}{1.3376 X_2} + \underset{\substack{(8.18)\\(0.000)}}{1.4969 X_3}$$

$$R^2 = 0.9826,\quad \bar{R}^2 = 0.9809,\quad s = 2.125 \qquad (3.64)$$

自由度は $24 - 3 = 21$ であるから（3.62）式より 1 少ないが，平方残差率が 19.20% もあった #11 を除くことによって，$\bar{R}^2$ は 0.9809 と高くなっている．

上式に示されている回帰係数推定値は，11 番目にのみ 1，その他は 0 をとるダミー変数

$$D11_i = \begin{cases} 1, & i = 11 \text{ のとき} \\ 0, & \text{その他} \end{cases}$$

を定義して，(3.61) 式に D11 を追加したモデル

$$Y_i=\gamma_1+\gamma_2X_{2i}+\gamma_3X_{3i}+\gamma D11_i+\varepsilon_i,\quad i=1,\cdots,25 \tag{3.65}$$

における γ_j の OLSE $\hat{\gamma}_j$ に等しい．実際上式の OLS による推定結果は次式になる．

$$\underset{\substack{(8.11)\\(0.000)}}{Y=6.4226}+\underset{\substack{(11.18)\\(0.000)}}{1.3376X_2}+\underset{\substack{(8.18)\\(0.000)}}{1.4969X_3}+\underset{\substack{(2.41)\\(0.025)}}{5.4200D11} \tag{3.66}$$

$$R^2=0.9836,\quad \bar{R}^2=0.9813,\quad s=2.125$$

$D11$ の p 値 0.025 は有意水準を 5% とすれば，$H_0:\gamma=0$ を棄却し，$H_1:\gamma\neq0$ の $\gamma>0$ を支持する証拠を与える．すなわち，11 番目の Y の期待値は

$$E(Y)=\beta_1+\beta_2X_2+\beta_3X_3+\gamma$$

になり，(3.61) 式はこの変化を定式化していないから，#11 の (3.62) 式からの Y の推定値は残差 4.82 の過小推定になっている．$\hat{\gamma}=5.42$ は (3.64) 式を用いて 11 番目の Y を予測したときの予測誤差である．

3.12　偏回帰作用点プロット

FWL の定理を例 3.3 で確認したので，この例 3.3 に関連して，偏回帰作用点プロットについて説明する．

重回帰モデルのとき，Y と X_j, $j=2,\cdots,k$ 個々の散布図を描いても，この散布図は Y と X_j のみの単相関の関係を与えるだけで重回帰モデルにおける X_j の役割を正しく伝えない．例 3.3 で求めた $R13$ と $R23$ のプロットの方が，Y と X_2 のプロットよりも (3.62) 式における X_2 と Y の真の関係を示す．この $R13$ と $R23$ のプロットは偏回帰作用点プロット partial regression leverage plot とよばれる．

図 3.5 は $R13$ と $R23$ のプロットに，$R13$ の $R23$ への回帰

$$R13=1.41093\,R23$$

の回帰線を描いている．1.41093 は (3.62) 式の $\hat{\beta}_2$ であり，この回帰線とプロットの点との縦の距離は (3.62) 式の残差に等しい．

例 3.3 と同様に

$$R12_i=Y_i-(d_1+d_2X_{2i})$$
$$R32_i=X_{3i}-(p_1+p_2X_{2i})$$

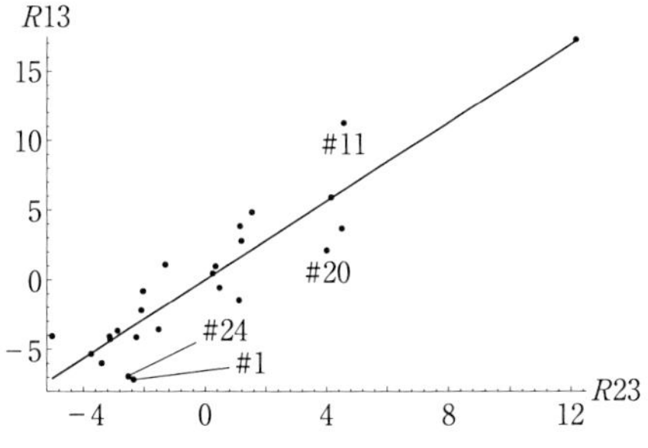

図 3.5　(3.62) 式の偏回帰作用点プロット（勾配 $\hat{\beta}_2$）

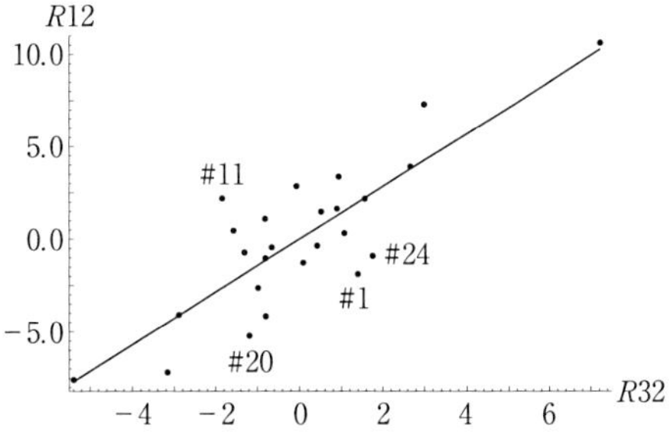

図 3.6　(3.62) 式の偏回帰作用点プロット（勾配 $\hat{\beta}_3$）

はそれぞれ Y および X_3 から X_2 の線形の影響を除去した変数（＝OLS 残差）であり，$R12$ の $R32$ への回帰によって得られる

$$R12_i = b_3 R32_i, \quad i = 1, \cdots, 25$$

の $b_3 = $ (3.62) 式の $\hat{\beta}_3 = 1.4247$ になる．

$R12$ と $R32$ の偏回帰作用点プロットに，上の回帰線を描いたのが**図 3.6** である．直線の勾配は $\hat{\beta}_3 = 1.4247$，直線と点との縦の乖離は (3.62) 式の残差に等しい．

図 3.5，図 3.6 の #1，#11，#20，#24 の点は平方残差率の大きい観測値である（表 3.3 参照）．

偏回帰作用点プロットが重回帰モデルにおいて示している次の 3 点にも注目すべきである．

(i)　偏回帰作用点プロットにおける勾配 b_j に沿ってプロットの散らばりが小さければ Y と X_j の線形関係は適切であり，β_j は安定したパラメータであると判断することができる．逆にプロットが勾配 b_j の直線のまわりで大きく散らばっていれば，β_j の安定性は低く，X_j の説明力も小さい．

(ii)　偏回帰作用点プロットにおいて，プロットが勾配 b_j のまわりで不規則に大きく散らばっているならば，X_j を非線形変換しても X_j の説明力の増大は期待できない．

(iii)　偏回帰作用点プロットにおいて，集団から大きく離れている点は，残差が大きく，b_j に，したがって $\hat{\beta}_j$ に大きな影響を与える影響点である．高い影響点の検出にこのプロットが有用であることを強調したのは Belsley et al. (1980)

である.

▶例 3.4　平均勤続年数と所定内賃金

表 3.4 のデータは 2012 年 6 月の，大学卒事務･技術労働者の所定内賃金（W），平均勤続年数（$YEAR$），性別ダミー（DX）である．原資料は中央労働委員会事務局「賃金事情等総合調査ー賃金事情調査ー」であるが,『活用労働統計』(2014 年版) からの引用である．資本金 5 億円以上, 労働者 1,000 人以上の民間企業（航空, 病院, 農協団体を除く）380 社が対象である．表 3.4 のデータは大学卒の事務･技術者である.

W＝所定内賃金に, 時間外給与, 通勤手当, 交替手当は含まれない．単位：千円.

$YEAR$＝平均勤続年数，単位：年.

$$DX=\begin{cases}1, & \text{男性}\\ 0, & \text{女性}\end{cases}$$

である.

W と $YEAR$ の散布図が**図 3.7** に示されている．●が男性，△が女性である．この散布図から

（i）$YEAR$ と W との関係で明らかに男女間で差がある.

（ii）W は $YEAR$ に比例して増加する単純な関係ではなく，男女とも平均勤続年数約 30 年が W のピークであり，それ以降 W は下がっている.

ということを読みとることができる.

表 3.4　所定内賃金（W），平均勤続年数（$YEAR$），性別ダミー（DX）

W	$YEAR$	DX	W	$YEAR$	DX
209.0	0.3	1	201.7	0.3	0
237.0	2.0	1	228.7	2.6	0
301.7	5.9	1	271.5	6.3	0
371.6	10.1	1	308.1	9.8	0
455.3	14.9	1	342.7	14.5	0
526.6	20.9	1	389.0	20.0	0
579.9	25.4	1	394.6	23.8	0
587.3	29.3	1	399.8	28.3	0
477.0	33.8	1	317.0	32.6	0

出所：日本生産性本部『活用労働統計』(2014 年版) p.66 より引用

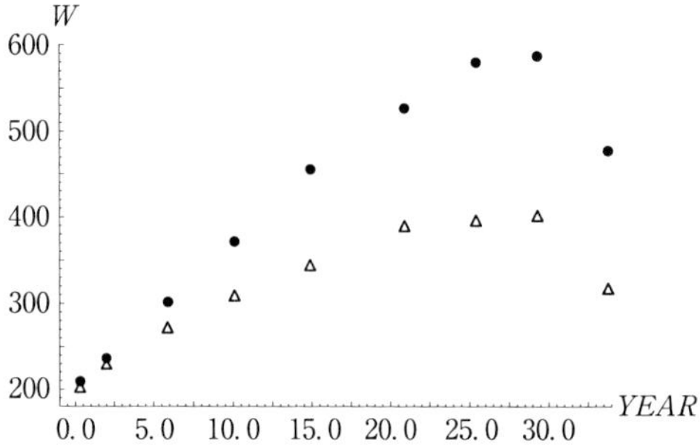

図 3.7　W と $YEAR$ の散布図（● 男性，△ 女性）

さまざまな定式化を試み，推定したが，もっとも説明力の高いモデルは次式であった．

$$W_i=\beta_1+\beta_2\log(YEAR)_i+\beta_3 YEAR_i^2+\beta_4 YEAR_i^4 + \beta_5 DX\cdot YEAR_i+u_i \qquad (3.67)$$
$$i=1,\cdots,18$$

$YEAR$ の W への男女の相違は β_5 に現れる．(3.67) 式の OLS による推定結果は次のとおりである．

$$W=\underset{\substack{(46.26)\\(0.000)}}{219.65}+\underset{\substack{(4.51)\\(0.001)}}{14.69}\log(YEAR)+\underset{\substack{(14.41)\\(0.000)}}{0.5088}YEAR^2$$
$$-\underset{\substack{(-15.78)\\(0.000)}}{0.4446\times10^{-3}}YEAR^4+\underset{\substack{(23.96)\\(0.000)}}{6.5232}DX\cdot YEAR$$
$$R^2=0.9937,\quad \bar{R}^2=0.9917,\quad s=11.01 \qquad (3.68)$$

モデル全体の説明力は決定係数の値から非常に高い．しかし**表 3.5** に示されているように，$i=8$, 9（男性）の平方残差率はそれぞれ 20.15%, 15.79% と大きく，$i=16$（女性）の 18.62% も大きい．($YEAR$, W) のプロットに (3.68) 式からの W の推定値をグラフにしたのが**図 3.8** である．男女ともモデルからの W の

表 3.5 W, $YEAR$, W の推定値，残差，誤差率，平方残差率

i	W	$YEAR$	W の推定値	残差	誤差率	平方残差率
1	209.0	0.3	204.0	5.0	2.41	1.61
2	237.0	2.0	244.9	−7.9	−3.34	3.96
3	301.7	5.9	301.4	0.3	0.11	0.01
4	371.6	10.1	366.8	4.8	1.30	1.48
5	455.3	14.9	447.6	7.7	1.70	3.80
6	526.6	20.9	538.0	−11.4	−2.17	8.29
7	579.9	25.4	576.0	3.9	0.67	0.95
8	587.3	29.3	569.5	17.8	3.03	20.15
9	477.0	33.8	492.8	−15.8	−3.31	15.79
10	201.7	0.3	202.0	−0.3	−0.15	0.01
11	228.7	2.6	237.1	−8.4	−3.67	4.48
12	271.5	6.3	266.2	5.3	1.96	1.80
13	308.1	9.8	297.9	10.2	3.30	6.55
14	342.7	14.5	346.2	−3.5	−1.03	0.80
15	389.0	20.0	396.0	−7.0	−1.80	3.13
16	394.6	23.8	411.7	−17.1	−4.34	18.62
17	399.8	28.3	391.0	8.8	2.19	4.88
18	317.0	32.6	309.3	7.7	2.41	3.71

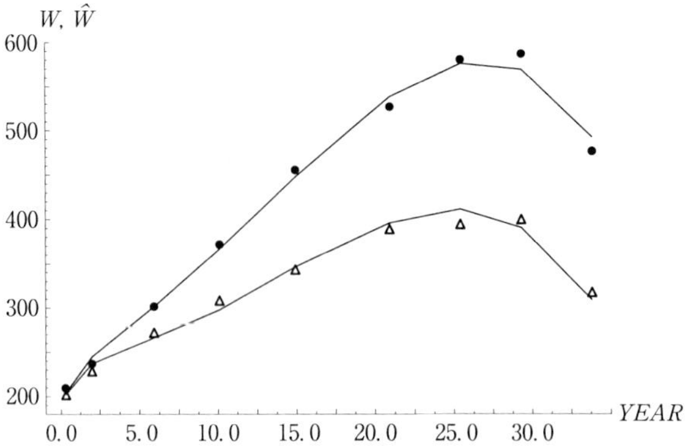

図 3.8 (3.68) 式の W の推定回帰線（• 男性, ▵ 女性）

表 3.6 $DW/DYEAR$

i	$YEAR$（男性）	$DW/DYEAR$（男性）	$YEAR$（女性）	$DW/DYEAR$（女性）
1	0.30	55.80	0.30	49.28
2	2.00	15.89	2.60	8.26
3	5.90	14.65	6.30	8.30
4	10.10	16.42	9.80	9.80
5	14.90	16.79	14.50	10.35
6	20.90	12.26	20.00	6.86
7	25.40	3.80	23.80	0.86
8	29.30	−7.90	28.30	−10.99
9	33.80	−27.32	32.60	−27.99

推定値のピークが実績値より 1 期早い.

勤続年数が 1 年長くなると所定内賃金が（千円単位）でどれだけ増えるかは $DW/DYEAR$ によって得られる. (3.67) 式から

$$\text{男性}\ DW/DYEAR=\frac{\beta_2}{YEAR}+2\beta_3 YEAR+4\beta_4 YEAR^3+\beta_5$$

女性の $DW/DYEAR$ は上式から β_5 を除いた式

この $DW/DYEAR$ を男女別に計算したのが**表 3.6** である. 表 3.6 より, $DW/DYEAR$ が一番大きい $YEAR$ は男性 14.9 年の 16.79（千円）, 女性が 14.5 年の 10.35（千円）である. 年収ではなく, 2012 年 6 月の数値であるから月収である.

$DW/DYEAR$ は男性 14.9 年, 女性 14.5 年をピークに下がりはじめ, 勤続年数男性 29.3 年, 女性 28.3 年以降は負になる.

▶例 3.5　貨幣賃金率変化率

時系列データを用いる例として貨幣賃金率変化率の回帰モデルを推定しよう．データは**表 3.7** に 1960 年度から 2012 年度まで示されている．表 3.7 の変数は以下の意味である．

$$WDOT = 100 \times (W - W_{-1})/W_{-1}$$

W＝雇用者報酬/雇用者

RU＝完全失業率＝完全失業者/労働力人口

$$CPIDOT = 100 \times (CPI - CPI_{-1})/CPI_{-1}$$

CPI＝消費者物価指数（2010 年＝100）

図 3.9 は $WDOT$ と RU，**図 3.10** は $WDOT$ と $CPIDOT$ の散布図である．2

表 3.7　*WDOT, RU, CPIDOT*

年度	*WDOT*	*RU*	*CPIDOT*	年度	*WDOT*	*RU*	*CPIDOT*
1960	10.04	1.52	3.76	1987	2.20	2.78	0.45
1961	14.40	1.38	6.22	1988	3.30	2.42	0.78
1962	13.59	1.30	6.83	1989	4.30	2.21	2.89
1963	12.91	1.22	6.85	1990	4.62	2.09	3.14
1964	13.66	1.12	4.27	1991	4.09	2.10	2.73
1965	10.63	1.29	6.56	1992	0.53	2.22	1.63
1966	11.06	1.30	4.62	1993	0.89	2.64	1.31
1967	13.09	1.22	4.41	1994	1.28	2.92	0.30
1968	13.32	1.12	4.58	1995	1.05	3.24	−0.20
1969	16.38	1.11	6.40	1996	0.17	3.34	0.40
1970	17.02	1.18	5.06	1997	0.93	3.47	2.07
1971	14.00	1.31	5.72	1998	−1.46	4.33	0.19
1972	15.34	1.38	5.70	1999	−1.29	4.72	−0.48
1973	20.82	1.28	15.63	2000	−0.45	4.71	−0.58
1974	28.02	1.51	20.75	2001	−0.96	5.17	−1.07
1975	12.73	1.95	10.42	2002	−2.41	5.39	−0.59
1976	10.68	1.97	9.62	2003	−2.26	5.13	−0.20
1977	10.01	2.07	6.70	2004	−0.53	4.64	−0.10
1978	6.36	2.20	3.89	2005	−0.47	4.36	−0.20
1979	5.90	2.03	4.89	2006	−0.66	4.08	0.20
1980	5.23	2.08	7.54	2007	−0.87	3.81	0.40
1981	6.41	2.22	3.95	2008	−0.62	4.12	1.09
1982	3.75	2.46	2.58	2009	−3.47	5.16	−1.67
1983	2.27	2.66	1.91	2010	0.04	4.95	−0.50
1984	4.11	2.67	2.23	2011	0.82	4.53	−0.10
1985	3.66	2.64	1.95	2012	−0.04	4.27	−0.30
1986	2.29	2.84	0.00				

出所：日本生産性本部『活用労働統計』（2014 版）より作成

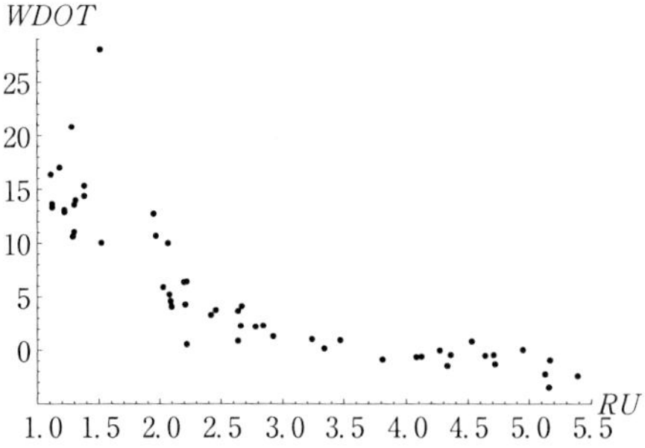

図 3.9 例 3.5：*WDOT* と *RU*

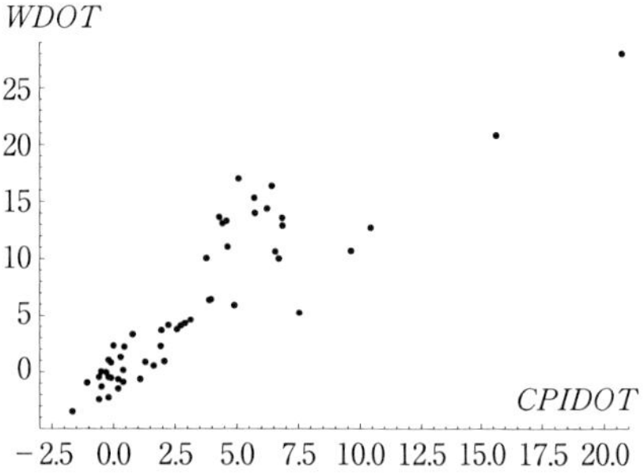

図 3.10 例 3.5：*WDOT* と *CPIDOT*

表 3.8 *WDOT*, *WDOT* の推定値，残差，誤差率，平方残差率

年度	*WDOT*	*WDOT* の推定値	残差	誤差率	平方残差率	年度	*WDOT*	*WDOT* の推定値	残差	誤差率	平方残差率
1960	10.04	9.35	0.70	6.95	0.39	1987	2.20	1.55	0.65	29.52	0.34
1961	14.40	12.62	1.78	12.36	2.54	1988	3.30	2.72	0.58	17.67	0.27
1962	13.59	13.89	−0.30	−2.19	0.07	1989	4.30	5.24	−0.94	−21.84	0.71
1963	12.91	14.72	−1.82	−14.07	2.64	1990	4.62	5.87	−1.25	−27.16	1.26
1964	13.66	13.61	0.05	0.35	0.00	1991	4.09	5.47	−1.38	−33.81	1.53
1965	10.63	13.74	−3.12	−29.32	7.77	1992	0.53	4.08	−3.54	−662.63	10.06
1966	11.06	11.91	−0.85	−7.70	0.58	1993	0.89	2.62	−1.74	−195.98	2.42
1967	13.09	12.55	0.54	4.12	0.23	1994	1.28	1.14	0.15	11.44	0.02
1968	13.32	13.88	−0.57	−4.26	0.26	1995	1.05	0.15	0.90	86.10	0.65
1969	16.38	15.64	0.75	4.56	0.45	1996	0.17	0.52	−0.36	−211.86	0.10
1970	17.02	13.58	3.44	20.21	9.47	1997	0.93	1.84	−0.91	−98.33	0.66
1971	14.00	12.80	1.19	8.52	1.14	1998	−1.46	−0.77	−0.69	47.43	0.38
1972	15.34	12.15	3.18	20.76	8.12	1999	−1.29	−1.68	0.39	−29.92	0.12
1973	20.82	21.93	−1.11	−5.34	0.99	2000	−0.45	−1.76	1.31	−293.75	1.38
1974	28.02	24.56	3.46	12.35	9.59	2001	−0.96	−2.50	1.55	−161.88	1.92
1975	12.73	12.93	−0.20	−1.55	0.03	2002	−2.41	−2.20	−0.20	8.44	0.03
1976	10.68	12.13	−1.44	−13.49	1.66	2003	−2.26	−1.70	−0.56	24.62	0.25
1977	10.01	9.13	0.89	8.85	0.63	2004	−0.53	−1.28	0.75	−142.12	0.45
1978	6.36	6.16	0.21	3.23	0.03	2005	−0.47	−1.14	0.67	−142.39	0.36
1979	5.90	7.67	−1.77	−29.89	2.49	2006	−0.66	−0.53	−0.12	19.01	0.01
1980	5.23	9.84	−4.61	−88.06	17.01	2007	−0.87	−0.07	−0.80	91.63	0.51
1981	6.41	6.15	0.27	4.14	0.06	2008	−0.62	0.22	−0.84	135.91	0.57
1982	3.75	4.21	−0.46	−12.16	0.17	2009	−3.47	−3.03	−0.44	12.73	0.16
1983	2.27	3.12	−0.85	−37.17	0.57	2010	0.04	−1.85	1.89	5384.10	2.85
1984	4.11	3.38	0.73	17.79	0.43	2011	0.82	−1.19	2.01	245.87	3.24
1985	3.66	3.20	0.46	12.47	0.17	2012	−0.04	−1.15	1.11	−2592.14	0.99
1986	2.29	1.03	1.27	55.23	1.29						

変数の散布図であるから，単相関を示しており，$WDOT$ と RU は負の関係，$WDOT$ と $CPIDOT$ は正の関係である．

モデルを次のように定式化した．

$$WDOT_t = \beta_1 + \beta_2\left(\frac{1}{RU}\right)_t + \beta_3 CPIDOT_t + u_t$$

$$t = 1960\text{ 年度}\sim 2012\text{ 年度} \tag{3.69}$$

上式を OLS で推定した結果は次のとおりである．

$$\underset{\substack{(-8.94)\\(0.000)}}{WDOT = -4.69} + \underset{\substack{(12.50)\\(0.000)}}{16.23}\left(\frac{1}{RU}\right) + \underset{\substack{(12.63)\\(0.000)}}{0.8918}CPIDOT$$

$$R^2 = 0.9510,\quad \bar{R}^2 = 0.9490,\quad s = 1.58 \tag{3.70}$$

回帰係数 β_2, β_3 の推定値の符号条件も問題なく，t 値も大きく，p 値は小数第 4 位を四捨五入しても 0 であり，決定係数も大きい．

$WDOT$ の実績値，(3.70) 式からの $WDOT$ の推定値，残差，誤差率，平方残差率を**表 3.8** に示した．**図 3.11** は $WDOT$ の実績値（太い実線）と推定値（細い実線）のグラフである．第 1 次石油ショックの影響が強く現れた 1974 年度の $WDOT$ = 28.02% に対する推定値 24.56% は 3.46% の過小推定で誤差率 12.35%，平方残差率 9.59% である．他方，第 2 次石油ショック時の 1980 年度は，$WDOT$ = 5.23% に対しモデル 9.84% の推定値を与え，4.61% という大きな過大推定をしている．誤差率 −88.06%，平方残差率は 17.01% と一番大きい．1992 年度の

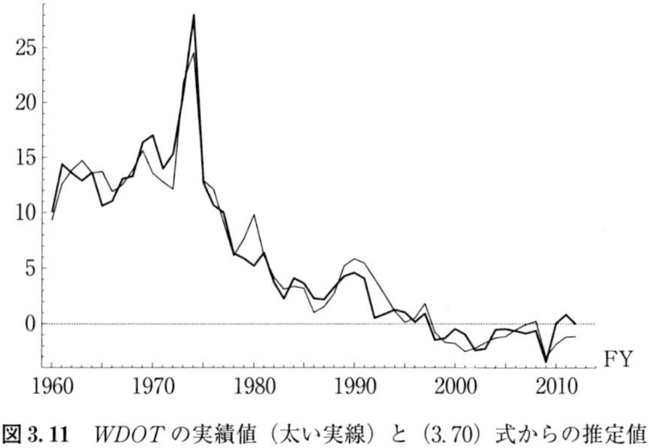

図 3.11 $WDOT$ の実績値（太い実線）と (3.70) 式からの推定値（細い実線）

過大推定も大きく，平方残差率も 10.06% と 2 番目に大きい．1974 年度，1980 年度，1992 年度の 3 年度で残差平方和の 36.66% を占める．(3.69) 式の定式化よりも，さらに良い定式化は RU のボックス・コックス変換によって得られ，5 章の例 5.4 で (3.69) 式とは異なるモデルを提示する．

3.13 パラメータ推定量の特性

1.9 節で，単純回帰モデルの $\hat{\alpha}$ と $\hat{\beta}$ の特性を述べたが，重回帰モデルで $\hat{\boldsymbol{\beta}}$, s^2 および最尤推定量 MLE が有している特性を，証明も省略しないで説明する．3.2 節の仮定と推定量の特性は関連しており，その関連性にも注目されたい．

3.13.1 $\hat{\boldsymbol{\beta}}$ の特性

(1)　$E(\hat{\boldsymbol{\beta}})=\boldsymbol{\beta}$

は (3.27) 式に示されている．

この不偏性の証明には，$E(\boldsymbol{u})=\boldsymbol{0}$, $\boldsymbol{X}$ は所与という 2 つの仮定のみを使用している．いいかえれば，誤差項が不均一分散であっても，自己相関をしていても，正規分布していなくても，前述の 2 つの仮定さえ満たされていれば，$\hat{\boldsymbol{\beta}}$ は不偏性をもつ．しかし，$E(\boldsymbol{u})=\boldsymbol{0}$ が成立せず，あるいは $\boldsymbol{X}$ と $\boldsymbol{u}$ が相関していれば不偏性は成立しない，ということでもある．

(2)　$\hat{\boldsymbol{\beta}}$ は $\boldsymbol{\beta}$ の最良線形不偏推定量 BLUE (best linear unbiased estimator) である (ガウス・マルコフの定理)．

$\hat{\boldsymbol{\beta}}$ の共分散行列は (3.28) 式

$$\mathrm{var}(\hat{\boldsymbol{\beta}})=\sigma^2(\boldsymbol{X}'\boldsymbol{X})^{-1}$$

である．

いま，$\boldsymbol{y}$ に関して線形である $\boldsymbol{\beta}$ の任意の不偏推定量を

$$\tilde{\boldsymbol{\beta}}=\boldsymbol{C}\boldsymbol{y}$$

とおく，$\boldsymbol{C}$ は所与の変数から成る $k\times n$ の行列である．

$$\boldsymbol{C}=(\boldsymbol{X}'\boldsymbol{X})^{-1}\boldsymbol{X}'+\boldsymbol{D}$$

とおくと

$$\begin{aligned}\tilde{\boldsymbol{\beta}}&=(\boldsymbol{X}'\boldsymbol{X})^{-1}\boldsymbol{X}'\boldsymbol{y}+\boldsymbol{D}\boldsymbol{y}\\&=(\boldsymbol{X}'\boldsymbol{X})^{-1}\boldsymbol{X}'(\boldsymbol{X}\boldsymbol{\beta}+\boldsymbol{u})+\boldsymbol{D}(\boldsymbol{X}\boldsymbol{\beta}+\boldsymbol{u})\end{aligned}$$

$$=\boldsymbol{\beta}+\boldsymbol{DX\beta}+\left[(\boldsymbol{X'X})^{-1}\boldsymbol{X'}+\boldsymbol{D}\right]\boldsymbol{u}$$

であるから次式を得る.

$$E(\tilde{\boldsymbol{\beta}})=\boldsymbol{\beta}+\boldsymbol{DX\beta}$$

$E(\tilde{\boldsymbol{\beta}})=\boldsymbol{\beta}$ となるためには $\boldsymbol{DX}=\boldsymbol{0}$ でなければならない. このとき

$$\tilde{\boldsymbol{\beta}}=\boldsymbol{\beta}+\left[(\boldsymbol{X'X})^{-1}\boldsymbol{X'}+\boldsymbol{D}\right]\boldsymbol{u}$$

となるから, $\tilde{\boldsymbol{\beta}}$ の共分散行列は次のようになる.

$$\begin{aligned}\mathrm{var}(\tilde{\boldsymbol{\beta}})&=E\left[(\tilde{\boldsymbol{\beta}}-\boldsymbol{\beta})(\tilde{\boldsymbol{\beta}}-\boldsymbol{\beta})'\right]\\&=E\left[(\boldsymbol{X'X})^{-1}\boldsymbol{X'}+\boldsymbol{D}\right]\boldsymbol{uu'}\left[(\boldsymbol{X'X})^{-1}\boldsymbol{X'}+\boldsymbol{D}\right]'\\&=\left[(\boldsymbol{X'X})^{-1}\boldsymbol{X'}+\boldsymbol{D}\right]E(\boldsymbol{uu'})\left[(\boldsymbol{X'X})^{-1}\boldsymbol{X'}+\boldsymbol{D}\right]'\\&=\sigma^2(\boldsymbol{X'X})^{-1}+\sigma^2\boldsymbol{DD'}\qquad(\boldsymbol{DX}=\boldsymbol{0}\text{ を使用})\end{aligned}$$

$k\times k$ の行列 $\boldsymbol{DD'}$ は正値半定符号であるから

$$\mathrm{var}(\tilde{\boldsymbol{\beta}})=\mathrm{var}(\hat{\boldsymbol{\beta}})+\text{正値半定符号行列}$$

となり, $\hat{\boldsymbol{\beta}}$ は $\tilde{\boldsymbol{\beta}}$ より有効である.

$\boldsymbol{y}$ に関して線形である $\boldsymbol{\beta}$ の任意の不偏推定量 $\tilde{\boldsymbol{\beta}}$ の共分散行列は, $\hat{\boldsymbol{\beta}}$ の共分散行列より正値半定符号行列の大きさだけ大きくなる, というこのガウス・マルコフの定理の証明には $\boldsymbol{u}$ が正規分布をするという仮定は用いていない. いいかえれば, $\boldsymbol{u}$ が正規分布していなくても, 期待値 $\boldsymbol{0}$, 自己相関なし, 均一分散, $\boldsymbol{X}$ 所与の仮定が成立していれば, このガウス・マルコフの定理は成立する.

最小 2 乗推定量の魅力の 1 つは, 誤差項の分布にかかわらず, このガウス・マルコフの定理が成立することにある.

この定理の系として, 次の重要な結果も得られる.

$\boldsymbol{w'\beta}$ はパラメータベクトル $\boldsymbol{\beta}$ の要素の線形結合である. $\boldsymbol{w}$ は $k\times 1$ の任意のベクトルである. このとき

$$\mathrm{var}(\boldsymbol{w'}\tilde{\boldsymbol{\beta}})\geq\mathrm{var}(\boldsymbol{w'}\hat{\boldsymbol{\beta}})$$

が成り立つ. すなわち $\boldsymbol{w'}\hat{\boldsymbol{\beta}}$ は $\boldsymbol{w'\beta}$ の不偏推定量のクラスのなかで分散最小である. 証明は次の通りである.

$$\begin{aligned}\mathrm{var}(\boldsymbol{w'}\tilde{\boldsymbol{\beta}})&=E(\boldsymbol{w'}\tilde{\boldsymbol{\beta}}-\boldsymbol{w'\beta})^2=E\left[\boldsymbol{w'}(\tilde{\boldsymbol{\beta}}-\boldsymbol{\beta})\right]^2\\&=E\left[\boldsymbol{w'}(\tilde{\boldsymbol{\beta}}-\boldsymbol{\beta})(\tilde{\boldsymbol{\beta}}-\boldsymbol{\beta})'\boldsymbol{w}\right]=\boldsymbol{w'}E\left[(\tilde{\boldsymbol{\beta}}-\boldsymbol{\beta})(\tilde{\boldsymbol{\beta}}-\boldsymbol{\beta})'\right]\boldsymbol{w}\end{aligned}$$

$$= \boldsymbol{w}'\left[\sigma^2(\boldsymbol{X}'\boldsymbol{X})^{-1} + \sigma^2\boldsymbol{D}\boldsymbol{D}'\right]\boldsymbol{w}$$
$$= \sigma^2\boldsymbol{w}'(\boldsymbol{X}'\boldsymbol{X})^{-1}\boldsymbol{w} + \sigma^2\boldsymbol{w}'\boldsymbol{D}\boldsymbol{D}'\boldsymbol{w}$$
$$\geq \sigma^2\boldsymbol{w}'(\boldsymbol{X}'\boldsymbol{X})^{-1}\boldsymbol{w} = \mathrm{var}(\boldsymbol{w}'\hat{\boldsymbol{\beta}})$$

この系において，$\boldsymbol{w}$ を j 番目の要素のみが 1 で残りの要素が 0 のベクトルとすれば，$\boldsymbol{w}'\hat{\boldsymbol{\beta}} = \hat{\beta}_j$, $\boldsymbol{w}'\boldsymbol{\beta} = \beta_j$ となるから，$\hat{\beta}_j$ は β_j の最良線形不偏推定量であることがわかる．

また，$\boldsymbol{w}'$ を s 期の説明変数ベクトル

$$\boldsymbol{w}' = (1 \;\; X_{2s} \;\; \cdots \;\; X_{ks})$$

とすれば

$$\boldsymbol{w}'\hat{\boldsymbol{\beta}} = \hat{\beta}_1 + \hat{\beta}_2 X_{2s} + \cdots + \hat{\beta}_k X_{ks}$$

は s 期の Y の予測量を示し，この予測量は

$$\boldsymbol{w}'\boldsymbol{\beta} = \beta_1 + \beta_2 X_{2s} + \cdots + \beta_k X_{ks}$$

すなわち $E(Y_s)$ の最良線形不偏予測量（best linear unbiased predictor, BLUP）である．

(3)　$\hat{\boldsymbol{\beta}}$ は最小分散不偏推定量 MVUE である．

$\hat{\boldsymbol{\beta}}$ が $\boldsymbol{\beta}$ の BLUE である，ということを証明するために $\boldsymbol{u}$ の正規分布の仮定は不要であった．さらに $\boldsymbol{u}$ の正規性の仮定が正しければ，$\hat{\boldsymbol{\beta}}$ は $\boldsymbol{\beta}$ のあらゆる不偏推定量のクラスのなかで（つまり，$\boldsymbol{y}$ に関して線形である不偏推定量という線形の制約がとれ）もっとも小さい共分散行列をもつ MVUE になる．証明は 3.14 節で行う．

(4)　$\boldsymbol{u}$ の正規性の仮定がなくても $\hat{\boldsymbol{\beta}}$ の漸近的分布は正規分布となり，$\hat{\boldsymbol{\beta}}$ は漸近的有効性をもつ．

$\boldsymbol{u}$ が正規分布をすれば，(3.26) 式からわかるように $\hat{\boldsymbol{\beta}}$ は $\boldsymbol{u}$ の 1 次関数であるから $\hat{\boldsymbol{\beta}}$ も正規分布に従い

$$\hat{\boldsymbol{\beta}} \sim N(\boldsymbol{\beta}, \sigma^2(\boldsymbol{X}'\boldsymbol{X})^{-1}) \tag{3.71}$$

である．

$\boldsymbol{u}$ が正規分布しなければ (3.71) 式は成立しない．しかし $\boldsymbol{u}$ が正規分布しなくても次の決果が得られる．

$$\sqrt{n}(\hat{\boldsymbol{\beta}} - \boldsymbol{\beta}) \xrightarrow{d} N(\boldsymbol{0}, \sigma^2\boldsymbol{Q}^{-1}) \tag{3.72}$$

ここで

$$\boldsymbol{Q}=\lim_{n\to\infty}\left(\frac{\boldsymbol{X}'\boldsymbol{X}}{n}\right)$$

である．証明は次の通りである．(3.26) 式を用いて

$$\sqrt{n}\,(\hat{\boldsymbol{\beta}}-\boldsymbol{\beta})=\left(\frac{\boldsymbol{X}'\boldsymbol{X}}{n}\right)^{-1}\frac{\boldsymbol{X}'\boldsymbol{u}}{\sqrt{n}} \tag{3.73}$$

が得られる．

$$\boldsymbol{X}=\begin{bmatrix}\boldsymbol{x}_1'\\ \vdots\\ \boldsymbol{x}_n'\end{bmatrix},\quad \boldsymbol{x}_i' : 1\times k$$

とすると

$$\frac{\boldsymbol{X}'\boldsymbol{u}}{\sqrt{n}}=\sum_{i=1}^{n}\frac{\boldsymbol{x}_i u_i}{\sqrt{n}}=\sum_{i=1}^{n}\boldsymbol{Z}_i$$

$$E(\boldsymbol{Z}_i)=\boldsymbol{0}$$

$$\operatorname{var}(\boldsymbol{Z}_i)=\frac{\sigma^2}{n}\boldsymbol{x}_i\boldsymbol{x}_i'$$

$\boldsymbol{Z}_1, \cdots, \boldsymbol{Z}_n$ は独立であるから

$$\operatorname{var}\left(\sum_{i=1}^{n}\boldsymbol{Z}_i\right)=\sum_{i=1}^{n}\operatorname{var}\left(\boldsymbol{Z}_i\right)=\frac{\sigma^2}{n}\sum_{i=1}^{n}\boldsymbol{x}_i\boldsymbol{x}_i'=\sigma^2\left(\frac{\boldsymbol{X}'\boldsymbol{X}}{n}\right)$$

したがって，3.2 節の仮定 (4) と中心極限定理から

$$\frac{\boldsymbol{X}'\boldsymbol{u}}{\sqrt{n}}\xrightarrow{d}N(\boldsymbol{0},\sigma^2\boldsymbol{Q}) \tag{3.74}$$

が得られる．$\xrightarrow{d}$ は分布収束である．(3.73) 式と (3.74) 式を用いて (3.72) 式を得る．

$\hat{\boldsymbol{\beta}}$ の漸近的分散は (3.72) 式から $(\sigma^2/n)\boldsymbol{Q}^{-1}$ であるが，これは 3.14 節で示すクラメール・ラオ限界に等しく，したがって $\hat{\boldsymbol{\beta}}$ は漸近的有効性をもつ．

(5) $\hat{\boldsymbol{\beta}}$ は $\boldsymbol{\beta}$ の一致推定量である．

$\hat{\boldsymbol{\beta}}$ が $\boldsymbol{\beta}$ の一致推定量であることを示すために一致性のための十分条件

$$\lim_{n\to\infty}E(\hat{\boldsymbol{\beta}})=\boldsymbol{\beta}\ \text{かつ}\ \lim_{n\to\infty}\operatorname{var}(\hat{\boldsymbol{\beta}})=\boldsymbol{0}$$

を示す．

$E(\hat{\boldsymbol{\beta}})=\boldsymbol{\beta}$ であるから，漸近的不偏性 $\lim_{n\to\infty}E(\hat{\boldsymbol{\beta}})=\boldsymbol{\beta}$ ももちろん成立する．他方

$$\lim_{n\to\infty}\mathrm{var}(\hat{\boldsymbol{\beta}}) = \lim_{n\to\infty}\sigma^2(\boldsymbol{X}'\boldsymbol{X})^{-1} = \lim_{n\to\infty}\frac{\sigma^2}{n}\left(\frac{\boldsymbol{X}'\boldsymbol{X}}{n}\right)^{-1}$$
$$= \lim_{n\to\infty}\frac{\sigma^2}{n}\boldsymbol{Q}^{-1} = \boldsymbol{0}$$

したがって

$$\operatorname*{plim}_{n\to\infty}\hat{\boldsymbol{\beta}} = \boldsymbol{\beta} \tag{3.75}$$

3.13.2 s^2 の 特 性

まず推定量 s^2 の性質を述べ，次に分布特性を明らかにする．

(1) s^2 は σ^2 の不偏推定量である．

$$E(s^2) = \sigma^2$$

であることはすでに（3.25）式で示した．

(2) s^2 は σ^2 の 最 小 ノ ル ム 2 次 不 偏 推 定 量 MINQUE（minimum norm quadratic unbiased estimator）である．

σ^2 の任意の 2 次推定量を

$$\tilde{\sigma}^2 = \boldsymbol{y}'\boldsymbol{A}\boldsymbol{y}$$

$\boldsymbol{A}$ は $n\times n$ の正値定符号行列

とする．

$$E(\tilde{\sigma}^2) = E(\boldsymbol{y}'\boldsymbol{A}\boldsymbol{y}) = E\left[(\boldsymbol{X}\boldsymbol{\beta}+\boldsymbol{u})'\boldsymbol{A}(\boldsymbol{X}\boldsymbol{\beta}+\boldsymbol{u})\right]$$
$$= E(\boldsymbol{\beta}'\boldsymbol{X}'\boldsymbol{A}\boldsymbol{X}\boldsymbol{\beta} + \boldsymbol{\beta}'\boldsymbol{X}'\boldsymbol{A}\boldsymbol{u} + \boldsymbol{u}'\boldsymbol{A}\boldsymbol{X}\boldsymbol{\beta} + \boldsymbol{u}'\boldsymbol{A}\boldsymbol{u})$$
$$= \boldsymbol{\beta}'\boldsymbol{X}'\boldsymbol{A}\boldsymbol{X}\boldsymbol{\beta} + E(\boldsymbol{u}'\boldsymbol{A}\boldsymbol{u})$$

ところが，数学付録 C（1）の trace の性質を用いて

$$\boldsymbol{u}'\boldsymbol{A}\boldsymbol{u} = \mathrm{tr}(\boldsymbol{u}'\boldsymbol{A}\boldsymbol{u}) = \mathrm{tr}(\boldsymbol{A}\boldsymbol{u}\boldsymbol{u}')$$

であるから

$$E(\boldsymbol{u}'\boldsymbol{A}\boldsymbol{u}) = E\left[\mathrm{tr}(\boldsymbol{A}\boldsymbol{u}\boldsymbol{u}')\right] = \mathrm{tr}\left[\boldsymbol{A}E(\boldsymbol{u}\boldsymbol{u}')\right] = \sigma^2\mathrm{tr}(\boldsymbol{A})$$

したがって

$$E(\tilde{\sigma}^2) = \boldsymbol{\beta}'\boldsymbol{X}'\boldsymbol{A}\boldsymbol{X}\boldsymbol{\beta} + \sigma^2\mathrm{tr}(\boldsymbol{A})$$

となる．あらゆる $\boldsymbol{\beta}$ に対して $\tilde{\sigma}^2$ が不偏性をもつためには

$$\boldsymbol{X}'\boldsymbol{A}\boldsymbol{X} = \boldsymbol{0} \text{ および } \mathrm{tr}(\boldsymbol{A}) = 1$$

を行列 $\boldsymbol{A}$ は満たさなければならない．

行列 $\boldsymbol{A}=\{a_{ij}\}$ のノルムは

$$\|\boldsymbol{A}\|=\left(\sum_{i=1}^{n}\sum_{j=1}^{n}a_{ij}^2\right)^{\frac{1}{2}}=\left[\mathrm{tr}(\boldsymbol{AA}')\right]^{\frac{1}{2}}$$

である．このノルムを $\boldsymbol{X'AX}=\boldsymbol{0}$ および $\mathrm{tr}(\boldsymbol{A})=1$ の制約のもとで最小にする $\boldsymbol{A}$ が MINQUE を与える．

$k\times k$ のラグランジュ乗数行列を $\boldsymbol{L}$，スカラーのラグランジュ乗数を λ，ラグランジュ関数を

$$\phi=\frac{1}{2}\mathrm{tr}(\boldsymbol{AA}')+\mathrm{tr}(\boldsymbol{X'AXL})+\lambda(1-\mathrm{tr}(\boldsymbol{A}))$$

とする．

$$\frac{\partial\mathrm{tr}(\boldsymbol{A})}{\partial\boldsymbol{A}}=\boldsymbol{I},\quad \frac{\partial\mathrm{tr}(\boldsymbol{AA}')}{\partial\boldsymbol{A}}=2\boldsymbol{A},\quad \frac{\partial\mathrm{tr}(\boldsymbol{CAB})}{\partial\boldsymbol{A}}=\boldsymbol{C'B'}$$

を用いると

$$\frac{\partial\phi}{\partial\boldsymbol{A}}=\boldsymbol{A}+\boldsymbol{XLX}'-\lambda\boldsymbol{I}=\boldsymbol{0}$$

より

$$\boldsymbol{A}=\lambda\boldsymbol{I}-\boldsymbol{XLX}'$$

となる．この $\boldsymbol{A}$ を用いると

$$\boldsymbol{X'AX}=\lambda\boldsymbol{X'X}-\boldsymbol{X'XLX'X}=\boldsymbol{0}$$

であるから

$$\lambda\boldsymbol{X'X}=\boldsymbol{X'XLX'X}$$

したがって

$$\boldsymbol{L}=\lambda(\boldsymbol{X'X})^{-1}$$

この $\boldsymbol{L}$ を $\boldsymbol{A}$ へ代入して

$$\boldsymbol{A}=\lambda\left[\boldsymbol{I}-\boldsymbol{X}(\boldsymbol{X'X})^{-1}\boldsymbol{X}'\right]=\lambda\boldsymbol{M}$$

さらに $\mathrm{tr}(\boldsymbol{A})=1$，$\mathrm{tr}(\boldsymbol{M})=n-k$（3.5 節）であるから

$$\mathrm{tr}(\boldsymbol{A})=\lambda\mathrm{tr}(\boldsymbol{M})=\lambda(n-k)=1$$

より

$$\lambda=\frac{1}{n-k}$$

結局

$$A = \frac{M}{n-k}$$

が得られ，σ^2 の MINQUE は

$$y'\left(\frac{M}{n-k}\right)y = \frac{1}{n-k}y'My = \frac{1}{n-k}u'Mu$$
$$= \frac{1}{n-k}\sum_{i=1}^{n} e_i^2 = s^2$$

となる．

s^2 が σ^2 の MINQUE であるというこの証明には u が正規分布するという仮定は用いていない．u が正規分布すれば MINQUE は次の BQUE になる．

(3)　s^2 は σ^2 の最良 2 次不偏推定量 BQUE (best quadratic unbiased estimator) である．

2 次不偏推定量とは y に関して 2 次の σ^2 の不偏推定量 $\tilde{\sigma}^2$ であり，次の条件を満たす．

$$\tilde{\sigma}^2 = y'Ay$$
A は正値定符号
$$E(\tilde{\sigma}^2) = \sigma^2$$

この 2 次不偏推定量のクラスのなかで分散最小の推定量が最良の推定量であり，s^2 がこの最良 2 次不偏推定量となる．

証明は蓑谷 (1996) を参照されたい．証明には u の正規性の仮定を用いている．

(4)　s^2 は σ^2 の一致推定量である．

$$\text{plim}\, s^2 = \text{plim}\left(\frac{u'Mu}{n-k}\right) = \text{plim}\left(\frac{u'Mu}{n}\right)$$
$$= \text{plim}\left(\frac{u'u}{n}\right) - \text{plim}\left(\frac{u'X}{n}\right)\left(\frac{X'X}{n}\right)^{-1}\left(\frac{X'u}{n}\right)$$
$$= \sigma^2 - 0' \cdot Q^{-1} \cdot 0$$
$$= \sigma^2$$

以下 s^2 の分布特性である．

(5)　s^2 と関連ある分布

$$e'e = (Mu)'(Mu) = u'Mu$$
$$M = M' = M^2$$

と M は対称，ベキ等行列であるから，巻末数学付録 F(3) の系を用いて

$$\mathrm{rank}(\boldsymbol{M}) = \mathrm{tr}(\boldsymbol{M}) = n-k$$

が得られる.

$$\boldsymbol{u} \sim N(\boldsymbol{0}, \sigma^2 \boldsymbol{I})$$

であるから，数学付録 G の（G.4）式より

$$\frac{\boldsymbol{u}'\boldsymbol{M}\boldsymbol{u}}{\sigma^2} \sim \chi^2(n-k) \tag{3.76}$$

である．したがって

$$\frac{(n-k)s^2}{\sigma^2} \sim \chi^2(n-k) \tag{3.77}$$

が得られる．自由度 $n-k$ の χ^2 分布する $(n-k)s^2/\sigma^2 = v$ とおくと，$E(v) = n-k$, $\mathrm{var}(v) = 2(n-k)$ であるから

$$\mathrm{var}(s^2) = \mathrm{var}\left(\frac{\sigma^2 v}{n-k}\right) = \left(\frac{\sigma^2}{n-k}\right)^2 \mathrm{var}(v)$$

$$= \frac{2\sigma^4}{n-k} \tag{3.78}$$

が得られる.

(6)　$\hat{\boldsymbol{\beta}}$ と s^2 は独立である.

$\boldsymbol{u} \sim N(\boldsymbol{0}, \sigma^2\boldsymbol{I})$ で $\boldsymbol{u}$ の 1 次関数 $\boldsymbol{Au}$ と 2 次関数 $\boldsymbol{u}'\boldsymbol{Bu}$ があるとき，数学付録 H の（H.1）式で示したように $\boldsymbol{AB} = \boldsymbol{0}$ ならば $\boldsymbol{Au}$ と $\boldsymbol{u}'\boldsymbol{Bu}$ は独立である．この十分条件を用いると $\hat{\boldsymbol{\beta}}$ と s^2 が独立であることは直ちに得られる.

$$\hat{\boldsymbol{\beta}} - \boldsymbol{\beta} = (\boldsymbol{X}'\boldsymbol{X})^{-1}\boldsymbol{X}'\boldsymbol{u} = \boldsymbol{Au}$$

$$\boldsymbol{e}'\boldsymbol{e} = \boldsymbol{u}'\boldsymbol{Mu}$$

であるから

$$\boldsymbol{AM} = (\boldsymbol{X}'\boldsymbol{X})^{-1}\boldsymbol{X}'\boldsymbol{M} = (\boldsymbol{X}'\boldsymbol{X})^{-1}(\boldsymbol{MX})' = \boldsymbol{0}$$

となり，$\hat{\boldsymbol{\beta}} - \boldsymbol{\beta}$ と $\boldsymbol{e}'\boldsymbol{e}$ は独立である．したがって，$\hat{\boldsymbol{\beta}}$ と s^2 は独立である.

(7)　s^2 および $\hat{\sigma}^2$ の分布

(3.36) 式で示したように σ^2 の最尤推定量は

$$\hat{\sigma}^2 = \frac{\sum_{i=1}^{n} e_i^2}{n}$$

である.

$$E(\hat{\sigma}^2)=E\left[\frac{(n-k)s^2}{n}\right]=\left(\frac{n-k}{n}\right)\sigma^2=\sigma^2-\frac{k}{n}\sigma^2<\sigma^2$$

であるから，$\hat{\sigma}^2$ は，平均的に σ^2 を過小推定するが，n が大きくなれば，偏り bias

$$-\frac{k}{n}\sigma^2 \xrightarrow[n\to\infty]{} 0$$

であるから，$\hat{\sigma}^2$ は漸近的不偏性はもつ．この $\hat{\sigma}^2$ と s^2 の分布は 1 章数学注 (3) で示した．この $\hat{\sigma}^2$ と s^2 の pdf はガンマ分布で表すこともできる．

X がパラメータ α, β のガンマ分布に従うとき

$$X \sim \mathrm{GAM}(\alpha, \beta)$$

と表す．X の pdf は次式である．

$$f(x)=\frac{x^{\alpha-1}\exp\left(-\dfrac{x}{\beta}\right)}{\beta^{\alpha}\Gamma(\alpha)},\quad x>0$$

1 章数学注 (3) に示されている s^2 の pdf $g(s^2)$ と $\hat{\sigma}^2$ の pdf $h(\hat{\sigma}^2)$ を上の $f(x)$ と対応させればわかるように

$$s^2 \sim \mathrm{GAM}\left(\frac{m}{2}, \frac{2\sigma^2}{m}\right)$$

$$\hat{\sigma}^2 \sim \mathrm{GAM}\left(\frac{m}{2}, \frac{2\sigma^2}{n}\right)$$

ただし $m=n-k$

である．

$$X \sim \mathrm{GAM}(\alpha, \beta)$$

のとき

$$E(X)=\alpha\beta$$

$$\mathrm{var}(X)=\alpha\beta^2$$

$$歪度=\frac{2}{\sqrt{\alpha}}$$

$$尖度=3+\frac{6}{\alpha}$$

であるから，$\hat{\sigma}^2$ と s^2 に関して次の結果を得る．

$$E(\hat{\sigma}^2) = \left(\frac{n-k}{n}\right)\sigma^2$$

$$\mathrm{var}(\hat{\sigma}^2) = \frac{2(n-k)\sigma^4}{n^2}$$

$$\hat{\sigma}^2 \text{ の歪度} = \frac{2\sqrt{2}}{\sqrt{n-k}}$$

$$\hat{\sigma}^2 \text{ の尖度} = 3 + \frac{12}{n-k}$$

$$E(s^2) = \sigma^2$$

$$\mathrm{var}(s^2) = \frac{2\sigma^4}{n-k}$$

$$s^2 \text{ の歪度} = \frac{2\sqrt{2}}{\sqrt{n-k}}$$

$$s^2 \text{ の尖度} = 3 + \frac{12}{n-k}$$

次に積率母関数 moment generating function（mgf）を用いて，s^2, σ^2 の漸近的分布を求めよう．GAM(α, β) の mgf は

$$\begin{aligned}(1-\beta t)^{-\alpha} &= \exp\left\{-\alpha \log(1-\beta t)\right\} \\ &= \exp\left\{-\alpha\left(-\beta t - \frac{\beta^2 t^2}{2} - \frac{\beta^3 t^3}{3} - \cdots\right)\right\} \\ &= \exp\left\{\alpha\beta t + \alpha\beta^2\left(\frac{t^2}{2}\right) + \alpha\beta^3\left(\frac{t^3}{3}\right) + \cdots\right\}\end{aligned}$$

であるから，s^2 の mgf の $\alpha\beta^j$ に対応する項は

$$\left(\frac{m}{2}\right)\left(\frac{2\sigma^2}{m}\right)^j = \left(\frac{2}{m}\right)^{j-1}\sigma^{2j}$$

となる．$j \geq 3$ のとき，n が十分大きければ，$m = n-k$ であるから

$$\left(\frac{2}{m}\right)^2,\ \left(\frac{2}{m}\right)^3,\ \cdots$$

の項は無視することができる．したがって，s^2 の mgf は

$$\left(1 - \frac{2\sigma^2}{m}t\right)^{-\frac{m}{2}} \simeq \exp\left\{\sigma^2 t + \frac{2\sigma^4}{m}\left(\frac{t^2}{2}\right)\right\}$$

となる．上記右辺は期待値 σ^2，分散 $2\sigma^4/m$ の正規分布の mgf であるから

$$s^2 \xrightarrow{d} N\left(\sigma^2,\ \frac{2\sigma^4}{m}\right)$$

あるいは $m=n-k\fallingdotseq n$ とおけば

$$s^2 \xrightarrow{d} N\left(\sigma^2,\ \frac{2\sigma^4}{n}\right) \tag{3.79}$$

と表すこともできる．$\hat{\sigma}^2$ の漸近的分布も s^2 と同じである．$2\sigma^4/n$ は（3.83）式で示すが，σ^2 の最尤推定量 MLE のクラメール・ラオの下限であるから，s^2 も $\hat{\sigma}^2$ も σ^2 の漸近的有効推定量である．

3.14　最尤推定量 MLE の特性

$\boldsymbol{\theta}$ を $p\times 1$ のパラメータベクトル，$\hat{\boldsymbol{\theta}}$ は $\boldsymbol{\theta}$ の MLE とする．$\hat{\boldsymbol{\theta}}$ は次の特性をもつ．

（1）　不変性

θ はスカラーとし，$g(\theta)$ は θ の任意の関数とする．$\hat{\theta}$ を θ の MLE とすると $g(\theta)$ の MLE は $g(\hat{\theta})$ によって与えられる．この性質を不変性 invariance という．たとえば，σ^2 の MLE を $\hat{\sigma}^2$ とすると，$g(\sigma^2)=\sqrt{\sigma^2}=\sigma$ の MLE は $g(\hat{\sigma}^2)=\sqrt{\hat{\sigma}^2}=\hat{\sigma}$ である．

（2）　$\hat{\boldsymbol{\theta}}$ の漸近的分布は正規分布になる．すなわち

$$\hat{\boldsymbol{\theta}} \xrightarrow{d} N(\boldsymbol{\theta}, \boldsymbol{I}(\boldsymbol{\theta})^{-1}) \tag{3.80}$$

である．あるいは標本の大きさを n とすると

$$\sqrt{n}\,(\hat{\boldsymbol{\theta}}-\boldsymbol{\theta}) \xrightarrow{d} N\left(\mathbf{0}, \left[\frac{\boldsymbol{I}(\boldsymbol{\theta})}{n}\right]^{-1}\right) \tag{3.81}$$

と表すこともできる．ここで

$$\boldsymbol{I}(\boldsymbol{\theta}) = -E\left(\frac{\partial^2 \log L}{\partial\boldsymbol{\theta}\partial\boldsymbol{\theta}'}\right)$$

はフィッシャーの情報行列である．

（3.80）式あるいは（3.81）式で示されている MLE の特性は重要である．$\hat{\boldsymbol{\theta}}$ は不偏性を有しない場合もあるが，漸近的不偏性

$$\lim_{n\to\infty} E(\hat{\boldsymbol{\theta}}) = \boldsymbol{\theta}$$

を有し，共分散行列はクラメール・ラオの下限に等しい．すなわち $\hat{\boldsymbol{\theta}}$ は $\boldsymbol{\theta}$ の漸近的有効推定量である．

（3.80）式，（3.81）式の証明は数学注（2）に示されている．

(3)　$\hat{\boldsymbol{\theta}}$ は $\boldsymbol{\theta}$ の一致推定量である．

$$\operatorname*{plim}_{n\to\infty}\hat{\boldsymbol{\theta}}=\boldsymbol{\theta}$$

以上 (1)〜(3) は MLE の一般的特性である．この特性の (2) と (3) を重回帰モデルの MLE $\tilde{\boldsymbol{\beta}}=\hat{\boldsymbol{\beta}}$ と $\hat{\sigma}^2$ で確認しよう．

まず，フィッシャーの情報行列 $\boldsymbol{I}(\boldsymbol{\theta})$ を求める．

$$\frac{\partial \log L}{\partial \boldsymbol{\beta}}=\frac{1}{\sigma^2}(\boldsymbol{X}'\boldsymbol{y}-\boldsymbol{X}'\boldsymbol{X}\boldsymbol{\beta})$$

$$\frac{\partial \log L}{\partial \sigma^2}=-\frac{n}{2\sigma^2}+\frac{1}{2\sigma^4}(\boldsymbol{y}-\boldsymbol{X}\boldsymbol{\beta})'(\boldsymbol{y}-\boldsymbol{X}\boldsymbol{\beta})$$

であるから

$$\frac{\partial^2 \log L}{\partial \boldsymbol{\beta}\partial \boldsymbol{\beta}'}=-\frac{1}{\sigma^2}\boldsymbol{X}'\boldsymbol{X}$$

$$\frac{\partial^2 \log L}{\partial \boldsymbol{\beta}\partial \sigma^2}=-\frac{1}{\sigma^4}(\boldsymbol{X}'\boldsymbol{y}-\boldsymbol{X}'\boldsymbol{X}\boldsymbol{\beta})$$

$$\frac{\partial^2 \log L}{\partial (\sigma^2)^2}=\frac{n}{2\sigma^4}-\frac{1}{\sigma^6}(\boldsymbol{y}-\boldsymbol{X}\boldsymbol{\beta})'(\boldsymbol{y}-\boldsymbol{X}\boldsymbol{\beta})$$

したがって

$$-E\left(\frac{\partial^2 \log L}{\partial \boldsymbol{\beta}\partial \boldsymbol{\beta}'}\right)=\frac{1}{\sigma^2}\boldsymbol{X}'\boldsymbol{X}$$

$$\begin{aligned}-E\left(\frac{\partial^2 \log L}{\partial \boldsymbol{\beta}\partial \sigma^2}\right)&=\frac{1}{\sigma^4}E(\boldsymbol{X}'\boldsymbol{y}-\boldsymbol{X}'\boldsymbol{X}\boldsymbol{\beta})\\&=\frac{1}{\sigma^4}\boldsymbol{X}'E(\boldsymbol{y}-\boldsymbol{X}\boldsymbol{\beta})=\frac{1}{\sigma^4}\boldsymbol{X}'E(\boldsymbol{u})=\mathbf{0}\end{aligned}$$

$$\begin{aligned}-E\left(\frac{\partial^2 \log L}{\partial (\sigma^2)^2}\right)&=-\frac{n}{2\sigma^4}+\frac{1}{\sigma^6}E(\boldsymbol{u}'\boldsymbol{u})=-\frac{n}{2\sigma^4}+\frac{1}{\sigma^6}(n\sigma^2)\\&=\frac{n}{2\sigma^4}\end{aligned}$$

以上より

$$\boldsymbol{I}(\boldsymbol{\theta})=\begin{bmatrix}\dfrac{1}{\sigma^2}(\boldsymbol{X}'\boldsymbol{X}) & \mathbf{0}\\ \mathbf{0}' & \dfrac{n}{2\sigma^4}\end{bmatrix}\tag{3.82}$$

となる．したがって

$$I(\boldsymbol{\theta})^{-1}=\begin{bmatrix} \sigma^2(\boldsymbol{X}'\boldsymbol{X})^{-1} & \boldsymbol{0} \\ \boldsymbol{0}' & \dfrac{2\sigma^4}{n} \end{bmatrix} \tag{3.83}$$

となる．$I(\boldsymbol{\theta})^{-1}$ は不偏推定量の分散共分散の下限を与え，クラメール・ラオの下限とよばれている．

$$\mathrm{var}(\tilde{\boldsymbol{\beta}})=\mathrm{var}(\hat{\boldsymbol{\beta}})=\sigma^2(\boldsymbol{X}'\boldsymbol{X})^{-1}$$

はこの下限に等しく，n が大きいとき，3.13.2 項（7）で示したように

$$\mathrm{var}(\hat{\sigma}^2)=\frac{2(n-k)}{n^2}\sigma^4 \fallingdotseq \frac{2\sigma^4}{n}$$

であるから，$\tilde{\boldsymbol{\beta}}$, $\hat{\sigma}^2$ はそれぞれ $\boldsymbol{\beta}$, σ^2 の漸近的有効推定量である．

この結果は次のように表されることもある．asy は asymptotically 漸近的にという意味である．

$$\sqrt{n}\,(\tilde{\boldsymbol{\beta}}-\boldsymbol{\beta}) \underset{\text{asy}}{\sim} N\left(\boldsymbol{0},\ \sigma^2\left(\frac{\boldsymbol{X}'\boldsymbol{X}}{n}\right)^{-1}\right)$$

$$\sqrt{n}\,(\hat{\sigma}^2-\sigma^2) \underset{\text{asy}}{\sim} N(0,\ 2\sigma^4) \tag{3.84}$$

$\tilde{\boldsymbol{\beta}}=\hat{\boldsymbol{\beta}}$ については

$$\hat{\boldsymbol{\beta}} \sim N(\boldsymbol{\beta},\ \sigma^2(\boldsymbol{X}'\boldsymbol{X})^{-1})$$

がいかなる n についても成り立つことはすでに（3.71）式で示した．したがって上の結果は漸近的にも成り立つことは当然である．

分散 σ^2 の情報行列の値は $2\sigma^4/n$ であり

$$\mathrm{var}(s^2)=\frac{2\sigma^4}{n-k}$$

はこの値より大きい．しかし s^2 は σ^2 の最良 2 次不偏推定量（BQUE）であり，完備十分統計量の議論からも，s^2 の分散より小さい分散をもつ σ^2 の不偏推定量は存在しない，すなわち s^2 は一番有効性の高い推定量であることがわかっている．

$\hat{\boldsymbol{\beta}}$ の一致性は（3.75）式に示されている．$\hat{\sigma}^2$ の一致性は

$$\lim_{n\to\infty}E(\hat{\sigma}^2)=\lim_{n\to\infty}\left[\left(\frac{n-k}{n}\right)\sigma^2\right]=\sigma^2$$

$$\lim\ \mathrm{var}(\hat{\sigma}^2)=\lim\left[\frac{2(n-k)\sigma^4}{n^2}\right]=0$$

より得られる．

3.15　多 重 共 線 性

重回帰モデルを

$$Y_i = \beta_1 + \beta_2 X_{2i} + \beta_3 X_{3i} + u_i, \quad i = 1, \cdots, n$$

とし，$\hat{\beta}_j$ は β_j の OLSE とする．X_2 と X_3 の相関係数を r_{23} とすると

$$\hat{\beta}_2 = \frac{\sum x_2 y}{\sum x_2^2 (1 - r_{23}^2)} - \frac{r_{23}}{1 - r_{23}^2} \frac{\sum x_3 y}{(\sum x_2^2 \sum x_3^2)^{\frac{1}{2}}} \tag{3.85}$$

$$\mathrm{var}(\hat{\beta}_2) = \frac{\sigma^2}{\sum x_2^2 (1 - r_{23}^2)} \tag{3.86}$$

$$\hat{\beta}_3 = \frac{\sum x_3 y}{\sum x_3^2 (1 - r_{23}^2)} - \frac{r_{23}}{1 - r_{23}^2} \frac{\sum x_2 y}{(\sum x_2^2 \sum x_3^2)^{\frac{1}{2}}} \tag{3.87}$$

$$\mathrm{var}(\hat{\beta}_3) = \frac{\sigma^2}{\sum x_3^2 (1 - r_{23}^2)} \tag{3.88}$$

と表すことができる（数学注（3）参照）．

$r_{23} = 0$ ならば，上式からわかるように，$\hat{\beta}_2$, $\mathrm{var}(\hat{\beta}_2)$ は Y の X_2 への単純回帰モデルにおける回帰係数推定値であり，その分散である．同様に，$r_{23} = 0$ ならば $\hat{\beta}_3$, $\mathrm{var}(\hat{\beta}_3)$ は Y の X_3 への単純回帰モデルにおける係数推定値とその分散である．

r_{23}^2 が 1 に近づくほど $\mathrm{var}(\hat{\beta}_2)$, $\mathrm{var}(\hat{\beta}_3)$ は大きくなり，$\mathrm{var}(\hat{\beta}_j)$ が大きくなるほど $\hat{\beta}_j$ の信頼度は低くなる．X_2 と X_3 の高い相関とは，X_2 と X_3 の線形関係が強いということであり，このことを X_2 と X_3 は共線 collinearity 関係が強いという．説明変数が 3 個，4 個と増えていくと，複数の強い共線関係が現れるかもしれない．これを多重共線性（multi collinearity）という．

r_{23}^2 が 1 に近づくと，$\mathrm{var}(\hat{\beta}_j)$ が大きくなることは（3.86）式，（3.88）式から

$$\mathrm{VIF}_j = \frac{1}{1 - r_{23}^2}, \quad j = 2, 3 \tag{3.89}$$

によって表される．この値を分散拡大要因 variance inflation factor とよび，$\hat{\beta}_j$ の分散拡大要因を VIF_j と表す．

一般に，（3.1）式の重回帰モデルのとき

$$\mathrm{var}(\hat{\beta}_j)=\frac{\sigma^2}{\sum x_j^2(1-R_j^2)},\quad j=2,3,\cdots,k$$

と表すことができる.

ここで

$R_j^2=X_j$ の定数項および X_j 以外の説明変数への
線形回帰を行ったときの決定係数

である（数学注（3））.

したがって

$$\mathrm{VIF}_j=\frac{1}{1-R_j^2}$$

である.

VIF_j は

$$1\leq \mathrm{VIF}_j<\infty$$

の値をとり，正の値が大きいほど $\mathrm{var}(\hat{\beta}_j)$ は大きくなり，多重共線性によって $\hat{\beta}_j$ の推定精度は低下し，信頼度の低い推定値になっているかもしれない.

VIF_j がいくつを超えれば多重共線性を懸念すべきかという問題が生ずるが，客観的な基準はない．$R_j^2\geq 0.90$ ならば

$$\mathrm{VIF}_j\geq 10$$

となるから，VIF_j 10 以上のとき多重共線性によって $\hat{\beta}_j$ の分散が大きくなり，$\hat{\beta}_j$ の信頼度が損なわれているかもしれない，というようなあいまいな判断である.

例 3.3 の $X_2=CASE$ と $X_3=DIST^2/100000$ の $\hat{\beta}_j$ の

$$\mathrm{VIF}_j=3.367,\quad j=2,3$$

例 3.5 の $X_2=1/RU$ と $X_3=CPIDOT$ の

$$\mathrm{VIF}_j=1.835,\quad j=2,3$$

であり，多重共線性の心配はない.

VIF は定義にもとづいて計算しなくても簡単に求めることができる．説明変数が X_2, X_3 の 2 個のとき，X_2, X_3 の単相関行列を

$$\boldsymbol{R}=\begin{bmatrix}1 & r_{23}\\ r_{32} & 1\end{bmatrix},\quad r_{32}=r_{23}$$

とすると

$$\boldsymbol{R}^{-1}=\begin{bmatrix} \dfrac{1}{1-r_{23}^2} & -r_{23} \\ -r_{32} & \dfrac{1}{1-r_{23}^2} \end{bmatrix}$$

となり，$\boldsymbol{R}^{-1}$ の対角要素が（3.89）式の VIF を与える．

この結果は一般化することが可能であり，$X_2, \cdots, X_k$ の単相関行列を $\boldsymbol{R}=\{r_{ij}\}$, $i, j=1, \cdots, k-1$, $\boldsymbol{R}^{-1}=\{r^{ij}\}$, $i, j=1, \cdots, k-1$ とすると

$$\mathrm{VIF}_j=r^{j-1, j-1}, \quad j=2, \cdots, k$$

である（証明は数学注（3）参照）．

多重共線性は線形回帰モデルの誤差項の仮定の問題ではなく標本の問題である．説明変数の変換によって VIF の値は変わる．たとえば，例 3.3 で $X_2=CASE$, $X_3=DIST$ とすれば，$\mathrm{VIF}_j=3.118$, $j=2, 3$ となる．

多重共線性への対処としてリッジ回帰によって $\boldsymbol{\beta}$ を推定し，リッジ推定量

$$\hat{\boldsymbol{\beta}}_R=(\boldsymbol{X}'\boldsymbol{X}+c\boldsymbol{I})^{-1}\boldsymbol{X}'\boldsymbol{y}, \quad c>0$$

を求めるという方法もあるが，決定的な解決にはならないことが多い．リッジ回帰については蓑谷（1992）第 5 章で詳細に説明されている．

●数学注（1）

重回帰モデル

$$\underset{n\times 1}{\boldsymbol{y}} = \underset{n\times k_1}{\boldsymbol{X}_1}\underset{k_1\times 1}{\boldsymbol{\beta}_1} + \underset{n\times 1}{\boldsymbol{u}} \tag{1}$$

に，さらに k_2 個の説明変数 $\boldsymbol{X}_2(n\times k_2)$ が追加されたモデル

$$\begin{aligned} \boldsymbol{y} &= \boldsymbol{X}_1\boldsymbol{\gamma}_1+\boldsymbol{X}_2\boldsymbol{\gamma}_2+\boldsymbol{u} \\ &= (\boldsymbol{X}_1\ \boldsymbol{X}_2)\begin{pmatrix}\boldsymbol{\gamma}_1\\ \boldsymbol{\gamma}_2\end{pmatrix}+\boldsymbol{\varepsilon} \\ &= \boldsymbol{X}\boldsymbol{\gamma}+\boldsymbol{\varepsilon} \end{aligned} \tag{2}$$

を考えよう．$\boldsymbol{X}$ は $n\times k$, $\boldsymbol{\gamma}$ は $k\times 1$, $k=k_1+k_2$ とする．（1）式と（2）式の $\boldsymbol{X}_1$ は同じであり，$\boldsymbol{X}_1$ には定数項が含まれると仮定する．

（1）式の OLS 残差を　$\boldsymbol{e}_1=\boldsymbol{M}_1\boldsymbol{y}$

（2）式の OLS 残差を　$\boldsymbol{e}=\boldsymbol{M}\boldsymbol{y}$

とする．ここで

$$\boldsymbol{M}_1=\boldsymbol{I}-\boldsymbol{X}_1(\boldsymbol{X}_1'\boldsymbol{X}_1)^{-1}\boldsymbol{X}_1'$$
$$\boldsymbol{M}=\boldsymbol{I}-\boldsymbol{X}(\boldsymbol{X}'\boldsymbol{X})^{-1}\boldsymbol{X}'$$

である．

このとき次式が得られる.

$$\begin{aligned}\boldsymbol{e}_1'\boldsymbol{e}_1 &= \boldsymbol{y}'\boldsymbol{M}_1\boldsymbol{y} = \boldsymbol{y}'(\boldsymbol{M}+\boldsymbol{M}_1-\boldsymbol{M})\boldsymbol{y} = \boldsymbol{y}'\boldsymbol{M}\boldsymbol{y}+\boldsymbol{y}'(\boldsymbol{M}_1-\boldsymbol{M})\boldsymbol{y}\\ &= \boldsymbol{e}'\boldsymbol{e}+\boldsymbol{y}'(\boldsymbol{M}_1-\boldsymbol{M})\boldsymbol{y} \end{aligned} \tag{3}$$

そして

$$\boldsymbol{M}_1-\boldsymbol{M} = (\boldsymbol{M}_1-\boldsymbol{M})' = (\boldsymbol{M}_1-\boldsymbol{M})^2$$

$$\begin{aligned}\mathrm{rank}(\boldsymbol{M}_1-\boldsymbol{M}) &= \mathrm{tr}(\boldsymbol{M}_1-\boldsymbol{M}) = n-k_1-(n-k)\\ &= k-k_1=k_2\end{aligned}$$

である.

また (2) 式の正規方程式

$$(\boldsymbol{X}'\boldsymbol{X})\hat{\boldsymbol{\gamma}} = \boldsymbol{X}'\boldsymbol{y}$$

を分割して

$$\begin{pmatrix}\boldsymbol{X}_1'\boldsymbol{X}_1 & \boldsymbol{X}_1'\boldsymbol{X}_2\\ \boldsymbol{X}_2'\boldsymbol{X}_1 & \boldsymbol{X}_2'\boldsymbol{X}_2\end{pmatrix}\begin{pmatrix}\hat{\boldsymbol{\gamma}}_1\\ \hat{\boldsymbol{\gamma}}_2\end{pmatrix} = \begin{pmatrix}\boldsymbol{X}_1'\boldsymbol{y}\\ \boldsymbol{X}_2'\boldsymbol{y}\end{pmatrix}$$

が得られる. この正規方程式より

$$(\boldsymbol{X}_1'\boldsymbol{X}_1)\hat{\boldsymbol{\gamma}}_1+(\boldsymbol{X}_1'\boldsymbol{X}_2)\hat{\boldsymbol{\gamma}}_2 = \boldsymbol{X}_1'\boldsymbol{y}$$

すなわち

$$\begin{aligned}\hat{\boldsymbol{\gamma}}_1 &= (\boldsymbol{X}_1'\boldsymbol{X}_1)^{-1}\boldsymbol{X}_1'\boldsymbol{y}-(\boldsymbol{X}_1'\boldsymbol{X}_1)^{-1}\boldsymbol{X}_1'\boldsymbol{X}_2\hat{\boldsymbol{\gamma}}_2\\ &= \hat{\boldsymbol{\beta}}_1-(\boldsymbol{X}_1'\boldsymbol{X}_1)^{-1}\boldsymbol{X}_1'\boldsymbol{X}_2\hat{\boldsymbol{\gamma}}_2\end{aligned} \tag{4}$$

を得る.

$\boldsymbol{M}_1-\boldsymbol{M}$ は対称, ベキ等であり, $\mathrm{rank}(\boldsymbol{M}_1-\boldsymbol{M})=k_2$ であるから, $\boldsymbol{M}_1-\boldsymbol{M}$ の k_2 個の固有値は 1 で残りは 0 である (数学付録 F (3)). したがって

$$\boldsymbol{P}'(\boldsymbol{M}_1-\boldsymbol{M})\boldsymbol{P} = \boldsymbol{\Lambda} = \begin{bmatrix}1 & & & & & \\ & \ddots & & & \mathbf{0} & \\ & & 1 & & & \\ & & & 0 & & \\ & \mathbf{0} & & & \ddots & \\ & & & & & 0\end{bmatrix},\quad 1 \text{ は } k_2 \text{ 個}$$

となる直交行列 $\boldsymbol{P}$ が存在する (数学付録 F (3) 参照). この $\boldsymbol{P}$ を用いて

$$\boldsymbol{v} = \boldsymbol{P}'\boldsymbol{y},\quad \boldsymbol{y} = \boldsymbol{P}\boldsymbol{v}$$

とおくと

$$\begin{aligned}\boldsymbol{y}'(\boldsymbol{M}_1-\boldsymbol{M})\boldsymbol{y} &= \boldsymbol{v}'\boldsymbol{P}'(\boldsymbol{M}_1-\boldsymbol{M})\boldsymbol{P}\boldsymbol{v} = \boldsymbol{v}'\boldsymbol{\Lambda}\boldsymbol{v}\\ &= \sum_{j=1}^{k_2} v_j^2 \geq 0\end{aligned} \tag{5}$$

となるから, (3) 式より

$$\boldsymbol{e}'\boldsymbol{e} = \boldsymbol{e}_1'\boldsymbol{e}_1-\sum_{j=1}^{k_2} v_j^2 \leq \boldsymbol{e}_1'\boldsymbol{e}_1$$

となり，説明変数 $\boldsymbol{X}_2$ が追加されたモデル（2）式の残差平方和は，モデル（1）式の残差平方和を超えることはない．

あるいは，回帰によって説明される平方和 ESS を，（1）式のとき $\sum\hat{y}_1^2$，（2）式のとき $\sum\hat{y}^2$ とすると

$$\sum y^2=\sum\hat{y}_1^2+\sum e_1^2=\sum\hat{y}^2+\sum e^2$$

であるから

$$\begin{aligned}\sum\hat{y}^2&=\sum\hat{y}_1^2+\sum e_1^2-\sum e^2\\&=\sum\hat{y}_1^2+\sum_{j=1}^{k_2}v_j^2\geq\sum\hat{y}_1^2\end{aligned}\qquad(6)$$

が得られ，（2）式の ESS が（1）式の ESS より小さくなることはない，といっても同じである．

$\sum\hat{y}^2=\sum\hat{y}_1^2$ となる場合はどのような場合かを考えよう．また（2）式の

$$\hat{\boldsymbol{\gamma}}_2=(\boldsymbol{X}_2'\boldsymbol{M}_1\boldsymbol{X}_2)^{-1}\boldsymbol{X}_2'\boldsymbol{M}_1\boldsymbol{y}\qquad(7)$$

であることに注意しよう．

（i）　$\boldsymbol{e}_1=\boldsymbol{M}_1\boldsymbol{y}=\boldsymbol{0}\Rightarrow\boldsymbol{e}_1'\boldsymbol{e}_1=\boldsymbol{0}\Rightarrow\sum\hat{y}_1^2=\sum y^2$

すなわち（1）式の決定係数 = 1 であるから，このとき（1）式に $\boldsymbol{X}_2$ を追加しても説明力は増加しない．

そして（7）式と（4）式を用いて

$$\boldsymbol{e}_1=\boldsymbol{M}_1\boldsymbol{y}=\boldsymbol{0}\Rightarrow\hat{\boldsymbol{\gamma}}_2=\boldsymbol{0}\Rightarrow\hat{\boldsymbol{\gamma}}_1=\hat{\boldsymbol{\beta}}_1$$

が得られ，このとき（2）式の $\hat{\boldsymbol{\gamma}}_2=\boldsymbol{0}$，（2）式の $\hat{\boldsymbol{\gamma}}_1=$（1）式の $\hat{\boldsymbol{\beta}}_1$ となる．

（ii）　$\boldsymbol{M}_1=\boldsymbol{M}\Rightarrow\boldsymbol{M}_1\boldsymbol{y}=\boldsymbol{M}\boldsymbol{y}\Rightarrow\boldsymbol{e}_1=\boldsymbol{e}\Rightarrow\hat{\boldsymbol{y}}_1=\hat{\boldsymbol{y}}\Rightarrow\sum\hat{y}_1^2=\sum\hat{y}^2$

このときも（2）式の説明力の増加はない．（1）式の決定係数 = 1 とは限らない．

そして

$$\boldsymbol{M}_1=\boldsymbol{M}\Rightarrow\boldsymbol{M}_1\boldsymbol{X}_2=\boldsymbol{M}\boldsymbol{X}_2=\boldsymbol{0}$$

となり，$\boldsymbol{M}_1\boldsymbol{X}_2=\boldsymbol{0}$ は $\boldsymbol{X}_2$ の $\boldsymbol{X}_1$ への線形回帰を行ったときの残差が $\boldsymbol{0}$ であることを意味するから，これは $\boldsymbol{X}_2$ と $\boldsymbol{X}_1$ が完全に線形関係にあることを意味する．$\boldsymbol{X}_2$ と $\boldsymbol{X}_1$ が完全な線形関係にあれば $\boldsymbol{X}'\boldsymbol{X}$ は特異となり，逆行列が存在しないから，（2）式の $\boldsymbol{\gamma}$ を最小 2 乗法で求めることはできない．

結局，実証分析で（i），（ii）のケースはほとんどないから，通常

$$\sum\hat{y}^2>\sum\hat{y}_1^2$$

すなわち

（2）式の決定係数 >（1）式の決定係数

である．

●数学注（2）　最尤推定量の漸近的分布

$X_1, \cdots, X_n$ は pdf $f(x_i;\boldsymbol{\theta})$ からの無作為標本とする．$\boldsymbol{\theta}$ は $p\times 1$ のパラメータベクト

ルである．尤度関数を

$$L(\boldsymbol{\theta}) = \prod_{i=1}^{n} f(x_i\,;\boldsymbol{\theta}) \tag{1}$$

とする．

$$\underset{p\times 1}{\boldsymbol{Z}(x_i\,;\boldsymbol{\theta})} = \begin{bmatrix} \dfrac{\partial}{\partial\theta_1}\log f(x_i\,;\boldsymbol{\theta}) \\ \vdots \\ \dfrac{\partial}{\partial\theta_p}\log f(x_i\,;\boldsymbol{\theta}) \end{bmatrix} \tag{2}$$

$$\begin{aligned} \underset{p\times 1}{\boldsymbol{S}(\boldsymbol{\theta})} = \sum_{i=1}^{n}\boldsymbol{Z}(x_i\,;\boldsymbol{\theta}) &= \begin{bmatrix} \dfrac{\partial}{\partial\theta_1}\displaystyle\sum_{i=1}^{n}\log f(x_i\,;\boldsymbol{\theta}) \\ \vdots \\ \dfrac{\partial}{\partial\theta_p}\displaystyle\sum_{i=1}^{n}\log f(x_i\,;\boldsymbol{\theta}) \end{bmatrix} \\ &= \begin{bmatrix} \dfrac{\partial \log L}{\partial\theta_1} \\ \vdots \\ \dfrac{\partial \log L}{\partial\theta_p} \end{bmatrix} \end{aligned} \tag{3}$$

とおく，$\boldsymbol{S}(\boldsymbol{\theta})$ はスコアとよばれている．

$\boldsymbol{\theta}$ の MLE $\hat{\boldsymbol{\theta}}$ は $\boldsymbol{S}(\boldsymbol{\theta}) = \sum_{i=1}^{n}\boldsymbol{Z}(x_i\,;\boldsymbol{\theta}) = \boldsymbol{0}$ の解である．

$\boldsymbol{S}(\hat{\boldsymbol{\theta}})$ を $\boldsymbol{\theta}$ のまわりでテイラー展開すると次式を得る．

$$\boldsymbol{S}(\hat{\boldsymbol{\theta}}) \approx \boldsymbol{S}(\boldsymbol{\theta}) + \left[\varDelta\boldsymbol{S}(\boldsymbol{\theta})\right]'(\hat{\boldsymbol{\theta}} - \boldsymbol{\theta}) + \boldsymbol{R} \tag{4}$$

ここで (4) 式の右辺に現れる項は以下の意味である．

$$\left[\varDelta\boldsymbol{S}(\boldsymbol{\theta})\right]' = \begin{bmatrix} \dfrac{\partial\boldsymbol{S}'(\boldsymbol{\theta})}{\partial\theta_1} \\ \vdots \\ \dfrac{\partial\boldsymbol{S}'(\boldsymbol{\theta})}{\partial\theta_p} \end{bmatrix} \tag{5}$$

$$\begin{aligned} \frac{\partial\boldsymbol{S}'(\boldsymbol{\theta})}{\partial\theta_j} &= \left[\sum_{i=1}^{n}\frac{\partial\left[\dfrac{\partial\log f(x_i\,;\boldsymbol{\theta})}{\partial\theta_1}\right]}{\partial\theta_j} \quad \cdots \quad \sum_{i=1}^{n}\frac{\partial\left[\dfrac{\partial\log f(x_i\,;\boldsymbol{\theta})}{\partial\theta_p}\right]}{\partial\theta_j} \right] \\ &= \left[\sum_{i=1}^{n}\frac{\partial^2\log f(x_i\,;\boldsymbol{\theta})}{\partial\theta_1\partial\theta_j} \quad \cdots \quad \sum_{i=1}^{n}\frac{\partial^2\log f(x_i\,;\boldsymbol{\theta})}{\partial\theta_p\partial\theta_j} \right] \end{aligned}$$

$$=\left[\sum_{i=1}^{n}\frac{\partial Z_{1i}}{\partial\theta_j}\quad\cdots\quad\sum_{i=1}^{n}\frac{\partial Z_{pi}}{\partial\theta_j}\right]$$

$$Z_{si}=\frac{\partial\log f(x_i\,;\boldsymbol{\theta})}{\partial\theta_s}\tag{6}$$

残余$\boldsymbol{R}$のu要素は

$$\sum_{w=1}^{p}\sum_{v=1}^{p}\left(\frac{\partial^3\log L}{\partial\theta_u\partial\theta_v\partial\theta_w}\right)(\hat{\theta}_w-\theta_w)(\hat{\theta}_v-\theta_v)$$

であるが，$\dfrac{\partial^3\log L}{\partial\theta_u\partial\theta_v\partial\theta_w}$は有界であると仮定すると$\hat{\theta}_w$, $\hat{\theta}_v$はそれぞれθ_w, θ_vの一致推定量であるから，この残余$\boldsymbol{R}$は$\mathbf{0}$に確率収束するので，以下この$\boldsymbol{R}$は無視する．

$$\boldsymbol{S}(\hat{\boldsymbol{\theta}})=\begin{bmatrix}\dfrac{\partial\log L}{\partial\theta_1}\\ \vdots\\ \dfrac{\partial\log L}{\partial\theta_p}\end{bmatrix}_{\boldsymbol{\theta}=\hat{\boldsymbol{\theta}}}=\mathbf{0}$$

であるから，(4) 式から

$$\sqrt{n}\,(\hat{\boldsymbol{\theta}}-\boldsymbol{\theta})=-\left\{\frac{1}{n}\left[\varDelta\boldsymbol{S}(\boldsymbol{\theta})\right]'\right\}^{-1}\frac{1}{\sqrt{n}}\boldsymbol{S}(\boldsymbol{\theta})\tag{7}$$

が得られる．上式右辺に現れる項の漸近的特性を調べよう．

(1)

$$\underset{p\times p}{\boldsymbol{M}(\boldsymbol{\theta})}=-\frac{1}{n}E\left(\frac{\partial^2\log L}{\partial\boldsymbol{\theta}\partial\boldsymbol{\theta}'}\right)=\frac{1}{n}\boldsymbol{I}(\boldsymbol{\theta})$$

とおく．スコア$\boldsymbol{S}(\boldsymbol{\theta})$の漸近的分布は中心極限定理から次のような正規分布になる．$\xrightarrow{p}$は確率収束，$\xrightarrow{d}$は分布収束を示す．

$$\frac{1}{\sqrt{n}}\boldsymbol{S}(\boldsymbol{\theta})\xrightarrow{d}N(\mathbf{0},\boldsymbol{M}(\boldsymbol{\theta}))\tag{8}$$

(2)

$$\frac{1}{n}\left[\varDelta\boldsymbol{S}(\boldsymbol{\theta})\right]'\xrightarrow{p}-\boldsymbol{M}(\boldsymbol{\theta})\tag{9}$$

ここで

$$\underset{p\times p}{[\varDelta\boldsymbol{S}(\boldsymbol{\theta})]'}=\begin{bmatrix}\sum_{i=1}^{n}\dfrac{\partial Z_{1i}}{\partial\theta_1} & \sum_{i=1}^{n}\dfrac{\partial Z_{2i}}{\partial\theta_1} & \cdots & \sum_{i=1}^{n}\dfrac{\partial Z_{pi}}{\partial\theta_1}\\ \sum_{i=1}^{n}\dfrac{\partial Z_{1i}}{\partial\theta_2} & \sum_{i=1}^{n}\dfrac{\partial Z_{2i}}{\partial\theta_2} & \cdots & \sum_{i=1}^{n}\dfrac{\partial Z_{pi}}{\partial\theta_2}\\ \vdots & \vdots & & \vdots\\ \sum_{i=1}^{n}\dfrac{\partial Z_{1i}}{\partial\theta_p} & \sum_{i=1}^{n}\dfrac{\partial Z_{2i}}{\partial\theta_p} & \cdots & \sum_{i=1}^{n}\dfrac{\partial Z_{pi}}{\partial\theta_p}\end{bmatrix}$$

であり，$Z_{j1}, Z_{j2}, \cdots, Z_{jn}$ は独立であるから，$\dfrac{\partial Z_{j1}}{\partial \theta_s}, \cdots, \dfrac{\partial Z_{jn}}{\partial \theta_s}$ は独立である．

$[\Delta \boldsymbol{S}(\boldsymbol{\theta})]'$ の (l, m) 要素は

$$\sum_{i=1}^{n} \frac{\partial Z_{mi}}{\partial \theta_l} = \sum_{i=1}^{n} \frac{\partial}{\partial \theta_l}\left[\frac{\partial \log f(x_i\,;\boldsymbol{\theta})}{\partial \theta_m}\right] = \frac{\partial^2 \log L}{\partial \theta_l \partial \theta_m}$$

であり，n が大きいとき

$$\frac{1}{n}\sum_{i=1}^{n} \frac{\partial Z_{mi}}{\partial \theta_l} \text{ は } E\left(\frac{\partial Z_{mi}}{\partial \theta_l}\right) = -M(\theta)_{lm}$$

に確率収束するから，次の結果が得られる．

$$\frac{1}{n}\left[\Delta \boldsymbol{S}(\boldsymbol{\theta})\right]' \xrightarrow{p} -\boldsymbol{M}(\boldsymbol{\theta})$$

以上の結果を用いれば

$$\sqrt{n}\,(\hat{\boldsymbol{\theta}} - \boldsymbol{\theta}) = -\underbrace{\left\{\frac{1}{n}\left[\Delta \boldsymbol{S}(\boldsymbol{\theta})\right]'\right\}^{-1}}_{\xrightarrow{p}\ -\boldsymbol{M}(\boldsymbol{\theta})} \underbrace{\frac{1}{\sqrt{n}}\boldsymbol{S}(\boldsymbol{\theta})}_{\xrightarrow{d}\ N(\boldsymbol{0}, \boldsymbol{M}(\boldsymbol{\theta}))}$$

となるから，結局次の重要な結果が得られる．

$$\sqrt{n}\,(\hat{\boldsymbol{\theta}} - \boldsymbol{\theta}) \xrightarrow{d} N(\boldsymbol{0}, \boldsymbol{M}^{-1}(\boldsymbol{\theta})) \tag{10}$$

$$\sqrt{n}\,(\hat{\boldsymbol{\theta}} - \boldsymbol{\theta}) \xrightarrow{d} N\left(\boldsymbol{0}, \left[\frac{\boldsymbol{I}(\boldsymbol{\theta})}{n}\right]^{-1}\right) \tag{11}$$

あるいは次のように表すこともできる．

$$\hat{\boldsymbol{\theta}} \xrightarrow{d} N(\boldsymbol{\theta}, \boldsymbol{I}(\boldsymbol{\theta})^{-1}) \tag{12}$$

●数学注 (3)　$\mathrm{var}(\hat{\beta}_j) = \dfrac{\sigma^2}{\sum_{i=1}^{n} x_{ji}^2(1 - R_j^2)}$ の証明

まず (3.85) 式から (3.88) 式までを示す．重回帰モデル

$$Y_i = \beta_1 + \beta_2 X_{2i} + \beta_3 X_{3i} + u_i, \quad i = 1, \cdots, n \tag{1}$$

の両辺の $i=1$ から n までの和をとり，両辺を n で割ると

$$\bar{Y} = \beta_1 + \beta_2 \bar{X}_2 + \beta_3 \bar{X}_3 + \bar{u}$$

となる．したがって次式を得る．

$$Y_i - \bar{Y} = \beta_2(X_{2i} - \bar{X}_2) + \beta_3(X_{3i} - \bar{X}_3) + u_i - \bar{u}$$

Y_i の平均からの偏差ベクトルを

$$\underline{\boldsymbol{y}} = \begin{bmatrix} Y_1 - \bar{Y} \\ \vdots \\ Y_n - \bar{Y} \end{bmatrix}$$

説明変数 X_2, X_3 の平均からの偏差行列を

$$\underline{\boldsymbol{X}} = \begin{bmatrix} X_{21}-\bar{X}_2 & X_{31}-\bar{X}_3 \\ \vdots & \vdots \\ X_{2n}-\bar{X}_2 & X_{3n}-\bar{X}_3 \end{bmatrix}$$

β_2, β_3 から成るパラメータベクトルを

$$\boldsymbol{\gamma} = \begin{bmatrix} \beta_2 \\ \beta_3 \end{bmatrix}$$

$u_i - \bar{u}$ を i 番目の要素とする誤差項のベクトルを

$$\boldsymbol{v} = \begin{bmatrix} u_1-\bar{u} \\ \vdots \\ u_n-\bar{u} \end{bmatrix}$$

とすると，重回帰モデル（1）式は

$$\underline{\boldsymbol{y}} = \underline{\boldsymbol{X}}\boldsymbol{\gamma} + \boldsymbol{v}$$

と表すことができる．

したがって $\boldsymbol{\gamma}$ の OLSE $\hat{\boldsymbol{\gamma}}$ および $\mathrm{var}(\hat{\boldsymbol{\gamma}})$ は次式で与えられる．

$$\hat{\boldsymbol{\gamma}} = (\underline{\boldsymbol{X}}'\underline{\boldsymbol{X}})^{-1}\underline{\boldsymbol{X}}'\underline{\boldsymbol{y}}$$

$$\mathrm{var}(\hat{\boldsymbol{\gamma}}) = \sigma^2(\underline{\boldsymbol{X}}'\underline{\boldsymbol{X}})^{-1}$$

小文字で平均からの偏差を示すと

$$\underline{\boldsymbol{y}} = \begin{bmatrix} y_1 \\ \vdots \\ y_n \end{bmatrix}, \quad \underline{\boldsymbol{X}} = \begin{bmatrix} x_{21} & x_{31} \\ \vdots & \vdots \\ x_{2n} & x_{3n} \end{bmatrix}$$

であるから

$$(\underline{\boldsymbol{X}}'\underline{\boldsymbol{X}})^{-1} = \begin{bmatrix} \sum x_2^2 & \sum x_2x_3 \\ \sum x_2x_3 & \sum x_3^2 \end{bmatrix}^{-1} = \frac{1}{D}\begin{bmatrix} \sum x_3^2 & -\sum x_2x_3 \\ -\sum x_2x_3 & \sum x_2^2 \end{bmatrix}$$

となる．ここで

$$\begin{aligned} D &= \sum x_2^2 \sum x_3^2 - (\sum x_2x_3)^2 \\ &= \sum x_2^2 \sum x_3^2 \left[1 - \frac{(\sum x_2x_3)^2}{\sum x_2^2 \sum x_3^2}\right] \\ &= \sum x_2^2 \sum x_3^2 (1 - r_{23}^2) \end{aligned}$$

であり，r_{23}^2 は X_2 と X_3 の相関係数の 2 乗である．

この結果を用いて

$$\begin{aligned} \hat{\boldsymbol{\gamma}} = \begin{bmatrix} \hat{\beta}_2 \\ \hat{\beta}_3 \end{bmatrix} &= \frac{1}{D}\begin{bmatrix} \sum x_3^2 & -\sum x_2x_3 \\ -\sum x_2x_3 & \sum x_2^2 \end{bmatrix}\begin{bmatrix} \sum x_2y \\ \sum x_3y \end{bmatrix} \\ &= \frac{1}{D}\begin{bmatrix} \sum x_3^2 \sum x_2y - \sum x_2x_3 \sum x_3y \\ \sum x_2^2 \sum x_3y - \sum x_2x_3 \sum x_2y \end{bmatrix} \end{aligned}$$

上式に D を代入し．(3.85) 式，(3.87) 式が得られる．

次に，$(\underline{X}'\underline{X})^{-1}$ の (1, 1) 要素に σ^2，(2, 2) 要素に σ^2 を掛ければ，それぞれ $\mathrm{var}(\hat{\beta}_2)$，$\mathrm{var}(\hat{\beta}_3)$ になり，(3.86) 式，(3.88) 式が得られる．

一般に，(3.1) 式の重回帰モデルで

$$\underset{n\times(\bar{k}-1)}{\underline{\boldsymbol{X}}} = \begin{pmatrix} \underset{n\times 1}{\boldsymbol{x}_2} & \underset{n\times(k-2)}{\boldsymbol{Z}} \end{pmatrix}$$

とする．$\boldsymbol{x}_2$ は X_2 の平均からの偏差ベクトル

$$\underset{n\times(k-2)}{\boldsymbol{Z}} = \begin{bmatrix} X_{31}-\bar{X}_3 & \cdots & X_{k1}-\bar{X}_k \\ \vdots & & \vdots \\ X_{3n}-\bar{X}_3 & \cdots & X_{kn}-\bar{X}_k \end{bmatrix}$$

である．

$$(\underline{\boldsymbol{X}}'\underline{\boldsymbol{X}})^{-1} = \begin{bmatrix} \boldsymbol{x}_2'\boldsymbol{x}_2 & \boldsymbol{x}_2'\boldsymbol{Z} \\ \boldsymbol{Z}'\boldsymbol{x}_2 & \boldsymbol{Z}'\boldsymbol{Z} \end{bmatrix}^{-1} = \begin{bmatrix} B_{11} & \boldsymbol{B}_{12} \\ \boldsymbol{B}_{21} & \boldsymbol{B}_{22} \end{bmatrix}$$

とおくと

$$\mathrm{var}(\hat{\beta}_2) = \sigma^2 B_{11}$$

である．

数学付録 (D.2) 式を用いて次式を得る．

$$\begin{aligned} B_{11} &= \left[\boldsymbol{x}_2'\boldsymbol{x}_2 - \boldsymbol{x}_2'\boldsymbol{Z}(\boldsymbol{Z}'\boldsymbol{Z})^{-1}\boldsymbol{Z}'\boldsymbol{x}_2\right]^{-1} \\ &= \left\{(\boldsymbol{x}_2'\boldsymbol{x}_2)\left[1 - \frac{\boldsymbol{x}_2'\boldsymbol{Z}(\boldsymbol{Z}'\boldsymbol{Z})^{-1}\boldsymbol{Z}'\boldsymbol{x}_2}{\boldsymbol{x}_2'\boldsymbol{x}_2}\right]\right\}^{-1} \\ &= (\boldsymbol{x}_2'\boldsymbol{x}_2)^{-1}\left[1 - \frac{\boldsymbol{x}_2'\boldsymbol{Z}(\boldsymbol{Z}'\boldsymbol{Z})^{-1}\boldsymbol{Z}'\boldsymbol{x}_2}{\boldsymbol{x}_2'\boldsymbol{x}_2}\right]^{-1} \end{aligned}$$

上式［　］内の分子に現れる．

$$(\boldsymbol{Z}'\boldsymbol{Z})^{-1}\boldsymbol{Z}'\boldsymbol{x}_2$$

は $\boldsymbol{x}_2$ の $\boldsymbol{Z}$ への線形回帰

$$\boldsymbol{x}_2 = \boldsymbol{\gamma}\boldsymbol{Z} + \boldsymbol{v}$$

における $\boldsymbol{\gamma}$ の OLSE $\hat{\boldsymbol{\gamma}}$ であるから，［　］内第 2 項の分子は $\boldsymbol{x}_2$ の $\boldsymbol{Z}$ への回帰によって説明できる平方和

$$\hat{\boldsymbol{\gamma}}'\boldsymbol{Z}'\boldsymbol{x}_2 = \boldsymbol{x}_2'\boldsymbol{Z}(\boldsymbol{Z}'\boldsymbol{Z})^{-1}\boldsymbol{Z}'\boldsymbol{x}_2$$

に等しい．他方

$$\boldsymbol{x}_2'\boldsymbol{x}_2 = \text{全変動} = \sum_{i=1}^{n} x_{2i}^2$$

であるから

$$B_{11} = \frac{1}{\sum x_2^2(1-R_2^2)}$$

と表すことができる．ここで

$$R_2^2 = \boldsymbol{x}_2 \text{ の } \boldsymbol{Z} \text{ への線形回帰における決定係数}$$

であり

$$X_{2i} = \gamma_1 + \gamma_2 X_{3i} + \cdots + \gamma_{k-1} X_{ki} + \varepsilon_i$$

における決定係数と同じである.

$\mathrm{var}(\hat{\beta}_2)$ に関して示したが，一般に次式が成立する.

$$\mathrm{var}(\hat{\beta}_j) = \frac{\sigma^2}{\sum x_j^2 (1 - R_j^2)}$$

$$x_{ji} = X_{ji} - \bar{X}_j$$

$R_j^2 = X_j$ の定数項および X_j 以外の説明変数への線形回帰における決定係数

$$i = 1, \cdots, n, \quad j = 2, \cdots, k$$

が成立する.

さらに

$$\mathrm{VIF}_j = \frac{1}{1 - R_j^2}$$

は，(3.1) 式の説明変数 $X_2, \cdots, X_k$ の単相関行列を

$$\underset{(k-1)\times(k-1)}{\boldsymbol{R}} = \begin{bmatrix} 1 & r_{23} & \cdots & r_{2k} \\ r_{32} & 1 & \cdots & r_{3k} \\ \vdots & \vdots & & \vdots \\ r_{k2} & r_{k3} & \cdots & 1 \end{bmatrix}$$

とすると，$\boldsymbol{R}^{-1}$ の対角要素が VIF になる．たとえば

$\mathrm{VIF}_2 = \boldsymbol{R}^{-1}$ の (1, 1) 要素

$\mathrm{VIF}_3 = \boldsymbol{R}^{-1}$ の (2, 2) 要素

$\vdots$

$\mathrm{VIF}_j = \boldsymbol{R}^{-1}$ の $(j-1, j-1)$ 要素

である．証明を以下に示す.

X_j の標本分散，X_j と X_m の標本共分散をそれぞれ

$$s_j^2 = \frac{1}{n} \sum_{i=1}^{n} x_{ji}^2$$

$$s_{jm} = \frac{1}{n} \sum_{i=1}^{n} x_{ji} x_{mi}$$

とする.

$X_2, \cdots, X_k$ の標本共分散行列を

$$\underset{(k-1)\times(k-1)}{\boldsymbol{S}}=\left[\begin{array}{c|ccc} s_2^2 & s_{23} & \cdots & s_{2k} \\ \hline s_{32} & s_3^2 & \cdots & s_{3k} \\ \vdots & \vdots & & \vdots \\ s_{k2} & s_{k3} & \cdots & s_k^2 \end{array}\right]=\begin{bmatrix} s_2^2 & \boldsymbol{S}_{12} \\ \boldsymbol{S}_{21} & \boldsymbol{S}_{22} \end{bmatrix}$$

とおく．$\boldsymbol{S}_{12}$ は X_2 と $X_3, \cdots, X_k$ の標本共分散ベクトル，$\boldsymbol{S}_{21}=\boldsymbol{S}_{12}'$, $\boldsymbol{S}_{22}$ は $X_3, \cdots, X_k$ の標本共分散行列である．すなわち

$$\boldsymbol{S}_{12}=\frac{1}{n}\boldsymbol{x}_2'\boldsymbol{Z}, \quad \boldsymbol{S}_{22}=\frac{1}{n}\boldsymbol{Z}'\boldsymbol{Z}$$

である．

$X_2, \cdots, X_k$ の標本標準偏差を対角要素とする対角行列を

$$\boldsymbol{D}=\begin{bmatrix} s_2 & & \boldsymbol{0} \\ & \ddots & \\ \boldsymbol{0} & & s_k \end{bmatrix}$$

とすると，単相関行列 $\boldsymbol{R}$ は

$$\boldsymbol{R}=\boldsymbol{D}^{-1}\boldsymbol{S}\boldsymbol{D}^{-1}$$

したがって

$$\boldsymbol{R}^{-1}=\boldsymbol{D}\boldsymbol{S}^{-1}\boldsymbol{D}$$

と表すことができる．

数学付録Dの（D. 2）式を用いて

$$\boldsymbol{S}^{-1} \text{の (1, 1) 要素}=\begin{bmatrix} s_2^2 & \boldsymbol{S}_{12} \\ \boldsymbol{S}_{21} & \boldsymbol{S}_{22} \end{bmatrix}^{-1} \text{の (1, 1) 要素}=\left[s_2^2\left(1-\frac{\boldsymbol{S}_{12}\boldsymbol{S}_{22}^{-1}\boldsymbol{S}_{21}}{s_2^2}\right)\right]^{-1}$$

$$=(s_2^2)^{-1}\left(1-\frac{\boldsymbol{S}_{12}\boldsymbol{S}_{22}^{-1}\boldsymbol{S}_{21}}{s_2^2}\right)^{-1}$$

となる．ところが上式右辺（　）内は

$$1-\frac{\boldsymbol{x}_2'\boldsymbol{Z}(\boldsymbol{Z}'\boldsymbol{Z})^{-1}\boldsymbol{Z}'\boldsymbol{x}_2}{\boldsymbol{x}_2'\boldsymbol{x}_2}=1-R_2^2$$

に等しい．したがって

$$\boldsymbol{R}^{-1}=\boldsymbol{D}\boldsymbol{S}^{-1}\boldsymbol{D} \text{の (1, 1) 要素}=\frac{1}{1-R_2^2}$$

となる．一般に

$$\boldsymbol{R}^{-1} \text{の } (j-1, j-1) \text{ 要素}=\frac{1}{1-R_j^2}=\mathrm{VIF}_j, \quad j=2, \cdots, k$$

が成立する．

4

重回帰モデルにおける仮説検定と予測

4.1 は じ め に

本章は重回帰モデルにおける仮説検定，信頼区間および予測について説明する．個々のパラメータ $\beta_j=0$ の仮説検定は 4.2 節，ベクトル $\boldsymbol{\beta}$ に関する仮説検定は 4.5 節，信頼域は 4.4 節であつかっている．$\boldsymbol{\beta}$ に関する線形制約 $\boldsymbol{R\beta}=\boldsymbol{r}$ の検定は 4.3 節，信頼域は 4.6 節で説明した．

σ^2 に関する仮説検定，信頼区間はそれぞれ 4.7 節，4.8 節で説明しているが，カイ 2 乗分布の自由度が異なるだけで，検定方法，信頼区間の設定は単純回帰モデルのときと同じである．

4.9 節は $\boldsymbol{x}_0'=(1\ \ X_{20}\ \ \cdots\ \ X_{k0})$ が与えられたときの $E(Y_0)$ および Y_0 の予測と予測区間の説明である．4.10 節は確率変数 X の関数，たとえば $1/x$, $\log(x)$, あるいは 2 変量確率変数 (X, Y) の関数，たとえば y/x, $\log(x+y)$ などの分散を求めるデルタ法を説明した．

本章も多くの具体例を用いているが，とくに 3.12 節で述べた偏回帰作用点プロットは重回帰モデルにおいて有用であることを示す．

4.2 $\boldsymbol{\beta_j=0}$ の 検 定

まず(3.1)式の重回帰モデルにおいて，変数 X_j は Y に系統的に影響を与えない，すなわち $\beta_j=0$ という仮説の検定を考えよう．

$$H_0 : \beta_j=0$$

の検定は，3.2 節の仮定 (1) から (4) のもとで

$$t=\frac{\hat{\beta}_j}{s_j}\sim t(n-k) \tag{4.1}$$

の t 検定になる.

ここで

$$s_j^2=\mathrm{var}(\hat{\beta}_j)\text{ の推定量}=s^2q^{jj}$$
$$q^{jj}=(\boldsymbol{X}'\boldsymbol{X})^{-1}\text{ の }(j,j)\text{ 要素}$$

である.

以下,(4.1) 式の証明を示す. 自由度 m の t 分布をする確率変数は次のようにして得られる.

$$Z\sim N(0,1)$$
$$v\sim\chi^2(m)$$
$$Z\text{ と }v\text{ は独立}$$

このとき, 次の t が自由度 m の t 分布をする.

$$t=\frac{Z}{\sqrt{v/m}}\sim t(m)$$

まず (3.71) 式より

$$\hat{\beta}_j\sim N(\beta_j,\sigma^2q^{jj})$$

であるから

$$Z=\frac{\hat{\beta}_j-\beta_j}{\sigma\sqrt{q^{jj}}}\sim N(0,1)$$

次に,(3.77) 式より

$$v=\frac{(n-k)s^2}{\sigma^2}\sim\chi^2(n-k)$$

である.

そして3.13.2項で示したように $\hat{\boldsymbol{\beta}}$ と s^2 は独立であるから, $\hat{\beta}_j$ と s^2 は独立であり, したがって上式の

$$Z\text{ と }v\text{ は独立である}$$

それゆえ

$$t=\frac{Z}{\sqrt{v/(n-k)}}=\frac{(\hat{\beta}_j-\beta_j)/\sigma\sqrt{q^{jj}}}{s/\sigma}$$

$$=\frac{\hat{\beta}_j-\beta_j}{s\sqrt{q^{jj}}}\sim t(n-k)$$

が得られる．

ところで，$s\sqrt{q^{jj}}$ は $\sigma\sqrt{q^{jj}}$ の推定値，あるいは s^2q^{jj} は σ^2q^{jj} の推定値を与えるが，σ^2q^{jj} は $\mathrm{var}(\hat{\beta}_j)$ である．したがって，$\mathrm{var}(\hat{\beta}_j)$ の推定量を $s_j^2=s^2q^{jj}$ と表すと

$$t=\frac{\hat{\beta}_j-\beta_j}{s_j}\sim t(n-k) \tag{4.2}$$

が得られる．

したがって $H_0:\beta_j=0$ が正しいとき（4.1）式が成り立つ．（4.1）式は正規線形回帰モデルの仮定をすべて用いているから，仮定のいずれかひとつでも崩れれば，たとえば誤差項に自己相関があれば，あるいは不均一分散であれば，あるいは正規分布しなければ（4.1）式は成立しない．

しかし，モンテ・カルロ実験によって次のことが確認されている（蓑谷（2009），pp. 869～876）．

（1）　誤差項の分布が正規分布していなくても，$H_0:\beta_j=0$ の t 検定の第 I 種の過誤（$H_0:\beta_j=0$ が正しいときに，この正しい H_0 を棄却して，間違っている $H_1:\beta_j\neq 0$ を採択する確率）は設定した有意水準から大きく外れない．

（2）　$H_0:\beta_j=0$ を検定する t 値（(4.1) 式）が（絶対値で）5 あるいは 6 以上と大きければ，誤差項が非正規分布であっても t 検定の検定力（$H_1:\beta_j\neq 0$ が正しいとき，$H_0:\beta_j=0$ を棄却して正しい H_1 を採択する確率）は高い．いいかえれば，t 値が 2 から 3 ぐらいのときには，誤差項の非正規性のもとでの t 検定の検定力は低い．したがって $H_0:\beta_j=0$ を棄却する t 値であっても，その値が小さいときには誤差項の正規性が成立しているかどうかにも注意すべきである．

4.3　$\boldsymbol{\beta}$に関する線形制約の検定

4.3.1　線 形 制 約

重回帰モデルを

$$Y_i=\beta_1+\beta_2X_{2i}+\beta_3X_{3i}+\beta_4X_{4i}+u_i \tag{4.3}$$
$$i=1,\cdots,n$$

とする．理論的には，たとえば $\beta_2+\beta_3=1$ でなければならない，あるいは $\beta_3=$

β_4 が成り立つかどうかを検定したい場合がある．

例として，仮説を

$$H_0: \beta_3 = \beta_4, \quad H_1: \beta_3 \neq \beta_4$$

と設定したとしよう．H_0 が正しければ，(4.3) 式は

$$Y_i = \beta_1 + \beta_2 X_{2i} + \beta_3 (X_{3i} + X_{4i}) + u_i \tag{4.4}$$

と表すことができる．X_2, $X_3 + X_4$ を説明変数とするこの重回帰モデルには $\beta_3 = \beta_4$ という制約が課されている．(4.4) 式の残差平方和を最小にする OLS と，$\beta_3 = \beta_4$ の制約のもとで，(4.3) 式の残差平方和を最小にする制約つき最小 2 乗法は同じである．

$H_0: \beta_3 = \beta_4$ の制約を課さないで，(4.3) 式を OLS で推定したとき，もし Y を発生させるメカニズムに $\beta_3 = \beta_4$ が働いていたとすれば，制約のない (4.3) 式の残差平方和と，(4.4) 式の残差平方和の差は小さいであろう．しかし，$H_0: \beta_3 = \beta_4$ が正しくなければ，この H_0 の制約のもとで推定された(4.4)式の残差平方和と，この制約のない (4.3) 式を推定した残差平方和との間の差は大きくなる．この考え方が，$\boldsymbol{\beta}$ に関する線形制約の検定統計量を与える．

(3.1) 式の $\beta_1, \cdots, \beta_k$ に関する線形制約

$$H_0: \boldsymbol{R\beta} = \boldsymbol{r}, \quad H_1: \boldsymbol{R\beta} \neq \boldsymbol{r}$$

の検定を考えよう．

$\boldsymbol{R}$ は $q \times k$ 行列，$\boldsymbol{r}$ は $q \times 1$ のベクトルであり，q は $\boldsymbol{\beta}$ に関する線形制約の数である．$\boldsymbol{R\beta} = \boldsymbol{r}$ によって表すことができるいくつかの例をあげる．

(i)　$H_0: \beta_2 + \beta_3 = 1$

この例は，$\boldsymbol{R}$ を $1 \times k$ の行ベクトル

$$\boldsymbol{R} = (0 \ 1 \ 1 \ 0 \ \cdots \ 0)$$

とし，$\boldsymbol{r} = 1$ とすれば，$\boldsymbol{R\beta} = \boldsymbol{r}$ の特別の場合である．

(ii)　$H_0: \beta_2 + \beta_3 = 1$　かつ　$\beta_5 = \beta_6$

これは $2 \times k$ の行列

$$\boldsymbol{R} = \begin{bmatrix} 0 & 1 & 1 & 0 & 0 & 0 & \cdots & 0 \\ 0 & 0 & 0 & 0 & 1 & -1 & \cdots & 0 \end{bmatrix}$$

と

$$\boldsymbol{r} = \begin{bmatrix} 1 \\ 0 \end{bmatrix}$$

によって $\boldsymbol{R\beta}=\boldsymbol{r}$ と表すことができる.

(iii) $H_0:\beta_2=\beta_3=\cdots=\beta_k=0$

これは $(k-1)\times k$ 行列

$$\boldsymbol{R}=\begin{array}{c} \begin{matrix} \scriptstyle 1 & \scriptstyle 2 & \scriptstyle 3 & \scriptstyle 4 & & \scriptstyle \cdots\cdots & \scriptstyle k \end{matrix} \\ \begin{bmatrix} 0 & 1 & 0 & 0 & \cdots & 0 & 0 \\ 0 & 0 & 1 & 0 & \cdots & 0 & 0 \\ \vdots & \vdots & \vdots & \vdots & & \vdots & \vdots \\ 0 & 0 & 0 & 0 & \cdots & 0 & 1 \end{bmatrix} \begin{matrix} \scriptstyle 1 \\ \scriptstyle 2 \\ \scriptstyle \vdots \\ \scriptstyle k-1 \end{matrix} \end{array}$$

と, $(k-1)\times 1$ の

$$\boldsymbol{r}=\begin{bmatrix} 0 \\ 0 \\ \vdots \\ 0 \end{bmatrix}$$

によって $\boldsymbol{R\beta}=\boldsymbol{r}$ と表すことができる.

この仮説の検定方法に次の2つがある.

(1) $\boldsymbol{R\hat{\beta}}$ の分布を求めて検定する

(2) $\boldsymbol{R\beta}=\boldsymbol{r}$ の制約を課して $\boldsymbol{\beta}$ の推定量を求め, 無制約の場合と比較する.

(1), (2) とも同じ検定統計量をもたらす. まず (1) から説明する.

4.3.2 $\boldsymbol{R\hat{\beta}}$ からの接近

(1) の方法は, F 分布に従う次の検定統計量

$$F=\frac{(\boldsymbol{R\hat{\beta}}-\boldsymbol{r})'[\boldsymbol{R}(\boldsymbol{X}'\boldsymbol{X})^{-1}\boldsymbol{R}']^{-1}(\boldsymbol{R\hat{\beta}}-\boldsymbol{r})/q}{s^2}\overset{H_0}{\sim}F(q,n-k) \tag{4.5}$$

を用いる (証明は数学注 (1) 参照).

(4.5) 式が実際どのような検定統計量となるか, 代表的な例をみておこう.

(i) $H_0:\beta_j=0$

このとき

$$\boldsymbol{R}=\overset{\begin{matrix}\scriptstyle 1 & \scriptstyle 2 & \scriptstyle \cdots & & \scriptstyle j & & \scriptstyle \cdots & \scriptstyle k\end{matrix}}{(0\ 0\ \cdots\ 0\ 1\ 0\ \cdots\ 0)}$$

$$\boldsymbol{r}=0$$

であるから

$$\boldsymbol{R\hat{\beta}}=\hat{\beta}_j$$

$$\boldsymbol{R}(\boldsymbol{X}'\boldsymbol{X})^{-1}\boldsymbol{R}' = (\boldsymbol{X}'\boldsymbol{X})^{-1} \text{ の } (j,j) \text{ 要素} = q^{jj}$$

したがって（4.5）式は，$q=1$ であるから

$$F = \frac{\hat{\beta}_j^2}{s^2 q^{jj}} = \left(\frac{\hat{\beta}_j}{s_j}\right)^2 \sim F(1, n-k) \tag{4.6}$$

となる．（4.1）式とくらべればわかるように，この F は $H_0 : \beta_j = 0$ の検定統計量 t の 2 乗になっている．

（ii）$H_0 : \beta_2 = \beta_3 = \cdots = \beta_k = 0$

この仮説は $(k-1) \times k$ の行列

$$\boldsymbol{R} = \begin{bmatrix} 0 & 1 & 0 & \cdots & 0 \\ 0 & 0 & 1 & \cdots & 0 \\ \vdots & \vdots & \vdots & & \vdots \\ 0 & 0 & 0 & \cdots & 1 \end{bmatrix}$$

と $(k-1) \times 1$ の $\boldsymbol{r} = \boldsymbol{0}$ によって $\boldsymbol{R\beta} = \boldsymbol{r}$ と表すことができる．

$$\boldsymbol{R}\hat{\boldsymbol{\beta}} - \boldsymbol{r} = \begin{bmatrix} \hat{\beta}_2 \\ \hat{\beta}_3 \\ \vdots \\ \hat{\beta}_k \end{bmatrix} = \hat{\boldsymbol{\gamma}}$$

である．説明変数行列を

$$\boldsymbol{X} = (\boldsymbol{i} \ \ \boldsymbol{X}_2)$$

と分割する．$\boldsymbol{i}$ は $n \times 1$ のすべての要素が 1 のベクトルであり，$\boldsymbol{X}_2$ は $n \times (k-1)$ の行列である．このとき

$$\boldsymbol{X}'\boldsymbol{X} = \begin{bmatrix} n & \boldsymbol{i}'\boldsymbol{X}_2 \\ \boldsymbol{X}_2'\boldsymbol{i} & \boldsymbol{X}_2'\boldsymbol{X}_2 \end{bmatrix}$$

であるから，3.8 節の $\boldsymbol{X}_1 = \boldsymbol{i}$ とすれば

$$(\boldsymbol{X}'\boldsymbol{X})^{-1} = \begin{bmatrix} \boldsymbol{B}_{11} & \boldsymbol{B}_{12} \\ \boldsymbol{B}_{21} & (\boldsymbol{X}_2'\boldsymbol{M}_1\boldsymbol{X}_2)^{-1} \end{bmatrix}$$

$$\boldsymbol{M}_1 = \boldsymbol{I} - \boldsymbol{i}(\boldsymbol{i}'\boldsymbol{i})^{-1}\boldsymbol{i}' = \boldsymbol{I} - \frac{1}{n}\boldsymbol{i}\boldsymbol{i}'$$

が得られる．他方 $(k-1) \times k$ 行列 $\boldsymbol{R}$ を

$$\boldsymbol{R} = (\boldsymbol{0} \ \ \boldsymbol{I}_{k-1})$$

と分割する．$\boldsymbol{0}$ は $(k-1) \times 1$，$\boldsymbol{I}_{k-1}$ は $(k-1) \times (k-1)$ の単位行列である．

これらを用いると

$$\boldsymbol{R}(\boldsymbol{X}'\boldsymbol{X})^{-1}\boldsymbol{R}' = [\boldsymbol{0}\ \ \boldsymbol{I}_{k-1}]\begin{bmatrix} \boldsymbol{B}_{11} & \boldsymbol{B}_{12} \\ \boldsymbol{B}_{21} & (\boldsymbol{X}_2'\boldsymbol{M}_1\boldsymbol{X}_2)^{-1} \end{bmatrix}\begin{bmatrix} \boldsymbol{0}' \\ \boldsymbol{I}_{k-1} \end{bmatrix}$$
$$= (\boldsymbol{X}_2'\boldsymbol{M}_1\boldsymbol{X}_2)^{-1}$$

となる．このとき（4.5）式は，$q=k-1$ に注意すれば次式になる．

$$F = \frac{\hat{\boldsymbol{\gamma}}'(\boldsymbol{X}_2'\boldsymbol{M}_1\boldsymbol{X}_2)\hat{\boldsymbol{\gamma}}/(k-1)}{s^2} \overset{H_0}{\sim} F(k-1,\, n-k) \tag{4.7}$$

ところが，この式の分子（$k-1$ を除く）は平均からの偏差で表したモデル

$$\boldsymbol{M}_1\boldsymbol{y} = \boldsymbol{M}_1\boldsymbol{X}_2\boldsymbol{\gamma} + \boldsymbol{M}_1\boldsymbol{u} \quad (\because \boldsymbol{M}_1\boldsymbol{i} = \boldsymbol{0})$$
$$\hat{\boldsymbol{\gamma}} = (\boldsymbol{X}_2'\boldsymbol{M}_1\boldsymbol{X}_2)^{-1}\boldsymbol{X}_2'\boldsymbol{M}_1\boldsymbol{y}$$

によって説明できる平方和 $\sum\hat{y}^2 = (\boldsymbol{M}_1\boldsymbol{X}_2\hat{\boldsymbol{\gamma}})'(\boldsymbol{M}_1\boldsymbol{X}_2\hat{\boldsymbol{\gamma}})$ であるから

$$F = \frac{\sum\hat{y}^2/(k-1)}{s^2} \overset{H_0}{\sim} F(k-1,\, n-k) \tag{4.8}$$

と表すこともできる．

さらに，（4.8）式は

$$\sum\hat{y}^2 = R^2\sum y^2$$
$$s^2 = \frac{(1-R^2)\sum y^2}{n-k}$$

を用いると

$$F = \frac{n-k}{k-1}\frac{R^2}{1-R^2} \overset{H_0}{\sim} F(k-1,\, n-k) \tag{4.9}$$

と表すことができるから

$$H_0 : \beta_2 = \beta_3 = \cdots = \beta_k = 0$$

の検定は $H_0 : R^2 = 0$ の検定でもあることがわかる．

4.3.3　制約つき最小2乗推定量からの接近

$H_0 : \boldsymbol{R\beta} = \boldsymbol{r}$ を検定する2番目の方法は，$\boldsymbol{R\beta} = \boldsymbol{r}$ の制約を課して $\boldsymbol{\beta}$ を推定し，無制約の場合とくらべて有意な差がみられるかどうかをみる，という方法である．

パラメータ $\boldsymbol{\beta}$ に関する線形制約

$$\boldsymbol{R\beta} = \boldsymbol{r} \tag{4.10}$$

の制約を課してパラメータ $\boldsymbol{\beta}$ を推定する場合を考えよう．$\boldsymbol{R}$ は $q\times k$，$\boldsymbol{r}$ は $q\times 1$，

q は制約条件の数である．(4.10) 式の制約を満たす $\boldsymbol{\beta}$ の制約つき最小 2 乗推定量を $\boldsymbol{b}^*$，残差ベクトルを

$$\boldsymbol{e}^* = \boldsymbol{y} - \boldsymbol{X}\boldsymbol{b}^*$$

とすると，残差平方和は $\boldsymbol{e}^{*\prime}\boldsymbol{e}^*$ である．

(3.1) 式を OLS で推定したときの残差ベクトルを $\boldsymbol{e}$ とすると残差平方和は $\boldsymbol{e}'\boldsymbol{e}$ である．このとき，仮説

$$H_0 : \boldsymbol{R\beta} = \boldsymbol{r}, \quad H_1 : \boldsymbol{R\beta} \neq \boldsymbol{r}$$

の検定統計量は

$$F = \frac{(\boldsymbol{e}^{*\prime}\boldsymbol{e}^* - \boldsymbol{e}'\boldsymbol{e})/q}{s^2} \overset{H_0}{\sim} F(q, n-k) \tag{4.11}$$

である．(4.11) 式は (4.5) 式と同じ値を与える（証明は数学注 (2) 参照)．

$H_0 : \boldsymbol{R\beta} = \boldsymbol{r}$ が正しければ，すなわち観測値 $\boldsymbol{y}$ をもたらしたデータ発生メカニズムのなかに，確かに $\boldsymbol{R\beta} = \boldsymbol{r}$ が働いていたとすれば，$\boldsymbol{R\beta} = \boldsymbol{r}$ の制約なしで推定された $\hat{\boldsymbol{\beta}}$ も $\boldsymbol{R}\hat{\boldsymbol{\beta}} \fallingdotseq \boldsymbol{r}$ となるに違いない．$\boldsymbol{R}\hat{\boldsymbol{\beta}} - \boldsymbol{r} \fallingdotseq \boldsymbol{0}$ ならば数学注 (2) の (3) 式から $\boldsymbol{b}^* \fallingdotseq \hat{\boldsymbol{\beta}}$ であり，このとき数学注 (2) の (4) 式より，$\boldsymbol{e}^{*\prime}\boldsymbol{e}^* \fallingdotseq \boldsymbol{e}'\boldsymbol{e}$，したがって (4.11) 式の $F \fallingdotseq 0$ である．(4.11) 式から得られる F の値が 0 に近い小さい値をとるほど，それは H_0 と矛盾しない．すなわち H_0 を棄却できない．

他方，$H_0 : \boldsymbol{R\beta} = \boldsymbol{r}$ が間違っていれば，この間違った制約を課して $\boldsymbol{\beta}$ を推定した $\boldsymbol{b}^*$ と，制約なしの $\hat{\boldsymbol{\beta}}$ との乖離は大きくなり，$\boldsymbol{e}^{*\prime}\boldsymbol{e}^*$ と $\boldsymbol{e}'\boldsymbol{e}$ との差は拡がり，これは (4.11) 式の F 値を大きくする．すなわち F 値が大きな値をとればとるほど H_0 に不利な証拠を与えるから，棄却域は F 分布の右片側である．

結局，$H_0 : \boldsymbol{R\beta} = \boldsymbol{r}$ を検定する 2 つの方法を得たことになる．1 つは (4.5) 式で示されている，$\hat{\boldsymbol{\beta}}$ を用いる方法である．もう 1 つは (4.11) 式で示されている制約つき最小 2 乗法を適用して $\boldsymbol{e}^{*\prime}\boldsymbol{e}^*$，制約のない通常の最小 2 乗法を適用して $\boldsymbol{e}'\boldsymbol{e}$ を求めて，その差を求めるという方法である．

制約 $\boldsymbol{R\beta} = \boldsymbol{r}$ のもとで $\boldsymbol{\beta}$ を推定することが容易な場合には (4.11) 式を用いるほうが仮説 $H_0 : \boldsymbol{R\beta} = \boldsymbol{r}$ の検定は簡単である．たとえば，

$$Y_i = \beta_1 + \beta_2 X_{2i} + \beta_3 X_{3i} + u_i$$

において，$\beta_2 + \beta_3 = 1$ という制約を課してパラメータを推定する場合を考えよう．$\beta_3 = 1 - \beta_2$ を上式に代入して整理すれば

$$Y_i - X_{3i} = \beta_1 + \beta_2 (X_{2i} - X_{3i}) + u_i$$

となるから，この式に通常の最小2乗法を適用してパラメータ β_1, β_2 を推定すれば，それが b_1^*, b_2^* であり，残差平方和は $\boldsymbol{e}^{*\prime}\boldsymbol{e}^*$ である．$\beta_2+\beta_3=1$ の制約のもとで損失関数 $\sum_{i=1}^{n}(Y_i-\beta_1-\beta_2X_{2i}-\beta_3X_{3i})^2$ を最小にする β_1, β_2, β_3 の推定量を求めることと，この制約を目的関数のなかへ入れて制約を消し

$$\sum_{i=1}^{n}\left\{Y_i-\beta_1-\beta_2X_{2i}-(1-\beta_2)X_{3i}\right\}^2$$

$$=\sum_{i=1}^{n}\left\{(Y_i-X_{3i})-\beta_1-\beta_2(X_{2i}-X_{3i})\right\}^2$$

を最小にする β_1 と β_2 の推定量を求めることは同じ結果をもたらすからである．

▶例 4.1　例 3.5 の貨幣賃金率変化率

(1)　(3.69) 式で

$$H_0:\beta_3=1,\quad H_1:\beta_3\neq1$$

を，有意水準 5% で検定しよう．$H_0:\beta_3=1$ が正しいとき，(3.69) 式は

$$WDOT_t-CPIDOT_t=\beta_1+\beta_2\left(\frac{1}{RU}\right)_t+u_t \tag{4.12}$$

となり，完全失業率に表されている労働市場の需給ギャップで調整されるのは，実質賃金率変化率であるという古典派の世界である．

自由度 $n-3=53-3=50$ の t 分布の上側 0.025 の確率を与える分位点は 2.009 であるから (4.2) 式の検定統計量の値は

$$t=\frac{\hat{\beta}_3-1}{s_3}=\frac{0.89-1}{0.0706}=-1.56>-2.009$$

となり，$H_0:\beta_3=1$ は棄却されない．

(2)　(3.69) 式で

$H_0:\beta_2=15$ かつ $\beta_3=1$

$H_1:H_0$ は真ではない（$\beta_2\neq15$, $\beta_3=1$ あるいは $\beta_2=15$, $\beta_3\neq1$ あるいは $\beta_2\neq15$, $\beta_3\neq1$）

を (4.5) 式と (4.11) 式両方で検定する．

H_0 は

$$\boldsymbol{R}=\begin{bmatrix}0&1&0\\0&0&1\end{bmatrix},\quad \boldsymbol{\beta}=\begin{bmatrix}\beta_1\\ \beta_2\\ \beta_3\end{bmatrix},\quad \boldsymbol{r}=\begin{bmatrix}15\\1\end{bmatrix}$$

と定義すれば$\boldsymbol{R\beta}=\boldsymbol{r}$と表すことができる.

$$\boldsymbol{R\hat{\beta}}-\boldsymbol{r}=\begin{bmatrix}\hat{\beta}_2\\ \hat{\beta}_3\end{bmatrix}-\boldsymbol{r}=\begin{bmatrix}16.2271\\0.8918\end{bmatrix}-\begin{bmatrix}15\\1\end{bmatrix}=\begin{bmatrix}1.2271\\-0.1082\end{bmatrix}$$

$$\boldsymbol{R}(\boldsymbol{X}'\boldsymbol{X})^{-1}\boldsymbol{R}'=\begin{bmatrix}0&1&0\\0&0&1\end{bmatrix}\begin{bmatrix}0.110101&-0.231478&0.004911\\-0.231478&0.674639&-0.024759\\0.004911&-0.024759&0.001996\end{bmatrix}\begin{bmatrix}0&0\\1&0\\0&1\end{bmatrix}$$

$$=\begin{bmatrix}0.674639&-0.024759\\-0.024759&0.001996\end{bmatrix}$$

$$\left[\boldsymbol{R}(\boldsymbol{X}'\boldsymbol{X})^{-1}\boldsymbol{R}'\right]^{-1}=\begin{bmatrix}0.674639&-0.024759\\-0.024759&0.001996\end{bmatrix}^{-1}$$

$$=\begin{bmatrix}2.720935&33.751318\\33.751318&919.663763\end{bmatrix}$$

$$(\boldsymbol{R\hat{\beta}}-\boldsymbol{r})'\left[\boldsymbol{R}(\boldsymbol{X}'\boldsymbol{X})^{-1}\boldsymbol{R}'\right]^{-1}(\boldsymbol{R\hat{\beta}}-\boldsymbol{r})$$

$$=(1.2271\quad -0.1082)\begin{bmatrix}2.7209&33.7513\\33.7513&919.6638\end{bmatrix}\begin{bmatrix}1.2271\\-0.1082\end{bmatrix}$$

$$=5.901$$

$q=2$,　$s^2=2.50$であるから，(4.5) 式の

$$F=\frac{5.901/2}{2.50}=1.180$$

となり，このF値はF (2,50) の上側0.05の確率を与える分位点3.183より小さいから，H_0は棄却されない.

(4.11) 式を用いればF値の計算は非常に簡単である．$H_0: \beta_2=15$かつ$\beta_3=1$が正しいとき，(3.69) 式にこの制約を入れると，(3.69) 式は

$$WDOT_t-15\left(\frac{1}{RU}\right)_t-CPIDOT_t=\beta_1+u_t$$

となるから，この定数項へのOLSによって，残差平方和

$$\boldsymbol{e}^{*\prime}\boldsymbol{e}^{*}=130.8097$$

が得られる．(3.70) 式の残差平方和は

$$e'e = 124.9115$$

であるから，(4.11) 式の

$$F = \frac{(130.8097 - 124.9115)/2}{2.50} \doteqdot 1.180$$

となり，(4.5) 式からの値と同じになる．

▶例 4.2　肥満体少女の体重

表 4.1 のデータは 15 人の肥満体少女の体重（W, 単位:kg), 脂肪なし体重（中性貯蔵脂肪を除いた体重，LB, 単位：kg), カロリー摂取量（1 日平均，CA）である．

W の LB と CA への線形回帰の OLS の結果は次式である．

$$W = \underset{\substack{(-0.36)\\(0.723)}}{-2.64} + \underset{\substack{(8.55)\\(0.000)}}{1.43}\,LB + \underset{\substack{(1.42)\\(0.182)}}{0.00313}\,CA$$

$$\bar{R}^2 = 0.8900,\quad s = 4.16$$

係数の下の（　）内は，(4.1) 式の t 値，その下の（　）内は自由度 $15-3=12$ の t 分布による p 値である．定数項および CA は有意でない．

両対数のモデルの推定結果は次式である．

$$\log W = \underset{\substack{(0.33)\\(0.744)}}{0.141} + \underset{\substack{(6.96)\\(0.000)}}{0.880}\log LB + \underset{\substack{(1.96)\\(0.074)}}{0.0974}\log CA$$

$$\bar{R}^2 = 0.8701,\quad s = 0.0565$$

定数項はやはり 0 と有意に異ならないが，$\log CA$ は片側検定であれば有意水準 5% で有意である．CA が多いと W が少なくなるという可能性を考えること

表 4.1　肥満体少女のデータ

W	LB	CA	W	LB	CA
79.2	54.3	2670	73.2	44.1	1850
64.0	44.3	820	66.5	48.3	1260
67.0	47.8	1210	61.9	43.5	1170
78.4	53.9	2678	72.5	43.3	1852
66.0	47.5	1205	101.1	66.4	1790
63.0	43.0	815	66.2	47.5	1250
65.9	47.1	1200	99.9	66.1	1789
63.1	44.0	1180			

出所：Daniel (2010), p. 518, 10. 6. 3

はできないから，CA の W への影響は正という片側検定は意味がある．

上記の2式以外にもさまざまな定式化を試み，推定したが，もっとも説明力の高いモデルは次の式であった．

(1)　モデルと推定結果

$$W_i = \beta_1 LB_i^3/1000 + \beta_2 LB_i^4/100000 + \beta_3 \log CA_i + u_i \quad (4.13)$$

$$i = 1, \cdots, 15$$

(4.13) 式の OLS による推定結果は次のとおりである．

$$\underset{\substack{(-3.90)\\(0.002)}}{W = -0.625 LB^3 \times 10^{-3}} + \underset{\substack{(4.86)\\(0.000)}}{1.021\, LB^4 \times 10^{-5}} + \underset{\substack{(13.12)\\(0.000)}}{11.443 \log CA} \quad (4.14)$$

$$\bar{R}^2 = 0.9800, \quad s = 1.77$$

W の実績値と (4.14) 式からの W の推定値のグラフは**図 4.1**，残差，誤差率，平方残差率は**表 4.2** である．

$\bar{R}^2 = 0.9800$ とモデル全体の説明力は高いが，**表 4.2** で #11 の平方残差率 42.78% は際立って大きく，#8 の 21.23% も大きい．この2個で残差平方和の約 64% を占める．#11 の $W = 61.9$ kg はモデルから推定される値 65.9 kg より 4 kg 少なく，#8 の $W = 63.1$ kg もモデルからの推定値 65.9 kg より 2.8 kg 少ない．

(2)　偏回帰作用点プロット

(4.13) 式で $1 = W$, $2 = LB^3 \times 10^{-3}$, $3 = LB^4 \times 10^{-5}$, $4 = \log CA$ を表し

$Rijk = i$ から j および k の線形の影響を除去した変数

すなわち，変数 i の j, k への線形回帰を行ったときの最小2乗残差を $Rijk$ とする．

図 4.2 は $R123$ の $R423$ への回帰線（勾配は (4.14) 式の $\hat{\beta}_3 = 11.443$）と（$R423$,

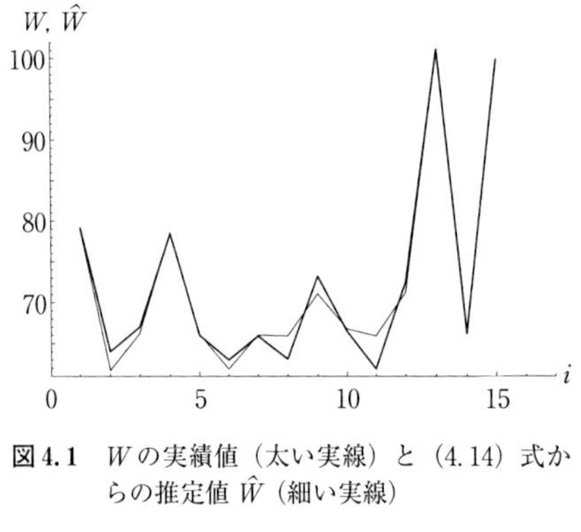

図 4.1　W の実績値（太い実線）と (4.14) 式からの推定値 $\hat{W}$（細い実線）

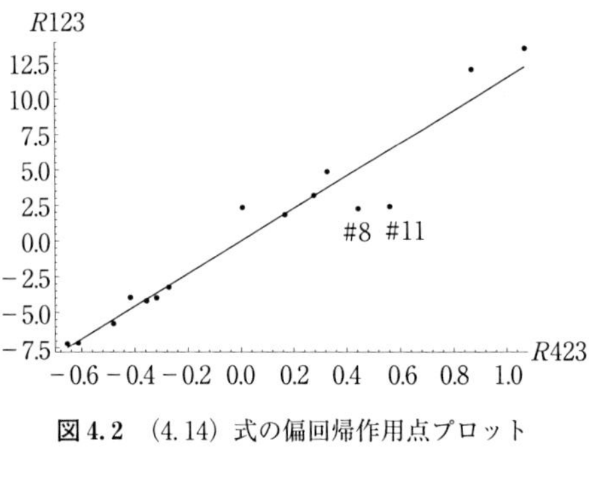

図 4.2　(4.14) 式の偏回帰作用点プロット

表 4.2 例 4.2 の W, W の推定値，残差，誤差率，平方残差率

i	W	Wの推定値	残差	誤差率	平方残差率
1	79.2	78.9	0.3	0.37	0.22
2	64.0	61.7	2.3	3.56	13.71
3	67.0	66.2	0.8	1.16	1.60
4	78.4	78.6	−0.2	−0.20	0.06
5	66.0	66.1	−0.1	−0.19	0.04
6	63.0	61.9	1.1	1.77	3.29
7	65.9	66.0	−0.1	−0.20	0.04
8	63.1	65.9	−2.8	−4.49	21.23
9	73.2	71.1	2.1	2.92	12.09
10	66.5	66.8	−0.3	−0.43	0.21
11	61.9	65.9	−4.0	−6.49	42.78
12	72.5	71.2	1.3	1.77	4.37
13	101.1	101.1	0.0	0.03	0.00
14	66.2	66.5	−0.3	−0.52	0.32
15	99.9	100.0	−0.1	−0.07	0.01

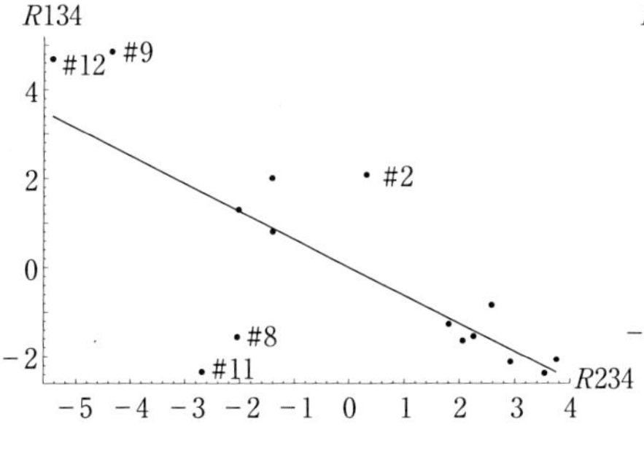

図 4.3 (4.14) 式の偏回帰作用点プロット

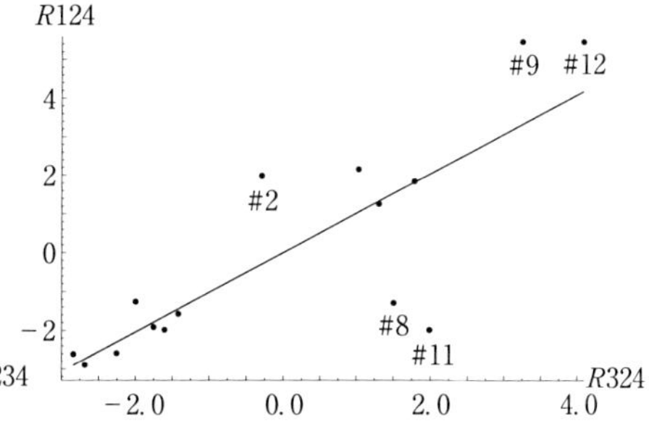

図 4.4 (4.14) 式の偏回帰作用点プロット

$R123$) のプロットであり，直線との乖離（=(4.14) 式の残差）は #11 と #8 は大きいが，その他の点の直線との乖離は小さい．

図 4.3 は $R134$ の $R234$ への回帰線（勾配は (4.14) 式の $\hat{\beta}_1 = -0.625$）と ($R234$, $R134$) のプロットである．#11 と #8 以外にも #2, #9, #12 の直線との乖離が大きく，(4.13) 式の定式化で $LB^3 \times 10^{-3}$ はこの 5 つの観測点に大きな残差をもたらしている．

図 4.4 は $R124$ の $R324$ への回帰線（勾配は (4.14) 式の $\hat{\beta}_2 = 1.021$）と ($R324$, $R124$) のプロットである．#11 の直線との乖離がとくに大きく，#2, #8, #9 の直線との乖離も大きい．CA より LB が #11, #8 の大きな残差をもたらしているこ

とがわかる.

(3)　LB と CA の W への限界効果と弾力性

(4.13) 式より

$$\left(\frac{\partial W}{\partial LB}\right)_i = 3\beta_1 LB_i^2/1000 + 4\beta_2 LB_i^3/100000$$

$$\eta_i = \left(\frac{LB_i}{W_i}\right)\left(\frac{\partial W}{\partial LB}\right)_i$$

$$\left(\frac{\partial W}{\partial CA}\right)_i = \frac{\beta_3}{CA_i}$$

$$\xi_i = \left(\frac{CA_i}{W_i}\right)\left(\frac{\partial W}{\partial CA}\right)_i = \frac{\beta_3}{W_i}$$

となるから, β_j に $\hat{\beta}_j$ を用い, 上記の値を計算し, 平均値を示すと

$$\frac{\partial W}{\partial LB} = 0.598, \quad \eta = 0.401$$

$$\frac{\partial W}{\partial CA} = 0.00853, \quad \xi = 0.161$$

が得られる.

弾力性で解釈すると, LB は約 0.40, CA は約 0.16 であるから, 体重 W を, たとえば 10% 減らそうとすれば, CA 一定のとき LB を $10/0.4 = 25\%$ 減らさなければならない. LB 一定のときであれば, CA は $10/0.16 = 62.5\%$ 減らさなければならない.

(4)　#8 と #11 を削除したケース

#11 と #8 の平方残差率は表 4.2 に示されているように, きわめて大きいので, この 2 個の観測点を除いて推定してみよう. $n = 13$ と標本数が少なくなり, 自由度も小さくなるので, 問題は残る.

2 個のダミー変数

$$D8_i = \begin{cases} 1, & i = 8 \text{ のとき} \\ 0, & \text{その他} \end{cases}$$

$$D11_i = \begin{cases} 1, & i = 11 \text{ のとき} \\ 0, & \text{その他} \end{cases}$$

を定義し, この 2 個のダミー変数を (4.12) 式に追加した次式

$$W_i = \gamma_1 LB_i^3 \times 10^{-3} + \gamma_2 LB_i^4 \times 10^{-5} + \gamma_3 \log CA_i$$

$$+\gamma_4 D8_i + \gamma_5 D11_i + v_i \qquad (4.15)$$
$$i = 1, \cdots, 15$$

を OLS で推定すれば #8 と #11 を除いた推定になる．自由度は $n-5=10$ まで小さくなる．

(4.15) 式を推定して次式が得られた．

$$\underset{\substack{(-12.32)\\(0.000)}}{W = -0.811 LB^3 \times 10^{-3}} + \underset{\substack{(14.62)\\(0.000)}}{1.256\, LB^4 \times 10^{-5}} + \underset{\substack{(34.55)\\(0.000)}}{12.607 \log CA}$$

$$\underset{\substack{(-5.47)\\(0.000)}}{-4.053 D8} \underset{\substack{(-7.13)\\(0.000)}}{-5.371 D11} \qquad (4.16)$$

$$\bar{R}^2 = 0.9970, \quad s = 0.686$$

2 個のダミー変数とも 0 と有意に異なり，FWL の定理の応用例で示したように，$i=8$ と 11 で (4.13) 式の $E(W_i)$ は変化している．(4.14) 式とくらべて (4.16) 式のパラメータ推定値は，絶対値ですべて大きくなっている．

しかし，LB の W への限界効果と弾力性は，平均のみ示すが

$$\frac{\partial W}{\partial LB} = 0.557, \quad \eta = 0.371$$

と小さくなる．他方，CA の W への限界効果と弾力性は，平均のみ示すが

$$\frac{\partial W}{\partial CA} = 0.00919, \quad \xi = 0.174$$

と大きくなる．

(5)　$\beta_1 + \beta_2 = 0.5$ の検定

(4.13) 式で

$$H_0 : \beta_1 + \beta_2 = 0.5, \quad H_1 : \beta_1 + \beta_2 \neq 0.5$$

を有意水準 5% で検定しよう．

$$\boldsymbol{R} = (1 \ 1 \ 0), \quad \boldsymbol{\beta} = (\beta_1 \ \beta_2 \ \beta_3)', \quad r = 0.5$$

とすれば

$$\boldsymbol{R\beta} = r$$

の制約である．

(4.11) 式を用いる．H_0 が正しいとき，(4.13) 式は

$$W_i - 0.5 LB_i^3 \times 10^{-3} = \beta_2 (LB_i^4 \times 10^{-5} - LB_i^3 \times 10^{-3}) + \beta_3 \log CA_i + v_i \qquad (4.17)$$

となる．(4.14) 式，(4.17) 式の残差平方和はそれぞれ

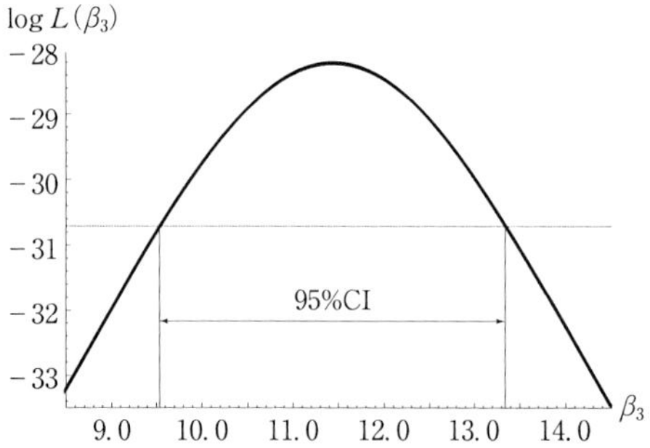

図 4.5　(4.13) 式の β_3 のプロファイル対数尤度

$$\boldsymbol{e}'\boldsymbol{e}=37.77749,\quad \boldsymbol{e}^{*\prime}\boldsymbol{e}^{*}=51.37153$$

であり，$q=1$, $s^2=(1.77)^2=3.13$ であるから，(4.11) 式の

$$F=\frac{(51.37153-37.77749)/1}{3.13}=4.343$$

が得られる．自由度 (1, 12) の F 分布の上側 0.05 の確率を与える分位点は 4.747 であるから H_0 は棄却されない．

(6)　β_3 のプロファイル対数尤度

(4.13) 式の β_3 のプロファイル対数尤度は**図 4.5** である．β_3 の 95% 信頼区間は

$$\hat{\beta}_3\pm s_3t_{0.025}=11.443\pm0.8725\times2.179$$

すなわち

$$P(9.542\le\beta_3\le13.344)=0.95$$

となる．図 4.5 に 95%CI として示されている．

β_3 のプロファイル対数尤度は $\beta_3=\hat{\beta}_3=11.443$ のとき，(4.14) 式の最大対数尤度 $\log L(\hat{\beta}_1,\hat{\beta}_2,\hat{\beta}_3,\hat{\sigma}^2)=-28.250858$ になる．

4.4　$\boldsymbol{\beta}$ の信頼域

重回帰モデル (3.2) 式の $\boldsymbol{\beta}$ の信頼域 confidence region を求める．$\hat{\boldsymbol{\beta}}$ を $\boldsymbol{\beta}$ の OLSE とする．

$$\hat{\boldsymbol{\beta}}\sim N(\boldsymbol{\beta},\sigma^2(\boldsymbol{X}'\boldsymbol{X})^{-1})\quad((3.71)\text{ 式})$$

であるから

$$\hat{\boldsymbol{\beta}}-\boldsymbol{\beta} \sim N(\mathbf{0}, \sigma^2(\boldsymbol{X}'\boldsymbol{X})^{-1})$$

となり，巻末数学付録Gの（G.3）式を用いて

$$v_1=\frac{(\hat{\boldsymbol{\beta}}-\boldsymbol{\beta})'(\boldsymbol{X}'\boldsymbol{X})(\hat{\boldsymbol{\beta}}-\boldsymbol{\beta})}{\sigma^2} \sim \chi^2(k)$$

が得られる．他方

$$v_2=\frac{(n-k)s^2}{\sigma^2} \sim \chi^2(n-k) \quad ((3.77)\text{ 式})$$

$\hat{\boldsymbol{\beta}}$ と s^2 は独立（3.13.2項（6））であるから v_1 と v_2 は独立である．したがってこれらの結果から次の F 分布が得られる．

$$F=\frac{v_1/k}{v_2/(n-k)}=\frac{(\hat{\boldsymbol{\beta}}-\boldsymbol{\beta})'(\boldsymbol{X}'\boldsymbol{X})(\hat{\boldsymbol{\beta}}-\boldsymbol{\beta})}{ks^2} \sim F(k, n-k) \tag{4.18}$$

上式より $\boldsymbol{\beta}$ の $(1-\alpha)\times 100\%$ 信頼域は次式で与えられる．

$$(\hat{\boldsymbol{\beta}}-\boldsymbol{\beta})'(\boldsymbol{X}'\boldsymbol{X})(\hat{\boldsymbol{\beta}}-\boldsymbol{\beta}) \leq ks^2 F_\alpha(k, n-k) \tag{4.19}$$

ここで

$F_\alpha(k, n-k)=$ 自由度 $(k, n-k)$ の F 分布の上側 α の確率を与える分位点

である．

4.5　$\boldsymbol{\beta}$ に関する仮説検定

個々の β_j の仮説検定ではなく，$\boldsymbol{\beta}$ の k 個の要素を $\boldsymbol{\beta}_0$ として帰無仮説で与え，検定する．

$$H_0 : \boldsymbol{\beta}=\boldsymbol{\beta}_0, \quad H_1 : \boldsymbol{\beta} \neq \boldsymbol{\beta}_0$$

とする．4.3節の $\boldsymbol{R}\boldsymbol{\beta}=\boldsymbol{r}$ で解釈すれば，$\boldsymbol{R}=\boldsymbol{I}$, $\boldsymbol{r}=\boldsymbol{\beta}_0$ の場合に等しい．

$H_0 : \boldsymbol{\beta}=\boldsymbol{\beta}_0$ が正しければ，（4.18）式より検定統計量は

$$F=\frac{(\hat{\boldsymbol{\beta}}-\boldsymbol{\beta}_0)'(\boldsymbol{X}'\boldsymbol{X})(\hat{\boldsymbol{\beta}}-\boldsymbol{\beta}_0)}{ks^2} \overset{H_0}{\sim} F(k, n-k) \tag{4.20}$$

である．

H_0 が正しければ $\hat{\boldsymbol{\beta}} \fallingdotseq \boldsymbol{\beta}_0$ となり，（4.20）式の F 値は0に近い値をとる．H_1 が正しければ $\hat{\boldsymbol{\beta}}$ と $\boldsymbol{\beta}_0$ の差は大きくなり，（4.2）式の F 値は正の大きな値となるであろう．すなわち大きな F 値は H_0 に不利な証拠を与え，H_1 を支持する証拠になる．したがって，有意水準を α とすると，H_0 の棄却域 R は

$$R=\left\{F\,;\,F>F_{\alpha}(k,\,n-k)\right\}$$

となる．

▶例 4.3　例 4.2，(4.13) 式の $\boldsymbol{\beta}$ の信頼域と仮説検定

例 4.2 の (4.13) 式を用いて $\boldsymbol{\beta}_0'=(-0.6,\,1.0,\,11.5)$ の信頼域と仮説検定を例としよう．

$$\hat{\boldsymbol{\beta}}'=(-0.625,\,1.021,\,11.443)$$

$$n=15,\quad k=3,\quad s^2=(1.77)^2=3.13$$

$\boldsymbol{X}'\boldsymbol{X}$ は対称行列であるから，下 3 角のみ示す．

$$\boldsymbol{X}'\boldsymbol{X}=\begin{bmatrix} 319638.771 & & \\ 185368.506 & 110209.116 & \\ 14256.169 & 7624.625 & 792.630 \end{bmatrix}$$

$$F_{0.05}(3,\,12)=3.490$$

より，(4.19) 式の不等式右辺は

$$ks^2F_{0.05}(3,12)=32.771$$

であるから，(4.19) 式の左辺を

$$Q=(\hat{\boldsymbol{\beta}}-\boldsymbol{\beta})'(\boldsymbol{X}'\boldsymbol{X})(\hat{\boldsymbol{\beta}}-\boldsymbol{\beta})$$

とすると，$Q\leq 32.771$ を満たす $\boldsymbol{\beta}$ が 95% 信頼域に入る．$\boldsymbol{\beta}=\boldsymbol{\beta}_0$ のとき $Q=83.110$ となり，95% 信頼域には入らない．この結果は

$$H_0:\boldsymbol{\beta}=\boldsymbol{\beta}_0$$

の棄却と同じである．

実際，(4.20) 式の F 値は 8.851 となり，$F_{0.05}(3,12)=3.490$ より大きく，H_0 は棄却される．

個々の β_j，$j=1,2,3$ の 95% 信頼区間は

$$P(-0.975\leq\beta_1\leq-0.276)=0.95$$

$$P(0.563\leq\beta_2\leq 1.478)=0.95$$

$$P(9.542\leq\beta_3\leq 13.344)=0.95$$

となるから，個々の $\beta_1=-0.6$，$\beta_2=1.0$，$\beta_3=11.5$ はいずれもそれぞれの 95% 信頼区間内に含まれるが，ベクトル $\boldsymbol{\beta}_0$ は $\boldsymbol{\beta}$ の 95% 信頼域に入らない．

4.6　$R\boldsymbol{\beta}=r$ の信頼域

$\boldsymbol{\beta}$ の信頼域と同様に，$\boldsymbol{R\beta}-\boldsymbol{r}=\mathbf{0}$ に対する $(1-\alpha)\times 100\%$ 信頼域は，(4.5) 式を用いて次式で与えられる．

$$(\boldsymbol{R}\hat{\boldsymbol{\beta}}-\boldsymbol{r})'\left[\boldsymbol{R}(\boldsymbol{X}'\boldsymbol{X})^{-1}\boldsymbol{R}'\right]^{-1}(\boldsymbol{R}\hat{\boldsymbol{\beta}}-\boldsymbol{r})\leq qs^2F_\alpha(q,n-k) \tag{4.21}$$

▶例 4.4　例 4.1(2) の $\boldsymbol{\beta}_2=15$, $\boldsymbol{\beta}_3=1$ の信頼域と例 4.2(5) $\boldsymbol{\beta}_1+\boldsymbol{\beta}_2=0.5$ の信頼域

例 4.1(2) で

$$H_0: \beta_2=15 \text{ かつ } \beta_3=1$$

を検定し，H_0 は棄却されなかった．

(4.21) 式の不等式右辺を計算すると

$$n=53,\quad k=3,\quad q=2,\quad s^2=2.50,\quad F_{0.05}(2,50)=3.183$$

であるから

$$qs^2F_{0.05}(2,50)=15.915$$

となる．例 4.1(2) で計算されている (4.21) 式の左辺の値 5.901 はこの 15.915 より小さく，95% 信頼域の中に入るから，H_0 は棄却されない．

例 4.2(5) で

$$H_0: \beta_1+\beta_2=0.5$$

を検定し，H_0 は棄却されなかった．(4.21) 式右辺の値を求めると

$$n=15,\quad k=3,\quad q=1,\quad s^2=3.13,\quad F_{0.05}(1,12)=4.747$$

であるから

$$qs^2F_{0.05}(1,12)=14.858$$

となる．(4.21) 式の左辺の値は，例 4.2(5) に示されている残差平方和の差 $51.37153-37.77749=13.59404$ と同じであるから，この値は 14.858 より小さく，95% 信頼域の中に入る．したがって H_0 は棄却されない．

▶例 4.5　カリフォルニア州の年平均降雨量

表 4.3 のデータはアメリカ，カリフォルニア州の 30 地域の気象観測所の年平均降雨量の記録と，観測所の地域特性を示している．

$RAIN$＝年平均降雨量，単位：インチ

$ALTD$＝観測所の標高，単位：フィート

$LATD$＝観測所の緯度，単位：度

$DIST$ ＝観測所の太平洋岸からの距離，単位：マイル

$$SHADOW=\begin{cases}1, & \text{観測所の位置が風下向き}\\ 0, & \text{観測所の位置が西向き}\end{cases}$$

表 4.3 カリフォルニア州 30 地域の年平均降雨量のデータ

地域	*RAIN*	*ALTD*	*LATD*	*DIST*	*SHADOW*	地域	*RAIN*	*ALTD*	*LATD*	*DIST*	*SHADOW*
1	39.57	43	40.80	1	0	16	47.82	4850	40.40	142	0
2	23.27	41	40.20	97	1	17	17.95	120	34.40	1	0
3	18.20	4152	33.80	70	1	18	18.20	4152	40.30	198	1
4	37.48	74	39.40	1	0	19	10.03	4036	41.90	140	1
5	49.26	6752	39.30	150	0	20	4.63	913	34.80	192	1
6	21.82	52	37.80	5	0	21	14.74	699	34.20	47	0
7	18.07	25	38.50	80	1	22	15.02	312	34.10	16	0
8	14.17	95	37.40	28	1	23	12.36	50	33.80	12	0
9	42.63	6360	36.60	145	0	24	8.26	125	37.80	74	1
10	13.85	74	36.70	12	1	25	4.05	268	33.60	155	1
11	9.44	331	36.70	114	1	26	9.94	19	32.70	5	0
12	19.33	57	35.70	1	0	27	4.25	2105	34.09	85	1
13	15.67	740	35.70	31	1	28	1.66	−178	36.50	194	1
14	6.00	489	35.40	75	1	29	74.87	35	41.70	1	0
15	5.73	4108	37.30	198	1	30	15.95	60	39.20	91	1

出所：Mendenhall and Sincich (2003), p. 669, Table14. 1

表 4.4 (4.22) 式の推定結果

説明変数	係数	標準偏差	t 値	p 値	係数の 95% 信頼区間	
					下限	上限
定数項	−164.450	24.118	−6.82	0.000	−214.227	−114.674
$ALTD^2\times 10^{-6}$	0.238	0.110	2.16	0.041	0.010	0.465
$LATD$	5.229	0.656	7.97	0.000	3.875	6.582
$SHADOW$	133.690	35.239	3.79	0.001	60.961	206.420
$SHADOW\cdot LATD$	−3.943	0.956	−4.13	0.000	−5.916	−1.971
$SHADOW\cdot DIST$	$(-0.6156)\times 10^{-1}$	0.028	−2.19	0.038	−0.119	−0.004
TSS	8011.65359					
ESS	6913.89541					
SSR	1097.75818					
R^2	0.8630					
$\bar{R}^2$	0.8344					
s	6.763					

いくつかの定式化を試み，推定した．説明力がもっとも高かったモデルは次式である．

$$RAIN_i=\beta_1+\beta_2 ALTD_i^2\times10^{-6}+\beta_3 LATD_i+\beta_4 SHADOW_i$$
$$+\beta_5 SHADOW\cdot LATD_i+\beta_6 SHADOW\cdot DIST_i+u_i \qquad (4.22)$$

(1)　推定結果

上式の推定結果は**表 4.4** に示されている．表の

TSS (total sum of squares) = 全変動 $\sum y^2$

ESS (explained sum of squares) = モデルによって説明できる平方和 $\sum \hat{y}^2$

SSR (sum of squared residual) = 残差平方和 $\sum e^2=\sum y^2-\sum \hat{y}^2$

である．β_j, $j=1, \cdots, 6$ の 95% 信頼区間も示した．

気象観測所の位置が風下向きか西向きかで，年平均降雨量に相違がみられる．表 4.4 の推定結果から次式が得られる．

風下向き（$SHADOW=1$）のとき

$$RAIN=-30.75989+0.23779 ALTD^2\times10^{-6}$$
$$+1.28539 LATD-0.061555 DIST$$

西向き（$SHADOW=0$）のとき

$$RAIN=-164.45035+0.230779 ALTD^2\times10^{-6}$$
$$+5.22862 LATD$$

上記の式から風下向き，西向き観測所それぞれの $RAIN$ の推定値を求め，$LATD$（緯度）との関係をプロットしたのが**図 4.6** である．△が $SHADOW=0$ の西向き，●が $SHADOW=1$ の風下向きに位置している観測所である．緯度が

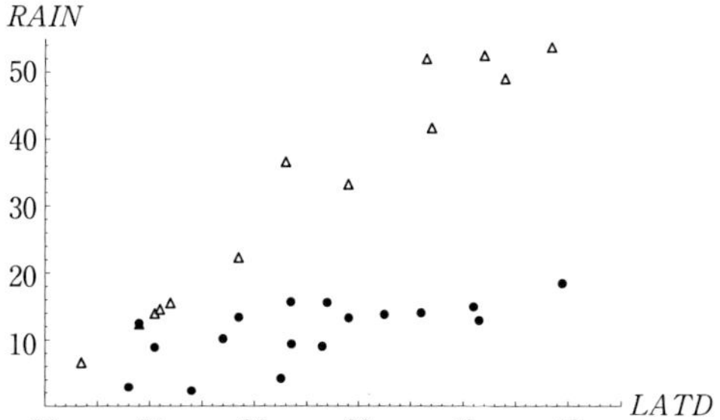

図 4.6　例 4.5 降雨量（$RAIN$）と観測所の緯度（$LATD$）との関係（△西向き，●風下向き）

表 **4.5**　(4.22) 式からの推定値，残差，誤差率，平方残差率

観測所	*RAIN*	*RAIN* の推定値	残差	誤差率	平方残差率	観測所	*RAIN*	*RAIN* の推定値	残差	誤差率	平方残差率
1	39.57	48.88	−9.31	−23.52	7.89	16	47.82	52.38	−4.56	−9.53	1.89
2	23.27	14.94	8.33	35.79	6.32	17	17.95	15.42	2.53	14.11	0.58
3	18.20	12.48	5.72	31.45	2.98	18	18.20	12.95	5.25	28.83	2.51
4	37.48	41.56	−4.08	−10.88	1.52	19	10.03	18.35	−8.32	−82.99	6.31
5	49.26	51.88	−2.62	−5.31	0.62	20	4.63	2.35	2.28	49.21	0.47
6	21.82	33.19	−11.37	−52.12	11.78	21	14.74	14.48	0.26	1.73	0.01
7	18.07	13.80	4.27	23.61	1.66	22	15.02	13.87	1.15	7.66	0.12
8	14.17	15.59	−1.42	−10.04	0.18	23	12.36	12.28	0.08	0.67	0.00
9	42.63	36.54	6.09	14.30	3.38	24	8.26	13.28	−5.02	−60.73	2.29
10	13.85	15.68	−1.83	−13.19	0.30	25	4.05	2.91	1.14	28.26	0.12
11	9.44	9.42	0.02	0.18	0.00	26	9.94	6.53	3.41	34.35	1.06
12	19.33	22.21	−2.88	−14.91	0.76	27	4.25	8.88	−4.63	−108.96	1.95
13	15.67	13.35	2.32	14.80	0.49	28	1.66	4.22	−2.56	−154.39	0.60
14	6.00	10.18	−4.18	−69.72	1.59	29	74.87	53.58	21.29	28.43	41.28
15	5.73	9.01	−3.28	−57.25	0.98	30	15.95	14.03	1.92	12.06	0.34

高いほど年平均降雨量は多く，西向きに位置している観測所の方が，緯度が高くなるほど，風下向きに位置している観測所より，はるかに降雨量は多くなる．

(2)　推定結果の検討

$\bar{R}^2=0.8344$ はモデルの説明力の大きさとして悪くはない．しかし**表 4.5** に示されているように，誤差率の大きい観測所が多く，たとえば，#28 は *RAIN* の観測値 1.66 に対して推定値 4.22 は 2.5 倍以上の値であり，#27 は 4.25 に対して 8.88 と約 2.1 倍の推定値を与えている．

平方残差率をみると，年平均降雨量が 74.87 と他の観測所とくらべ際立って多い #29 (Crescent City) の平方残差率 41.28% は異常な大きさである．

さらに，推定結果に問題があるのは (4.22) 式の誤差項 u_i の正規性の仮定は成立しない，という点である．u_i は観測不可能であるから，(4.22) 式を推定したときの残差 e_i を用いて，u_i の正規性を検定せざるを得ない．u_i が正規分布に従うならば，期待値 0 のまわりの k 次モーメントを μ_k と表すと

$$\text{歪度 skewness}=\frac{\mu_3}{\sigma^3}=0$$

$$\text{尖度 kurtosis}=\frac{\mu_4}{\sigma^4}=3$$

である．(4.22) 式の OLS 残差を e_i, e_i の平均は 0 であるから，e_i の標本 k 次モー

メントを m_k とすると

$$m_k=\frac{1}{n}\sum_{i=1}^{n}e_i^k$$

は μ_k の推定量を与える.

$$e_i \text{の歪度}=\frac{m_3}{m_2^{3/2}}=1.134$$

$$e_i \text{の尖度}=\frac{m_4}{m_2^2}=6.108$$

となり，歪度>0，尖度>3 であると判断せざるを得ない（正規性検定に関する詳細は蓑谷（2012）15 章を参照).

実際，残差 e_i の柱状図とカーネル密度関数は**図 4.7** になり，正規分布とは異なる．(4.22) 式の u_i が正規分布しなければ，$(\hat{\beta}_j-\beta_j)/s_j$, $j=1, \cdots, 6$ の t 分布も成立せず，したがって $H_0: \beta_j=0$ の t 検定，β_j の信頼区間も正しくない.

それゆえ，この平方残差率の異常に大きい #29 を除き，$n=29$ で (4.22) 式を推定してみよう.

(3)　#29 を除いた (4.22) 式の推定

#29 を除いて (4.22) 式を OLS で推定した結果は**表 4.6** に示されている．まず，全変動 TSS が 8011.6536 から 4875.2081 と大幅に小さくなっている．$\hat{\beta}_j$, $j=1, \cdots, 6$ の変化も大きく，$\bar{R}^2$ も 0.8344 から 0.8962 まで大きくなっている.

#29 を除いて推定した (4.22) 式の OLS 残差を e_i^* とすると，e_i^* の

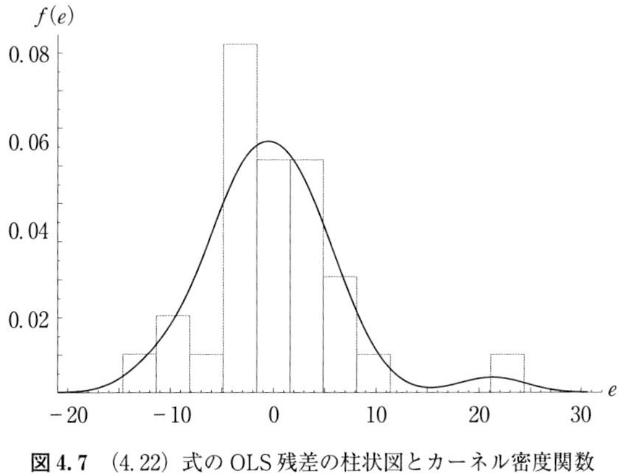

図 4.7　(4.22) 式の OLS 残差の柱状図とカーネル密度関数

表 4.6　#29 を除いた (4.22) 式の推定結果

説明変数	係数	標準偏差	t 値	p 値	係数の 95% 信頼区間	
					下限	上限
定数項	−111.600	17.429	−6.40	0.000	−147.654	−75.546
$ALTD^2 \times 10^{-6}$	0.369	0.073	5.09	0.041	0.219	0.519
$LATD$	3.703	0.481	7.70	0.000	2.708	4.699
$SHADOW$	83.724	23.594	3.55	0.001	34.917	132.533
$SHADOW \cdot LATD$	−2.494	0.645	−3.87	0.000	−3.829	−1.159
$SHADOW \cdot DIST$	−0.067	0.018	−3.82	0.038	−0.104	−0.031
TSS	4875.20814					
ESS	4459.62343					
SSR	415.58471					
R^2	0.9148					
$\bar{R}^2$	0.8962					
s	4.251					

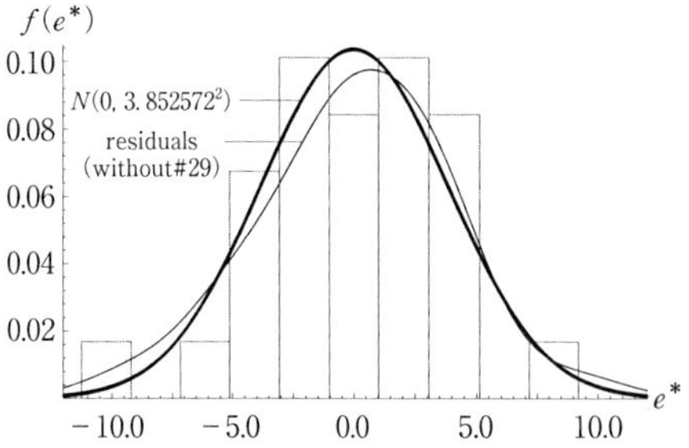

図 4.8　#29 を除いて推定した (4.22) 式の残差の柱状図，カーネル密度関数および $N(0, 3.852572^2)$

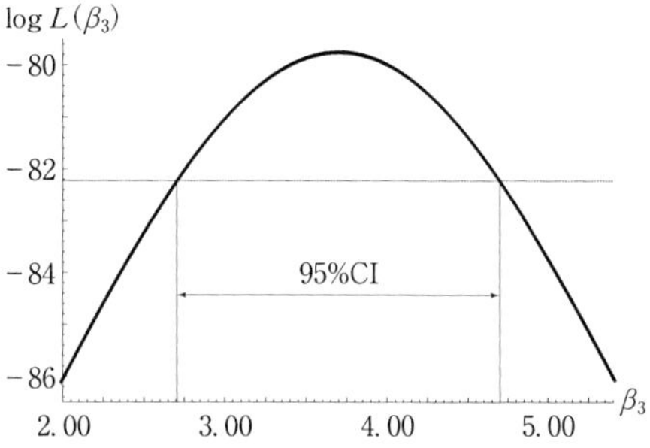

図 4.9　#29 を除いたときの (4.22) 式の β_3 のプロファイル対数尤度

$$\text{歪度} = -0.2171, \quad \text{尖度} = 3.2701$$

となる．e_i^* の平均 0，標準偏差 3.853 が得られるので，この e_i^* と同じ期待値，標準偏差の正規分布と e_i^* の柱状図，カーネル密度関数のグラフが**図 4.8** である．正規分布と完全に重なってはいないが，正規分布からの乖離の程度は小さく，#29 を除いたとき (4.22) 式の u_i は正規分布に従っていると考えることができる．したがって表 4.6 の t 値および β_j の 95% 信頼区間は信用することができる．

(4)　プロファイル対数尤度

#29 を除いたときの (4.22) 式の $LATD$ の係数 β_3 のプロファイル対数尤度は**図 4.9** である．図 4.9 には，表 4.6 に示されている β_3 の 95% 信頼区間 (2.708,

4.699) も, 95%CI として示した. β_3 のプロファイル対数尤度は $\beta_3=\hat{\beta}_3=3.703$ で, モデルの最大対数尤度 $\log L(\hat{\boldsymbol{\beta}}, \hat{\sigma}^2)=-79.75388$ で最大となる. $\hat{\sigma}^2=(3.78560)^2=14.3308$ である.

▶例 4.6 肝臓手術後の患者の生存時間

ある特殊なタイプの肝臓手術を受けた 54 人の患者から成る無作為標本の生存時間に関心がある. 目的は手術前の診断から得られる情報を用いて, この手術を受けた患者の生存時間を予測することにある.

表 4.7 の *TIME* は, 手術後患者が生存した日数である. 手術前に得られた予測因子は次の 4 変数である.

表 4.7 肝臓手術後の生存時間と予測因子

患者	*TIME*	*CLOT*	*PROG*	*ENZ*	*LIV*	患者	*TIME*	*CLOT*	*PROG*	*ENZ*	*LIV*
1	200	6.7	62	81	2.59	28	574	11.2	76	90	5.59
2	101	5.1	59	66	1.70	29	72	5.2	54	56	2.71
3	204	7.4	57	83	2.16	30	178	5.8	76	59	2.58
4	101	6.5	73	41	2.01	31	71	3.2	64	65	0.74
5	509	7.8	65	115	4.30	32	58	8.7	45	23	2.52
6	80	5.8	38	72	1.42	33	116	5.0	59	73	3.50
7	80	5.7	46	63	1.91	34	295	5.8	72	93	3.30
8	127	3.7	68	81	2.57	35	115	5.4	58	70	2.64
9	202	6.0	67	93	2.50	36	184	5.3	51	99	2.60
10	203	3.7	76	94	2.40	37	118	2.6	74	86	2.05
11	329	6.3	84	83	4.13	38	120	4.3	8	119	2.85
12	65	6.7	51	43	1.86	39	151	4.8	61	76	2.45
13	830	5.8	96	114	3.95	40	148	5.4	52	88	1.81
14	330	5.8	83	88	3.95	41	95	5.2	49	72	1.84
15	168	7.7	62	67	3.40	42	75	3.6	28	99	1.30
16	217	7.4	74	68	2.40	43	483	8.8	86	88	6.10
17	87	6.0	85	28	2.98	44	153	6.5	56	77	2.85
18	34	3.7	51	41	1.55	45	191	3.4	77	93	1.48
19	215	7.3	68	74	3.56	46	123	6.5	40	84	3.00
20	172	5.6	57	87	3.02	47	311	4.5	73	106	3.05
21	109	5.2	52	76	2.85	48	398	4.8	86	101	4.10
22	136	3.4	83	53	1.12	49	158	5.1	67	77	2.86
23	70	6.7	26	68	2.10	50	310	3.9	82	103	4.55
24	220	5.8	67	86	3.40	51	124	6.6	77	46	1.95
25	276	6.3	59	100	2.95	52	125	6.4	85	40	1.21
26	144	5.8	61	73	3.50	53	198	6.4	59	85	2.33
27	181	5.2	52	86	2.45	54	313	8.8	78	72	3.20

出所：Hocking (2013), p. 646, TableC. 1

$CLOT$＝血液凝固の評点
$PROG$＝予後指数，年齢を含む
ENZ＝酵素機能テストの評点
LIV＝肝臓機能テストの評点

Hocking (2013) がこの生存時間の詳細な回帰分析を 4 章で行っているが，ここでは Hocking のモデルとは全く異なるモデルを提示する.

(1)　モデル

考察するモデルは次の 4 種類のモデルである.

$$\log(TIME)_i = \alpha_1 \log(CLOT)_i + \alpha_2 \log(ENZ)_i + \alpha_3(PROG \cdot \log PGOG)_i + \alpha_4(ENZ \cdot \log ENZ)_i + u_i \quad (4.23)$$

$$\log(TIME)_i = \beta_1 \log(CLOT)_i + \beta_2 \log(PROG)_i + \beta_3 \log(ENZ)_i + \beta_4 LIV_i + \beta_5(ENZ \cdot LIV)_i + \beta_6(PROG \cdot \log PGOG)_i + \varepsilon_i \quad (4.24)$$

$$\log(TIME)_i = \gamma_1 \log(CLOT)_i + \gamma_2 \log(PROG)_i + \gamma_3 \log(ENZ)_i + \gamma_4 LIV_i^2 + \gamma_5(ENZ \cdot LIV)_i + \gamma_6(PROG \cdot \log PGOG)_i + \xi_i \quad (4.25)$$

$$\log(TIME)_i = \delta_1 \log(CLOT)_i + \delta_2 \log(PROG)_i + \delta_3 ENZ_i + \delta_4 LIV_i + \delta_5(ENZ \cdot LIV)_i + v_i \quad (4.26)$$

すべて $i=1, \cdots, 54$

(2)　推定結果

変数記号を簡略化し，次のように表す.

$X2=CLOT,\quad X3=PROG,\quad X4=ENZ,\quad X5=LIV$
$X35=X3 \cdot X5,\quad X45=X4 \cdot X5$
$LXj=\log(Xj),\quad j=2, 3, 4, 5$
$X3LX3=X3 \cdot \log(X3),\quad X4LX4=X4 \cdot \log(X4)$
$X5LX5=X5 \cdot \log(X5)$

OLS による (4.23) 式と (4.24) 式の推定結果は**表 4.8**，(4.25) 式と (4.26) 式の推定結果は**表 4.9** に示されている. 主な特徴を列挙する.

(i)　$\bar{R}^2$ がもっとも高いのは (4.23) 式であるが，他の 3 本の式と異なり，$X5$ ($=LIV$) が説明変数に現れない.

(ii)　OLS 残差の歪度および尖度の値から，誤差項が正規性を満たしているの

表 4.8　(4.23) 式および (4.24) 式の推定結果

	(4.23) 式			(4.24) 式		
説明変数	係数	標準偏差	t 値	係数	標準偏差	t 値
$LX2$	0.9274	0.4530×10^{-1}	20.47	0.8679	0.7364×10^{-1}	11.78
$LX3$				−0.2502	0.1107	−2.27
$LX4$	0.2721	0.2981×10^{-1}	9.13	0.7421	0.7316×10^{-1}	10.14
$X3LX3$	0.4433×10^{-2}	0.1541×10^{-3}	28.77	0.5120×10^{-2}	0.5560×10^{-3}	9.21
$X4LX4$	0.3383×10^{-2}	0.1775×10^{-3}	19.06			
$X5$				−0.2404	0.5800×10^{-1}	−4.14
$X45$				0.3302×10^{-2}	0.5821×10^{-3}	5.67
	$\bar{R}^2$	0.9774		$\bar{R}^2$	0.9651	
	s	0.0947		s	0.1178	
	歪度	1.4426		歪度	0.5677	
	尖度	7.8007		尖度	4.1752	
	η_3	1.454		η_3	1.429	
	η_4	1.677		η_4	1.470	
				η_5	0.070	
	平方残差率 2 桁の患者番号			平方残差率 2 桁の患者番号		
	22, 9, 27			32, 27		

表 4.9　(4.25) 式および (4.26) 式の推定結果

	(4.25) 式			(4.26) 式		
説明変数	係数	標準偏差	t 値	係数	標準偏差	t 値
$LX2$	0.8256	0.6686×10^{-1}	12.35	0.6671	0.1004	6.64
$LX3$	−0.3074	0.1002	−3.07	0.7158	0.4847×10^{-1}	14.77
$LX4$	0.7177	0.7222×10^{-1}	9.94			
$X3LX3$	0.5410×10^{-2}	0.5182×10^{-3}	10.44			
$X4$				0.9768×10^{-2}	0.2442×10^{-2}	4.00
$X5$				−0.2460	0.1054	−2.33
$X5^2$	$(-0.3373)\times10^{-1}$	0.7304×10^{-2}	−4.62			
$X45$	0.3148×10^{-2}	0.4994×10^{-3}	6.30	0.4204×10^{-2}	0.1075×10^{-2}	3.91
	$\bar{R}^2$	0.9672		$\bar{R}^2$	0.9180	
	s	0.1143		s	0.1811	
	歪度	0.8933		歪度	0.3929	
	尖度	3.8418		尖度	3.4224	
	η_3	1.467				
	η_4	1.411		η_4	1.447	
	η_5	0.115		η_5	0.253	
	平方残差率 2 桁の患者番号			平方残差率 2 桁の患者番号		
	32, 27, 22			18, 22, 38		

は（4.26）式のみである．

（iii）誤差項が正規性を満たしていないので，（4.24）式，および（4.25）式の $LX3$ の係数の 2～3 という余り大きくない t 値は，4.2 節で述べたように，$LX3$ の有意性に対して注意が必要である．

（iv）$X2(=CLOT)$ の $Y(=TIME)$ への弾性値は，$LX2$ の係数であり，0.7～0.9 ぐらいである．

（v）$X3(=PROG)$，$X4(=ENZ)$，$X5(=LIV)$ の $Y(=TIME)$ への弾性値は定式化によって同じではなく，次式で与えられる．η_j を Xj の Y への（偏）弾性値

$$\eta_j=\frac{\partial \log Y}{\partial \log X_j},\quad j=3, 4, 5$$

とする．

（4.23）式

$$\eta_{3i}=\alpha_3 X3_i(1+LX3_i)$$
$$\eta_{4i}=\alpha_2+\alpha_4 X4_i(1+LX4_i)$$

（4.24）式

$$\eta_{3i}=\beta_2+\beta_6 X3_i(1+LX3_i)$$
$$\eta_{4i}=\beta_3+\beta_5 X45_i$$
$$\eta_{5i}=\beta_4 X5_i+\beta_5 X45_i$$

（4.25）式

$$\eta_{3i}=\gamma_2+\gamma_6 X3_i(1+LX3_i)$$
$$\eta_{4i}=\gamma_3+\gamma_5 X45_i$$
$$\eta_{5i}=2\gamma_4 X5_i^2+\gamma_5 X45_i$$

（4.26）式

$$\eta_{4i}=\delta_3 X4_i+\delta_5 X45_i$$
$$\eta_{5i}=X5_i(\delta_4+\delta_5 X4_i)$$

i（$i=1, \cdots, 54$）によって η_j は異なるが，表 4.8，表 4.9 の η_j はパラメータに推定値を用いた，$i=1, \cdots, 54$ の平均

$$\eta_j=\frac{1}{54}\sum_{i=1}^{54}\eta_{ji}$$

である．たとえば，（4.24）式の $\eta_5=0.070$ と小さいが，η_{5i} の標本標準偏差を

SD_5 とすると，$n=54$ と大標本であるから，標本平均 η_5 は期待値 $E(\eta_5)$，標準偏差 $SD_5/\sqrt{n}$ の正規分布で近似することができる．したがって(4.24)式の $E(\eta_5)$ の 95% 信頼区間は，$SD_5=0.20484$ が得られるから

$$\eta_5 \pm \frac{SD_5}{\sqrt{n}} \times 1.96$$

すなわち（0.0149, 0.1242）となり，この区間内に 0 は含まれないから，$E(\eta_5) \neq 0$ と考えてよい．他のモデルの η_j もすべて 0 とは有意に異なる．

表4.8, 表4.9から, η_3 は1.43～1.47と安定している. η_4 は1.41～1.68, η_5 は0.07～0.25と小さい.

(vi)　推定結果から，考察した 4 つの要因，血液凝固の評点，（年齢を含む）予後指数，酵素機能テストの評点，肝臓機能テストの評点，いずれも高いほど，手術後の生存時間が長くなることがわかる．とくに，弾性値から判断すると，酵素機能テストの評点，予後指数，血液凝固の評点，肝臓機能テストの順に生存時間への影響が大きい．

(3)　平方残差率

(4.24)式と(4.25)式の #32 の患者の平方残差率は大きい．#32 の平方残差率は，(4.24)式 17.97%, (4.25)式 14.29% である．(4.23)式は 8.72%, (4.26)式は 0.12% にすぎない．#32 の患者の生存時間 58（日）は #18 の 34（日）に次いで 2 番目に短い．(4.26) 式を除き，3 本の式は #32 の $TIME=58$（日）を過小推定する．たとえば，(4.24) 式は $\exp(3.7144) \fallingdotseq 41$（日）が推定値である．(4.26) 式のみ $\exp(4.1090) \fallingdotseq 61$（日）の過大推定をもたらす．

#27 の平方残差率は，(4.26) 式のみ 1.35% と小さいが，(4.23) 式から (4.25) 式はいずれも 2 桁で大きく，それぞれ 14.03%, 12.81%, 12.76% である．#27 の生存時間は 181（日）であるが, 4 本の式すべて過小推定である．たとえば, (4.23) 式からの #27 の生存時間の推定値は，$\exp(4.9476) \fallingdotseq 141$（日）である．

誤差項が正規分布に従う (4.26) 式の平方残差率は他のモデルと異なる．#18 が 12.44%，#22 が 12.13%，#38 が 12.00% の 3 個が 2 桁の平方残差率である．

(4.23) 式の $\bar{R}^2$ は一番大きいが，#22 の平方残差率は 28.88% もあり，異常に大きい. この #22 を除いて(4.23)式を OLS で推定すると次の結果を得る. 係数(標準偏差)(t 値) の順である.

$$\hat{\alpha}_1=0.9839(0.3885\times10^{-1})(25.32)$$

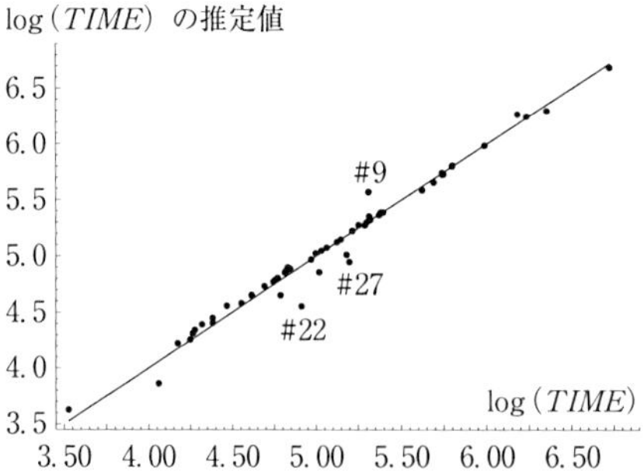

図 4.10 (a)　log (*TIME*) の観測値と (4.23) 式からの推定値のプロット

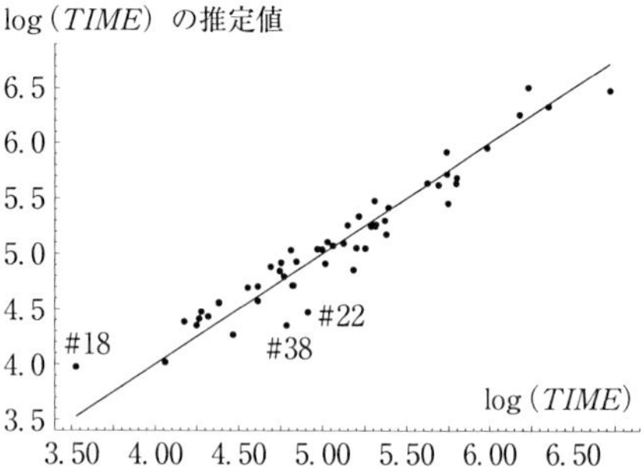

図 4.10 (b)　log (*TIME*) の観測値と (4.26) 式からの推定値

$$\hat{\alpha}_2 = 0.2397\,(0.2531\times10^{-1})\,(9.47)$$
$$\hat{\alpha}_3 = 0.4309\times10^{-2}\,(0.1289\times10^{-3})\,(33.43)$$
$$\hat{\alpha}_4 = 0.3582\times10^{-2}\,(0.1510\times10^{-3})\,(23.72)$$
$$\bar{R}^2 = 0.9851,\quad s = 0.0778$$

歪度＝0.6555,　尖度＝7.6914

$\hat{\alpha}_j$, $j=1, \cdots, 4$ も t 値も $\bar{R}^2$ もすべて表 4.8 の (4.23) 式の推定結果とくらべて大きくなっている．しかし OLS 残差の歪度, 尖度は依然, 非正規性を示している．

#22 の生存時間は 136（日）であり，生存時間に一番強い影響力をもつ酵素機能テストの評点が #22 の患者は 53 と平均 77.11 よりかなり低く，血液凝固の評点 3.4 も平均 5.78 より低い．

図 4.10 (a) は log (*TIME*) の観測値（横軸）と (4.23) 式からの，全データを用いた推定値（縦軸）のプロットである．直線は log (*TIME*) の推定値＝観測値を与える完全決定線であるから，直線より上の点は過大推定，下の点は過小推定を表す．直線と点との縦軸の乖離は残差である．図 4.10 (b) は (4.26) 式からの同様のプロットである．

(4)　偏回帰作用点プロット

$\bar{R}^2$ が一番高い (4.23) 式の全データを用いた推定式の偏回帰作用点を示す．(4.23) 式で

$$1 = \log(TIME),\quad 2 = \log(CLOT),\quad 3 = \log(ENZ),$$
$$4 = PROG\cdot\log PROG,\quad 5 = ENZ\cdot\log ENZ$$

を表し

$Rijkl$＝変数 i の変数 j, k, l への線形回帰を行ったときの OLS 残差

とする．たとえば

$R1345$＝変数 1 の変数 3, 4, 5 への線形回帰を行ったときの OLS 残差

$R2345$＝変数 2 の変数 3, 4, 5 への線形回帰を行ったときの OLS 残差

であるから，$R1345$ の $R2345$ への回帰

$$R1345_i = b_{12} R2345_i, \quad i = 1, \cdots, n$$

の b_{12} は（4.23）式の $\hat{\alpha}_1$ に等しく，残差

$$r_i = R1345_i - b_{12} R2345_i$$

は，（4.23）式の OLS 残差 e_i に等しい．

同様に

$$R1245 = b_{13} R3245 \text{ の } b_{13} = \hat{\alpha}_2$$

$$R1235 = b_{14} R4235 \text{ の } b_{14} = \hat{\alpha}_3$$

$$R1234 = b_{15} R5234 \text{ の } b_{15} = \hat{\alpha}_4$$

であり，それぞれの回帰の OLS 残差は（4.23）式の OLS 残差に等しい（3.9 節，3.12 節）．

図 4.11 から**図 4.14** がこの偏回帰作用点プロットである．図 4.11 から図 4.14 まで，順に，（4.23）式における log（*CLOT*），log（*ENZ*），*PROG*・log *PROG*，*ENZ*・log *ENZ* の重回帰モデルにおける説明力，説明変数の型の可否，影響点の有無を示している．

表 4.8 に示されているように，$\hat{\alpha}_j$, $j = 1, \cdots, 4$ の t 値はいずれも大きいことからも予想されるように，#9, #22, #27 を除けば，直線のまわりの散らばりは大きくない．図 4.12 のプロットは他の 3 つの図にくらべると，#9, #22, #27 の散

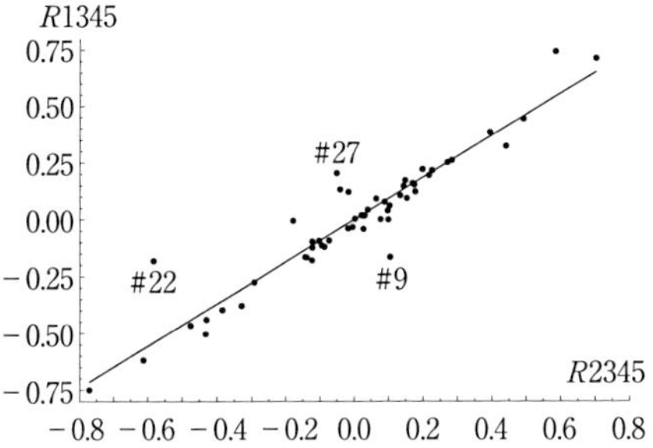

図 4.11　（4.23）式の偏回帰作用点プロット（$\hat{\alpha}_1$）

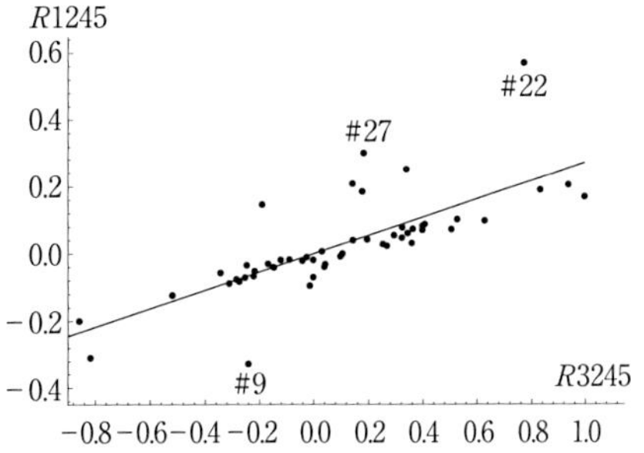

図 4.12　（4.23）式の偏回帰作用点プロット（$\hat{\alpha}_2$）

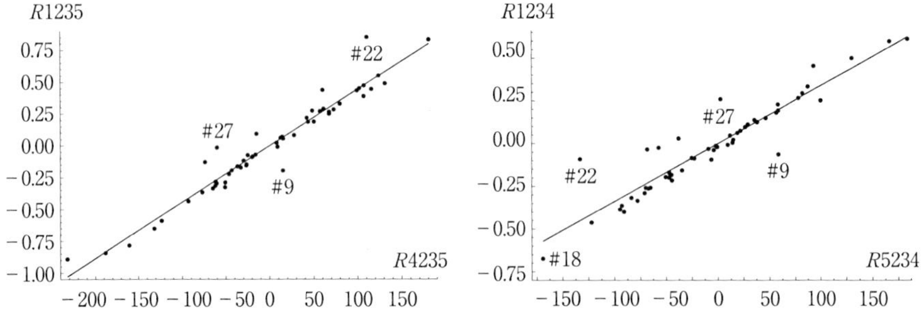

図 4.13　(4.23) 式の偏回帰作用点プロット ($\hat{\alpha}_3$)　**図 4.14**　(4.23) 式の偏回帰作用点プロット ($\hat{\alpha}_4$)

らばりが大きい．生存時間への強い影響力をもつ酵素機能テストの評点 (ENZ) は，他の説明変数とくらべれば安定性を欠いている．$\hat{\alpha}_2$ の t 値 9.13 は十分大きいが，他の 3 変数とくらべれば小さいということの反映でもある．しかし $ENZ \cdot \log ENZ$ も説明変数として (4.23) 式に入っているので ENZ 全体としては説明力に問題はない．

4.7　σ^2 に関する仮説検定

3.2 節の仮定 (1)〜(4) のもとで，重回帰モデル (3.2) 式の均一分散 σ^2 に関して (3.77) 式

$$v = \frac{(n-k)s^2}{\sigma^2} \sim \chi^2(n-k)$$

が成立する．

自由度 $n-k$ のカイ 2 乗分布の上側 α の確率を与える分位点を χ^2_α と表す．仮説を

$$H_0 : \sigma^2 = \sigma_0^2, \quad H_1 : \sigma^2 \neq \sigma_0^2$$

とすると，H_0 が正しいとき

$$v = \frac{(n-k)s^2}{\sigma_0^2} \sim \chi^2(n-k) \tag{4.27}$$

であるから，有意水準を α とすると，H_0 の棄却域は

$$R = \left\{ v \,;\, v < \chi^2_{1-\alpha/2} \quad \text{あるいは} \quad v > \chi^2_{\alpha/2} \right\}$$

となる．

棄却域が両側になるのは次のように考えればよい．H_1 の $\sigma^2<\sigma_0^2$ が正しければ，σ^2 の不偏推定量 s^2 も σ_0^2 より小さい値を推定値としてもたらし，このとき（4.27）式の v は v の期待値でもある $n-k$ より小さい値になる．v の値が $n-k$ より小さくなればなるほど H_0 に不利な証拠となり，H_1 の $\sigma^2<\sigma_0^2$ を支持する証拠となる．

逆に，H_1 の $\sigma^2>\sigma_0^2$ の方が正しければ，$s^2>\sigma_0^2$ が予想され，v は $n-k$ より大きくなり，v が大きな値をとればとるほど H_1 の $\sigma^2>\sigma_0^2$ を支持し，H_0 に不利な証拠となる．

$$H_0 : \sigma^2=\sigma_0^2,\quad H_1 : \sigma^2>\sigma_0^2$$

と仮説が設定されるならば，棄却域は

$$R=\left\{v\,;\,v>\chi_\alpha^2\right\}$$

と片側検定になる．

$$H_0 : \sigma^2=\sigma_0^2,\quad H_1 : \sigma^2<\sigma_0^2$$

の場合には

$$R=\left\{v\,;\,v<\chi_{1-\alpha}^2\right\}$$

と，やはり，片側検定になる．

▶例 4.7　(4.22) 式の $\boldsymbol{\sigma}^2$ に関する仮説検定

（4.27）式は重回帰モデルの誤差項の正規性の仮定のもとで成立する．全データを用いた（4.22）式の誤差項 u_i は，例 4.5 で示したように正規性の仮定を満たしていない．しかし #29 を除くと誤差項は正規性を有している（例 4.5 の(3)）．

（4.22）式で #29 を除いた式の推定は

$$n=29,\quad k=6,\quad s^2=18.0689$$

を与える．全データを用いたときの $s^2=45.740$ である．

#29 を除いた（4.22）式において，仮説

$$H_0 : \sigma^2=45,\quad H_1 : \sigma^2\neq 45$$

を，有意水準 0.05 で検定しよう．自由度 $n-k=29-6=23$ の $\chi_{0.975}^2=11.688$，$\chi_{0.025}^2=38.076$ であるから，棄却域は

$$R=\left\{v\,;\,v<11.688\quad \text{あるいは}\quad v>38.076\right\}$$

となる．

$\sigma_0^2=45,\quad s^2=18.0689,\quad n-k=23$ を用いて

$$v=\frac{(n-k)s^2}{\sigma_0^2}=\frac{23(18.0689)}{45}=9.235$$

が得られる．この値は下側棄却域に落ちるから，H_0 は棄却され，H_1 の $\sigma^2<\sigma_0^2=45$ を支持する証拠となる．

4.8　$\boldsymbol{\sigma}^2$ の信頼区間

3.2 節の仮定 (1)～(4) が成立しているという前提のもとで

$$P\left(\chi_{1-\alpha/2}^2\leq\frac{(n-k)s^2}{\sigma^2}\leq\chi_{\alpha/2}^2\right)=1-\alpha$$

が得られるから，この式より σ^2 の $(1-\alpha)\times100\%$ 信頼区間は

$$P\left(\frac{(n-k)s^2}{\chi_{\alpha/2}^2}\leq\sigma^2\leq\frac{(n-k)s^2}{\chi_{1-\alpha/2}^2}\right)=1-\alpha \tag{4.28}$$

となる．

▶例 4.8　(4.22) 式の $\boldsymbol{\sigma}^2$ の 95% 信頼区間

#29 を除いた (4.22) 式の σ^2 の 95% 信頼区間を求めよう．例 4.7 で示した数値を用いて，σ^2 の 95% 信頼区間は

$$P\left(\frac{23(18.0689)}{38.076}\leq\sigma^2\leq\frac{23(18.0689)}{11.688}\right)=0.95$$

すなわち

$$P(10.915\leq\sigma^2\leq35.557)=0.95$$

となる．この区間内に例 4.7 の $\sigma_0^2=45$ は含まれないから，例 4.7 で $H_0:\sigma^2=\sigma_0^2$ が棄却されたことと整合的である．

4.9　予測と予測区間

4.9.1　平均予測値と予測区間

重回帰モデル (3.1) 式の説明変数ベクトル

$$\boldsymbol{x}_0'=(1\ \ X_{20}\ \ \cdots\ \ X_{k0})$$

が与えられたとき，Y の値は

$$Y_0=\beta_1+\beta_2X_{20}+\cdots+\beta_kX_{k0}+u_0=\boldsymbol{x}_0'\boldsymbol{\beta}+u_0$$

によって発生すると考えよう．誤差項 u_0 は

$$u_0 \sim N(0, \sigma^2)$$

$$u_0 \text{ は } u_1, \cdots, u_n \text{ と独立}$$

の仮定を満たしているものとする．このとき

$$E(Y_0)=\beta_1+\beta_2X_{20}+\cdots+\beta_kX_{k0}=\boldsymbol{x}_0'\boldsymbol{\beta}$$

となる．$\boldsymbol{\beta}$ に推定量 $\hat{\boldsymbol{\beta}}$ を用いると，$E(Y_0)$ の予測量は

$$\hat{Y}_0=\boldsymbol{x}_0'\hat{\boldsymbol{\beta}} \tag{4.29}$$

によって得られる．

$$E(\hat{Y}_0)=\boldsymbol{x}_0'E(\hat{\boldsymbol{\beta}})=\boldsymbol{x}_0'\boldsymbol{\beta}=E(Y_0) \tag{4.30}$$

$$\begin{aligned}\mathrm{var}(\hat{Y}_0)&=\mathrm{var}(\boldsymbol{x}_0'\hat{\boldsymbol{\beta}})=E\left[\boldsymbol{x}_0'(\hat{\boldsymbol{\beta}}-\boldsymbol{\beta})(\hat{\boldsymbol{\beta}}-\boldsymbol{\beta})'\boldsymbol{x}_0\right]\\&=\boldsymbol{x}_0'E\left[(\hat{\boldsymbol{\beta}}-\boldsymbol{\beta})(\hat{\boldsymbol{\beta}}-\boldsymbol{\beta})'\right]\boldsymbol{x}_0=\boldsymbol{x}_0'\,\mathrm{var}(\hat{\boldsymbol{\beta}})\boldsymbol{x}_0\\&=\sigma^2\boldsymbol{x}_0'(\boldsymbol{X}'\boldsymbol{X})^{-1}\boldsymbol{x}_0\end{aligned} \tag{4.31}$$

となる．この $\hat{Y}_0$ は 3.13.1 項（2）で証明した $\boldsymbol{w}$ を $\boldsymbol{x}_0$, s を 0 と考えれば $E(Y_0)$ の最良線形不偏予測量である．さらに u_i, $i=0, 1, \cdots, n$ に正規分布が仮定されているから，$E(Y_0)$ の最小分散不偏予測量である．

$$\hat{\boldsymbol{\beta}} \sim N\left(\boldsymbol{\beta}, \sigma^2(\boldsymbol{X}'\boldsymbol{X})^{-1}\right)$$

であるから

$$\hat{Y}_0 \sim N\left(\boldsymbol{x}_0'\boldsymbol{\beta}, \sigma^2\boldsymbol{x}_0'(\boldsymbol{X}'\boldsymbol{X})^{-1}\boldsymbol{x}_0\right)$$

が成り立つ．したがって

$$Z=\frac{\hat{Y}_0-\boldsymbol{x}_0'\boldsymbol{\beta}}{\sigma\left[\boldsymbol{x}_0'(\boldsymbol{X}'\boldsymbol{X})^{-1}\boldsymbol{x}_0\right]^{\frac{1}{2}}} \sim N(0, 1)$$

他方

$$v=\frac{(n-k)s^2}{\sigma^2} \sim \chi^2(n-k)$$

$\hat{\boldsymbol{\beta}}$ と s^2 は独立（3.13.2 項（6））であるから，$\hat{Y}_0$ と v,

したがって Z と v は独立

が成立する．したがって，t 分布の定義から

$$t = \frac{Z}{\sqrt{v/(n-k)}} = \frac{\hat{Y}_0 - \boldsymbol{x}_0'\boldsymbol{\beta}}{s\left[\boldsymbol{x}_0'(\boldsymbol{X}'\boldsymbol{X})^{-1}\boldsymbol{x}_0\right]^{\frac{1}{2}}} \sim t(n-k)$$

が得られる．

$$s_0 = s\left[\boldsymbol{x}_0'(\boldsymbol{X}'\boldsymbol{X})^{-1}\boldsymbol{x}_0\right]^{\frac{1}{2}}$$

とおき，$\boldsymbol{x}_0'\boldsymbol{\beta} = E(Y_0)$ であるから，$E(Y_0)$ の $(1-\alpha)\times 100\%$ 予測区間は次式で与えられる．

$$P\left(\hat{Y}_0 - s_0 t_{\alpha/2} \le E(Y_0) \le \hat{Y}_0 + s_0 t_{\alpha/2}\right) = 1-\alpha \tag{4.32}$$

ここで $t_{\alpha/2}$ は自由度 $n-k$ の t 分布の上側 $\alpha/2$ の確率を与える分位点である．

4.9.2 点予測値と予測区間

Y_0 の期待値 $E(Y_0)$ ではなく，Y_0 の点予測値とその予測区間にむしろ関心がある場合が多い．誤差項 u_0 の値に対して何らかの事前情報を利用できるならば

$$\hat{Y}_0 = \boldsymbol{x}_0'\hat{\boldsymbol{\beta}} + u_0$$

を Y_0 の点予測値とすることができる．しかし，通常，u_0 の値の事前情報はないから，Y_0 の点予測値は

$$\hat{Y}_0 = \boldsymbol{x}_0'\hat{\boldsymbol{\beta}}$$

である．予測誤差を

$$\varepsilon_0 = Y_0 - \hat{Y}_0 = Y_0 - \boldsymbol{x}_0'\hat{\boldsymbol{\beta}}$$

とすると

$$\varepsilon_0 = \boldsymbol{x}_0'\boldsymbol{\beta} + u_0 - \boldsymbol{x}_0'\hat{\boldsymbol{\beta}} = u_0 - \boldsymbol{x}_0'(\hat{\boldsymbol{\beta}} - \boldsymbol{\beta})$$

であるから

$$E(\varepsilon_0) = 0$$

$$\mathrm{var}(\varepsilon_0) = \mathrm{var}(u_0) + \boldsymbol{x}_0'\,\mathrm{var}(\hat{\boldsymbol{\beta}})\boldsymbol{x}_0 - 2\,\mathrm{cov}\left[u_0, \boldsymbol{x}_0'(\hat{\boldsymbol{\beta}} - \boldsymbol{\beta})\right]$$

となる．ところが

$$\hat{\boldsymbol{\beta}} - \boldsymbol{\beta} = (\boldsymbol{X}'\boldsymbol{X})^{-1}\boldsymbol{X}'\boldsymbol{u} \quad ((3.26)\text{ 式})$$

と，$\hat{\boldsymbol{\beta}} - \boldsymbol{\beta}$ は $u_1, \cdots, u_n$ の関数であるが，$u_1, \cdots, u_n$ と u_0 は独立であるから

$$\mathrm{cov}\left[u_0, \boldsymbol{x}_0'(\hat{\boldsymbol{\beta}} - \boldsymbol{\beta})\right] = 0$$

となり

$$\mathrm{var}(\varepsilon_0)=\sigma^2+\sigma^2\boldsymbol{x}_0'(\boldsymbol{X}'\boldsymbol{X})^{-1}\boldsymbol{x}_0=\sigma^2\left[1+\boldsymbol{x}_0'(\boldsymbol{X}'\boldsymbol{X})^{-1}\boldsymbol{x}_0\right]$$

が得られる．

u_0 も $\hat{\boldsymbol{\beta}}-\boldsymbol{\beta}$ も正規分布するから，ε_0 も正規分布する．$\mathrm{var}(\varepsilon_0)=\sigma_0^2$ とおくと

$$\varepsilon_0\sim N(0,\sigma_0^2)$$

が成り立つ．したがって

$$Z=\frac{\varepsilon_0}{\sigma_0}=\frac{Y_0-\hat{Y}_0}{\sigma_0}\sim N(0,1)$$

である．

ε_0 に現れる $\hat{\boldsymbol{\beta}}$ と s^2 は独立，u_0 と $u_1,\cdots,u_n$ の関数である s^2 は独立であるから，4.9.1 項の v と Z は独立である．

したがって

$$t=\frac{Z}{\sqrt{v/(n-k)}}=\frac{(Y_0-\hat{Y}_0)/\sigma_0}{s/\sigma}=\frac{Y_0-\hat{Y}_0}{s\left[1+\boldsymbol{x}_0'(\boldsymbol{X}'\boldsymbol{X})^{-1}\boldsymbol{x}_0\right]^{\frac{1}{2}}}\sim t(n\sim k)$$

が成り立つ．

$$\hat{\sigma}_0=s\left[1+\boldsymbol{x}_0'(\boldsymbol{X}'\boldsymbol{X})^{-1}\boldsymbol{x}_0\right]^{\frac{1}{2}}$$

とおくと，Y_0 の $(1-\alpha)\times100\%$ 予測区間は次式で与えられる．

$$P\left(\hat{Y}_0-t_{\alpha/2}\hat{\sigma}_0\leq Y_0\leq\hat{Y}_0+t_{\alpha/2}\hat{\sigma}_0\right)=1-\alpha \qquad (4.33)$$

ここで $t_{\alpha/2}$ は自由度 $n-k$ の t 分布の上側 $\alpha/2$ の確率を与える分位点である．

(4.32) 式は単純回帰モデルの (2.35) 式，(4.33) 式は (2.38) 式の重回帰モデルへの一般化である．予測誤差 ε_0 の標準偏差の推定量 $\hat{\sigma}_0$ に現れる

$$\boldsymbol{x}_0'(\boldsymbol{X}'\boldsymbol{X})^{-1}\boldsymbol{x}_0=\frac{1}{n}+(\boldsymbol{z}_0-\bar{\boldsymbol{z}})'(\underline{\boldsymbol{X}}_2'\underline{\boldsymbol{X}}_2)^{-1}(\boldsymbol{z}_0-\bar{\boldsymbol{z}}) \qquad (4.34)$$

と表すことができる（数学注 (3)）．ここで

$$\boldsymbol{z}_0'=(X_{20}\ \cdots\ X_{k0})$$

$$\bar{\boldsymbol{z}}'=(\bar{X}_2\ \cdots\ \bar{X}_k),\quad \bar{X}_j=\frac{1}{n}\sum_{i=1}^{n}X_{ji},\quad j=2,\cdots,k$$

$$\underline{\boldsymbol{X}}_2=\begin{bmatrix} X_{21}-\bar{X}_2 & \cdots & X_{k1}-\bar{X}_k \\ \vdots & & \vdots \\ X_{2n}-\bar{X}_2 & \cdots & X_{kn}-\bar{X}_k \end{bmatrix}$$

である．$\boldsymbol{x}_0'=(1\ \boldsymbol{z}_0')$ と分割している．

(4.34) 式の

$$\boldsymbol{z}_0-\bar{\boldsymbol{z}}=\begin{bmatrix} X_{20}-\bar{X}_2 \\ \vdots \\ X_{k0}-\bar{X}_k \end{bmatrix}$$

であるから，$\boldsymbol{z}_0'=(X_{20}\ \cdots\ X_{k0})$ が平均ベクトル $\bar{\boldsymbol{z}}'=(\bar{X}_2\ \cdots\ \bar{X}_k)$ から遠く離れているほど (4.34) 式の値は大きくなり，$\hat{\sigma}_0$ の値は大きくなり，予測区間の幅は広がり，予測値の精度は悪くなる．

表 4.10　ガソリン1ガロン当たり走行距離と関連データ

車種	*MPG*	*DISP*	*HP*	*LENGTH*	*WID*	*WT*	*TRAN*
1	18.90	350	165	200.3	69.9	3910	1
2	17.00	350	170	199.6	72.9	3860	1
3	20.00	250	105	196.7	72.2	3510	1
4	18.25	351	143	199.9	74.0	3890	1
5	20.07	225	95	194.1	71.8	3365	0
6	11.20	440	215	184.5	69.0	4215	1
7	22.12	231	110	179.3	65.4	3020	1
8	21.47	262	110	179.3	65.4	3180	1
9	34.70	90	70	155.7	64.0	1905	0
10	30.40	97	75	165.2	65.0	2320	0
11	16.50	350	155	195.4	74.4	3885	1
12	36.50	85	80	160.6	62.2	2009	0
13	21.50	171	109	170.4	66.9	2655	0
14	19.70	258	110	171.5	77.0	3375	1
15	20.30	140	83	168.8	69.4	2700	0
16	17.80	302	129	199.9	74.0	3890	1
17	14.39	500	190	224.1	79.8	5290	1
18	14.89	440	215	231.0	79.7	5185	1
19	17.80	350	155	196.7	72.2	3910	1
20	16.41	318	145	197.6	71.0	3660	1
21	23.54	231	110	179.3	65.4	3050	1
22	21.47	360	180	214.2	76.3	4250	1
23	16.59	400	185	196.0	73.0	3850	1
24	31.90	97	75	165.2	61.8	2275	0
25	29.40	140	86	176.4	65.4	2150	0
26	13.27	460	223	228.0	79.8	5430	1
27	23.90	134	96	171.5	63.4	2535	0
28	19.73	318	140	215.3	76.3	4370	1
29	13.90	351	148	215.3	78.5	4540	1
30	13.27	351	148	216.1	78.5	4715	1
31	13.77	360	195	209.3	77.4	4215	1
32	16.50	350	165	185.2	69.0	3660	1

出所：Montgomery et al. (2012), p. 556, TableB. 3

▶例 4.9　1ガロン当たり走行距離

表 4.10 のデータは，32 車種のガソリン 1 ガロン当たりの走行距離と車種の仕様に関するデータである．表の変数記号は以下のことを示す．

MPG＝ガソリン 1 ガロン当たりの走行距離（単位：マイル）

$DISP$＝排気量（単位：体積，インチ）

HP＝馬力（単位：フートポンド）

$LENGTH$＝全長（単位：インチ）

WID＝幅（単位：インチ）

WT＝重量（単位：ポンド）

$$TRAN=\begin{cases}1, & \text{自動変速機}\\ 0, & \text{手動変速機}\end{cases}$$

(1)　モデルと推定結果

さまざまな定式化を試み推定したが，$\bar{R}^2$ が高く，3.2 節の仮定 (1)〜(4) をすべて満たしていたのは次のモデルである．

$$\log(MPG)_i=\beta_1+\beta_2\log(DISP)_i+\beta_3\log(LENGH)_i + \beta_4\log(WT)_i+\beta_5 TRAN_i+u_i \qquad (4.35)$$

(4.35) 式の OLS による推定結果は**表 4.11** に示されている．全長が長く，自動変速機の車は走行距離を伸ばし，排気量が多く，重量が重い車ほど走行距離を短くする．とくに，弾性値の値から判断して全長と重量の影響が大きい．

被説明変数 $\log(MPG)$ と $TRAN$ および 5 個の説明変数の対数それぞれとの単相関は**表 4.12** の単相関行列に示されているようにすべて負であり，説明変数

表 4.11　(4.35) 式の推定結果

説明変数	係数	標準偏差	t 値	p 値	係数の 95% 信頼区間	
					下限	上限
定数項	5.6671	1.419	3.99	0.000	2.7560	8.5782
$\log(DISP)$	−0.3655	0.147	−2.49	0.019	−0.6671	−0.0640
$\log(LENGTH)$	1.7040	0.511	3.34	0.002	0.6561	2.7520
$\log(WT)$	−1.2018	0.328	−3.66	0.001	−1.8747	−0.5289
$TRAN$	0.2315	0.086	2.69	0.012	0.0551	0.40790
$\bar{R}^2$	0.8805					
s	0.1004					
歪度	−0.2400					
尖度	2.8334					
平方残差率 2 桁の車種　#22, #30, #31						

表 4.12　例 4.9 の 6 変数（対数）と $TRAN$ の単相関行列

	log(*MPG*)	log(*DISP*)	log(*HP*)	log(*LENGTH*)	log(*WID*)	log(*WT*)	*TRAN*
log(*MPG*)	1						
log(*DISP*)	−0.90369	1					
log(*HP*)	−0.87139	0.93787	1				
log(*LENGTH*)	−0.76745	0.85990	0.82765	1			
log(*WID*)	−0.77962	0.80773	0.74602	0.88078	1		
log(*WT*)	−0.90222	0.95452	0.90689	0.93614	0.89336	1	
TRAN	−0.72363	0.88215	0.79165	0.70493	0.65873	0.81934	1

間の単相関はどの対においても正である．しかし，3.8 節の偏回帰係数の意味で述べたように，重回帰モデルの，たとえば $\hat{\beta}_3$ は，$\log(LENGTH)$ から，定数項，$\log(DISP)$，$\log(WT)$，$TRAN$ の線形の影響を除いた後の $\log(MPG)$ への効果を表しており，それは正になるということを推定結果は示している．単相関で判断する場合とは全く異なってくる．

（2）　VIF

ただし，$\log(DISP)$ と $\log(WT)$ の VIF は大きく，t 値も表 4.11 に示されているように，それぞれ −2.49 と −3.66 と（絶対値で）余り大きくないので，$\hat{\beta}_2$ と $\hat{\beta}_4$ に不安定さはある．

（4.35）式の定数項を除く 4 個の説明変数の単相関行列を R とすると，R は表 4.12 から得られる．そして R^{-1} は**表 4.13** になる．したがって R^{-1} の対角要素が VIF を与えるから（3.15 節），$\log(DISP)$ の VIF＝17.7088，$\log(WT)$ の VIF＝26.4375 と 10 を超える（3.15 節参照）．

（3）　推定値，残差

（4.35）式の推定式から得られる $\log(MPG)$ の推定値，残差，誤差率，平方残差率が**表 4.14** である．平方残差率が 2 桁の車種は #22(Cordoba)，#30(Elite)，および #31（Matador）の 3 車である．#22 は走行距離の実績値がモデルからの推定値を上回り，#30 と #31 は逆に，走行距離の実績値が推定値より小さい．

（4）　偏回帰作用点プロット

（4.35）式の偏回帰作用点プロットを描くことによって，$\hat{\beta}_j$ の t 値はいずれも余り大きくないから，プロットの直線からのバラつきが大きいことを明らかにしたい．

（4.35）式において

表 4.13　(4.35) 式の定数項を除く説明変数の単相関行列の逆行列

	log(*DISP*)	log(*LENGTH*)	log(*WT*)	*TRAN*
log(*DISP*)	17.7088			
log(*LENGTH*)	2.3355	9.2426		
log(*WT*)	−15.0336	−11.7294	26.4375	
TRAN	−4.9507	1.0347	−0.1310	4.7452

表 4.14　(4.35) 式からの推定値，残差，誤差率，平方残差率

車種	log(*MPG*)	log(*MPG*) の推定値	残差	誤差率	平方残差率
1	2.9392	2.8481	0.0910	3.10	3.05
2	2.8332	2.8576	−0.0244	−0.86	0.22
3	2.9957	3.0699	−0.0742	−2.48	2.02
4	2.9042	2.8498	0.0543	1.87	1.09
5	2.9992	2.9049	0.0943	3.14	3.27
6	2.4159	2.5342	−0.1183	−4.90	5.14
7	3.0965	3.1217	−0.0252	−0.81	0.23
8	3.0667	3.0136	0.0531	1.73	1.04
9	3.5467	3.5479	−0.0012	−0.03	0.00
10	3.4144	3.3846	0.0298	0.87	0.33
11	2.8034	2.8136	−0.0103	−0.37	0.04
12	3.5973	3.5577	0.0396	1.10	0.58
13	3.0681	3.0681	−0.0001	0.00	0.00
14	2.9806	2.8719	0.1087	3.65	4.34
15	3.0106	3.1049	−0.0943	−3.13	3.27
16	2.8792	2.9048	−0.0256	−0.89	0.24
17	2.6665	2.5458	0.1207	4.53	5.36
18	2.7007	2.6683	0.0324	1.20	0.39
19	2.8792	2.8172	0.0620	2.15	1.41
20	2.7979	2.9394	−0.1416	−5.06	7.36
21	3.1587	3.1098	0.0489	1.55	0.88
22	3.0667	2.8519	0.2147	7.00	16.94
23	2.8088	2.7809	0.0279	0.99	0.29
24	3.4626	3.4082	0.0545	1.57	1.09
25	3.3810	3.4537	−0.0727	−2.15	1.94
26	2.5855	2.5743	0.0112	0.43	0.05
27	3.1739	3.2238	−0.0499	−1.57	0.92
28	2.9821	2.8726	0.1096	3.68	4.41
29	2.6319	2.7906	−0.1587	−6.03	9.26
30	2.5855	2.7515	−0.1660	−6.42	10.12
31	2.6225	2.8225	−0.2000	−7.62	14.70
32	2.8034	2.7940	0.0094	0.34	0.03

$1 = \log(MPG)$, $2 = \log(DISP)$, $3 = \log(LENGTH)$, $4 = \log(WT)$, $5 = TRAN$ を表すものとし

$Rijkl$＝変数 i の定数項, 変数 j, k, l への線形回帰を行ったときの残差

とする. このとき

$$R1345 = b_{12}R2345 \text{ の } b_{12} = \hat{\beta}_2$$
$$R1245 = b_{13}R3245 \text{ の } b_{13} = \hat{\beta}_3$$
$$R1235 = b_{14}R4235 \text{ の } b_{14} = \hat{\beta}_4$$

となり, たとえばプロット ($R2345_i$, $R1345_i$) の直線 (勾配 $\hat{\beta}_2$) からの縦軸の乖離は, (4.35) 式の残差 e_i に等しい.

図 4.15 は ($R2345$, $R1345$) のプロット, 直線の勾配は $\hat{\beta}_2 = -0.3655$, **図 4.16** は ($R3245$, $R1245$) のプロット, 直線の勾配は $\hat{\beta}_3 = 1.7040$, **図 4.17** は ($R4235$, $R1235$) のプロット, 直線の勾配は $\hat{\beta}_4 = -1.2018$ である.

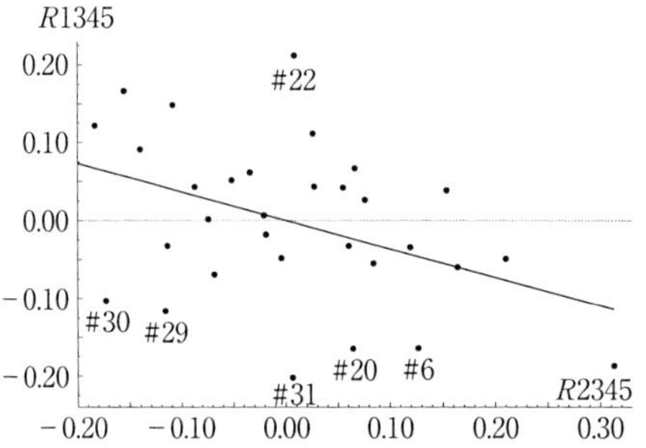

図 4.15　(4.35) 式の偏回帰作用点プロット ($\hat{\beta}_2$)

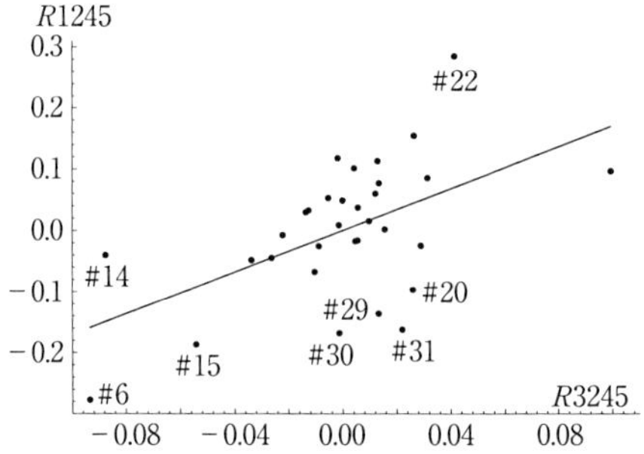

図 4.16　(4.35) 式の偏回帰作用点プロット ($\hat{\beta}_3$)

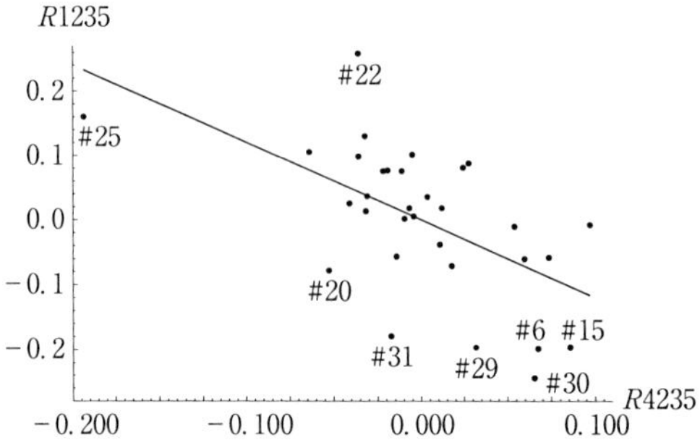

図 4.17　(4.35) 式の偏回帰作用点プロット ($\hat{\beta}_4$)

図 4.15 から図 4.17 のどのプロットにおいても，#22, #30, #31 の直線からの乖離は大きく，この平方残差率の大きい 3 つの車種については，とくにどの説明変数の説明力が悪いということではない．この 3 点以外にも直線からの乖離が大きいのは #6, #20, #29 である．しかし，これらのプロットから *DISP*, *LENGTH*, *WT* に対して，対数変換以外に説明力を高くする変換があるかどうかは不明である．

(5) 予測

(4.35) 式の推定式を用いて，車の仕様を与え，走行距離を予測してみよう．**表 4.15** は *TRAN* を除く 6 変数の 32 車種の平均，標準偏差，最小値，最大値である．予測は (*DISP*, *LENGTH*, *WT*, *TRAN*) = (300, 200, 3000, 1) の車とする．したがって

$$\begin{aligned} \boldsymbol{x}_0' &= (1, \log(DISP), \log(LENGH), \log(WT), TRAN) \\ &= (1, 5.70378, 5.29832, 8.00637, 1) \end{aligned}$$

表 4.15 例 4.9 の 6 変数の平均，標準偏差，最小値，最大値

	平均	標準偏差	最小値	最大値
MPG	20.223	6.318	11.2	36.5
DISP	284.750	117.021	85	500
HP	136.875	44.981	70	223
LENGTH	191.950	20.541	155.7	231
WID	71.281	5.603	61.8	79.8
WT	3586.688	947.943	1905	5430

表 4.16 (4.35) 式の説明変数の積率行列と逆行列

$\boldsymbol{X}'\boldsymbol{X}$				
32.00000				
177.34798	991.14475			
168.05346	932.84990	882.91845		
260.74278	1449.38645	1370.21552	2127.06429	
23.00000	133.91721	121.85972	190.68853	23.00000

$(\boldsymbol{X}'\boldsymbol{X})^{-1}$				
199.76519				
8.54458	2.14388			
−42.34633	1.36000	25.88735		
−3.02408	−3.32364	−12.47294	10.67368	
−0.08250	−0.67727	0.68083	−0.03273	0.73356

を所与とする．この $\boldsymbol{x}_0'$ と $s=0.10038$，**表 4.16** の $(\boldsymbol{X}'\boldsymbol{X})^{-1}$ を用いて

$$s_0=s\left[\boldsymbol{x}_0'(\boldsymbol{X}'\boldsymbol{X})^{-1}\boldsymbol{x}_0\right]^{\frac{1}{2}}=0.08478$$

$$\hat{\sigma}_0=s\left[1+\boldsymbol{x}_0'(\boldsymbol{X}'\boldsymbol{X})^{-1}\boldsymbol{x}_0\right]^{\frac{1}{2}}=0.13139$$

が得られる．

$\hat{Y}_0=\boldsymbol{x}_0'\hat{\boldsymbol{\beta}}=3.22029$

自由度 $n-k=32-5=27$ の上側 0.025 の確率を与える

分位点 $t_{0.025}=2.373$

となるから，(4.32) 式を用いて $E(Y_0)$ の 95% 予測区間は次のようになる．

$$\hat{Y}_0\pm s_0t_{0.025}=3.22029\pm 0.08478\times 2.373$$

すなわち

$$P\left(3.0191\leq E(Y_0)\leq 3.4215\right)=0.95$$

Y_0 の 95% 予測区間は (4.33) 式を用いて

$$P(2.9084\leq Y_0\leq 3.5321)=0.95$$

となる．

対数を外せば次式になる．

$$P\left(22.0\leq E(MPG_0)\leq 30.6\right)=0.95$$

$$P(18.3\leq MPG_0\leq 34.2)=0.95$$

予測区間の設定も誤差項の正規性，したがって被説明変数が正規分布するという前提のもとで可能であることに注意しなければならない．

4.10 デ ル タ 法

4.10.1 1変量のケース

確率変数 X の $E(X)=\mu$，$\mathrm{var}(X)=\sigma^2$ とする．X の関数 $f(x)$ があるとき，$f(x)$ の分散を求めたいという場合がある．$f(x)=1/x\ (x\neq 0)$，$\log x$，$\exp(x)$ 等々である．$f(x)$ を μ のまわりでテイラー展開して 1 次の項までで近似すると次式を得る．

$$f(x)\simeq f(\mu)+(x-\mu)f'(\mu) \tag{4.36}$$

ここで

$$f'(\mu)=\left.\frac{\partial f(x)}{\partial x}\right|_{x=\mu}$$

である．

(4.36) 式から

$$E\left[f(x)\right]=f(\mu)$$

となるから

$$\begin{aligned}\mathrm{var}\left[f(x)\right]&=E\left[f(x)-f(\mu)\right]^2\\&=E(x-\mu)^2\left[f'(\mu)\right]^2\\&=\sigma^2\left[f'(\mu)\right]^2\end{aligned}\tag{4.37}$$

を得る．デルタ法 delta method による $\mathrm{var}[f(x)]$ の推定量は，上式で μ および σ^2 の推定量を用いて得られる．

たとえば，$f(x)=\log x\,(x>0)$ とすると，(4.36) 式は

$$\log x\simeq\log\mu+(x-\mu)\frac{1}{\mu}$$

となり

$$\mathrm{var}(\log x)=\left(\frac{\sigma}{\mu}\right)^2$$

となる．μ, σ^2 の推定量を用いて $\mathrm{var}(\log x)$ の推定量を得る．

次の例として $f(x)=\exp(x)$ を考えよう．(4.36) 式は

$$\exp(x)\simeq\exp(\mu)+(x-\mu)\exp(\mu)$$

となり

$$\mathrm{var}\left[\exp(x)\right]=\sigma^2\left[\exp(\mu)\right]^2$$

を得る．

3 番目の例としてデルタ法をパラメータ推定量に応用しよう．$\hat{\theta}$ は標本の大きさ n にもとづく θ の推定量とし

$$\sqrt{n}(\hat{\theta}-\theta)\xrightarrow{d}N(0,\sigma^2)$$

とする．関数 f は θ のまわりで微分可能であり，$f'(\theta)\neq 0$ とする．(4.36) 式は

$$f(\hat{\theta})\simeq f(\theta)+(\hat{\theta}-\theta)f'(\theta)$$

したがって

$$\sqrt{n}\left[f(\hat{\theta})-f(\theta)\right]=\sqrt{n}\,(\hat{\theta}-\theta)f'(\theta)$$

となり，次式が成立する．

$$\sqrt{n}\left[f(\hat{\theta})-f(\theta)\right]\xrightarrow{d}N\left(0,\ \sigma^2[f'(\theta)]^2\right) \tag{4.38}$$

$\hat{\theta}$ を重回帰モデル（3.1）式の $\mathrm{var}(u_i)=\sigma^2$ の MLE とすると，3.13.2 項（7）で示したように

$$\mathrm{var}(\hat{\sigma}^2)=\frac{2(n-k)}{n^2}\sigma^4 \fallingdotseq \frac{2\sigma^4}{n}$$

であり，（3.84）式から

$$\sqrt{n}\,(\hat{\sigma}^2-\sigma^2)\xrightarrow{d}N(0,\ 2\sigma^4)$$

が成立する．

MLE の不変性（3.14 節（1））より $\hat{\sigma}$ は σ の MLE である．

$$f(\hat{\sigma}^2)=\sqrt{\hat{\sigma}^2}=\hat{\sigma}$$

とおくと，$f'(\hat{\sigma}^2)=\dfrac{1}{2\hat{\sigma}}$ であるから，$f'(\sigma^2)=\dfrac{1}{2\sigma}$

$$\mathrm{var}(\hat{\sigma})\simeq\frac{2(n-k)\sigma^4}{n^2}\left(\frac{1}{2\sigma}\right)^2=\frac{(n-k)\sigma^2}{2n^2}\fallingdotseq\frac{\sigma^2}{2n}$$

となるから

$$\sqrt{n}\,(\hat{\sigma}-\sigma)\xrightarrow{d}N\left(0,\ \frac{\sigma^2}{2}\right) \tag{4.39}$$

が得られる．

ML で σ を未知パラメータにして推定すると，$\hat{\sigma}$ の漸近的分布の標準偏差の推定量として $\hat{\sigma}/\sqrt{2n}$ を求め，$H_0:\sigma=0$ を検定する漸近的な正規検定統計量は

$$z=\frac{\hat{\sigma}}{\hat{\sigma}/\sqrt{2n}}=\sqrt{2n}$$

となる．

4.10.2 2 変量のケース

確率変数 X, Y の関数を $f(x, y)$ とする．

$$f(x,y)=x+y,\quad \frac{y}{x},\quad \frac{y}{1-x},\quad \exp(x+y)$$

等々である．

$f(x, y)$ を X の期待値 μ_x, Y の期待値 μ_y のまわりでテイラー展開し，2 次の項まで示すと次式が得られる．

$$\begin{aligned} f(x, y) =& f(\mu_x, \mu_y) + (x-\mu_x)f_x(\mu_x, \mu_y) \\ &+ (y-\mu_y)f_y(\mu_x, \mu_y) + \frac{1}{2!}\Big\{(x-\mu_x)^2 f_{xx}(\mu_x, \mu_y) \\ &+ 2(x-\mu_x)(y-\mu_y)f_{xy}(\mu_x, \mu_y) + (y-\mu_y)^2 f_{yy}(\mu_x, \mu_y)\Big\} + \cdots \end{aligned} \tag{4.40}$$

ここで

$$f_x(\mu_x, \mu_y) = \left.\frac{\partial f(x, y)}{\partial x}\right|_{x=\mu_x,\ y=\mu_y}$$

$$f_{xy}(\mu_x, \mu_y) = \left.\frac{\partial^2 f(x, y)}{\partial x \partial y}\right|_{x=\mu_x,\ y=\mu_y}$$

等々である．

この式の両辺の期待値をとり次式を得る．

$$E\big[f(x, y)\big] = f(\mu_x, \mu_y) + \frac{1}{2}\sigma_x^2 f_{xx}(\mu_x, \mu_y) + \sigma_{xy} f_{xy}(\mu_x, \mu_y) + \frac{1}{2}\sigma_y^2 f_{yy}(\mu_x, \mu_y) + \cdots \tag{4.41}$$

また

$$f(x, y) - E\big[f(x, y)\big] = (x-\mu_x)f_x(\mu_x, \mu_y) + (y-\mu_y)f_y(\mu_x, \mu_y) + \cdots$$

であるから，$f(x, y)$ の分散は次のようになる．

$$\mathrm{var}\big[f(x, y)\big] = \sigma_x^2\big[f_x(\mu_x, \mu_y)\big]^2 + 2\sigma_{xy} f_x(\mu_x, \mu_y) f_y(\mu_x, \mu_y) + \sigma_y^2\big[f_y(\mu_x, \mu_y)\big]^2 + \cdots \tag{4.42}$$

(4.42) 式はテイラー展開式 (4.40) 式の 2 次以上の項を無視すれば，一般的に成立する．

$f(x, y) = y/x$ を例としよう．$x \neq 0, \mu_x \neq 0, \mu_y \neq 0$ とする．

$$f_x = -\frac{y}{x^2},\quad f_y = \frac{1}{x},\quad f_{xx} = \frac{2y}{x^3},\quad f_{xy} = -\frac{1}{x^2},\quad f_{yy} = 0$$

であるから，(4.41) 式より，近似的に

$$\begin{aligned} E\left(\frac{y}{x}\right) &= \frac{\mu_y}{\mu_x} + \frac{1}{2}\sigma_x^2 \frac{2\mu_y}{\mu_x^3} + \sigma_{xy}\left(-\frac{1}{\mu_x^2}\right) \\ &= \frac{\mu_y}{\mu_x}\left(1 - \frac{\sigma_{xy}}{\mu_x \mu_y} + \frac{\sigma_x^2}{\mu_x^2}\right) \end{aligned} \tag{4.43}$$

が得られ，(4.42) 式を用いて次の結果が得られる．

$$\operatorname{var}\left(\frac{y}{x}\right)=\sigma_x^2\left(-\frac{\mu_y}{\mu_x^2}\right)^2+2\sigma_{xy}\left(-\frac{\mu_y}{\mu_x^2}\frac{1}{\mu_x}\right)+\sigma_y^2\left(\frac{1}{\mu_x}\right)^2$$
$$=\frac{\mu_y^2}{\mu_x^2}\left(\frac{\sigma_x^2}{\mu_x^2}-\frac{2\sigma_{xy}}{\mu_x\mu_y}+\frac{\sigma_y^2}{\mu_y^2}\right) \tag{4.44}$$

X, Y がそれぞれパラメータ推定量のとき，(4.44) 式は Y/X で与えられるパラメータ推定量の漸近的分散を与える．

4.10.3　重回帰モデルとデルタ法

重回帰モデル (3.2) 式の $\boldsymbol{\beta}$ の OLSE ((3.8) 式) を，ここでは $\boldsymbol{b}$ とおく．誤差項に正規分布は仮定していない．(3.72) 式より次の結果が得られる．

$$\boldsymbol{b}\xrightarrow{d}N\left(\boldsymbol{\beta},\frac{\sigma^2}{n}\boldsymbol{Q}^{-1}\right) \tag{4.45}$$

いま，$\boldsymbol{f}(\boldsymbol{b})$ を $\boldsymbol{b}$ の関数とする．$\boldsymbol{f}(\boldsymbol{b})$ は $m\times1$ の関数ベクトルである．f_j は線形あるいは非線形関数であり，連続で微分可能とする．

$$\boldsymbol{f}(\boldsymbol{b})=\begin{bmatrix} f_1(\boldsymbol{b}) \\ \vdots \\ f_m(\boldsymbol{b}) \end{bmatrix} \tag{4.46}$$

$$\boldsymbol{C}(\boldsymbol{b})=\frac{\partial\boldsymbol{f}(\boldsymbol{b})}{\partial\boldsymbol{b}'}=\begin{bmatrix} \dfrac{\partial f_1(\boldsymbol{b})}{\partial b_1} & \dfrac{\partial f_1(\boldsymbol{b})}{\partial b_2} & \cdots & \dfrac{\partial f_1(\boldsymbol{b})}{\partial b_k} \\ \dfrac{\partial f_2(\boldsymbol{b})}{\partial b_1} & \dfrac{\partial f_2(\boldsymbol{b})}{\partial b_2} & \cdots & \dfrac{\partial f_2(\boldsymbol{b})}{\partial b_k} \\ \vdots & \vdots & & \vdots \\ \dfrac{\partial f_m(\boldsymbol{b})}{\partial b_1} & \dfrac{\partial f_m(\boldsymbol{b})}{\partial b_2} & \cdots & \dfrac{\partial f_m(\boldsymbol{b})}{\partial b_k} \end{bmatrix} \tag{4.47}$$

とする．$\boldsymbol{C}(\boldsymbol{b})$ は $m\times k$ である．

$\operatorname*{plim}_{n\to\infty}\boldsymbol{b}=\boldsymbol{\beta}$ であるから，スルツキーの定理を用いて

$$\operatorname*{plim}_{n\to\infty}\boldsymbol{f}(\boldsymbol{b})=\boldsymbol{f}\left(\operatorname*{plim}_{n\to\infty}\boldsymbol{b}\right)=\boldsymbol{f}(\boldsymbol{\beta})$$

$$\operatorname*{plim}_{n\to\infty}\boldsymbol{C}(\boldsymbol{b})=\boldsymbol{C}\left(\operatorname*{plim}_{n\to\infty}\boldsymbol{b}\right)=\boldsymbol{C}(\boldsymbol{\beta})=\frac{\partial\boldsymbol{f}(\boldsymbol{\beta})}{\partial\boldsymbol{\beta}'}$$

が得られる．

$$\boldsymbol{C}(\boldsymbol{\beta})=\boldsymbol{\Gamma}$$

と表す．$\boldsymbol{\Gamma}$ は $m\times k$ である．

$\boldsymbol{f}(\boldsymbol{b})$ を $\boldsymbol{\beta}$ のまわりでテイラー展開し，1次の項まで近似すると次式を得る．

$$\begin{aligned}\boldsymbol{f}(\boldsymbol{b}) &\simeq \boldsymbol{f}(\boldsymbol{\beta})+\left.\frac{\partial \boldsymbol{f}(\boldsymbol{b})}{\partial \boldsymbol{b}'}\right|_{\boldsymbol{b}=\boldsymbol{\beta}}(\boldsymbol{b}-\boldsymbol{\beta})\\ &=\boldsymbol{f}(\boldsymbol{\beta})+\boldsymbol{C}(\boldsymbol{\beta})(\boldsymbol{b}-\boldsymbol{\beta})\\ &=\boldsymbol{f}(\boldsymbol{\beta})+\boldsymbol{\Gamma}(\boldsymbol{b}-\boldsymbol{\beta})\end{aligned}$$

この結果を用いると

$$\sqrt{n}\left[\boldsymbol{f}(\boldsymbol{b})-\boldsymbol{f}(\boldsymbol{\beta})\right]=\boldsymbol{\Gamma}\sqrt{n}(\boldsymbol{b}-\boldsymbol{\beta})$$

となるから，(4.38) 式をベクトル $\boldsymbol{f}(\boldsymbol{b})$ へと一般化した

$$\sqrt{n}\left[\boldsymbol{f}(\boldsymbol{b})-\boldsymbol{f}(\boldsymbol{\beta})\right]\xrightarrow{d}N\left(\boldsymbol{0},\boldsymbol{\Gamma}(\sigma^2\boldsymbol{Q}^{-1})\boldsymbol{\Gamma}'\right) \tag{4.48}$$

が成り立つ．この結果は

$$\boldsymbol{f}(\boldsymbol{b})\xrightarrow{d}N\left(\boldsymbol{f}(\boldsymbol{\beta}),\boldsymbol{\Gamma}\left(\frac{\sigma^2}{n}\boldsymbol{Q}^{-1}\right)\boldsymbol{\Gamma}'\right) \tag{4.49}$$

と表すこともできる．

$\boldsymbol{\Gamma}$ を推定量 $\boldsymbol{C}(\boldsymbol{b})$，$\sigma^2$ を不偏推定量 s^2，$\boldsymbol{Q}^{-1}$ を $(\boldsymbol{X}'\boldsymbol{X}/n)^{-1}$ でおきかえると，$\boldsymbol{f}(\boldsymbol{b})$ の漸近的分散共分散行列の推定量として

$$\boldsymbol{C}(\boldsymbol{b})\left[s^2(\boldsymbol{X}'\boldsymbol{X})^{-1}\right]\boldsymbol{C}(\boldsymbol{b})' \tag{4.50}$$

が得られる．

$a_j=f_j(\boldsymbol{b})$，$\alpha_j=f_j(\boldsymbol{\beta})$，$m\times m$ の (4.50) 式の (j,j) 要素を s_j^2 とすれば

$$\frac{a_j-\alpha_j}{s_j}\underset{\text{asy}}{\sim}N(0,1) \tag{4.51}$$

である．デルタ法を用いて a_j の分散を求めたとき，α_j に関する仮説検定や区間推定は t 検定ではなく，漸近的な正規分布を用いる検定あるいは区間推定であることに注意されたい．

▶例 4.10　マクロ消費関数

表 4.17 のデータは日本のマクロ消費関数を推定するためのデータである．表の

C＝家計最終消費支出，2005 年暦年連鎖，実質，単位：10 億円

表 4.17　家計最終消費支出，家計可処分所得

暦年	C	NYD	PC	YD
1994	218730.5	299582.1	107.1	279721.8
1995	222149.8	301741.1	106.3	283858.0
1996	227343.8	301662.8	106.0	284587.5
1997	228998.8	306738.4	107.0	286671.4
1998	225757.9	308193.9	106.7	288841.5
1999	227630.8	305195.6	105.9	288192.3
2000	228141.4	300716.6	105.2	285852.3
2001	231437.5	292933.3	104.0	281666.6
2002	233835.4	291459.4	102.4	284628.3
2003	234030.5	288440.6	101.4	284458.2
2004	236304.7	289091.9	100.6	287367.7
2005	239701.9	290003.9	100.0	290003.9
2006	241840.5	292205.6	99.8	292791.2
2007	243907.9	291840.0	99.2	294193.5
2008	240613.4	289222.9	99.6	290384.4
2009	237732.5	285996.9	97.0	294842.2
2010	244880.8	287497.8	95.2	301993.5
2011	244747.0	287188.9	94.4	304225.5
2012	249703.9	286811.9	93.8	305769.6

出所：『国民経済計算確報』，内閣府ホームページ

$PC=C$ のデフレータ，2005 年暦年 $=100$

$NYD=$ 名目家計可処分所得，暦年，単位：10 億円

$YD=100\times NYD/PC$

である．

ブラウン型の習慣形成仮説による消費関数

$$C_t=\beta_1 YD_t+\beta_2 C_{t-1}+u_t \tag{4.52}$$

$$t=1995\text{ 暦年},\ \cdots,\ 2012\text{ 暦年}$$

を推定する．C に持ち家の帰属家賃は含まれない．

ブラウン型習慣形成仮説とは次のような仮説である．t 期の消費は t 期の所得のみによって決まるのではなく，YD_{t-1}, YD_{t-2}, … の過去の所得水準のもとで享受していた消費習慣によっても影響を受ける．「過去に享受された実際の消費は，人間の生理学的・心理学的組織に“印象づけられ”て習慣，風習，標準および水準を形成し，これは消費者行動における慣性あるいは“履歴効果”をもたらす」(Brown (1952))．

さらに過去にさかのぼるほど，習慣持続効果は幾何級数的に次第に小さくなる

と仮定すると

$$C_t=\alpha+\beta_0 YD_t+\beta_1 YD_{t-1}+\beta_2 YD_{t-2}+\cdots$$

と定式化されるブラウン型消費関数において

$$\beta_i=\beta(1-\lambda)\lambda^i,\quad 0<\lambda<1,\quad i=0,1\,2,\cdots$$

と表すことができる．この定式化は

$$\beta_0>\beta_1>\beta_2>\cdots$$

を示す．この β_i を上式へ代入すると

$$C_t=\alpha+\beta(1-\lambda)YD_t+\beta(1-\lambda)\lambda YD_{t-1}+\beta(1-\lambda)\lambda^2 YD_{t-2}+\cdots$$

となる．この式の両辺に λ を掛けて期を 1 期遅らせると

$$\lambda C_{t-1}=\lambda\alpha+\beta(1-\lambda)\lambda YD_{t-1}+\beta(1-\lambda)\lambda^2 YD_{t-2}+\cdots$$

が得られ，C_t の式からこの式を引けば

$$C_t-\lambda C_{t-1}=\alpha(1-\lambda)+\beta(1-\lambda)YD_t$$

となる．すなわち

$$C_t=\alpha(1-\lambda)+\beta(1-\lambda)YD_t+\lambda C_{t-1} \tag{4.53}$$

がブラウン型の習慣形成仮説による消費関数である．

表 4.17 のデータを用いて 1995 年から 2012 年を推定期間としてこの式を推定したが，定数項は 0 と有意に異ならなかったので定数項なしの（4.52）式を推定した．推定結果は**表 4.18**，C の推定値，残差，誤差率，平方残差率は**表 4.19** に示されている．

YD, C_{-1} ともに有意であるが，$\hat{\beta}_1$ の t 値 2.14 は余り大きくない．β_2 の 95% 信頼区間の上限が 1 を超えることも問題である（β_2 が 1 を超えれば（4.52）式は発散する）．

表 4.18　（4.52）式の推定結果

説明変数	係数	標準偏差	t 値	p 値	係数の 95% 信頼区間	
					下限	上限
YD	0.213612	0.0998	2.14	0.048	0.002046	0.425179
C_{-1}	0.741876	0.1240	5.98	0.000	0.478965	1.004787
$\bar{R}^2$	0.8914					
s	2614.6200					
歪度	−0.5617					
尖度	2.7212					
平方残差率 2 桁の年 1998, 2009, 2010						

表 4.19　C，(4.52) 式からの C の推定値，残差，誤差率，平方残差率

暦年	C	C の推定値	残差	誤差率	平方残差率
1995	222149.8	222906.5	−756.7	−0.34	0.52
1996	227343.8	225599.0	1744.8	0.77	2.78
1997	228998.8	229897.4	−898.6	−0.39	0.74
1998	225757.9	231588.8	−5830.9	−2.58	31.08
1999	227630.8	229045.8	−1415.0	−0.62	1.83
2000	228141.4	229935.4	−1794.0	−0.79	2.94
2001	231437.5	229420.1	2017.4	0.87	3.72
2002	233835.4	232498.0	1337.4	0.57	1.64
2003	234030.5	234240.6	−210.1	−0.09	0.04
2004	236304.7	235006.9	1297.8	0.55	1.54
2005	239701.9	237257.2	2444.7	1.02	5.46
2006	241840.5	240372.9	1467.6	0.61	1.97
2007	243907.9	242259.0	1648.9	0.68	2.49
2008	240613.4	242979.1	−2365.7	−0.98	5.12
2009	237732.5	241487.2	−3754.7	−1.58	12.89
2010	244880.8	240877.5	4003.3	1.63	14.65
2011	244747.0	246657.5	−1910.5	−0.78	3.34
2012	249703.9	246888.1	2815.8	1.13	7.25

1998 年の平方残差率 31.08% は異常に大きい．1997 年の約 229.0 兆円から 1998 年には約 225 兆 8 千億円へと約 3 兆 2 千億円もの消費の落ち込みを，モデルは追うことができない．モデルは 1998 年の消費を 1997 年よりも増加すると予想し，約 231 兆 6 千億円の推定値は約 5 兆 8 千億円もの過大推定である．2008 年から 2009 年にかけての消費の減少はモデルも追っているが，2009 年の実績値に対しては約 3 兆 8 千億円の過大推定である．2009 年から 2010 年にかけての消費は増加しているにもかかわらず，モデルは減少を予想し，約 4 兆円の過小推定をしている．

このように (4.52) 式のモデルはいくつかの問題を有しているが，推定結果から，デルタ法によって長期限界消費性向の値と分散を求めよう．

β_i に関する仮定

$$\beta_i = \beta(1-\lambda)\lambda^i, \quad 0<\lambda<1, \quad i=0, 1, 2, \cdots$$

より

$$\begin{aligned}\beta_0+\beta_1+\beta_2+\cdots &= \beta(1-\lambda)(1+\lambda+\lambda^2+\cdots)\\ &= \beta(1-\lambda)\left(\frac{1}{1-\lambda}\right) = \beta\end{aligned}$$

となる．YD が 1 単位変化したとき，究極的に何単位の影響を C に与えるかが β

であり，長期限界消費性向とよばれる．

（4.53）式で $\alpha=0$ のモデルが（4.52）式であるから

$$\beta_1=\beta(1-\lambda),\quad \beta_2=\lambda$$

したがって

$$\beta=\frac{\beta_1}{1-\beta_2}$$

である．β_1, β_2 にそれぞれ $\hat{\beta}_1, \hat{\beta}_2$ を用いると，長期限界消費性向の推定値は

$$\hat{\beta}=\frac{\hat{\beta}_1}{1-\hat{\beta}_2}=\frac{0.213612}{1-0.741876}\fallingdotseq 0.8276$$

となる．

$\hat{\beta}$ は確率変数 $\hat{\beta}_1, \hat{\beta}_2$ の関数であるから，$\mathrm{var}(\hat{\beta})$ をデルタ法で求める．（4.44）式を用いる．

$$x=1-\hat{\beta}_2,\quad y=\hat{\beta}_1$$

とおく．

$$\mu_x=E(1-\hat{\beta}_2)=1-\beta_2,\quad \mu_y=E(\hat{\beta}_1)=\beta_1$$

は $\hat{\beta}_1, \hat{\beta}_2$ を用いて

$$\mu_x=1-\hat{\beta}_2=0.258124,\quad \mu_y=\hat{\beta}_1=0.213612$$

とする．

$$\sigma_x^2=\mathrm{var}(1-\hat{\beta}_2)=\mathrm{var}(\hat{\beta}_2)=0.015381$$
$$\sigma_y^2=\mathrm{var}(\hat{\beta}_1)=0.009960$$
$$\sigma_{xy}=\mathrm{cov}(1-\hat{\beta}_2, \hat{\beta}_1)=-\mathrm{cov}(\hat{\beta}_2, \hat{\beta}_1)=0.012374$$

であるから，（4.44）式より

$$\mathrm{var}(\hat{\beta})=0.0001899$$
$$s(\hat{\beta})=\left[\mathrm{var}(\hat{\beta})\right]^{\frac{1}{2}}=0.013781$$

が得られる．いずれも推定値である．

長期限界消費性向を $LMPC$ とすると

$$H_0: LMPC=0,\quad H_1: LMPC\neq 0$$

は，漸近的標準正規検定であるが

$$z=\frac{\hat{\beta}}{s(\hat{\beta})}=\frac{0.8276}{0.013781}=60.05$$

と z 値は大きく，$LMPC=0$ は棄却される．

$LMPC$ の 95% 信頼区間は

$$\hat{\beta}\pm 1.96\,s(\hat{\beta})$$

すなわち，漸近的にであるが

$$P(0.8006\leq LMPC\leq 0.8546)=0.95$$

となり，上限は 0.9 よりかなり小さい．

●**数学注（1）**（4.5）式の証明

まず $\boldsymbol{R}\hat{\boldsymbol{\beta}}$ の分布を求めよう．（3.26）式の両辺に $\boldsymbol{R}$ を左から掛けると

$$\boldsymbol{R}\hat{\boldsymbol{\beta}}=\boldsymbol{R\beta}+\boldsymbol{R}(\boldsymbol{X}'\boldsymbol{X})^{-1}\boldsymbol{X}'\boldsymbol{u}$$

であるから

$$E(\boldsymbol{R}\hat{\boldsymbol{\beta}})=\boldsymbol{R\beta}+\boldsymbol{R}(\boldsymbol{X}'\boldsymbol{X})^{-1}\boldsymbol{X}'E(\boldsymbol{u})=\boldsymbol{R\beta}$$

$$\begin{aligned}\mathrm{var}(\boldsymbol{R}\hat{\boldsymbol{\beta}})&=E(\boldsymbol{R}\hat{\boldsymbol{\beta}}-\boldsymbol{R\beta})(\boldsymbol{R}\hat{\boldsymbol{\beta}}-\boldsymbol{R\beta})'\\&=E\left[\boldsymbol{R}(\hat{\boldsymbol{\beta}}-\boldsymbol{\beta})\right]\left[\boldsymbol{R}(\hat{\boldsymbol{\beta}}-\boldsymbol{\beta})\right]'\\&=\boldsymbol{R}E(\hat{\boldsymbol{\beta}}-\boldsymbol{\beta})(\hat{\boldsymbol{\beta}}-\boldsymbol{\beta})'\boldsymbol{R}'\\&=\boldsymbol{R}\left[\sigma^2(\boldsymbol{X}'\boldsymbol{X})^{-1}\right]\boldsymbol{R}'\\&=\sigma^2\boldsymbol{R}(\boldsymbol{X}'\boldsymbol{X})^{-1}\boldsymbol{R}'\end{aligned}$$

となる．$\boldsymbol{R}\hat{\boldsymbol{\beta}}$ も $\boldsymbol{u}$ の線形関数であるから，$\boldsymbol{u}$ が正規分布すれば $\boldsymbol{R}\hat{\boldsymbol{\beta}}$ も正規分布する．したがって

$$\boldsymbol{R}\hat{\boldsymbol{\beta}}\sim N\left(\boldsymbol{R\beta},\sigma^2\boldsymbol{R}(\boldsymbol{X}'\boldsymbol{X})^{-1}\boldsymbol{R}'\right)$$

あるいは同じことであるが

$$\boldsymbol{R}\hat{\boldsymbol{\beta}}-\boldsymbol{R\beta}\sim N\left(\boldsymbol{0},\sigma^2\boldsymbol{R}(\boldsymbol{X}'\boldsymbol{X})^{-1}\boldsymbol{R}'\right)$$

が得られる．

もし $H_0:\boldsymbol{R\beta}=\boldsymbol{r}$ が正しいならば次式が成立する．

$$\boldsymbol{R}\hat{\boldsymbol{\beta}}-\boldsymbol{r}\sim N\left(\boldsymbol{0},\sigma^2\boldsymbol{R}(\boldsymbol{X}'\boldsymbol{X})^{-1}\boldsymbol{R}'\right)\tag{1}$$

数学付録（G.3）式に示されているように，正規変数の 2 次形式の分布はカイ 2 乗分布をするから，（1）式より

$$v_1=(\boldsymbol{R}\hat{\boldsymbol{\beta}}-\boldsymbol{r})'\left[\sigma^2\boldsymbol{R}(\boldsymbol{X}'\boldsymbol{X})^{-1}\boldsymbol{R}'\right]^{-1}(\boldsymbol{R}\hat{\boldsymbol{\beta}}-\boldsymbol{r})\overset{H_0}{\sim}\chi^2(q)\tag{2}$$

が得られる．

他方，（3.77）式で示したように

$$v_2=\frac{(n-k)s^2}{\sigma^2}\sim\chi^2(n-k)\tag{3}$$

である．次に（2）式の v_1 と（3）式の v_2 が独立であることを示そう．H_0：$\boldsymbol{R\beta}=\boldsymbol{r}$ が正しいとき

$$\boldsymbol{R}\hat{\boldsymbol{\beta}}-\boldsymbol{r}=\boldsymbol{R}(\boldsymbol{X}'\boldsymbol{X})^{-1}\boldsymbol{X}'\boldsymbol{u}=\boldsymbol{Gu}$$

とおくと

$$v_1=\boldsymbol{u}'\boldsymbol{G}'\left[\sigma^2\boldsymbol{R}(\boldsymbol{X}'\boldsymbol{X})^{-1}\boldsymbol{R}'\right]^{-1}\boldsymbol{Gu}=\boldsymbol{u}'\boldsymbol{Au}$$

$$\boldsymbol{A}=\boldsymbol{G}'\left[\sigma^2\boldsymbol{R}(\boldsymbol{X}'\boldsymbol{X})^{-1}\boldsymbol{R}'\right]^{-1}\boldsymbol{G}$$

と表すことができる．$\boldsymbol{G}=\boldsymbol{R}(\boldsymbol{X}'\boldsymbol{X})^{-1}\boldsymbol{X}'$ である．v_2 の分子は

$$(n-k)s^2=\sum e^2=\boldsymbol{e}'\boldsymbol{e}=\boldsymbol{u}'\boldsymbol{Mu}$$

であるから，数学付録 H(2) 式で示した 2 つの 2 次形式の独立の十分条件 $\boldsymbol{AM}=\boldsymbol{0}$ が成り立てば v_1 と v_2 は統計的に独立である．

$$\boldsymbol{AM}=\boldsymbol{G}'\left[\sigma^2\boldsymbol{R}(\boldsymbol{X}'\boldsymbol{X})^{-1}\boldsymbol{R}'\right]^{-1}\boldsymbol{GM}$$

となるが

$$\boldsymbol{GM}=\boldsymbol{R}(\boldsymbol{X}'\boldsymbol{X})^{-1}\boldsymbol{X}'\boldsymbol{M}=\boldsymbol{R}(\boldsymbol{X}'\boldsymbol{X})^{-1}(\boldsymbol{MX})'=\boldsymbol{0}\quad((3.12)\text{ 式})$$

したがって $\boldsymbol{AM}=\boldsymbol{0}$ となり v_1 と v_2 は独立である．

ゆえに

$$F=\frac{v_1/q}{v_2/(n-k)}\overset{H_0}{\sim}F(q,n-k)$$

すなわち，(4.5) 式

$$F=\frac{(\boldsymbol{R}\hat{\boldsymbol{\beta}}-\boldsymbol{r})'[\sigma^2\boldsymbol{R}(\boldsymbol{X}'\boldsymbol{X})^{-1}\boldsymbol{R}']^{-1}(\boldsymbol{R}\hat{\boldsymbol{\beta}}-\boldsymbol{r})/q}{s^2/\sigma^2}$$

$$=\frac{(\boldsymbol{R}\hat{\boldsymbol{\beta}}-\boldsymbol{r})'[\boldsymbol{R}(\boldsymbol{X}'\boldsymbol{X})^{-1}\boldsymbol{R}']^{-1}(\boldsymbol{R}\hat{\boldsymbol{\beta}}-\boldsymbol{r})/q}{s^2}\overset{H_0}{\sim}F(q,n-k)$$

が得られる．

●数学注（2） (4.11) 式＝(4.5) 式の証明

(4.10) 式の制約のもとでの制約つき最小 2 乗推定量を $\boldsymbol{b}^*$，ラグランジュアンを

$$\varphi=(\boldsymbol{y}-\boldsymbol{X}\boldsymbol{b}^*)'(\boldsymbol{y}-\boldsymbol{X}\boldsymbol{b}^*)-2\boldsymbol{\lambda}'(\boldsymbol{R}\boldsymbol{b}^*-\boldsymbol{r})$$

とすると，$\boldsymbol{b}^*$ は次の必要条件を解くことによって得られる．$\boldsymbol{\lambda}$ は $q\times1$ のラグランジュ乗数ベクトルである．

$$\frac{\partial\varphi}{\partial\boldsymbol{b}^*}=-2\boldsymbol{X}'\boldsymbol{y}+2\boldsymbol{X}'\boldsymbol{X}\boldsymbol{b}^*-2\boldsymbol{R}'\boldsymbol{\lambda}=0$$

$$\frac{\partial\varphi}{\partial\boldsymbol{\lambda}}=-2(\boldsymbol{R}\boldsymbol{b}^*-\boldsymbol{r})=0$$

この必要条件を書き直すと次のようになる．

$$\boldsymbol{X}'\boldsymbol{X}\boldsymbol{b}^*-\boldsymbol{X}'\boldsymbol{y}-\boldsymbol{R}'\boldsymbol{\lambda}=0\qquad(1)$$

$$\boldsymbol{Rb}^* - \boldsymbol{r} = \boldsymbol{0} \tag{2}$$

(1) 式に左から $\boldsymbol{R}(\boldsymbol{X}'\boldsymbol{X})^{-1}$ をかけると

$$\boldsymbol{Rb}^* - \boldsymbol{R}(\boldsymbol{X}'\boldsymbol{X})^{-1}\boldsymbol{X}'\boldsymbol{y} - \boldsymbol{R}(\boldsymbol{X}'\boldsymbol{X})^{-1}\boldsymbol{R}'\boldsymbol{\lambda} = \boldsymbol{0}$$

が得られる．この式を $\boldsymbol{\lambda}$ について解くと

$$\boldsymbol{\lambda} = \left[\boldsymbol{R}(\boldsymbol{X}'\boldsymbol{X})^{-1}\boldsymbol{R}'\right]^{-1}\boldsymbol{R}(\boldsymbol{b}^* - \hat{\boldsymbol{\beta}})$$

となる．この $\boldsymbol{\lambda}$ を (1) 式へ代入し，$\boldsymbol{b}^*$ について解き，$\boldsymbol{Rb}^* = \boldsymbol{r}$ に注意すれば

$$\boldsymbol{b}^* = \hat{\boldsymbol{\beta}} + (\boldsymbol{X}'\boldsymbol{X})^{-1}\boldsymbol{R}'\left[\boldsymbol{R}(\boldsymbol{X}'\boldsymbol{X})^{-1}\boldsymbol{R}'\right]^{-1}(\boldsymbol{r} - \boldsymbol{R}\hat{\boldsymbol{\beta}}) \tag{3}$$

が得られる．

制約つき最小 2 乗推定量 $\boldsymbol{b}^*$ を使って得られる残差ベクトルを $\boldsymbol{e}^*$，すなわち

$$\boldsymbol{e}^* = \boldsymbol{y} - \boldsymbol{Xb}^*$$

とする．このとき

$$\begin{aligned}\boldsymbol{e}^* &= \boldsymbol{y} - \boldsymbol{X}\hat{\boldsymbol{\beta}} - \boldsymbol{X}(\boldsymbol{b}^* - \hat{\boldsymbol{\beta}})\\ &= \boldsymbol{e} - \boldsymbol{X}(\boldsymbol{b}^* - \hat{\boldsymbol{\beta}})\end{aligned}$$

と書き直すと，制約つき最小 2 乗法を適用したときの残差平方和は

$$\boldsymbol{e}^{*\prime}\boldsymbol{e}^* = \boldsymbol{e}'\boldsymbol{e} + (\boldsymbol{b}^* - \hat{\boldsymbol{\beta}})'\boldsymbol{X}'\boldsymbol{X}(\boldsymbol{b}^* - \hat{\boldsymbol{\beta}})$$

と表すことができる．上式は $\boldsymbol{X}'\boldsymbol{e} = \boldsymbol{0}$ を用いている．この結果より，制約つき最小 2 乗残差平方和と，制約のない最小 2 乗残差平方和との間には

$$\boldsymbol{e}^{*\prime}\boldsymbol{e}^* - \boldsymbol{e}'\boldsymbol{e} = (\boldsymbol{b}^* - \hat{\boldsymbol{\beta}})'\boldsymbol{X}'\boldsymbol{X}(\boldsymbol{b}^* - \hat{\boldsymbol{\beta}}) \tag{4}$$

という関係があることがわかる．$\boldsymbol{X}'\boldsymbol{X}$ は正値定符号であるから

$$\boldsymbol{e}^{*\prime}\boldsymbol{e}^* \geq \boldsymbol{e}'\boldsymbol{e}$$

が成立する．等号は $\boldsymbol{b}^* = \hat{\boldsymbol{\beta}}$ のときに限られる．すなわち制約つき最小 2 乗残差平方和が無制約の最小 2 乗残差平方和より小さくなることはない．

(4) 式は (3) 式を用いて書き直せば，次のようになる．

$$\boldsymbol{e}^{*\prime}\boldsymbol{e}^* - \boldsymbol{e}'\boldsymbol{e} = (\boldsymbol{r} - \boldsymbol{R}\hat{\boldsymbol{\beta}})'\left[\boldsymbol{R}(\boldsymbol{X}'\boldsymbol{X})^{-1}\boldsymbol{R}'\right]^{-1}(\boldsymbol{r} - \boldsymbol{R}\hat{\boldsymbol{\beta}}) \tag{5}$$

ところがこの式は，$H_0 : \boldsymbol{R\beta} = \boldsymbol{r}$ を検定するための統計量 (4.5) 式の分子と (q を除けば) 同じであるから，(4.5) 式は (4.11) 式

$$F = \frac{(\boldsymbol{e}^{*\prime}\boldsymbol{e}^* - \boldsymbol{e}'\boldsymbol{e})/q}{s^2} \overset{H_0}{\sim} F(q, n-k)$$

と表すこともできる．

●数学注 (3)

(3.2) 式の説明変数行列 $\boldsymbol{X}$ を

$$\boldsymbol{X} = (\boldsymbol{i} \ \ \boldsymbol{X}_2)$$

と分割する．$\boldsymbol{i}$ はすべての要素が 1 の $n \times 1$ ベクトル，$\boldsymbol{X}_2$ は $n \times (k-1)$ である．

$$\boldsymbol{X}'\boldsymbol{X}=\begin{bmatrix} n & \boldsymbol{i}'\boldsymbol{X}_2 \\ \boldsymbol{X}_2'\boldsymbol{i} & \boldsymbol{X}_2'\boldsymbol{X}_2 \end{bmatrix}$$

となり

$$(\boldsymbol{X}'\boldsymbol{X})^{-1}=\begin{bmatrix} B_{11} & \boldsymbol{B}_{12} \\ \boldsymbol{B}_{21} & \boldsymbol{B}_{22} \end{bmatrix}$$

とすると，数学付録Dの分割行列の逆行列を用いて，あるいは3.8節で$\boldsymbol{X}_1=\boldsymbol{i}$，$\boldsymbol{X}_2=\boldsymbol{X}_2$とおき次の結果を得る．

$$B_{11}=\frac{1}{n}+\frac{1}{n^2}\boldsymbol{i}'\boldsymbol{X}_2\boldsymbol{B}_{22}\boldsymbol{X}_2'\boldsymbol{i}$$

$$\boldsymbol{B}_{12}=-\frac{1}{n}\boldsymbol{i}'\boldsymbol{X}_2\boldsymbol{B}_{22}$$

$$\boldsymbol{B}_{21}=-\frac{1}{n}\boldsymbol{B}_{22}\boldsymbol{X}_2'\boldsymbol{i}$$

$$\boldsymbol{B}_{22}=\left[(\boldsymbol{M}_1\boldsymbol{X}_2)'(\boldsymbol{M}_1\boldsymbol{X}_2)\right]^{-1}$$

ここで

$$\boldsymbol{M}_1=\boldsymbol{I}-\frac{1}{n}\boldsymbol{i}\boldsymbol{i}'$$

である．したがって，例3.1でも示しているように

$$\boldsymbol{M}_1\boldsymbol{X}_2=\begin{bmatrix} X_{21}-\bar{X}_2 & \cdots & X_{k1}-\bar{X}_k \\ \vdots & & \vdots \\ X_{2n}-\bar{X}_2 & \cdots & X_{kn}-\bar{X}_k \end{bmatrix}=\underline{\boldsymbol{X}}_2$$

は平均からの偏差行列になる．

$$\boldsymbol{i}'\boldsymbol{X}_2=(1\ \cdots\ 1)\begin{bmatrix} X_{21} & \cdots & X_{k1} \\ \vdots & & \vdots \\ X_{2n} & \cdots & X_{kn} \end{bmatrix}=(\sum X_2\ \cdots\ \sum X_k)$$

であるから

$$\frac{1}{n}\boldsymbol{i}'\boldsymbol{X}_2=(\bar{X}_2\ \cdots\ \bar{X}_k)=\bar{\boldsymbol{z}}'$$

と表すことができる．したがって

$$B_{11}=\frac{1}{n}+\frac{1}{n}(\boldsymbol{i}'\boldsymbol{X}_2)\boldsymbol{B}_{22}\left(\frac{1}{n}\boldsymbol{i}'\boldsymbol{X}_2\right)'=\frac{1}{n}+\bar{\boldsymbol{z}}'\boldsymbol{B}_{22}\bar{\boldsymbol{z}}$$

$$\boldsymbol{B}_{12}=-\left(\frac{1}{n}\boldsymbol{i}'\boldsymbol{X}_2\right)\boldsymbol{B}_{22}=-\bar{\boldsymbol{z}}'\boldsymbol{B}_{22}$$

$$\boldsymbol{B}_{21}=-\boldsymbol{B}_{22}\left(\frac{1}{n}\boldsymbol{i}'\boldsymbol{X}_2\right)'=-\boldsymbol{B}_{22}\bar{\boldsymbol{z}}$$

となる．

$$\boldsymbol{x}_0'(\boldsymbol{X}'\boldsymbol{X})^{-1}\boldsymbol{x}_0 = (1\ \ \boldsymbol{z}_0')\begin{bmatrix} B_{11} & \boldsymbol{B}_{12} \\ \boldsymbol{B}_{21} & \boldsymbol{B}_{22} \end{bmatrix}\begin{bmatrix} 1 \\ \boldsymbol{z}_0 \end{bmatrix}$$
$$= B_{11} + \boldsymbol{z}_0'\boldsymbol{B}_{21} + \boldsymbol{B}_{12}\boldsymbol{z}_0 + \boldsymbol{z}_0'\boldsymbol{B}_{22}\boldsymbol{z}_0$$

に，$B_{11}, \boldsymbol{B}_{12}, \boldsymbol{B}_{21}$ の上述の結果を代入し，(4.34) 式

$$\boldsymbol{x}_0'(\boldsymbol{X}'\boldsymbol{X})^{-1}\boldsymbol{x}_0 = \frac{1}{n} + (\boldsymbol{z}_0 - \bar{\boldsymbol{z}})'(\underline{\boldsymbol{X}}_2'\underline{\boldsymbol{X}}_2)^{-1}(\boldsymbol{z}_0 - \bar{\boldsymbol{z}})$$

が得られる．

5

定式化テスト

5.1 はじめに

本章の目的は設定したモデルの定式化に問題がないかどうかをテストすることにある．まず，回帰モデルの誤差項の期待値0の仮定が崩れる場合を5.2節で説明する．回帰係数の構造変化を見落としたとき $\boldsymbol{\beta}$ のOLSE $\hat{\boldsymbol{\beta}}$ は不偏性も一致性も有せず，s^2 も正の偏り，正の不一致の程度をもち，真の分散を過大推定する(5.2.1項，5.2.2項)．

系統的要因 $\boldsymbol{X}_2$ が説明変数として定式化から欠落していると，説明変数として入っている $\boldsymbol{X}_1$ の係数 $\boldsymbol{\beta}_1$ のOLSE $\hat{\boldsymbol{\beta}}_1$ および s^2 は不偏性も一致性ももたない(5.2.3項)．

5.2.4項では逆に，不適切な説明変数 $\boldsymbol{X}_2$ が，説明変数 $\boldsymbol{X}_1$ の正しいモデルに追加された場合をあつかっている．

すなわち，正しいモデル

$$\boldsymbol{y}=\boldsymbol{X}_1\boldsymbol{\beta}_1+\boldsymbol{u}$$

不適切なモデル

$$\boldsymbol{y}=\boldsymbol{X}_1\boldsymbol{\beta}_1+\boldsymbol{X}_2\boldsymbol{\beta}_2+\boldsymbol{w}$$

である．この不適切なモデルの $\boldsymbol{\beta}_1$, $\boldsymbol{\beta}_2$ のOLSEを $\hat{\boldsymbol{\beta}}_1$，$\hat{\boldsymbol{\beta}}_2$，正しいモデルの $\boldsymbol{\beta}_1$ のOLSEを $\boldsymbol{b}_1$ とすると

$$\begin{aligned}
&E(\hat{\boldsymbol{\beta}}_1)=E(\boldsymbol{b}_1)=\boldsymbol{\beta}_1\\
&E(\hat{\boldsymbol{\beta}}_2)=\boldsymbol{0}\\
&\mathrm{var}(b_j)\leq\mathrm{var}(\hat{\beta}_j),\quad j=1,\cdots,k_1\\
&E(s^2)=\sigma^2
\end{aligned}$$

が成立する．b_j は $\boldsymbol{b}_1$ の，$\hat{\beta}_j$ は $\hat{\boldsymbol{\beta}}_1$ の j 番目の要素である．

5.3節はもっとも簡単な定式化テストであるRESETテストを説明し，4章までのいくつかの例に対してこのRESETテストを行い，定式化ミスの有無を調べる．RESETテストによって，すべての定式化ミスが検出可能ではないが，とくに説明変数の型が適切かどうか，重要な系統的要因が定式化に入っていないのではないかということをチェックすることができる．貨幣賃金率変化率の関数で，失業率をRUとすると，RU^{-1}ではなく，$RU^{-1.699}$とすることによって定式化ミスに対処できる例を示した．

5.2 非ゼロの期待値をもつ誤差項

(3.2) 式の重回帰モデルの誤差項の期待値は0と仮定されている．この仮定がくずれ，期待値が0でないという場合が生じうる．たとえば被説明変数Yに系統的に影響を与える変数がモデルに入っていないとき，あるいはパラメータが変化して，たとえば$\boldsymbol{\beta}$が$\boldsymbol{\beta}+\boldsymbol{\gamma}$に変化したとき

$$\boldsymbol{y}=\boldsymbol{X}\boldsymbol{\beta}+\boldsymbol{u}=\boldsymbol{X}(\boldsymbol{\beta}+\boldsymbol{\gamma})+\boldsymbol{u}=\boldsymbol{X}\boldsymbol{\beta}+\boldsymbol{X}\boldsymbol{\gamma}+\boldsymbol{u}$$

になり，誤差項の期待値は

$$E(\boldsymbol{X}\boldsymbol{\gamma}+\boldsymbol{u})=\boldsymbol{X}\boldsymbol{\gamma}\neq 0$$

となる．しかし，定式化したモデルは所与の$\boldsymbol{X}$に対して

$$\boldsymbol{y}=\boldsymbol{X}\boldsymbol{\beta}+\boldsymbol{u}$$

であると仮定する．ところが

$$\boldsymbol{u}=\boldsymbol{\varepsilon}+\boldsymbol{v}$$

$$\boldsymbol{\varepsilon}\neq 0 \text{ は非確率変数}$$

$$\boldsymbol{v}\sim N(\boldsymbol{0}, \sigma^2\boldsymbol{I})$$

と仮定しよう．このとき

$$E(\boldsymbol{u})=\boldsymbol{\varepsilon}\neq 0$$

となる．

5.2.1 $\hat{\boldsymbol{\beta}}$への影響

$\hat{\boldsymbol{\beta}}$を$\boldsymbol{\beta}$のOLSEとするとき，まず$\hat{\boldsymbol{\beta}}$への影響をみよう．

$$\begin{aligned}\hat{\boldsymbol{\beta}}&=(\boldsymbol{X}'\boldsymbol{X})^{-1}\boldsymbol{X}'\boldsymbol{y}=(\boldsymbol{X}'\boldsymbol{X})^{-1}\boldsymbol{X}'(\boldsymbol{X}\boldsymbol{\beta}+\boldsymbol{u})\\&=\boldsymbol{\beta}+(\boldsymbol{X}'\boldsymbol{X})^{-1}\boldsymbol{X}'\boldsymbol{u}\end{aligned}$$

であるから，$E(X'u) = E[X'(\varepsilon+v)] = X'\varepsilon + X'E(v) = X'\varepsilon$ を代入すると

$$E(\hat{\boldsymbol{\beta}}) = \boldsymbol{\beta} + (X'X)^{-1} X'\varepsilon \neq \boldsymbol{\beta} \tag{5.1}$$

となり，$\hat{\boldsymbol{\beta}}$ は不偏性をもたない．

$$\begin{aligned}\text{plim}\,\hat{\boldsymbol{\beta}} &= \boldsymbol{\beta} + \lim\left(\frac{X'X}{n}\right)^{-1}\lim\left(\frac{X'\varepsilon}{n}\right) + \lim\left(\frac{X'X}{n}\right)^{-1}\text{plim}\left(\frac{X'v}{n}\right) \\ &= \boldsymbol{\beta} + Q^{-1}\lim\left(\frac{X'\varepsilon}{n}\right) + Q^{-1}\cdot 0 \\ &= \boldsymbol{\beta} + Q^{-1}\lim\left(\frac{X'\varepsilon}{n}\right) \neq \boldsymbol{\beta}\end{aligned} \tag{5.2}$$

となり，一致性ももたない．

もし $X'\varepsilon = 0$ ならば $E(\hat{\boldsymbol{\beta}}) = \boldsymbol{\beta}$，$\lim\left(\frac{X'\varepsilon}{n}\right) = 0$ ならば $\text{plim}\,\hat{\boldsymbol{\beta}} = \boldsymbol{\beta}$ であるが，このような性質をもつかどうかは ε に依存する．

5.2.2 s^2 への影響

次に s^2 への影響をみよう．

3.5節で示したように

$$\begin{aligned}\sum e^2 = e'e = u'Mu &= (\varepsilon+v)'M(\varepsilon+v) \\ &= \varepsilon'M\varepsilon + v'Mv + 2\varepsilon'Mv \\ E(v'Mv) &= (n-k)\sigma^2 \\ E(\varepsilon'Mv) &= \varepsilon'ME(v) = 0\end{aligned}$$

であるから

$$\begin{aligned}E(s^2) = E\left(\frac{u'Mu}{n-k}\right) &= \frac{\varepsilon'M\varepsilon}{n-k} + \sigma^2 + \frac{2\cdot 0}{n-k} \\ &= \sigma^2 + \frac{\varepsilon'M\varepsilon}{n-k} \neq \sigma^2\end{aligned} \tag{5.3}$$

さらに対称・ベキ等行列 M は正値半定符号であるから $\varepsilon'M\varepsilon \geq 0$，したがって

$$E(s^2) \geq \sigma^2$$

となり，s^2 は，平均的に，σ^2 を過大推定する．n 大のとき $n-k \fallingdotseq n$ とおき

$$\text{plim}\,s^2 = \sigma^2 + \lim\left(\frac{\varepsilon'M\varepsilon}{n}\right) + 2\,\text{plim}\left(\frac{\varepsilon'Mv}{n}\right)$$

となるが，$w = \dfrac{\varepsilon'Mv}{n}$ とおくと

$$E(w)=0$$

$$\mathrm{var}(w)=E(w^2)=\frac{1}{n^2}E(\boldsymbol{\varepsilon}'\boldsymbol{M}\boldsymbol{v}\boldsymbol{v}'\boldsymbol{M}\boldsymbol{\varepsilon})=\frac{1}{n^2}\boldsymbol{\varepsilon}'\boldsymbol{M}E(\boldsymbol{v}\boldsymbol{v}')\boldsymbol{M}\boldsymbol{\varepsilon}$$

$$=\frac{1}{n^2}\boldsymbol{\varepsilon}'\boldsymbol{M}(\sigma^2\boldsymbol{I})\boldsymbol{M}\boldsymbol{\varepsilon}$$

$$=\frac{\sigma^2}{n^2}\boldsymbol{\varepsilon}'\boldsymbol{M}\boldsymbol{\varepsilon}=\frac{\sigma^2}{n}\left(\frac{\boldsymbol{\varepsilon}'\boldsymbol{M}\boldsymbol{\varepsilon}}{n}\right)$$

であるから

$$\lim\left(\frac{\boldsymbol{\varepsilon}'\boldsymbol{M}\boldsymbol{\varepsilon}}{n}\right)=a\neq 0$$

ならば

$$\lim\ \mathrm{var}(w)=\lim\left(\frac{\sigma^2}{n}\right)\lim\left(\frac{\boldsymbol{\varepsilon}'\boldsymbol{M}\boldsymbol{\varepsilon}}{n}\right)=0\cdot a=0$$

となり，w が 0 に確率収束するための十分条件が満たされるから

$$\mathrm{plim}\ w=\mathrm{plim}\left(\frac{\boldsymbol{\varepsilon}'\boldsymbol{M}\boldsymbol{v}}{n}\right)=0$$

このとき

$$\mathrm{plim}\ s^2=\sigma^2+\lim\left(\frac{\boldsymbol{\varepsilon}'\boldsymbol{M}\boldsymbol{\varepsilon}}{n}\right)=\sigma^2+a>\sigma^2 \tag{5.4}$$

であるから不一致の程度も正である.

結局，$\boldsymbol{\varepsilon}'\boldsymbol{M}\boldsymbol{\varepsilon}=0$ でなければ $E(s^2)\neq\sigma^2$ であり，$\lim\left(\frac{\boldsymbol{\varepsilon}'\boldsymbol{M}\boldsymbol{\varepsilon}}{n}\right)=0$ でなければ $\mathrm{plim}\ s^2\neq\sigma^2$ であり，s^2 は平均的にも不一致の程度も σ^2 に対して過大推定になる.

5.2.3　系統的要因欠落による定式化の誤り

正しいモデルは

$$\underset{n\times 1}{\boldsymbol{y}}=\underset{n\times k_1}{\boldsymbol{X}_1}\underset{k_1\times 1}{\boldsymbol{\beta}_1}+\underset{n\times k_2}{\boldsymbol{X}_2}\underset{k_2\times 1}{\boldsymbol{\beta}_2}+\underset{n\times 1}{\boldsymbol{v}} \tag{5.5}$$

のとき，系統的要因 $\boldsymbol{X}_2$ を含めないで

$$\boldsymbol{y}=\boldsymbol{X}_1\boldsymbol{\beta}_1+\boldsymbol{u} \tag{5.6}$$

と定式化ミスをしたとすれば

$$\boldsymbol{u}=\boldsymbol{X}_2\boldsymbol{\beta}_2+\boldsymbol{v}$$

$$E(\boldsymbol{u})=\boldsymbol{X}_2\boldsymbol{\beta}_2$$

であるから，(5.6) 式の $\boldsymbol{\beta}_1$ の OLSE を $\hat{\boldsymbol{\beta}}_1$ とすれば，(5.1) 式の $\boldsymbol{X}$ を $\boldsymbol{X}_1$, $\boldsymbol{\varepsilon}$ を $\boldsymbol{X}_2\boldsymbol{\beta}_2$ でおきかえ

(i)　$E(\hat{\boldsymbol{\beta}}_1) = \boldsymbol{\beta}_1 + (\boldsymbol{X}_1'\boldsymbol{X}_1)^{-1}\boldsymbol{X}_1'\boldsymbol{X}_2\boldsymbol{\beta}_2$

(5.2) 式を用いて

(ii)　$\mathrm{plim}\,\hat{\boldsymbol{\beta}}_1 = \boldsymbol{\beta}_1 + \lim\left(\dfrac{\boldsymbol{X}_1'\boldsymbol{X}_1}{n}\right)^{-1}\lim\left(\dfrac{\boldsymbol{X}_1'\boldsymbol{X}_2\boldsymbol{\beta}}{n}\right)$

(5.3) 式を用いて

(iii)　$E(s^2) = \sigma^2 + \dfrac{\boldsymbol{\beta}_2'\boldsymbol{X}_2'\boldsymbol{M}_1\boldsymbol{X}_2\boldsymbol{\beta}_2}{n-k_1}$,　$\boldsymbol{M}_1 = \boldsymbol{I} - \boldsymbol{X}_1(\boldsymbol{X}_1'\boldsymbol{X}_1)^{-1}\boldsymbol{X}_1'$

(5.4) 式を用いて

(iv)　$\mathrm{plim}\, s^2 = \sigma^2 + \lim\dfrac{1}{n}\boldsymbol{\beta}_2'\boldsymbol{X}_2'\boldsymbol{M}_1\boldsymbol{X}_2\boldsymbol{\beta}_2$

を得る．

系統的要因 $\boldsymbol{X}_2$ が欠落している定式化ミス (5.6) 式の OLSE $\hat{\boldsymbol{\beta}}_1$ および s^2 は不偏性も一致性ももたない．

5.2.4　不適切な説明変数追加による定式化の誤り

逆に，正しいモデルは，3.2 節の仮定 (1)～(4) を満たす

$$\underset{n\times 1}{\boldsymbol{y}} = \underset{n\times k_1}{\boldsymbol{X}_1}\underset{k_1\times 1}{\boldsymbol{\beta}_1} + \underset{n\times 1}{\boldsymbol{u}} \tag{5.7}$$

のとき，不要な説明変数 $\boldsymbol{X}_2(n\times k_2)$ を入れ

$$\underset{n\times 1}{\boldsymbol{y}} = \underset{n\times k_1}{\boldsymbol{X}_1}\underset{k_1\times 1}{\boldsymbol{\beta}_1} + \underset{n\times k_2}{\boldsymbol{X}_2}\underset{k_2\times 1}{\boldsymbol{\beta}_2} + \underset{n\times 1}{\boldsymbol{w}} \tag{5.8}$$

と定式化し，このモデルを OLS で推定する場合を考えよう．$k_1+k_2=k$ とする．正しいモデルとの比較で，(5.8) 式の

$$\boldsymbol{X}_2\boldsymbol{\beta}_2 + \boldsymbol{w} = \boldsymbol{u}$$

である．

(5.8) 式を

$$\boldsymbol{y} = (\boldsymbol{X}_1\ \ \boldsymbol{X}_2)\begin{bmatrix}\boldsymbol{\beta}_1\\ \boldsymbol{\beta}_2\end{bmatrix} + \boldsymbol{w} = \boldsymbol{X}\boldsymbol{\beta} + \boldsymbol{w}$$

と表すと

$$\hat{\boldsymbol{\beta}} = (\boldsymbol{X}'\boldsymbol{X})^{-1}\boldsymbol{X}'\boldsymbol{y} = (\boldsymbol{X}'\boldsymbol{X})^{-1}\boldsymbol{X}'(\boldsymbol{X}\boldsymbol{\beta} + \boldsymbol{w})$$

$$= \boldsymbol{\beta} + (\boldsymbol{X}'\boldsymbol{X})^{-1}\boldsymbol{X}'\boldsymbol{w}$$

$$= \begin{bmatrix} \boldsymbol{\beta}_1 \\ \boldsymbol{\beta}_2 \end{bmatrix} + (\boldsymbol{X}'\boldsymbol{X})^{-1} \begin{bmatrix} \boldsymbol{X}_1' \\ \boldsymbol{X}_2' \end{bmatrix} (\boldsymbol{u} - \boldsymbol{X}_2\boldsymbol{\beta}_2)$$

$$= \begin{bmatrix} \boldsymbol{\beta}_1 \\ \boldsymbol{\beta}_2 \end{bmatrix} + (\boldsymbol{X}'\boldsymbol{X})^{-1} \begin{bmatrix} \boldsymbol{X}_1'\boldsymbol{u} - \boldsymbol{X}_1'\boldsymbol{X}_2\boldsymbol{\beta}_2 \\ \boldsymbol{X}_2'\boldsymbol{u} - \boldsymbol{X}_2'\boldsymbol{X}_2\boldsymbol{\beta}_2 \end{bmatrix}$$

したがって，$E(\boldsymbol{u}) = \boldsymbol{0}$ を用いて

$$E(\hat{\boldsymbol{\beta}}) = \begin{bmatrix} E(\hat{\boldsymbol{\beta}}_1) \\ E(\hat{\boldsymbol{\beta}}_2) \end{bmatrix} = \begin{bmatrix} \boldsymbol{\beta}_1 \\ \boldsymbol{\beta}_2 \end{bmatrix} - (\boldsymbol{X}'\boldsymbol{X})^{-1} \begin{bmatrix} \boldsymbol{X}_1'\boldsymbol{X}_2 \\ \boldsymbol{X}_2'\boldsymbol{X}_2 \end{bmatrix} \boldsymbol{\beta}_2$$

となる．

$$\boldsymbol{X}'\boldsymbol{X} = \begin{bmatrix} \boldsymbol{X}_1'\boldsymbol{X}_1 & \boldsymbol{X}_1'\boldsymbol{X}_2 \\ \boldsymbol{X}_2'\boldsymbol{X}_1 & \boldsymbol{X}_2'\boldsymbol{X}_2 \end{bmatrix}$$

と表すと

$$\begin{bmatrix} \boldsymbol{X}_1'\boldsymbol{X}_1 & \boldsymbol{X}_1'\boldsymbol{X}_2 \\ \boldsymbol{X}_2'\boldsymbol{X}_1 & \boldsymbol{X}_2'\boldsymbol{X}_2 \end{bmatrix}^{-1} \begin{bmatrix} \boldsymbol{X}_1'\boldsymbol{X}_1 & \boldsymbol{X}_1'\boldsymbol{X}_2 \\ \boldsymbol{X}_2'\boldsymbol{X}_1 & \boldsymbol{X}_2'\boldsymbol{X}_2 \end{bmatrix} = \begin{bmatrix} \boldsymbol{I} & 0 \\ 0' & \boldsymbol{I} \end{bmatrix}$$

であるから

$$\begin{bmatrix} \boldsymbol{X}_1'\boldsymbol{X}_1 & \boldsymbol{X}_1'\boldsymbol{X}_2 \\ \boldsymbol{X}_2'\boldsymbol{X}_1 & \boldsymbol{X}_2'\boldsymbol{X}_2 \end{bmatrix}^{-1} = \begin{bmatrix} \boldsymbol{B}_{11} & \boldsymbol{B}_{12} \\ \boldsymbol{B}_{21} & \boldsymbol{B}_{22} \end{bmatrix}$$

とおくと

$$\begin{bmatrix} \boldsymbol{B}_{11}\boldsymbol{X}_1'\boldsymbol{X}_1 + \boldsymbol{B}_{12}\boldsymbol{X}_2'\boldsymbol{X}_1 & \boldsymbol{B}_{11}\boldsymbol{X}_1'\boldsymbol{X}_2 + \boldsymbol{B}_{12}\boldsymbol{X}_2'\boldsymbol{X}_2 \\ \boldsymbol{B}_{21}\boldsymbol{X}_1'\boldsymbol{X}_1 + \boldsymbol{B}_{22}\boldsymbol{X}_2'\boldsymbol{X}_1 & \boldsymbol{B}_{21}\boldsymbol{X}_1'\boldsymbol{X}_2 + \boldsymbol{B}_{22}\boldsymbol{X}_2'\boldsymbol{X}_2 \end{bmatrix} = \begin{bmatrix} \boldsymbol{I} & 0 \\ 0' & \boldsymbol{I} \end{bmatrix}$$

が得られ，上式より

$$\boldsymbol{B}_{11}\boldsymbol{X}_1'\boldsymbol{X}_2 + \boldsymbol{B}_{12}\boldsymbol{X}_2'\boldsymbol{X}_2 = 0$$

$$\boldsymbol{B}_{21}\boldsymbol{X}_1'\boldsymbol{X}_2 + \boldsymbol{B}_{22}\boldsymbol{X}_2'\boldsymbol{X}_2 = \boldsymbol{I}$$

書き直せば

$$\begin{bmatrix} \boldsymbol{B}_{11} & \boldsymbol{B}_{12} \\ \boldsymbol{B}_{21} & \boldsymbol{B}_{22} \end{bmatrix} \begin{bmatrix} \boldsymbol{X}_1'\boldsymbol{X}_2 \\ \boldsymbol{X}_2'\boldsymbol{X}_2 \end{bmatrix} = \begin{bmatrix} 0 \\ \boldsymbol{I} \end{bmatrix}$$

すなわち

$$\begin{bmatrix} \boldsymbol{X}_1'\boldsymbol{X}_1 & \boldsymbol{X}_1'\boldsymbol{X}_2 \\ \boldsymbol{X}_2'\boldsymbol{X}_1 & \boldsymbol{X}_2'\boldsymbol{X}_2 \end{bmatrix}^{-1} \begin{bmatrix} \boldsymbol{X}_1'\boldsymbol{X}_2 \\ \boldsymbol{X}_2'\boldsymbol{X}_2 \end{bmatrix} = \begin{bmatrix} 0 \\ \boldsymbol{I} \end{bmatrix}$$

ゆえに

$$E(\hat{\boldsymbol{\beta}})=E\begin{bmatrix}\hat{\boldsymbol{\beta}}_1\\\hat{\boldsymbol{\beta}}_2\end{bmatrix}=\begin{bmatrix}\boldsymbol{\beta}_1\\\boldsymbol{\beta}_2\end{bmatrix}-\begin{bmatrix}\mathbf{0}\\\boldsymbol{I}\end{bmatrix}\boldsymbol{\beta}_2=\begin{bmatrix}\boldsymbol{\beta}_1\\\mathbf{0}\end{bmatrix}$$

となる.

正しいモデル（5.7）式に不要な説明変数 $\boldsymbol{X}_2$ が追加されても $\hat{\boldsymbol{\beta}}_1$ は $\boldsymbol{\beta}_1$ の不偏推定量であるが，$\hat{\boldsymbol{\beta}}_2$ の期待値は $\mathbf{0}$ になる.

（5.8）式の $\hat{\boldsymbol{\beta}}_1=(\hat{\beta}_1\ \hat{\beta}_2\ \cdots\ \hat{\beta}_{k_1})'$ と区別するために，正しいモデル（5.7）式の $\boldsymbol{\beta}_1$ の OLSE を $\boldsymbol{b}_1=(b_1\ b_2\ \cdots\ b_{k_1})'$ と表すと，$E(\hat{\boldsymbol{\beta}}_1)=E(\boldsymbol{b}_1)=\boldsymbol{\beta}_1$ であるが

$$\mathrm{var}(b_j)\leq\mathrm{var}(\hat{\beta}_j),\quad j=1,\cdots,k_1$$

となり，$\hat{\beta}_j$ の効率は b_j より低い（数学注参照）.

さらに

$$E(\hat{\boldsymbol{\beta}}_1)=\boldsymbol{\beta}_1$$
$$\mathrm{var}(\hat{\boldsymbol{\beta}}_1)=\sigma^2(\boldsymbol{X}_1'\boldsymbol{M}_2\boldsymbol{X}_1)^{-1}\quad\text{（数学注参照）}$$

であるから

$$\lim_{n\to\infty}\left(\frac{\boldsymbol{X}_1'\boldsymbol{M}_2\boldsymbol{X}_1}{n}\right)=\boldsymbol{Q}_1\neq\mathbf{0}$$

ならば

$$\lim_{n\to\infty}\mathrm{var}(\hat{\boldsymbol{\beta}}_1)=\lim\left(\frac{\sigma^2}{n}\right)\lim\left(\frac{\boldsymbol{X}_1'\boldsymbol{M}_2\boldsymbol{X}_1}{n}\right)^{-1}$$
$$=0\cdot\boldsymbol{Q}_1^{-1}=\mathbf{0}$$

が成り立ち

$$\operatorname*{plim}_{n\to\infty}\hat{\boldsymbol{\beta}}_1=\boldsymbol{\beta}_1$$

と $\hat{\boldsymbol{\beta}}_1$ は $\boldsymbol{\beta}_1$ の一致推定量でもある.

（5.8）式の OLS 残差 e_i を用いて，σ^2 を

$$s^2=\frac{1}{n-k}\sum_{i=1}^{n}e_i^2=\frac{\boldsymbol{e}'\boldsymbol{e}}{n-k}=\frac{\boldsymbol{w}'\boldsymbol{M}\boldsymbol{w}}{n-k}\quad\text{（3.5 節）}$$

によって推定する.

$$\boldsymbol{w}=\boldsymbol{u}-\boldsymbol{X}_2\boldsymbol{\beta}_2$$

であるから，$\boldsymbol{M}\boldsymbol{X}_2=\mathbf{0}$ に注意すれば

$$\boldsymbol{w}'\boldsymbol{M}\boldsymbol{w}=(\boldsymbol{u}-\boldsymbol{X}_2\boldsymbol{\beta}_2)'\boldsymbol{M}(\boldsymbol{u}-\boldsymbol{X}_2\boldsymbol{\beta}_2)=\boldsymbol{u}'\boldsymbol{M}\boldsymbol{u}$$

となり

$$E(\boldsymbol{u}'\boldsymbol{M}\boldsymbol{u})=(n-k)\sigma^2\quad\text{（（3.24）式）}$$

であるから，やはり

$$E(s^2)=\sigma^2$$

が成立する．

結局，誤差項の期待値が0にならないという場合に，推定量の観点からは，$\boldsymbol{\beta}$ の構造変化を見逃す（5.2.1 項，5.2.2 項），あるいは重要な系統的要因を説明変数としてモデルに入れなかった（5.2.3 項）という定式化の誤りが問題である．

5.3 定式化ミスのテスト――RESET テスト

定式化ミスがないかどうかをテストする方法に，ハウスマンの定式化テスト（Hausman (1978)），プロッサー他の階差テスト（Plosser et al. (1982)），デヴィッドソン他の変換テスト（Davidson et al. (1985)）などがあるが，ここではもっとも簡単で，よく使われてもいる RESET テスト（regression specification error test）を説明する．Ramsey（1969, 1974），Ramsey and Schmidt（1976）の提唱したテストである．

重回帰モデル

$$Y_i=\beta_1+\beta_2X_{2i}+\cdots+\beta_kX_{ki}+u_i,\quad i=1,\cdots,n \tag{5.9}$$

$$u_i\sim \mathrm{NID}(0,\sigma^2)$$

を考えよう．(5.9) 式の Y_i の最小 2 乗推定値を $\hat{Y}_i$ とし，残差平方和を $SSRR$ とする．(5.9) 式に $\hat{Y}_i^2, \hat{Y}_i^3, \cdots, \hat{Y}_i^p$ を追加した

$$Y_i=\sum_{j=1}^{k}\beta_jX_{ji}+\sum_{j=2}^{p}\alpha_j\hat{Y}_i^j+\varepsilon_i \tag{5.10}$$

の OLS 残差平方和を $SSRU$ とすると

$$H_0: \alpha_2=\alpha_3=\cdots=\alpha_p=0$$

$H_1: \alpha_j,\quad j=2,\cdots,p$ の少なくとも 1 つは 0 でない

の仮説は

$$F=\frac{(SSRR-SSRU)/(p-1)}{SSRU/(n-k-(p-1))}\overset{H_0}{\sim}F(p-1,n-k-(p-1)) \tag{5.11}$$

によって検定することができる（(4.11) 式参照）．$\hat{Y}^j$ は確率変数であるが

$u_i\sim \mathrm{NID}(0,\sigma^2)$

$\{X_{ji}\}$ は非確率変数もしくは $\{u_i\}$ と独立

ならば（5.11）式は成立する．このようにして関数形（5.9）式が正しいかどうかをテストする方法は RESET テストとよばれ，（5.10）式のように，$\hat{Y}_i^p$ まで含めたテストを RESET(p) と表す．

（5.11）式は 4.3.3 項の応用である．（5.9）式は（5.10）式で $\alpha_j=0,\ j=2, \cdots, p$ と $p-1$ 個の制約がパラメータに課されていると考え，（5.9）式を推定したときの残差平方和 $SSRR$ は 4.3.3 項の $\boldsymbol{e}^{*\prime}\boldsymbol{e}^*$ である．（5.10）式の残差平方和 $SSRU$ は 4.3.3 項の $\boldsymbol{e}'\boldsymbol{e}$ であり，(4.11) 式の $q=p-1,\ s^2=SSRU/(n-k-(p-1))$ である．

単純回帰モデル

$$Y_i=\alpha+\beta X_i+u_i \tag{5.12}$$

において，RESET(2) は

$$Y_i=\alpha+\beta X_i+\alpha_2\hat{Y}_i^2+\varepsilon_i$$

における，$H_0: \alpha_2=0$ の t 検定と同じである．$\hat{Y}_i^2$ は X_i と X_i^2 の関数であるから，$\hat{Y}_i^2$ を説明変数として追加する RESET(2) は，（5.12）式において X_i^2 あるいは X_i^2 と同じような動きをする変数（それがどのような変数かはわからないが）が除かれていないかどうかを検定しようとしている．

Y と X の関係を，一般に，誤差項を除いて

$$Y_i=f(X_i)$$

とするとき，$X_i=0$ のまわりでテイラー展開すると

$$Y_i=f(0)+f'(0)X_i+\frac{f''(0)}{2!}X_i^2+\cdots+\frac{f^{(p)}(0)}{p!}X_i^p+\cdots$$

が得られるから，RESET(2) は X_i^2 の効果を，RESET(3) は X_i^3 までの効果を，RESET(p) は X_i^p までの効果を検定しようとしている．

モデルを

$$Y_i=\beta_1+\beta_2X_{2i}+\beta_3X_{3i}+u_i$$

とするとき，RESET(2) は $\hat{Y}_i^2$ を説明変数として上式に追加する．$\hat{Y}_i^2$ は X_{2i}^2, X_{3i}^2, $X_{2i}X_{3i}$ を含むから，RESET(2) はこれらの変数あるいは同様の動きをする変数がモデルから除外されていないかどうかをテストする．RESET(2) あるいは RESET(3) まで行えば RESET テストは十分であるといわれている．

▶例 5.1　(2.26) 式と (2.27) 式の RESET テスト

例 2.2 で風速（WV）と直流発電量（DC）の関係を知るために

表 5.1　(2.26) 式の RESET(2)，RESET(3)

	RESET(2)		RESET(3)	
	係数	t 値	係数	t 値
定数項	−2.081	−7.95	−2.9746	−3.57
$\log(WV)$	2.6368	10.64	3.6831	3.84
$(\widehat{DC})^2$	−0.2851	−5.00	−0.8369	−1.70
$(\widehat{DC})^3$			0.1232	1.13
$SSRR$	0.43528058		0.43528058	
$SSRU$	0.20359795		0.19198160	
n	25		25	
k	2		2	
p	2		3	
s^2	0.92544524×10^{-2}		0.91419810×10^{-2}	
F(p 値)	25.035(0.000)		13.307(0.000)	

$$DC_i=\gamma_1+\gamma_2\log(WV)_i+\varepsilon_i \qquad ((2.26)\text{ 式})$$

$$DC_i=\alpha+\beta\left(\frac{1}{WV}\right)_i+u_i \qquad ((2.27)\text{ 式})$$

の 2 本のモデルを設定し，(2.27) 式の推定式 (2.30) 式を採用した理由のひとつは RESET テストによる．

(2.26) 式の RESET(2), RESET(3) は**表 5.1** である．表 5.1 の $SSRR$ は (2.29) 式の残差平方和である．RESET(2) の $(\widehat{DC})^2$ の係数 α_2 に対する

$$H_0: \alpha_2=0, \quad H_1: \alpha_2\neq0$$

の t 値は $\hat{\alpha}_2$ の標準偏差の推定値を s_2 とすると

$$t=\frac{\hat{\alpha}_2}{s_2}=-5.00$$

が表 5.1 の t 値である．この仮説検定のもうひとつの検定統計量が (5.11) 式である．表 5.1 の $SSRU$ は (2.26) 式に (2.29) 式からの DC の推定値の 2 乗 $(\widehat{DC})^2$ を説明変数として追加した式の残差平方和である．$(\widehat{DC})^2$ の t 値が大きく，$(\widehat{DC})^2$ が説明力をもっているので $SSRR$ との差は大きい．s^2 は (2.29) 式からの値ではなく，$(\widehat{DC})^2$ を追加した式からの (5.11) 式の分母，$SSRU/(n-k-(p-1))$ である．(5.11) 式の

$$F=\frac{(0.43528058-0.20359795)/1}{0.92544524\times10^{-2}}=25.035$$

が表 5.1 の F 値である．自由度 (1, 22) の F 分布の上側 0.01 の確率を与える分

位点 7.945 よりこの F 値は大きく，p 値は

$$P(F(1,22)>25.035)=0.000$$

となり，小数点下 4 位を四捨五入しても 0 であり，$H_0: \alpha_2=0$ は棄却され，(2.26) 式の定式化は RESET(2) で定式化ミスが検出された．

表 5.1 の RESET(3) は

$$DC_i=\beta_1+\beta_2\log(WV)_i+\alpha_2(\widehat{DC}_i)^2+\alpha_3(\widehat{DC}_i)^3+\varepsilon_i$$

において，仮説

$$H_0: \alpha_2=\alpha_3=0, \quad H_1: \alpha_2, \alpha_3 \text{ の少なくとも 1 つは 0 でない}$$

を検定する．$\widehat{DC}_i$ は (2.29) 式からの DC_i の推定値である．

上式を OLS で推定したときの残差平方和が表 5.1，RESET(3) の $SSRU$ であり，$s^2=SSRU/(25-2-(3-1))$ である．RESET(3) の (5.11) 式を用いる $F=13.307$ となり，自由度 (2,21) の上側 1% 点 5.780 よりこの F 値は大きく，p 値もほとんど 0 である．RESET(3) も H_0 を棄却し，(2.26) 式の定式化ミスを検出する．

表 5.2 は (2.27) 式の RESET(2)，RESET(3) である．RESET(2) の $(\widehat{DC})^2$ の t 値も小さく，F 値の p 値も 0.389 と大きく，$(\widehat{DC})^2$ の係数 $\alpha_2=0$ の仮説は棄却されない．この $\widehat{DC}$ は (2.30) 式からの DC の推定値である．

RESET(3) も $(\widehat{DC})^2$, $(\widehat{DC})^3$ の係数をそれぞれ α_2, α_3 とすると

$$H_0: \alpha_2=\alpha_3=0$$

の F 値の p 値も 0.390 と大きく，やはり H_0 は棄却されない．(2.27) 式の定式

表 5.2 (2.27) 式の RESET(2)，RESET(3)

	RESET(2)		RESET(3)	
	係数	t 値	係数	t 値
定数項	2.6710	7.57	3.7829	3.51
$1/WV$	−6.0725	−6.06	−8.9041	−3.20
$(\widehat{DC})^2$	0.0460	0.88	−0.3288	−0.95
$(\widehat{DC})^3$			0.9640×10^{-1}	1.09
$SSRR$	0.20396965		0.20396965	
$SSRU$	0.19704589		0.18649090	
n	25		25	
k	2		2	
p	2		3	
s^2	0.89566312×10^{-2}		0.88805189×10^{-2}	
F(p 値)	0.773 (0.389)		0.984 (0.390)	

化はRESET(2), RESET(3) のテストから定式化ミスは検出されない.

以下の例においては, (5.10) 式の推定結果を詳細に記しても余り意味がないので, RESET(2) とRESET(3) の (5.11) 式による F 値と関連情報のみ記す.

▶例 5.2 (3.59) 式, (3.61) 式の RESET テスト

例 3.3 の配達時間の回帰式, (3.59) 式と (3.61) 式を OLS で推定したときのRESET(2), RESET(3) が**表 5.3** に示されている. (3.59) 式はRESET(2), RESET(3) とも定式化ミスなしという仮説は棄却される. 他方, (3.61) 式はRESET(2), RESET(3) ともに定式化ミスなしの仮説は棄却されない. (3.59) 式の説明変数は *CASE* と *DIS*, (3.61) 式は *CASE* と $DIS^2/100000$ であるから, *DIS* ではなく DIS^2 とすることによって定式化ミスは無くなる.

▶例 5.3 (3.67) 式および (3.69) 式の RESET テスト

表 5.4 は例 3.4 所定内賃金 (*W*) を勤続年数 (*YEAR*) と性別ダミー (*DX*)

表 5.3 (3.59) 式, (3.61) 式のRESET(2), RESET(3)

(3.59) 式			(3.61) 式		
F(p 値)	RESET(2)	RESET(3)	F(p 値)	RESET(2)	RESET(3)
	14.818(0.001)	8.327(0.002)		0.149(0.703)	0.071(0.932)
SSRR	233.73168	233.73168	*SSRR*	120.97265	120.97265
SSRU	137.03533	127.53716	*SSRU*	120.12098	120.12090
n	25	25	n	25	25
k	3	3	k	3	3
p	2	3	p	2	3
s^2	6.52549	6.37686	s^2	5.720047	6.006045

表 5.4 (3.67) 式および (3.69) 式のRESET(2), RESET(3)

(3.67) 式			(3.69) 式		
F(p 値)	RESET(2)	RESET(3)	F(p 値)	RESET(2)	RESET(3)
	1.013(0.334)	1.946(0.189)		9.203(0.004)	4.575(0.015)
SSRR	1576.80008	1576.80008	*SSRR*	124.91151	124.91151
SSRU	1454.05704	1164.63179	*SSRU*	105.16064	104.91076
n	18	18	n	53	53
k	5	5	k	3	3
p	2	3	p	2	3
s^2	121.17142	105.87562	s^2	2.14614	2.18564

で説明する (3.67) 式と，例 3.5 の貨幣賃金率変化率を失業率の逆数と消費者物価変化率で説明している (3.69) 式の RESET テストである.

(3.67) 式の W を $\log(YEAR)$, $YEAR^2$, $YEAR^4$, $DX \cdot YEAR$ で説明する定式化に，RESET(2), RESET(3) から定式化ミスは検出されない.

(3.69) 式の貨幣賃金率変化率関数は RESET(2) で定式化ミスが検出され，RESET(3) においても有意水準 0.01 で定式化ミスなしという仮説は棄却される. 失業率と消費者物価変化率の同じ説明変数で，定式化ミスがないと判断できるのは，次の例で説明する失業率をボックス・コックス変換した定式化である. ボックス・コックス変換は 6.6 節で説明する.

▶例 5.4 貨幣賃金率変化率

失業率のボックス・コックス変換から得られる次式が，(3.69) 式に代わる貨幣賃金率変化率関数である.

$$WDOT_t = \beta_1 + \beta_2 RU_t^{-1.699} + \beta_3 CPIDOT_t + u_t \tag{5.13}$$

表 3.7 のデータを用いて (5.13) 式を OLS で推定した結果は**表 5.5** に示され

表 5.5 (5.13) 式の推定結果

説明変数	係数	標準偏差	t 値	p 値	係数の 95% 信頼区間	
					下限	上限
定数項	−1.829	0.3359	−5.44	0.000	−2.503	−1.154
$RU^{-1.699}$	14.529	1.1018	13.19	0.000	12.316	16.742
$CPIDOT$	0.946	0.0647	14.63	0.000	0.816	1.076
$\bar{R}^2$	0.9531					
s	1.5170					
歪度	−0.2179					
尖度	3.6084					
平方残差率 2 桁の年 1980						

	RESET(2)	RESET(3)
F(p 値)	1.569(0.216)	1.362(0.266)
$SSRR$	115.06167	115.06167
$SSRU$	111.49217	108.88102
n	53	53
k	3	3
p	2	3
RESET(2) の s^2	2.27535	
RESET(3) の s^2		2.26835

ている．推定期間 1960 年度から 2012 年度である．

まず，RESET(2)，RESET(3) とも定式化ミスは検出されない．$\bar{R}^2$ も (3.60) 式の 0.9510 から 0.9531 へと少し大きくなっている．

(5.13) 式の推定結果から得られる *WDOT* の推定値，残差，誤差率，平方残差率が**表 5.6** である．表 3.8 と比較されたい．1980 年度の平方残差率は表 3.8 は 17.01%，表 5.6 は 15.79% と依然として大きく，やはり表 5.6 においても，*WDOT* の実績値 5.23% に対して推定値 9.50% と大幅な過大推定である．1992 年度の平方残差率は表 3.8 が 10.06%，表 5.6 は 7.46% である．

図 5.1 は *WDOT* の実績値（横軸）と (5.13) 式の推定式から得られる *WDOT* の推定値（縦軸）のプロットであり，直線は推定値＝実績値を与える完全決定線である．平方残差率が比較的大きい 1965 年度 (8.77%)，1970 年度 (8.30%)，1972 年度 (9.87%)，1974 年度 (7.85%)，1980 年度 (15.79%)，1992 年度 (7.46%) の点を明示した．直線より上の点は過大推定，下の点は過小推定である．

(5.13) 式の

$$H_0: \beta_3 = 1, \quad H_1: \beta_3 \neq 1$$

を有意水準 0.05 で検定すると

$$t = \frac{\hat{\beta}_3 - 1}{s_3} = \frac{0.946 - 1}{0.0647} = -0.835$$

となり，自由度 53−3=50 の上側 0.025 の確率を与える分位点 2.01 より，この t 値は絶対値で小さいから，H_0 は棄却されない．表 5.5 で β_3 の 95% 信頼区間内に 1 が含まれていることとこの t 検定は整合的である．

$\beta_3 = 1$ ならば (5.13) 式は

$$WDOT_t - CPIDOT_t = \gamma_1 + \gamma_2 RU_t^{-1.699} + \varepsilon_t$$

と表すことができる．労働市場の需給ギャップ $RU^{-1.699}$ で調整されるのは実質賃金率変化率である，という古典派の世界である．

図 5.2 は *CPIDOT* を 1960 年度から 2012 年度までの 53 年間の平均 3.295% で評価した

$$\begin{aligned} WDOT &= -1.829 + 14.529RU^{-1.699} + 0.946 \times 3.295 \\ &= 1.288 + 14.529RU^{-1.699} \end{aligned}$$

を (*RU*, *WDOT*) の散布図に描いたフィリップス曲線である．1973 年度 (1.28,

表 5.6 *WDOT*, *WDOT* の推定値，誤差率，平方残差率

年度	*WDOT*	*WDOT* の推定値	残差	誤差率	平方残差率	年度	*WDOT*	*WDOT* の推定値	残差	誤差率	平方残差率
1960	10.04	8.87	1.18	11.72	1.20	1987	2.20	1.15	1.05	47.56	0.95
1961	14.40	12.46	1.94	13.45	3.26	1988	3.30	2.15	1.15	34.87	1.15
1962	13.59	13.94	−0.35	−2.56	0.11	1989	4.30	4.68	−0.39	−9.03	0.13
1963	12.91	15.02	−2.11	−16.35	3.87	1990	4.62	5.29	−0.67	−14.54	0.39
1964	13.66	14.20	−0.54	−3.95	0.25	1991	4.09	4.87	−0.78	−19.09	0.53
1965	10.63	13.80	−3.18	−29.90	8.77	1992	0.53	3.46	−2.93	−547.69	7.46
1966	11.06	11.84	−0.78	−7.08	0.53	1993	0.89	2.20	−1.31	−147.99	1.50
1967	13.09	12.71	0.38	2.89	0.12	1994	1.28	0.81	0.48	37.21	0.20
1968	13.32	14.49	−1.17	−8.79	1.19	1995	1.05	−0.04	1.09	104.22	1.03
1969	16.38	16.39	−0.01	−0.05	0.00	1996	0.17	0.42	−0.25	−148.58	0.05
1970	17.02	13.93	3.09	18.15	8.30	1997	0.93	1.89	−0.96	−103.65	0.80
1971	14.00	12.77	1.23	8.76	1.31	1998	−1.46	−0.44	−1.02	69.75	0.90
1972	15.34	11.97	3.37	21.97	9.87	1999	−1.29	−1.24	−0.05	3.68	0.00
1973	20.82	22.52	−1.70	−8.14	2.50	2000	−0.45	−1.33	0.89	−198.62	0.68
1974	28.02	25.02	3.00	10.72	7.85	2001	−0.96	−1.95	1.00	−104.14	0.86
1975	12.73	12.71	0.03	0.20	0.00	2002	−2.41	−1.56	−0.85	35.26	0.63
1976	10.68	11.86	−1.18	−11.02	1.20	2003	−2.26	−1.11	−1.14	50.65	1.13
1977	10.01	8.73	1.28	12.80	1.43	2004	−0.53	−0.85	0.32	−61.33	0.09
1978	6.36	5.65	0.71	11.09	0.43	2005	−0.47	−0.83	0.36	−75.36	0.11
1979	5.90	7.16	−1.26	−21.32	1.38	2006	−0.66	−0.31	−0.35	53.16	0.11
1980	5.23	9.50	−4.26	−81.45	15.79	2007	−0.87	0.04	−0.92	105.12	0.73
1981	6.41	5.66	0.75	11.75	0.49	2008	−0.62	0.51	−1.13	182.47	1.12
1982	3.75	3.76	−0.01	−0.17	0.00	2009	−3.47	−2.51	−0.96	27.63	0.80
1983	2.27	2.74	−0.46	−20.40	0.19	2010	0.04	−1.34	1.38	3923.04	1.64
1984	4.11	3.02	1.09	26.53	1.03	2011	0.82	−0.81	1.63	198.70	2.30
1985	3.66	2.81	0.85	23.14	0.62	2012	−0.04	−0.88	0.84	−1951.30	0.61
1986	2.29	0.64	1.66	72.21	2.39						

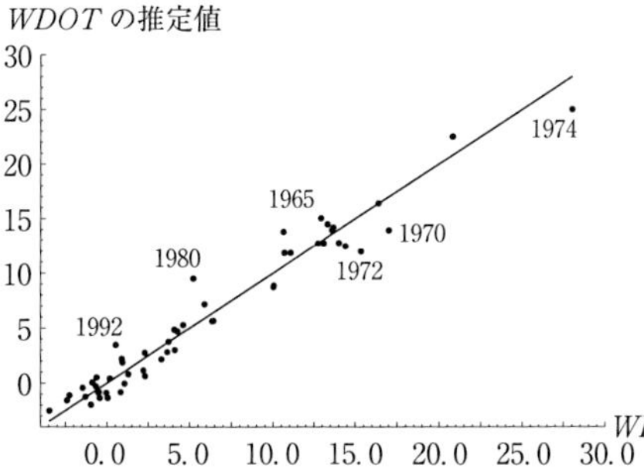

図 5.1 *WDOT* の実績値と (5.13) 式からの推定値

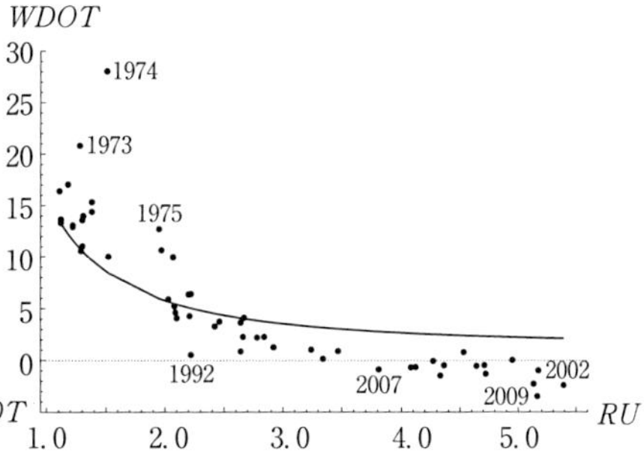

図 5.2 フィリップス曲線（*CPIDOT* を平均 3.295% で評価）

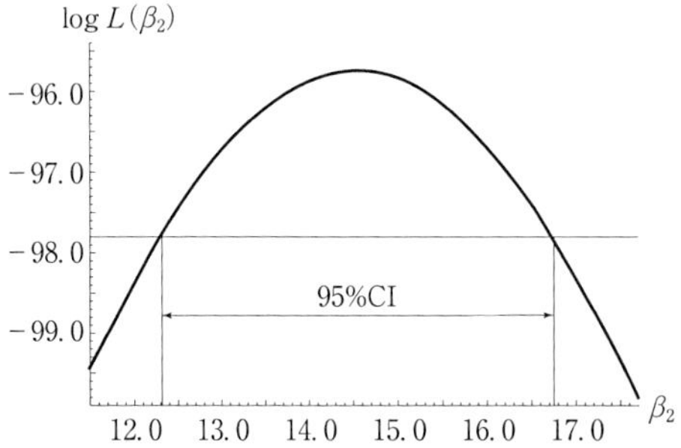

図 5.3 (5.13) 式の β_2 のプロファイル対数尤度

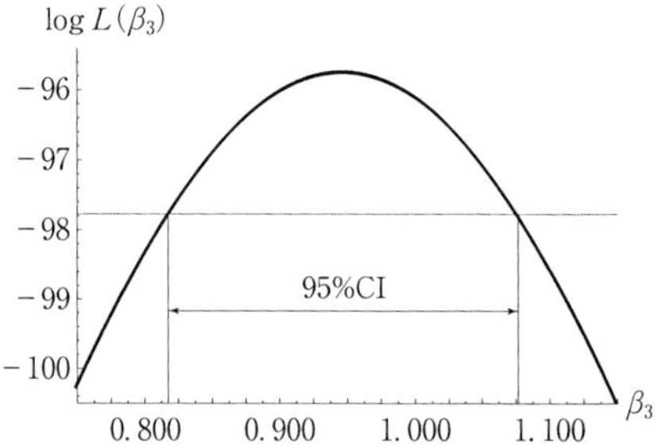

図 5.4 (5.13) 式の β_3 のプロファイル対数尤度

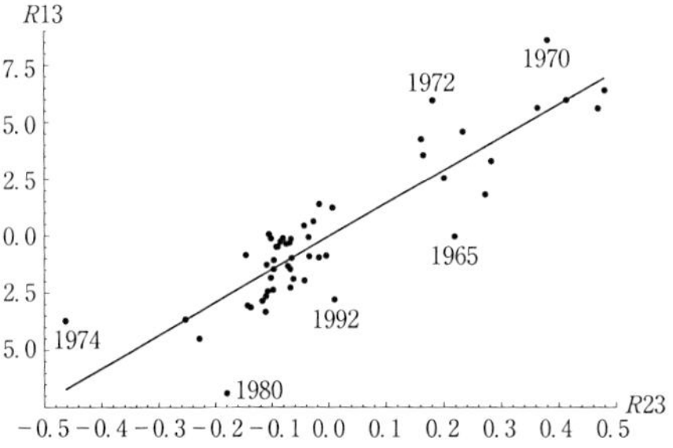

図 5.5 偏回帰作用点プロット ($\hat{\beta}_2$)

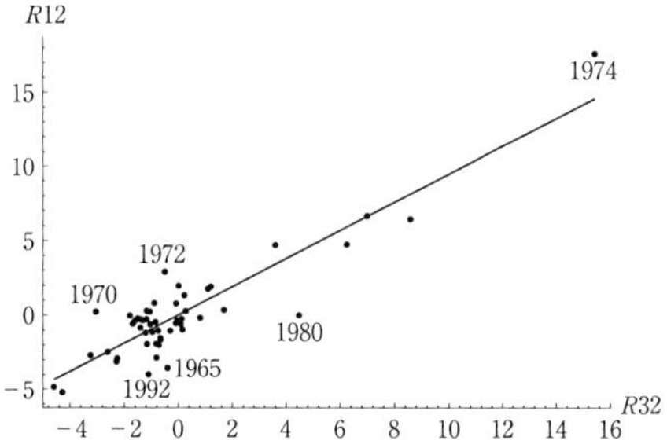

図 5.6 偏回帰作用点プロット ($\hat{\beta}_3$)

20.82), 1974 年度(1.51, 28.02)はこのフィリップス曲線から大きく乖離している. *CPIDOT* が 1973 年度 15.63%, 1974 年度 20.75% という第 1 次石油ショックの異常な年であった.

図 5.3, **図 5.4** はそれぞれ β_2, β_3 のプロファイル対数尤度である. β_2, β_3 の 95% 信頼区間も示されている. 図 5.3 は $\beta_2=\hat{\beta}_2=14.529$, 図 5.4 は $\beta_3=\hat{\beta}_3=0.946$ で対数尤度はモデルの最大対数尤度 −95.7459 の値になる.

図 5.5, **図 5.6** は (5.13) 式の偏回帰作用点プロットである. 1 = *WDOT*, 2 = $RU^{-1.699}$, 3 = *CPIDOT* を示し

Rij = 変数 i の定数項および変数 j への線形回帰を行ったときの残差

とする. 図 5.5 は ($R23, R13$) のプロットであり, 直線は

$$R13 = b_{12}R23$$

の回帰線を示し, $b_{12}=\hat{\beta}_2=14.529$ である. 各点の直線からの垂直の乖離は表 5.6 の残差に等しい.

この図 5.5 は $WDOT$ および $RU^{-1.699}$ それぞれから定数項と $CPIDOT$ の線形の影響を除去した後で，$RU^{-1.699}$ の $WDOT$ に対する説明力を表している．とくに 1980 年度，1972 年度，1965 年度の説明力が良くない．1970 年度，1974 年度，1992 年度の説明力も余り良くない．

図 5.6 は（$R32, R12$）のプロットと

$$R12 = b_{13} R32$$

の回帰線であり，$b_{13} = \hat{\beta}_3 = 0.946$ である．この図 5.6 は（5.13）式における $CPIDOT$ の説明力を表している．やはり，1980 年度，1972 年度，1965 年度の説明力が良くない．

▶例 5.5 （4.23）式から（4.26）式の RESET テスト

例 4.6 肝臓手術後の生存時間の 4 種類のモデルの RESET テストが**表 5.7**(a) に (4.23) 式と (4.24) 式, 表 5.7(b) に (4.25) 式と (4.26) 式が示されている．(4.25) 式の RESET(2) の F 値 3.034 に対する p 値 0.088 は少し小さいが有意水準 0.05

表 5.7(a) （4.23）式および（4.24）式の RESET(2)，RESET(3)

(4.23) 式			(4.24) 式		
F(p 値)	RESET(2)	RESET(3)	F(p 値)	RESET(2)	RESET(3)
	1.096(0.300)	0.645(0.529)		0.332(0.567)	0.605(0.550)
$SSRR$	0.448495	0.448495	$SSRR$	0.666396	0.666396
$SSRU$	0.438683	0.436756	$SSRU$	0.661716	0.649309
n	54	54	n	54	54
k	4	4	k	6	6
p	2	3	p	2	3
s^2	0.895272×10^{-2}	0.909908×10^{-2}	s^2	0.140791×10^{-1}	0.141154×10^{-1}

表 5.7(b) （4.25）式および（4.26）式の RESET(2)，RESET(3)

(4.25) 式			(4.26) 式		
F(p 値)	RESET(2)	RESET(3)	F(p 値)	RESET(2)	RESET(3)
	3.034(0.088)	1.493(0.235)		1.284(0.263)	0.859(0.430)
$SSRR$	0.626574	0.626574	$SSRR$	1.606836	1.606836
$SSRU$	0.588576	0.588384	$SSRU$	1.564984	1.550152
n	54	54	n	54	54
k	6	6	k	5	5
p	2	3	p	2	3
s^2	0.125229×10^{-2}	0.127909×10^{-2}	s^2	0.326038×10^{-1}	0.329820×10^{-1}

で，定式化ミスなしの仮説は棄却されない．4 種類のモデルとも RESET テストで定式化ミスは検出されない．

$\bar{R}^2$ がもっとも大きいモデルを選べば（4.23）式であるが誤差項の正規性は成立しない．誤差項の正規性を重視すれば（4.26）式になる．

●数学注

まず

$$\mathrm{var}(\hat{\boldsymbol{\beta}}_1) = \sigma^2(\boldsymbol{X}_1'\boldsymbol{M}_2\boldsymbol{X}_1)^{-1}$$

となることを示す．

（3.42）式より

$$\hat{\boldsymbol{\beta}}_1 = (\boldsymbol{X}_1'\boldsymbol{M}_2\boldsymbol{X}_1)^{-1}\boldsymbol{X}_1'\boldsymbol{M}_2\boldsymbol{y}$$

である．ここで

$$\boldsymbol{M}_2 = \boldsymbol{I} - \boldsymbol{X}_2(\boldsymbol{X}_2'\boldsymbol{X}_2)^{-1}\boldsymbol{X}_2$$

は対称・ベキ等行列である．

真のモデルは（5.7）式であるから

$$\begin{aligned}\hat{\boldsymbol{\beta}}_1 &= (\boldsymbol{X}_1'\boldsymbol{M}_2\boldsymbol{X}_1)^{-1}\boldsymbol{X}_1'\boldsymbol{M}_2(\boldsymbol{X}_1\boldsymbol{\beta}_1 + \boldsymbol{u}) \\ &= \boldsymbol{\beta}_1 + (\boldsymbol{X}_1'\boldsymbol{M}_2\boldsymbol{X}_1)^{-1}\boldsymbol{X}_1'\boldsymbol{M}_2\boldsymbol{u}\end{aligned}$$

より $E(\hat{\boldsymbol{\beta}}_1) = \boldsymbol{\beta}_1$ を得る．したがって，$E(\boldsymbol{uu}') = \sigma^2\boldsymbol{I}$ を用いて

$$\begin{aligned}\mathrm{var}(\hat{\boldsymbol{\beta}}_1) &= E(\hat{\boldsymbol{\beta}}_1 - \boldsymbol{\beta}_1)(\hat{\boldsymbol{\beta}}_1 - \boldsymbol{\beta}_1)' \\ &= (\boldsymbol{X}_1'\boldsymbol{M}_2\boldsymbol{X}_1)^{-1}\boldsymbol{X}_1'\boldsymbol{M}_2E(\boldsymbol{uu}')\boldsymbol{M}_2\boldsymbol{X}_1(\boldsymbol{X}_1'\boldsymbol{M}_2\boldsymbol{X}_1)^{-1} \\ &= \sigma^2(\boldsymbol{X}_1'\boldsymbol{M}_2\boldsymbol{X}_1)^{-1}\end{aligned}$$

となる．他方

$$\mathrm{var}(\boldsymbol{b}_1) = \sigma^2(\boldsymbol{X}_1'\boldsymbol{X}_1)^{-1}$$

である．

$$\boldsymbol{A}^{-1} - \boldsymbol{B}^{-1} = (\boldsymbol{I} - \boldsymbol{B}^{-1}\boldsymbol{A})\boldsymbol{A}^{-1}$$

において，$\boldsymbol{A} = (\boldsymbol{X}_1'\boldsymbol{M}_2\boldsymbol{X}_1)$，$\boldsymbol{B} = \boldsymbol{X}_1'\boldsymbol{X}_1$ とおくと

$$(\boldsymbol{X}_1'\boldsymbol{M}_2\boldsymbol{X}_1)^{-1} - (\boldsymbol{X}_1'\boldsymbol{X}_1)^{-1} = \left[\boldsymbol{I} - (\boldsymbol{X}_1'\boldsymbol{X}_1)^{-1}(\boldsymbol{X}_1'\boldsymbol{M}_2\boldsymbol{X}_1)\right](\boldsymbol{X}_1'\boldsymbol{M}_2\boldsymbol{X}_1)^{-1}$$

そして

$$\boldsymbol{M}_2 = \boldsymbol{I} - \boldsymbol{X}_2'(\boldsymbol{X}_2'\boldsymbol{X}_2)^{-1}\boldsymbol{X}_2 = \boldsymbol{I} - \boldsymbol{H}_2$$

と表すと

$$\boldsymbol{X}_1'\boldsymbol{M}_2\boldsymbol{X}_1 = \boldsymbol{X}_1'\boldsymbol{X}_1 - \boldsymbol{X}_1'\boldsymbol{H}_2\boldsymbol{X}_1$$

となるから

$$\begin{aligned}&\boldsymbol{I} - (\boldsymbol{X}_1'\boldsymbol{X}_1)^{-1}(\boldsymbol{X}_1'\boldsymbol{M}_2\boldsymbol{X}_1) \\ &\quad = \boldsymbol{I} - \left\{\boldsymbol{I} - (\boldsymbol{X}_1'\boldsymbol{X}_1)^{-1}(\boldsymbol{X}_1'\boldsymbol{H}_2\boldsymbol{X}_1)\right\} = (\boldsymbol{X}_1'\boldsymbol{X}_1)^{-1}(\boldsymbol{X}_1'\boldsymbol{H}_2\boldsymbol{X}_1)\end{aligned}$$

$\boldsymbol{X}_1'\boldsymbol{X}_1$ は正値定符号であるから $(\boldsymbol{X}_1'\boldsymbol{X}_1)^{-1}$ も正値定符号，$\boldsymbol{X}_1'\boldsymbol{H}_2\boldsymbol{X}_1$ は正値半定符号，したがって

$$(\boldsymbol{X}_1'\boldsymbol{X}_1)^{-1}\boldsymbol{X}_1'\boldsymbol{H}_2\boldsymbol{X}_1$$

は正値半定符号である（Graybill (1969), p. 208, Corollary 8. 8. 13. 1）.

ゆえに

$$(\boldsymbol{X}_1'\boldsymbol{M}_2\boldsymbol{X}_1)^{-1}-(\boldsymbol{X}_1'\boldsymbol{X}_1)^{-1}=(\boldsymbol{X}_1'\boldsymbol{X}_1)^{-1}\boldsymbol{X}_1'\boldsymbol{H}_2\boldsymbol{X}_1(\boldsymbol{X}_1'\boldsymbol{M}_2\boldsymbol{X}_1)^{-1}$$

となり，$(\boldsymbol{X}_1'\boldsymbol{M}_2\boldsymbol{X}_1)^{-1}$ も正値半定符号であるから，上式左辺も正値半定符号になる.

$k_1\times 1$ ベクトル $\boldsymbol{c}_j$ を j 番目の要素のみ 1，残りは 0 とすると

$$\boldsymbol{c}_j'\sigma^2(\boldsymbol{X}_1'\boldsymbol{M}_2\boldsymbol{X}_1)^{-1}\boldsymbol{c}_j=\mathrm{var}(\hat{\beta}_j)$$

$$\boldsymbol{c}_j'\sigma^2(\boldsymbol{X}_1'\boldsymbol{X}_1)^{-1}\boldsymbol{c}_j=\mathrm{var}(b_j)$$

であるから，以上の議論から

$$\mathrm{var}(b_j)\leq\mathrm{var}(\hat{\beta}_j),\quad j=1,\cdots,k_1$$

が得られる.

6

不均一分散

6.1 はじめに

これまで回帰モデルのパラメータ推定および仮説検定を行うとき均一分散を仮定してきた．本章はこの仮定を問題にする．不均一分散にどのような型があるか (6.2 節)，不均一分散のときこれまでと同様に，OLS によって回帰係数 β_j を推定し，均一分散 σ^2 を仮定して s^2 を求め，$\hat{\beta}_j$ の分散を推定し，$H_0: \beta_j=0$ の t 検定を行うという一連の手続きがどのような問題を生じさせるか（6.3 節）をまず明らかにする．

6.4 節で，回帰モデルを推定したとき，均一分散の仮定が成立しているかどうかを検定する方法を説明する．目による判断にすぎないが，e-$\hat{Y}$ プロットも不均一分散の検出に有用である(6.4.1 項)．ブロイシュ・ペーガンテスト(BP テスト)，ホワイトテスト（W），ゴドフライ・コーエンカーテスト（GK）を説明し，これまでのいくつかの推定例で均一分散の仮定が成立しているかどうかを調べる．

不均一分散の型によって，被説明変数 Y を，たとえば $\log Y$，あるいは $\sqrt{Y}$ に変換することによって均一分散に変えることができる．6.5 節はこの分散安定化変換をあつかっている．

被説明変数あるいは説明変数を変換することによって，不均一分散が均一分散になり，誤差項の非正規性が正規性になることもある．そのような変換のひとつにボックス・コックス変換がある．6.6 節はこのボックス・コックス変換の説明である．

不均一分散の型がわかり，その不均一分散の型に未知パラメータが現れなければ，β_j の推定に OLS よりも高い有効性をもつのが一般化最小 2 乗法(GLS)である．6.7 節はこの GLS を説明する．

不均一分散の型がわからなければ，あるいはその型がわかっても，未知パラメータが含まれていればGLSを適用できない．不均一分散の型にかかわらず，β_j のOLSEの真の分散の一致推定量を与えるのが6.8節のホワイトの不均一分散一致推定量である．

本章の最後に，簡単な実験によって，単純回帰モデル

$$Y_i=\alpha+\beta X_i+u_i,\quad i=1,\cdots,n$$

の β のOLSE $\hat{\beta}$ の真の分散と計算上の分散，β のGLSEとその分散，$\hat{\beta}$ の真の分散に対するホワイトの不均一分散一致推定量を比較している．

6.2 不 均 一 分 散

これまで，単純回帰モデル，重回帰モデルとも，誤差項 u_i は均一分散

$$E(u_i^2)=\sigma^2,\quad i=1,\cdots,n$$

をもつと仮定してきた．この仮定が崩れるのが不均一分散である．単純回帰モデル

$$Y_i=\alpha+\beta X_i+u_i,\quad i=1,\cdots,n$$

においても，不均一分散の型はさまざまである．たとえば

$$E(u_i^2)=\sigma^2\left[E(Y_i)\right]$$

$$E(u_i^2)=\sigma^2\left[E(Y_i)\right]^2$$

$$E(u_i^2)=\sigma^2X_i$$

$$E(u_i^2)=\sigma^2/X_i^2\quad(X_i\neq 0)$$

等々である．

u_i に関して

$$E(u_i)=0$$

$$E(u_i^2)=\sigma_i^2$$

$$E(u_iu_j)=0$$

$$i,j=1,\cdots,n,\quad i\neq j$$

と均一分散の仮定のみ成立していないとすれば，$u_1,u_2,\cdots,u_n$ の共分散行列の対角要素が分散であるから，重回帰モデル

$$\boldsymbol{y}=\boldsymbol{X\beta}+\boldsymbol{u}\tag{6.1}$$

における，$\boldsymbol{u}$ の共分散行列は

$$E(\boldsymbol{uu}') = \boldsymbol{\Omega} = \begin{bmatrix} \sigma_1^2 & 0 & \cdots & 0 \\ 0 & \sigma_2^2 & \cdots & 0 \\ \vdots & \vdots & & \vdots \\ 0 & 0 & \cdots & \sigma_n^2 \end{bmatrix} \tag{6.2}$$

となる．

6.3　O L S の 結 果

単純回帰モデル

$$Y_i = \alpha + \beta X_i + u_i$$

において $E(u_i^2) = \sigma_i^2$, $i=1, \cdots, n$ の不均一分散以外は，1.3 節の仮定が成立しているものとする．このとき，これまでと同じように，β を

$$\hat{\beta} = \frac{\sum xy}{\sum x^2}$$

で推定し，均一分散と考えて

$$s^2 = \frac{\sum e^2}{n-2}$$

によって σ^2 を推定し，$\hat{\beta}$ の分散を与える式は

$$V(\hat{\beta}) = \frac{\sigma^2}{\sum x^2}$$

であり，したがって $\hat{\beta}$ の分散の推定量を

$$s_{\hat{\beta}}^2 = \frac{s^2}{\sum x^2}$$

によって求め，$H_0 : \beta = 0$ の t 検定を行うことによって，どのような結果が生ずるかをみてみよう．

（1）　$E(\hat{\beta}) = \beta$ であるが，$\hat{\beta}$ は β の最良線形不偏推定量（BLUE）ではない．

$$\hat{\beta} = \beta + \sum_{i=1}^{n} w_i u_i, \quad w_i = \frac{x_i}{\sum x^2} \quad ((1.49)\text{ 式})$$

と表すことができるから，$E(u_i) = 0$ および X と u は独立という仮定が成立すれば，不均一分散であっても，β の OLSE $\hat{\beta}$ は不偏性をもつ．しかし，1.9.3 項の $\hat{\beta}$ の BLUE の証明には均一分散の仮定が必要であり，この均一分散の仮定が崩

れている．$\hat{\beta}$ の BLUE は 6.7 節で説明する一般化最小 2 乗法によって与えられる．

(2) 不均一分散であるから，均一分散の不偏推定量 s^2 や MLE $\hat{\sigma}^2$ を求めても無意味である．

(3) $\hat{\beta}$ の真の分散は次式になる．

$$\mathrm{var}(\hat{\beta})=\frac{\sum_{i=1}^{n}x_i^2\sigma_i^2}{\left(\sum_{i=1}^{n}x_i^2\right)^2} \tag{6.3}$$

不均一分散のもとでも $E(\hat{\beta})=\beta$ であるから

$$\mathrm{var}(\hat{\beta})=E(\hat{\beta}-\beta)^2=E\left(\sum_{i=1}^{n}w_iu_i\right)^2$$

$$=\sum_{i=1}^{n}w_i^2E(u_i^2)+\sum\sum_{i\neq j}w_iw_jE(u_iu_j)=\frac{\sum_{i=1}^{n}x_i^2\sigma_i^2}{\left(\sum_{i=1}^{n}x_i^2\right)^2}$$

が得られる．$E(u_iu_j)=0$ $(i\neq j)$ を用いている．

$$\sigma_i^2=\bar{\sigma}^2+\theta_i$$

$$\bar{\sigma}^2=\frac{1}{n}\sum_{i=1}^{n}\sigma_i^2$$

とおくと，$\sum_{i=1}^{n}\theta_i=0$ であり

$$\mathrm{var}(\hat{\beta})=\frac{\bar{\sigma}^2}{\sum x_i^2}+\frac{\sum_{i=1}^{n}x_i^2\theta_i}{(\sum x_i^2)^2} \tag{6.4}$$

と表すこともできる．

(4) 不均一分散のもとで s^2 の期待値を求めると

$$E(s^2)=\bar{\sigma}^2-\frac{\sum_{i=1}^{n}x_i^2\theta_i}{(n-2)\sum_{i=1}^{n}x_i^2} \tag{6.5}$$

となる（数学注）．

上式右辺第 2 項の分子

$$\sum x_i^2\theta_i=\sum x_i^2(\sigma_i^2-\bar{\sigma}^2)=\sum(x_i^2-m_2)(\sigma_i^2-\bar{\sigma}^2)$$

$$\left(m_2=\frac{1}{n}\sum x_i^2\right)$$

は x_i^2 と σ_i^2 の相関係数の分子であるから，σ_i^2 と x_i^2 が正の相関をしているときには，$E(s^2)<\bar{\sigma}^2$ となる．

(5)　$E(s_{\hat{\beta}}^2)\neq \mathrm{var}(\hat{\beta})$

(6.5) 式を用いると

$$E(s_{\hat{\beta}}^2)=\frac{E(s^2)}{\sum x^2}=\frac{\bar{\sigma}^2}{\sum x^2}-\frac{\sum x_i^2\theta_i}{(n-2)(\sum x^2)^2}$$

となるから次式を得る．

$$\begin{aligned}E(s_{\hat{\beta}}^2)&=\mathrm{var}(\hat{\beta})-\frac{\sum x_i^2\theta_i}{(\sum x^2)^2}-\frac{\sum x_i^2\theta_i}{(n-2)(\sum x^2)^2}\\&=\mathrm{var}(\hat{\beta})-\frac{(n-1)}{(n-2)}\frac{\sum x_i^2\theta_i}{(\sum x^2)^2}\neq \mathrm{var}(\hat{\beta})\end{aligned}$$

σ_i^2 が x_i^2 と正の相関をしていれば

$$E(s_{\hat{\beta}}^2)<\mathrm{var}(\hat{\beta})$$

と $s_{\hat{\beta}}^2$ は $\hat{\beta}$ の真の分散を，平均的に，過小推定する．

(6)　t 検定

$s_{\hat{\beta}}$ は $\hat{\beta}$ の真の標準偏差の推定量ではなく

$$\frac{\hat{\beta}-\beta}{s_{\hat{\beta}}}\not\sim t(n-2)$$

は t 分布しないから $H_0:\beta=0$ の t 検定も，これまで説明してきた β の信頼区間設定も誤りである．

結局，不均一分散のとき，$\hat{\beta}$ は不偏性を有しているが BLUE ではない．不均一分散であるから s^2，したがって $s_{\hat{\beta}}^2$ を求めても無意味であることがわかった．この結論は重回帰モデルにも適用できる．次になすべきことは均一分散の仮定が成立しているかどうかの検定である．

6.4　均一分散の検定

6.4.1　e-$\hat{Y}$ プロット

均一分散かどうかを判断する有力な方法として e-$\hat{Y}$ プロットがある．最小 2 乗残差 e と被説明変数 Y との相関は 0 ではないが，e と Y の推定値 $\hat{Y}$ は無相関である（3.4 節（2））．

e と Y が無相関でないのは

$$E(\boldsymbol{e}) = E(\boldsymbol{Mu}) = \boldsymbol{M}E(\boldsymbol{u}) = \boldsymbol{0} \quad (3.4\text{節}\ (3))$$
$$\boldsymbol{y} - E(\boldsymbol{y}) = \boldsymbol{u}$$

から

$$\mathrm{cov}(\boldsymbol{e}, \boldsymbol{y}) = E\left\{\boldsymbol{e}\left[\boldsymbol{y} - E(\boldsymbol{y})\right]'\right\} = E(\boldsymbol{Muu}')$$
$$= \boldsymbol{M}E(\boldsymbol{uu}') = \sigma^2\boldsymbol{M}$$

となるからである．

e と $\hat{Y}$ は無相関であるから，横軸に $\hat{Y}$，縦軸に e の（$\hat{Y}_i, e_i$）をプロットすれば，均一分散のとき，$\hat{Y}$ が大きくなると e のバラつきが大きくなる，あるいは小さくなる，あるいは e が非線形の動きをするというような特定のパターンは現れないであろう．**図 6.1** は均一分散の仮定が成立している（4.23）式の推定結果からの e-$\hat{Y}$ プロットであり，$\hat{Y} = \log(TIME)$ の推定値である．このプロットに何らかのパターンは見られない．**図 6.2** はやはり均一分散の仮定が成立している (2.30)

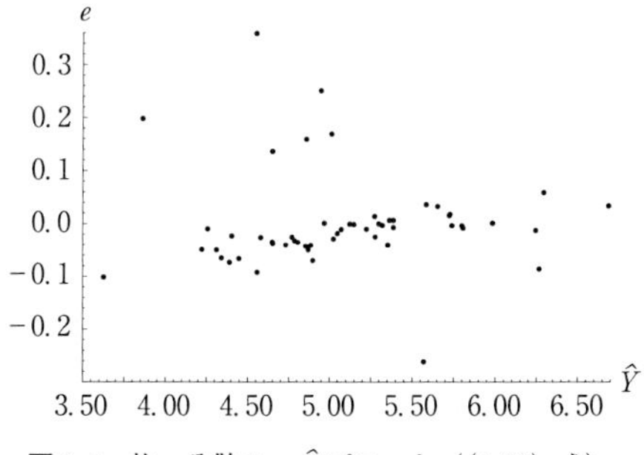

図 6.1　均一分散の e-$\hat{Y}$ プロット（(4.23) 式）

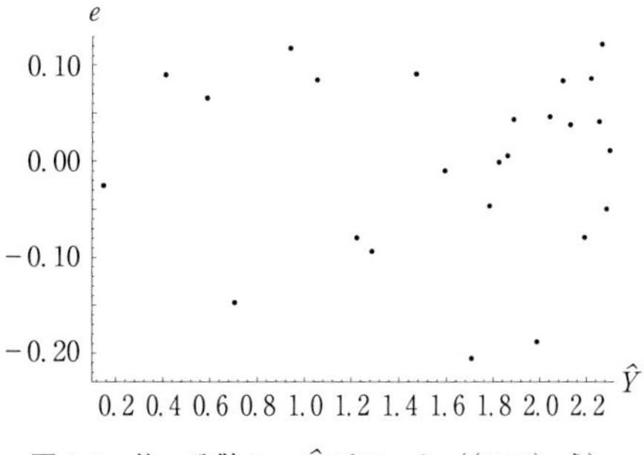

図 6.2　均一分散の e-$\hat{Y}$ プロット（(2.30) 式）

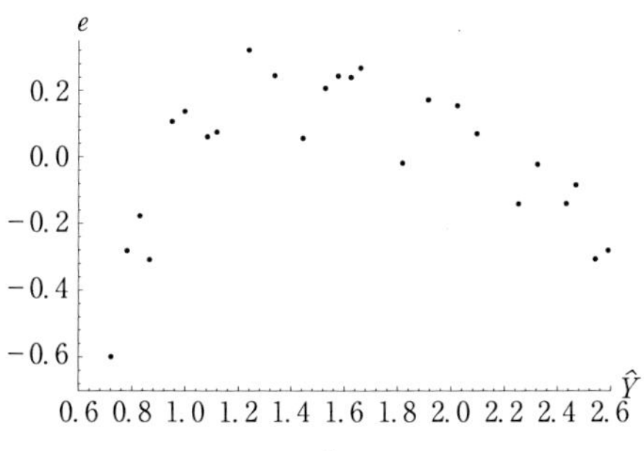

図 6.3　不均一分散の e-$\hat{Y}$ プロット（(2.29) 式）

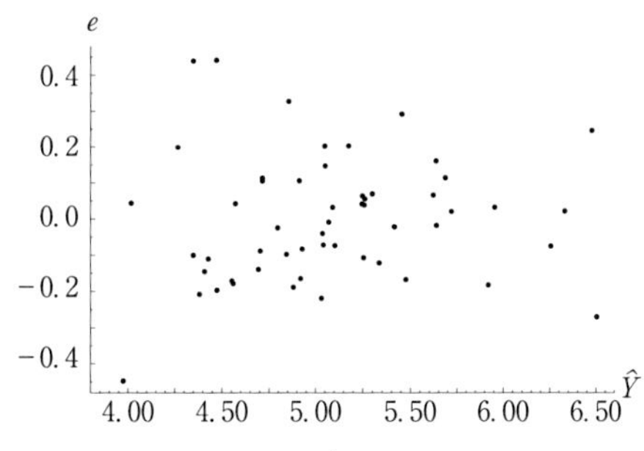

図 6.4　不均一分散の e-$\hat{Y}$ プロット（(4.26) 式）

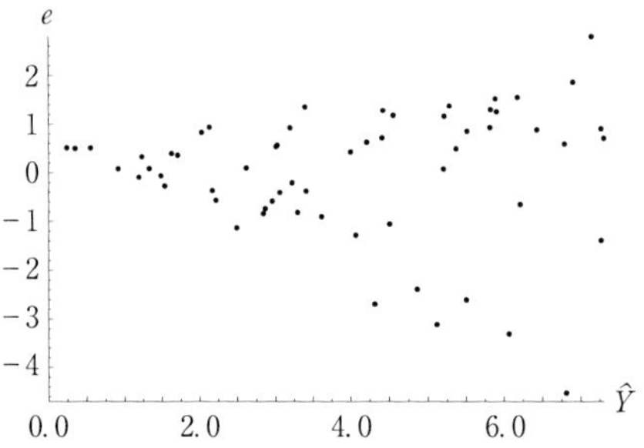

図 6.5　不均一分散 $\sigma_i^2=\sigma^2[E(Y_i)]^2$ の e-$\hat{Y}$ プロット

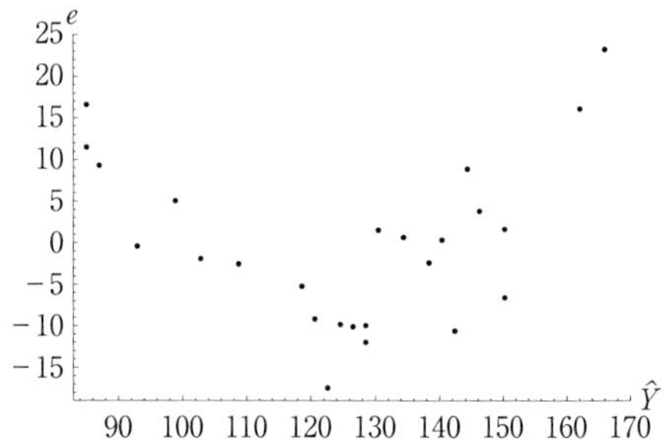

図 6.6　定式化ミスによる不均一分散の e-$\hat{Y}$ プロット

式の e-$\hat{Y}$ プロットである．$\hat{Y}=DC$ の推定値である．

他方，図 6.3 から図 6.6 の e-$\hat{Y}$ は不均一分散を表している．**図 6.3** は（2.29）式の e-$\hat{Y}$（$\hat{Y}=DC$ の推定値）は非線形のパターン，**図 6.4** は（4.26）式の推定式から得られる e-$\hat{Y}$($\hat{Y}=\log(TIME)$ の推定値）であり，e の変動が $\hat{Y}$ が大きくなるにしたがって少し小さくなっている．

図 6.5 は

$$\sigma_i^2=\sigma^2\Big[E(Y_i)\Big]^2$$

の不均一分散のときの e-$\hat{Y}$ プロットであり，$E(Y)$ の推定値 $\hat{Y}$ が大きくなるほど e のバラつきは大きくなっている．

図 6.6 は，例 6.1 で説明する

$$Y_i=\beta_1+\beta_2X_i+\beta_3X_i^2+u_i$$

が適切な定式化のとき，モデルを

$$Y_i=\alpha+\beta X_i+v_i$$

と定式化し，系統的要因 X_i^2 が説明変数として入っていない上式の推定式からの e-$\hat{Y}$ プロットである．図 6.3 とは逆の V 字型非線形のパターンである．

e-$\hat{Y}$ プロットによって不均一分散を検出できない場合も多いが，説明変数の型が適切かどうかを判断できるケースもある．

6.4.2　ブロイシュ・ペーガンテスト（BP テスト）

均一分散の検定によく用いられるのはブロイシュ・ペーガンテスト Breusch-Pagan test（BP テスト）である．ブロイシュ・ペーガン・ゴドフライテストと

よばれることもある．

Breusch and Pagan (1979) および Godfrey (1978) にもとづく検定である．

$$\sigma_i^2 = f(\alpha_0 + \alpha_1 Z_{1i} + \cdots + \alpha_m Z_{mi})$$

とし，均一分散

$$H_0 : \alpha_1 = \alpha_2 = \cdots = \alpha_m = 0$$

という帰無仮説を設定する．$f(\cdot)$ は $f(Z) = Z,\ Z^2,\ e^z$ 等々どのような関数でもよい．BP 検定は f に依存しない．

均一分散かどうかを検定したいモデルの推定式から得られる残差を e_i, σ^2 の MLE を $\hat{\sigma}^2$ とし

$$\frac{e_i^2}{\hat{\sigma}^2} = \gamma_0 + \gamma_1 Z_{1i} + \cdots + \gamma_m Z_{mi} + \varepsilon_i \quad (6.6)$$

$$i = 1, \cdots, n$$

の回帰を行う．$Z_1, \cdots, Z_m$ は，通常，設定したモデルの説明変数が用いられる．帰無仮説は

$$H_0 : \gamma_1 = \gamma_2 = \cdots = \gamma_m = 0 \quad \text{（均一分散）}$$

であり，対立仮説は

$$H_1 : \gamma_1, \cdots, \gamma_m \text{ の少なくとも 1 つは 0 でない}$$

である．

検定統計量は，(6.6) 式の決定係数を R^2 とすると

$$nR^2 \underset{\text{asy}}{\overset{H_0}{\sim}} \chi^2(m) \quad (6.7)$$

である．(6.6) 式のモデルによって説明される平方和を ESS とすると

$$\frac{ESS}{2} \underset{\text{asy}}{\overset{H_0}{\sim}} \chi^2(m)$$

が検定統計量として用いられることもある．しかし $ESS/2$ は誤差項の正規性の仮定にきわめて敏感であり，nR^2 のほうが正規性の仮定に頑健であることを示したのは Koenker (1981) および Koenker and Bassett (1982) である．したがって本書も BP テストには nR^2 を用いる．

nR^2 も $ESS/2$ もラグランジュ乗数検定として導くことができる（蓑谷 (2007), pp. 187–193)．

6.4.3 ホワイトテスト

White（1980）のテストは，説明変数が X_2, X_3 の場合を例にとると，補助方程式

$$e_i^2=\alpha_0+\alpha_1X_{2i}+\alpha_2X_{3i}+\alpha_3X_{2i}^2+\alpha_4X_{3i}^2+\alpha_5X_{2i}\times X_{3i}+v_i \tag{6.8}$$

を OLS で推定し

$$H_0: \alpha_1=\alpha_2=\cdots=\alpha_5=0 \quad (\text{均一分散})$$

と設定し，(6.8) 式を推定したときの決定係数を R^2 とすると，H_0 が正しいとき

$$\mathrm{W}=nR^2 \underset{\text{asy}}{\overset{H_0}{\sim}} \chi^2(5) \tag{6.9}$$

によるテストである．右片側が棄却域である．

モデルに説明変数が X_2, X_3, X_4 と 3 個あれば，e_i^2 を被説明変数とする補助方程式の説明変数は，定数項以外に

$$X_j, \quad j=2,3,4$$
$$X_j^2, \quad j=2,3,4$$
$$X_iX_j, \quad i,j=2,3,4, \quad i\neq j$$

と 9 個になる．定数項を含めてモデルに k 個の説明変数があれば，補助方程式の説明変数の数は，定数項以外に $k(k+1)/2-1$ 個になる．

6.4.4 ゴドフライ・コーエンカーテスト

ゴドフライ・コーエンカーテストとよばれているテストは，Godfrey（1978）および Koenker（1981）によって提唱されたテストである．設定したモデルを (3.1) 式とする．このとき

$$e_i^2=\sigma^2\exp\left[\theta(\beta_1+\beta_2X_{2i}+\cdots+\beta_kX_{ki})\right] \tag{6.10}$$

の不均一分散を仮定したとき

$$H_0: \theta=0 \ (\text{均一分散}), \quad H_1: \theta\neq 0$$

の検定統計量は

$$\mathrm{GK}=\frac{n\left[\sum_{i=1}^{n}(\hat{Y}_i-\bar{Y})e_i^2\right]^2}{\sum_{i=1}^{n}(\hat{Y}_i-\bar{Y})^2\sum_{i=1}^{n}(e_i^2-\hat{\sigma}^2)^2} \underset{\text{asy}}{\overset{H_0}{\sim}} \chi^2(1) \tag{6.11}$$

によって与えられることが示された．

(6.10) 式は

$$\sigma_i^2=\sigma^2 \exp\left[\theta E(Y_i)\right]$$

と表すことができるから，$\theta>0$ のとき $E(Y_i)$ が大きくなるに従って σ_i^2 が大きくなる不均一分散を示す．この GK は(6.11)式をみればわかるように，e_i^2 と $\hat{Y}_i$(それぞれ σ_i^2 と $E(Y_i)$ の推定値と考えることができる）の相関係数の 2 乗に n を掛けた値である．e_i^2 と $\hat{Y}_i$ の相関が高いほど σ_i^2 と $E(Y_i)$ との間に高い相関があることが示唆されるから，BP テスト，ホワイトテストと同様に GK の値が大きいほど，均一分散という仮説に不利な証拠となる．

▶例 6.1　ピーク時の負荷電力と最高気温

表 6.1 のデータは無作為抽出による夏日 25 日の

Y＝ピーク時の負荷電力（単位：メガワット）

X＝一日の最高気温（°F）

表 6.1　ピーク時の負荷電力（Y）と最高気温（X）

Y	X	Y	X	Y	X
136.0	94	178.2	106	96.3	68
131.7	96	101.6	67	135.1	92
140.7	95	92.5	71	143.6	100
189.3	108	151.9	100	111.4	85
96.5	67	106.2	79	116.5	89
116.4	88	153.2	97	103.9	74
118.5	89	150.1	98	105.1	86
113.4	84	114.7	87		
132.0	90	100.9	76		

出所：Mendenhall and Sincich (2003), p. 259, Table5. 1

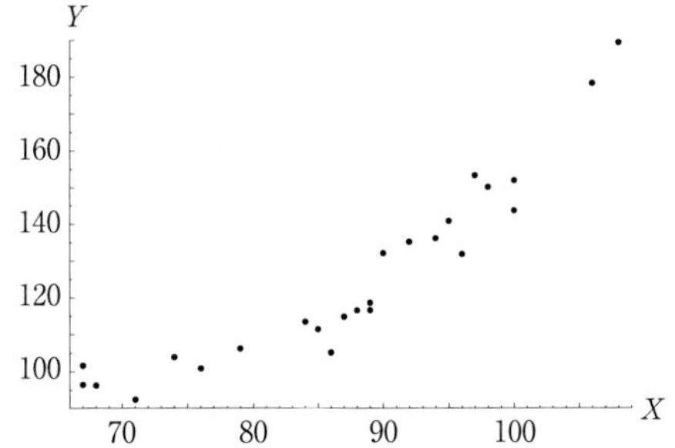

図 6.7　ピーク時の負荷電力（Y）と一日の最高気温（X）

表 6.2 (6.12) 式および (6.13) 式の推定結果

説明変数	(6.12) 式			(6.13) 式		
	係数	標準偏差	t 値	係数	標準偏差	t 値
定数項	−47.39	15.67	−3.02	385.05	55.17	6.98
X	1.98	0.18	11.13	−8.29	1.30	−6.38
X^2				0.598×10^{-1}	0.7549×10^{-2}	7.93
$\bar{R}^2$	0.8365			$\bar{R}^2$	0.9557	
s	10.32			s	5.37	
RESET (2)	62.808 (0.000)			RESET (2)	0.021 (0.886)	
RESET (3)	30.001 (0.000)			RESET (3)	0.121 (0.887)	
BP	1.104 (0.293)	df = 1		BP	2.274 (0.321)	df = 2
W	8.682 (0.013)	df = 2		W	5.240 (0.264)	df = 4
GK	1.104 (0.293)	df = 1		GK	0.670 (0.413)	df = 1

である．電力会社の目的は一日の最高気温からピーク時の負荷電力を予測することにある．

図 6.7 の (X, Y) の散布図をみれば，Y は X と 2 次の関係があると予想できるが

$$Y_i = \alpha + \beta X_i + \varepsilon_i, \quad i = 1, \cdots, 25 \tag{6.12}$$

という単純回帰モデルを設定したとしよう．散布図から適切な定式化は (6.12) 式ではなく

$$Y_i = \beta_1 + \beta_2 X_i + \beta_3 X_i^2 + u_i \tag{6.13}$$

であろう．

(6.12) 式と (6.13) 式の OLS による推定結果は**表 6.2** に示されている．RESET (2)，RESET (3)，BP，W (ホワイトテスト)，GK の ( ) 内は p 値である．df はカイ 2 乗分布の自由度を示す．RESET (2)，(3) から (6.12) 式は定式化ミス，BP，GK からは不均一分散は検出されないが，W は均一分散の仮説のもとで p 値は 0.013 しかなく，有意水準 0.02 で均一分散の仮説は棄却される．

(6.13) 式は定式化ミス，不均一分散いずれもないと判断することができる．$\bar{R}^2$ も (6.13) 式は 0.9557 と大きい．

以下，表 6.2 の均一分散の検定について説明する．

(1) (6.12) 式 BP テスト

OLS で (6.12) 式を推定した式の残差 e_i と，$\hat{\sigma}^2 = 98.05$ を用いて

$$\frac{e_i^2}{\hat{\sigma}^2} = \underset{(-0.52)}{-1.020} + \underset{(1.03)}{0.023}X_i$$

が得られる．この回帰から

$$\mathrm{BP} = nR^2 = 25(0.04414) = 1.104$$

となり，自由度1のカイ2乗分布から p 値は

$$P(\chi^2 > 1.104) = 0.293$$

となる．仮説：均一分散は棄却されないが，この回帰式は定数項も0と有意に異ならず，BPテストを行うときの関数形にも問題がある．X への回帰ではなく，次の回帰

$$\frac{e_i^2}{\hat{\sigma}^2} = \underset{(1.15)}{0.357} + \underset{(3.02)}{0.578 \times 10^{-4}} \exp(X_i/10)$$

において $\exp(X_i/10)$ は有意であり

$$\mathrm{BP} = nR^2 = 25(0.2844) = 7.110$$

p 値 0.00767

が得られ，均一分散の仮説は棄却される．

(2)　(6.12) 式ホワイトテスト

(6.12) 式の説明変数は X のみであるから，ホワイトテストの回帰式の推定結果は次式になる．

$$e_i^2 = \underset{(3.07)}{3400.95} - \underset{(-3.10)}{80.87}X_i + \underset{(3.20)}{0.4843}X_i^2$$

この推定結果から

$$\mathrm{W} = nR^2 = 25(0.34728) = 8.682$$

となり，自由度2のカイ2乗分布から p 値

$$P(\chi^2 > 8.682) = 0.013$$

となる．

(3)　(6.12) 式ゴドフライ・コーエンカーテスト

(6.11) 式の GK は e_i^2 の $\hat{Y}_i$ への回帰

$$e_i^2 = \underset{(-0.32)}{-45.67} + \underset{(1.03)}{1.15}\hat{Y}_i$$

における nR^2 に等しいから

$$\mathrm{GK} = nR^2 = 25(0.04414) = 1.103$$

となり，自由度1のカイ2乗分布から p 値

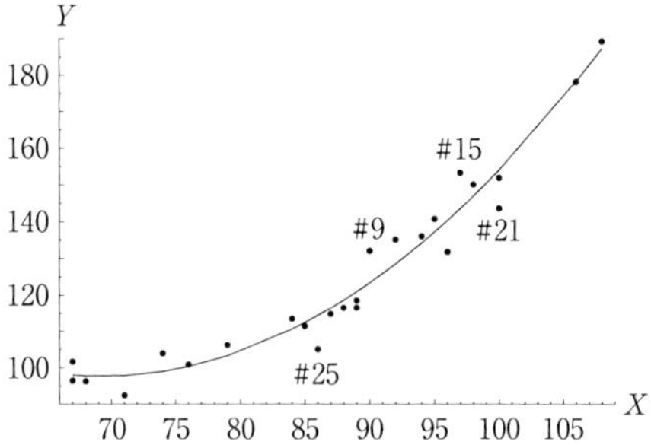

図 6.8 散布図と (6.13) 式の推定回帰線

$$P(\chi^2 > 1.103) = 0.293$$

が得られる.

(6.12) 式の推定式からの e-$\hat{Y}$ プロットは図 6.6 であり, 説明変数の 2 乗が説明変数として必要なことを示している. それが (6.13) 式である.

(6.13) 式の BP, W, GK も同様であるが, (6.13) 式の説明変数は X と X^2 であるから, ホワイトテストの (6.8) 式は

$$e_i^2 = \alpha_0 + \alpha_1 X_i + \alpha_2 X_i^2 + \alpha_3 (X_i^2)^2 + \alpha_4 X_i \cdot X_i^2 + v_i$$

となり

$$H_0 : \alpha_1 = \alpha_2 = \alpha_3 = \alpha_4 = 0$$

の検定であるから, 自由度 4 のカイ 2 乗検定である.

図 6.8 は (X, Y) の散布図に (6.13) 式の推定回帰線を描いたグラフである. 図の 4 個の # を付けた点は, 平方残差率が 2 桁の #9 (11.93%), #15 (14.64%), #21 (17.10%) #25 (13.40%) である. この 4 点で残差平方和の 57.07%を占める.

▶例 6.2

これまでに推定した回帰式の, すべてではないが, いくつかの式の BP テスト, ホワイトテスト (W), GK テストの結果を**表 6.3** に示した. df はカイ 2 乗検定統計量の自由度である. 表には検定統計量の値と, 均一分散の仮説のもとでの p 値が ( ) 内に示されている.

3 つの検定統計量 BP, W, GK が検定しようとしている不均一分散の型は, それぞれ (6.6) 式, (6.8) 式, (6.10) 式に表されているように異なっている. したがって BP, W, GK が同じ結論をもたらすとは限らない. たとえば (3.68) 式,

所定内賃金（W）を平均勤続年数（$YEAR$）と性別ダミー（DX）を用いて

$$W=\beta_1+\beta_2\log(YEAR)+\beta_3 YEAR^2+\beta_4 YEAR^4 + \beta_5 DX\cdot YEAR+u$$

を推定した式をみてみよう．BP, W では均一分散の仮説は棄却されないが，GK の p 値は 0.023 と小さく，有意水準 0.03 で均一分散の仮説は棄却される．すなわち，上式の u_i の分散 σ_i^2 は

$$\sigma_i^2=\sigma^2\exp\left[\theta E(Y_i)\right],\quad \theta\neq 0$$

の不均一分散の可能性がある．

（3.68）式と説明変数は同じで，被説明変数を $\log(W)$ にした推定結果は次式になる．係数の下の（　）内は t 値である．

$$\log(W)=\underset{(360.11)}{5.409}+\underset{(8.52)}{0.0877}\log(YEAR)+\underset{(10.41)}{0.1163\times10^{-2}}YEAR^2 -\underset{(-11.81)}{0.1057\times10^{-5}}YEAR^4+\underset{(17.48)}{0.1505\times10^{-1}}DX\cdot YEAR \qquad (6.14)$$

$\bar{R}^2=0.9892,\quad s=0.0348$

RESET(2)＝3.952（0.07），RESET(3)＝1.815（0.208）

BP＝2.392(0.664)，W＝14.440（0.344），GK＝0.781（0.377）

この推定結果は，BP, W, GK いずれも均一分散という仮説を棄却しない．

（4.23）式，（4.26）式は肝臓手術後の患者の生存時間のモデルである．表 4.8,

表 6.3　推定式の均一分散テスト

式番号	BP(p 値)		W(p 値)		GK(p 値)
	df		df		df＝1
(2.29) 式	1	2.541(0.111)	2	6.425(0.040)	2.541(0.111)
(2.30) 式	1	0.091(0.763)	2	1.216(0.545)	0.091(0.763)
(2.39) 式	1	0.426(0.514)	2	0.859(0.651)	0.426(0.514)
(3.60) 式	2	11.988(0.002)	5	14.962(0.011)	11.576(0.001)
(3.62) 式	2	0.545(0.762)	5	10.607(0.060)	0.220(0.639)
(3.68) 式	4	7.094(0.131)	13	12.409(0.494)	5.156(0.023)
(3.70) 式	2	7.398(0.025)	5	8.162(0.148)	5.849(0.016)
(4.13) 式	3	5.297(0.151)	9	10.732(0.295)	1.442(0.230)
(4.23) 式	4	4.515(0.341)	14	22.132(0.076)	1.653(0.199)
(4.26) 式	5	18.523(0.002)	19	38.950(0.004)	3.877(0.049)
(4.35) 式	4	6.158(0.188)	14	12.942(0.452)	3.029(0.082)
(4.46) 式	2	1.686(0.430)	5	2.245(0.814)	0.387(0.534)
(5.13) 式	2	8.517(0.014)	5	9.263(0.099)	7.527(0.006)

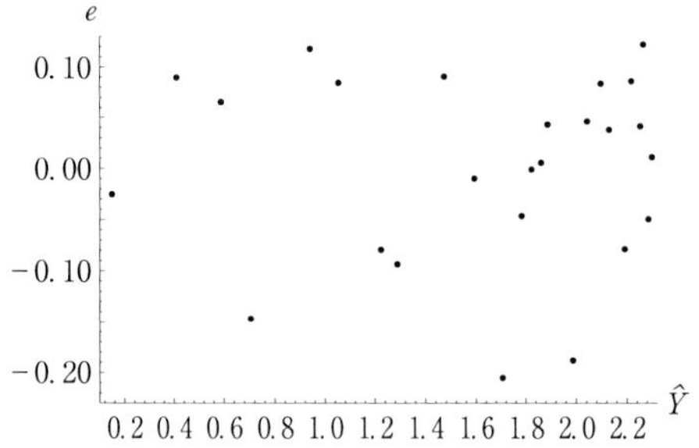

図 6.9 (2.30) 式の e-$\hat{Y}$ プロット

表 4.9 に示されているように (4.23) 式の $\bar{R}^2=0.9774$ は高いが非正規, (4.26) 式の $\bar{R}^2=0.9180$ であるが誤差項は正規性を満たすという推定結果であった. 表 6.3 から均一分散の仮定を満たすのは (4.23) 式である.

(3.70) 式, (5.13) 式は貨幣賃金率変化率の関数である. (3.70) 式は失業率 (RU) が RU^{-1}, (5.13) 式は $RU^{-1.699}$ として説明変数に現れる. (5.13) 式の方が (3.70) 式より良いと述べてきたが, 両式とも不均一分散の問題がある.

(2.29) 式, (2.30) 式は風速 (WV) と直流発電量 (DC) の推定式である. (2.29) 式は WV, (2.30) 式は WV^{-1} が説明変数である. 均一分散の点からも (2.29) 式より (2.30) 式の方がよい. (2.29) 式の e-$\hat{Y}$ プロットは図 6.3 である. (2.30) 式の e-$\hat{Y}$ プロットは**図 6.9** である. 図 6.3 と比較されたい.

6.5 分散安定化変換

回帰モデルにおける不均一分散を被説明変数あるいは説明変数の変換によって均一分散にすることができる場合がある.

被説明変数を Y, Y の任意の微分可能な関数を $h(Y)$ とし

$$E(Y_i)=\mu_i,\quad \mathrm{var}(Y_i)=\sigma^2 g(\mu_i)$$

とする. このとき Y の関数 $h(Y)$ をどのような関数形にすれば, $\mathrm{var}[h(Y_i)]$ を一定分散にすることができるかを考えてみよう. $h(Y_i)$ を μ_i のまわりでテイラー展開すると

$$h(Y_i)\approx h(\mu_i)+\left.\frac{\partial h(Y_i)}{\partial Y_i}\right|_{Y_i=\mu_i}(Y_i-\mu_i)=h(\mu_i)+h'(\mu_i)(Y_i-\mu_i)$$

を得る．したがって

$$\mathrm{var}\left[h(Y_i)\right] \doteqdot \left[h'(\mu_i)\right]^2 \sigma^2 g(\mu_i)$$

となる．たとえば

$$g(\mu_i) = \mu_i^2$$

のとき

$$\mathrm{var}\left[h(Y_i)\right] \doteqdot \sigma^2 \left[h'(\mu_i)\right]^2 \mu_i^2$$

であるから

$$h'(\mu_i) = \frac{1}{\mu_i}$$

すなわち

$$h(\mu_i) = \log \mu_i$$

したがって

$$h(Y_i) = \log Y_i$$

と対数変換することによって分散一定となる．

もう少し一般的に

$$g(\mu_i) = \mu_i^\theta$$

のとき

$$\mathrm{var}\left[h(Y_i)\right] \doteqdot \sigma^2 \left[h'(\mu_i)\right]^2 \mu_i^\theta \tag{6.15}$$

であるから

$$h'(\mu_i) = \mu_i^{-\frac{\theta}{2}}$$

すなわち

$$h(\mu_i) = \mu_i^{1-\frac{\theta}{2}}$$

したがって

$$h(Y_i) = Y_i^{1-\frac{\theta}{2}} \quad (\theta \neq 2)$$

と変換すれば $\mathrm{var}\left[h(Y_i)\right]$ は均一分散となる．$\theta=1$ のとき，$Y_i>0$ という制約のもとで $\sqrt{Y_i}$，$\theta=4$ のとき $Y_i^{-1}(Y_i \neq 0)$，$\theta=-2$ のとき Y_i^2 等々である．$\theta=2$ のときは $\log Y_i (Y_i>0)$ である．

6.6 節で説明するボックス・コックス変換は

$$Y_i^{(\lambda)} = \frac{Y_i^{\lambda} - 1}{\lambda}$$

という変換であるから

$$\sigma_i^2 = \sigma^2 \mu_i^{\theta}, \quad \theta = 2(1 - \lambda)$$

の不均一分散の型に対して，分散安定化効果をもつ変換になる．

この分散安定化変換から考えると，GK で仮定されている

$$\sigma_i^2 = \sigma^2 \exp\left[\lambda E(Y_i)\right] = \sigma^2 \exp(\lambda \mu_i) \fallingdotseq \sigma^2 (1 + \lambda \mu_i)$$

と近似し，$g(\mu_i) = \mu_i^{\theta}$ の $\theta = 1$ と考えると，(3.68) 式は $W^{\frac{1}{2}}$ という変換も分散安定化をもたらすかもしれない．実際，(3.68) 式の W を $\sqrt{W}$ に変換して推定すると次式を得る．

$$\begin{aligned} \sqrt{W} = &\underset{(124.44)}{14.9012} + \underset{(7.27)}{0.5972} \log(W) + \underset{(13.67)}{0.1217} \times 10^{-1} YEAR^2 \\ &- \underset{(-15.22)}{0.1082} \times 10^{-4} YEAR^4 + \underset{(22.75)}{0.1561} DX \cdot YEAR \end{aligned} \qquad (6.16)$$

$\bar{R}^2 = 0.9922, \quad s = 0.2777$

RESET(2) = 0.460 (0.511)， RESET(3) = 0.803 (0.473)

BP = 0.345(0.987)， W = 12.468 (0.490)， GK = 0.057 (0.811)

回帰係数の t 値もすべて大きく，$\bar{R}^2$ も大きく，定式化テスト，均一分散のテストも問題ない．

6.6 ボックス・コックス変換

6.6.1 ボックス・コックス変換

被説明変数あるいは説明変数の型を変えることによって，説明力が高くなる，あるいは不均一分散が均一化される，あるいは定式化ミスがなくなる，という場合がある．もちろん逆の好ましくない方向に行く場合もある．

変数の適切な型を見出そうとするときよく用いられる方法がボックス・コックス変換 Box-Cox transformation である (Box and Cox (1964))．

ボックス・コックス変換とは次のような変換である．

$$Y_i^{(\lambda)} = \frac{Y_i^{\lambda} - 1}{\lambda}, \quad i = 1, 2, \cdots, n \qquad (6.17)$$

$\lambda = 1$ のとき

$$Y_i^{(\lambda)}=Y_i-1$$

$\lambda=0$ のとき

$$Y_i^{\lambda}=e^{\lambda\log Y_i}$$

であるから，ド・ロピタルの法則を用いて

$$\lim_{\lambda\to 0}Y_i^{(\lambda)}=\lim_{\lambda\to 0}\frac{e^{\lambda\log Y_i}-1}{\lambda}=\lim_{\lambda\to 0}\frac{\log Y_i e^{\lambda\log Y_i}}{1}=\log Y_i$$

となる．

$$\frac{dY^{(\lambda)}}{dY}=Y^{\lambda-1}$$

$$\frac{d^2Y^{(\lambda)}}{dY^2}=\left(\frac{\lambda-1}{Y}\right)Y^{\lambda-1}=(\lambda-1)\,Y^{\lambda-2}$$

であるから

$\lambda>1$ のとき　$d^2Y^{(\lambda)}/dY^2>0$ で　凸

$\lambda<1$ のとき　$d^2Y^{(\lambda)}/dY^2<0$ で　凹

関数 φ が凸ならば Y から $\varphi(Y)$ への変換は右の歪みを増し，φ が凹ならば右の歪みを小さくする．正の値をとり，右に歪みをもち，分散が期待値の増加関数である変数は多い．このとき $\lambda<1$ のボックス・コックス変換によって歪みと不均一分散はともに小さくなる（Carroll and Ruppert (1988)）．λ は実数である．

6.6.2　ボックス・コックスモデルの推定

ボックス・コックス変換をするモデルは

$$Y_i^{(\lambda)}=\beta_1+\beta_2X_{2i}^{(\lambda)}+\cdots+\beta_kX_{ki}^{(\lambda)}+u_i \tag{6.18}$$

$$Y_i^{(\lambda)}=\beta_1+\beta_2X_{2i}+\cdots+\beta_kX_{ki}+u_i \tag{6.19}$$

$$Y_i=\beta_1+\beta_2X_{2i}^{(\lambda)}+\cdots+\beta_kX_{ki}^{(\lambda)}+u_i \tag{6.20}$$

$$Y_i=\beta_1+\beta_2X_{2i}^{(\lambda)}+\beta_3X_{3i}^{(\lambda)}+\beta_4X_{4i}+\cdots+\beta_kX_{ki}+u_i \tag{6.21}$$

$$Y_i^{(\lambda)}=\beta_1+\beta_2X_{2i}^{(\lambda)}+\beta_3X_{3i}^{(\lambda)}+\beta_4X_{4i}+\cdots+\beta_kX_{ki}+u_i \tag{6.22}$$

等々，さまざまなモデルを考えることができる．ここでは (6.18) 式の推定を考えよう．(6.18) 式の u_i が $u_i\sim \mathrm{NID}(0,\sigma^2)$ の仮定を満たすものとする．

(6.18) 式を

$$\boldsymbol{y}^{(\lambda)}=\boldsymbol{X}^{(\lambda)}\boldsymbol{\beta}+\boldsymbol{u} \tag{6.23}$$

$$\boldsymbol{u}\sim N(\boldsymbol{0},\sigma^2\boldsymbol{I})$$

と表す.

$$\boldsymbol{y}^{(\lambda)}=\begin{bmatrix} Y_1^{(\lambda)} \\ \vdots \\ Y_n^{(\lambda)} \end{bmatrix},\quad \boldsymbol{X}^{(\lambda)}=\begin{bmatrix} 1 & X_{21}^{(\lambda)} & \cdots & X_{k1}^{(\lambda)} \\ \vdots & \vdots & & \vdots \\ 1 & X_{2n}^{(\lambda)} & \cdots & X_{kn}^{(\lambda)} \end{bmatrix},\quad \boldsymbol{\beta}=\begin{bmatrix} \beta_1 \\ \vdots \\ \beta_k \end{bmatrix},\quad \boldsymbol{u}=\begin{bmatrix} u_1 \\ \vdots \\ u_n \end{bmatrix}$$

である.

$$\frac{\partial u_i}{\partial Y_j}=\frac{\partial u_i}{\partial Y_j^{(\lambda)}}\frac{\partial Y_j^{(\lambda)}}{\partial Y_j}=\begin{cases} Y_i^{\lambda-1} & i=j \\ 0 & i\neq j \end{cases}$$

であるから，ヤコービアン $\boldsymbol{J}$ は次のようになる.

$$\boldsymbol{J}=\begin{vmatrix} \dfrac{\partial u_1}{\partial Y_1} & \dfrac{\partial u_1}{\partial Y_2} & \cdots & \dfrac{\partial u_1}{\partial Y_n} \\ \dfrac{\partial u_2}{\partial Y_1} & \dfrac{\partial u_2}{\partial Y_2} & \cdots & \dfrac{\partial u_2}{\partial Y_n} \\ \vdots & \vdots & & \vdots \\ \dfrac{\partial u_n}{\partial Y_1} & \dfrac{\partial u_n}{\partial Y_2} & \cdots & \dfrac{\partial u_n}{\partial Y_n} \end{vmatrix}=\begin{vmatrix} Y_1^{\lambda-1} & 0 & \cdots & 0 \\ 0 & Y_2^{\lambda-1} & \cdots & 0 \\ \vdots & \vdots & & \vdots \\ 0 & 0 & \cdots & Y_n^{\lambda-1} \end{vmatrix}$$

$$=\prod_{i=1}^{n} Y_i^{\lambda-1}$$

尤度関数は次式で与えられる.

$$L=(2\pi\sigma^2)^{-\frac{n}{2}}\exp\left\{-\frac{1}{2\sigma^2}[\boldsymbol{y}^{(\lambda)}-\boldsymbol{X}^{(\lambda)}\boldsymbol{\beta}]'[\boldsymbol{y}^{(\lambda)}-\boldsymbol{X}^{(\lambda)}\boldsymbol{\beta}]\right\}|\boldsymbol{J}|$$

したがって対数尤度関数は次のようになる.

$$\log L=-\frac{n}{2}\log(2\pi)-\frac{n}{2}\log\sigma^2-\frac{1}{2\sigma^2}[\boldsymbol{y}^{(\lambda)}-\boldsymbol{X}^{(\lambda)}\boldsymbol{\beta}]'[\boldsymbol{y}^{(\lambda)}-\boldsymbol{X}^{(\lambda)}\boldsymbol{\beta}]$$

$$+(\lambda-1)\sum_{i=1}^{n}\log Y_i \tag{6.24}$$

上式右辺の最後の項はヤコービアンの対数である．したがって被説明変数をボックス・コックス変換しなければ，この項は不要であり，$\boldsymbol{y}^{(\lambda)}$ は $\boldsymbol{y}$ となる.

λ が与えられれば，$\boldsymbol{\beta}$ と σ^2 の最尤推定量は次式で与えられる.

$$\hat{\boldsymbol{\beta}}(\lambda)=[\boldsymbol{X}^{(\lambda)\prime}\boldsymbol{X}^{(\lambda)}]^{-1}\boldsymbol{X}^{(\lambda)\prime}\boldsymbol{y}^{(\lambda)} \tag{6.25}$$

$$\hat{\sigma}^2(\lambda)=\frac{1}{n}\boldsymbol{e}^{(\lambda)\prime}\boldsymbol{e}^{(\lambda)} \tag{6.26}$$

ここで

$$\boldsymbol{e}^{(\lambda)} = \boldsymbol{y}^{(\lambda)} - \boldsymbol{X}^{(\lambda)}\hat{\boldsymbol{\beta}}(\lambda)$$

である．

(6.25) 式と (6.26) 式をそれぞれ (6.24) 式の $\boldsymbol{\beta}$ と σ^2 に代入すれば，λ に尤度が集中した集中対数尤度関数

$$\log L(\lambda) = -\frac{n}{2}(\log 2\pi + 1) - \frac{n}{2}\log\hat{\sigma}^2(\lambda) + (\lambda - 1)\sum_{i=1}^{n}\log Y_i \qquad (6.27)$$

が得られる．上式を最大にする，あるいは

$$S(\lambda) = \frac{n}{2}\log\hat{\sigma}^2(\lambda) + (1-\lambda)\sum_{i=1}^{n}\log Y_i \qquad (6.28)$$

を最小にする λ は λ の最尤推定量を与える．

したがって $\boldsymbol{\beta}$, σ^2, λ の最尤推定量 (MLE) は次のようにして求めることができる．λ を，たとえば，$-2.0(0.1)2.0$ と動かし，与えられた λ に対して (6.25), (6.26) 式より最尤推定量 $\hat{\boldsymbol{\beta}}$, $\hat{\sigma}^2$ を求め，(6.28) 式の $S(\lambda)$ を計算する．このようにして得られる $S(\lambda)$ のなかで $S(\lambda)$ を最小にする λ，その λ に対応する $\hat{\boldsymbol{\beta}}$, $\hat{\sigma}^2$ を求めればよい．$\hat{\boldsymbol{\beta}}$ はここでは OLSE ではなく，MLE の意味で用いている．

6.6.3 $\hat{\boldsymbol{\beta}}$ の共分散行列

最尤推定量 $\hat{\boldsymbol{\beta}}$ の共分散行列は

$$\hat{\sigma}^2[\boldsymbol{X}^{(\lambda)\prime}\boldsymbol{X}^{(\lambda)}]^{-1} \qquad (6.29)$$

によって推定されるが，この (6.29) 式は以下で示すように，真の分散を過小推定するという点に注意しよう．

まず $\boldsymbol{\theta} = \begin{bmatrix}\boldsymbol{\beta} \\ \lambda\end{bmatrix}$, $\boldsymbol{\theta}$ の MLE を $\hat{\boldsymbol{\theta}} = \begin{bmatrix}\hat{\boldsymbol{\beta}} \\ \hat{\lambda}\end{bmatrix}$ とすれば，$\hat{\boldsymbol{\theta}}$ の漸近的共分散行列は

$$\boldsymbol{I}(\boldsymbol{\theta})^{-1} = \left[-E\left(\frac{\partial^2 \log L}{\partial\boldsymbol{\theta}\partial\boldsymbol{\theta}'}\right)\right]^{-1}$$

によって与えられる ((3.80) 式)．

$$\frac{\partial \log L}{\partial \boldsymbol{\beta}} = -\frac{1}{2\sigma^2}[-2\boldsymbol{X}^{(\lambda)\prime}\boldsymbol{y}^{(\lambda)} + 2\boldsymbol{X}^{(\lambda)\prime}\boldsymbol{X}^{(\lambda)}\boldsymbol{\beta}]$$

$$= -\frac{1}{\sigma^2}\left\{-\boldsymbol{X}^{(\lambda)\prime}[\boldsymbol{y}^{(\lambda)} - \boldsymbol{X}^{(\lambda)}\boldsymbol{\beta}]\right\} = \frac{1}{\sigma^2}\boldsymbol{X}^{(\lambda)\prime}\boldsymbol{u}$$

$$\frac{\partial \log L}{\partial \lambda} = -\frac{1}{2\sigma^2}\left(\frac{\partial \boldsymbol{u}'}{\partial\lambda}\boldsymbol{u} + \boldsymbol{u}'\frac{\partial \boldsymbol{u}}{\partial\lambda}\right) + \sum \log Y_i$$

$$= -\frac{1}{\sigma^2}(\boldsymbol{u}'\boldsymbol{u}_\lambda) + \sum \log Y_i$$

$$\boldsymbol{u}_\lambda = \frac{\partial \boldsymbol{u}}{\partial \lambda} = \frac{\partial \boldsymbol{y}^{(\lambda)}}{\partial \lambda} - \frac{\partial \boldsymbol{X}^{(\lambda)}}{\partial \lambda}\boldsymbol{\beta}$$

$$\frac{\partial^2 \log L}{\partial \boldsymbol{\beta} \partial \boldsymbol{\beta}'} = \frac{1}{\sigma^2}\boldsymbol{X}^{(\lambda)\prime}\frac{\partial \boldsymbol{u}}{\partial \boldsymbol{\beta}'} = -\frac{1}{\sigma^2}\boldsymbol{X}^{(\lambda)\prime}\boldsymbol{X}^{(\lambda)}$$

$$\frac{\partial^2 \log L}{\partial \boldsymbol{\beta} \partial \lambda} = \frac{1}{\sigma^2}\left[\frac{\partial \boldsymbol{X}^{(\lambda)\prime}}{\partial \lambda}\boldsymbol{u} + \boldsymbol{X}^{(\lambda)\prime}\boldsymbol{u}_\lambda\right]$$

$$\frac{\partial^2 \log L}{\partial \lambda^2} = -\frac{1}{\sigma^2}(\boldsymbol{u}_\lambda'\boldsymbol{u}_\lambda + \boldsymbol{u}'\boldsymbol{u}_{\lambda\lambda})$$

であるから，$\boldsymbol{u}_\lambda$, $\boldsymbol{u}'\boldsymbol{u}_{\lambda\lambda}$ に対する期待値を省略し

$$\boldsymbol{I}(\boldsymbol{\theta}) = -E\left(\frac{\partial^2 \log L}{\partial \boldsymbol{\theta} \partial \boldsymbol{\theta}'}\right) = \frac{1}{\sigma^2}\begin{bmatrix} \boldsymbol{X}^{(\lambda)\prime}\boldsymbol{X}^{(\lambda)} & -\boldsymbol{X}^{(\lambda)\prime}\boldsymbol{u}_\lambda \\ -\boldsymbol{u}_\lambda'\boldsymbol{X}^{(\lambda)} & \boldsymbol{u}_\lambda'\boldsymbol{u}_\lambda + \boldsymbol{u}'\boldsymbol{u}_{\lambda\lambda} \end{bmatrix}$$

したがって

$$\boldsymbol{I}(\boldsymbol{\theta})^{-1} = \sigma^2\begin{bmatrix} \boldsymbol{X}^{(\lambda)\prime}\boldsymbol{X}^{(\lambda)} & -\boldsymbol{X}^{(\lambda)\prime}\boldsymbol{u}_\lambda \\ -\boldsymbol{u}_\lambda'\boldsymbol{X}^{(\lambda)} & \boldsymbol{u}_\lambda'\boldsymbol{u}_\lambda + \boldsymbol{u}'\boldsymbol{u}_{\lambda\lambda} \end{bmatrix}^{-1} \tag{6.30}$$

となる．ところで $\boldsymbol{A}$ を正値定符号の行列とし

$$\boldsymbol{A} = \begin{bmatrix} \boldsymbol{A}_{11} & \boldsymbol{A}_{12} \\ \boldsymbol{A}_{21} & \boldsymbol{A}_{22} \end{bmatrix}, \quad \boldsymbol{A}^{-1} = \begin{bmatrix} \boldsymbol{A}^{11} & \boldsymbol{A}^{12} \\ \boldsymbol{A}^{21} & \boldsymbol{A}^{22} \end{bmatrix}$$

とすると

$$\boldsymbol{A}^{11} \text{ の } (i, i) \text{ 要素} \ \geq\ \boldsymbol{A}_{11}^{-1} \text{ の } (i, i) \text{ 要素}$$

という不等式が成立する（Graybill（1969）Theorem 12.2.10）.

この定理を用いると，$\boldsymbol{A} = \boldsymbol{I}(\boldsymbol{\theta})$ とおけば

$$\boldsymbol{A}^{11} \text{ の } (i, i) \text{ 要素} = \hat{\beta}_i \text{ の漸近的共分散} = \mathrm{var}(\hat{\beta}_i)$$

$$\boldsymbol{A}_{11}^{-1} \text{ の } (i, i) \text{ 要素} = \sigma^2[\boldsymbol{X}^{(\lambda)\prime}\boldsymbol{X}^{(\lambda)}]^{-1} \text{ の } (i, i) \text{ 要素}$$

であるから，$\sigma^2[\boldsymbol{X}^{(\lambda)\prime}\boldsymbol{X}^{(\lambda)}]$ の (i, i) 要素は $\mathrm{var}(\hat{\beta}_i)$ を過小推定する.

6.6.4 ボックス・コックス変換における関数形の検定

前述したように，ボックス・コックス変換において $\lambda=1$ は線形変換，$\lambda=0$ は対数変換になる.

λ の MLE である $\hat{\lambda}$ とそれに対応する $\hat{\boldsymbol{\beta}}(\hat{\lambda})$，$\sigma^2(\hat{\lambda})$ をそれぞれ $\log L$ の λ, $\boldsymbol{\beta}$, σ^2 に代入すれば $\log L$ はこのとき最大値をとる．この $\log L$ の値と，$\lambda=1$ のと

きの $\hat{\boldsymbol{\beta}}(1)$，$\hat{\sigma}^2(1)$，これらを $\log L$ に代入したときの値を比較することによって，$\lambda=1$ が正しいかどうかを検定することができる．尤度比検定である．

尤度比検定は次のように行えばよい．

$\boldsymbol{\theta}=\begin{bmatrix}\boldsymbol{\beta}\\ \lambda\\ \sigma^2\end{bmatrix}$ の最尤推定量を $\hat{\boldsymbol{\theta}}=\begin{bmatrix}\hat{\boldsymbol{\beta}}\\ \hat{\lambda}\\ \hat{\sigma}^2\end{bmatrix}$ とし，そのときの対数尤度関数の最大値を $\log L(\hat{\boldsymbol{\theta}})$ とする．

$$\boldsymbol{\theta}_0=\begin{bmatrix}\hat{\boldsymbol{\beta}}(0)\\ 0\\ \hat{\sigma}^2(0)\end{bmatrix},\quad \boldsymbol{\theta}_1=\begin{bmatrix}\hat{\boldsymbol{\beta}}(1)\\ 1\\ \hat{\sigma}^2(1)\end{bmatrix}$$

とすれば（6.18）式で

$$H_0:\lambda=1\ （線形），\ H_1:\lambda\fallingdotseq 1$$

の仮説検定は尤度比

$$-2\left[\log L(\boldsymbol{\theta}_1)-\log L(\hat{\boldsymbol{\theta}})\right]\underset{\text{asy}}{\overset{H_0}{\sim}}\chi^2(1) \qquad (6.31)$$

によって，また

$$H_0:\lambda=0\ （対数），\ H_1:\lambda\fallingdotseq 0$$

の仮説検定は尤度比

$$-2\left[\log L(\boldsymbol{\theta}_0)-\log L(\hat{\boldsymbol{\theta}})\right]\underset{\text{asy}}{\overset{H_0}{\sim}}\chi^2(1) \qquad (6.32)$$

によって検定することができる．

（6.31）式は次のように考える．$H_0:\lambda=1$ が正しければ，この $\lambda=1$ の制約のもとで得られる $\boldsymbol{\theta}$ の推定量 $\boldsymbol{\theta}_1$ と，この制約をつけなくても，尤度を最大にする $\hat{\boldsymbol{\theta}}$ との間に大きな差はなく，したがって $\log L(\boldsymbol{\theta}_1)\fallingdotseq\log L(\hat{\boldsymbol{\theta}})$ であろう．このとき（6.31）式は0近辺の値をとるから，0に近いほど H_0 と予盾しない．

他方，$H_1:\lambda\fallingdotseq 1$ が正しければ，$\lambda=1$ の制約のもとでの $\boldsymbol{\theta}_1$ の尤度は $\hat{\boldsymbol{\theta}}$ の尤度より小さく，$\log L(\boldsymbol{\theta}_1)<\log L(\hat{\boldsymbol{\theta}})$ となるであろう．したがって（6.31）式の左辺は正の値をとる．$\boldsymbol{\theta}_1$ と $\hat{\boldsymbol{\theta}}$ との差が大きくなるほど，H_0 に不利な証拠となり，したがって H_0 の棄却域は自由度1のカイ2乗分布の右側（上側）になる．

▶例 6.3　失業率 *RU* のボックス・コックス変換

（5.13）式は RU のみボックス・コックス変換した次式

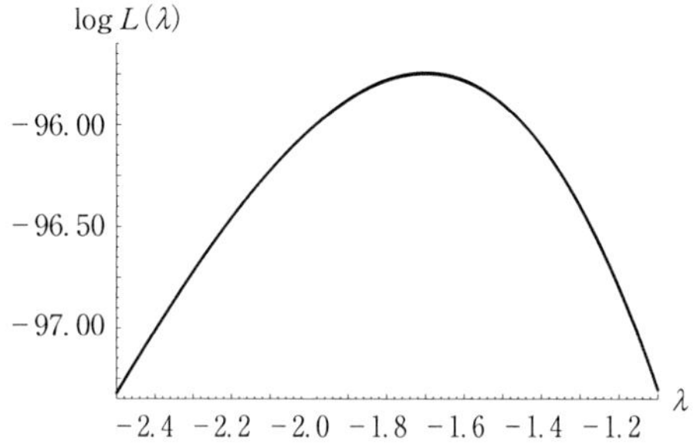

図 6.10　RU のボックス・コックス変換の $\log L(\lambda)$

$$WDOT_t = \alpha_1 + \alpha_2\left(\frac{RU_t^{\lambda}-1}{\lambda}\right) + \alpha_3 CPIDOT_t + \varepsilon_t \tag{6.33}$$

において，$\lambda=(-2.5)(0.001)(-1.1)$ と動かし，対数尤度を最大にする λ が -1.699 であった．**図 6.10** が $\log L(\lambda)$ のグラフである．被説明変数 $WDOT$ はボックス・コックス変換していないから，対数尤度関数（6.24）式の $\boldsymbol{y}^{(\lambda)}$ は $\boldsymbol{y}$ であり，右辺最後の項 $(\lambda-1)\sum_{i=1}^{n}\log Y_i$ は不要である．

（6.33）式は $\lambda=-1.699$ のとき

$$WDOT = \underset{(13.59)}{12.700} - \underset{(-13.19)}{24.684}\left(\frac{RU^{-1.699}-1}{-1.699}\right) + \underset{(14.63)}{0.946}CPIDOT$$

$$\bar{R}^2 = 0.9531,\quad s = 1.5170$$

となる．（　）内は t 値である．

この推定結果から，$RU^{-1.699}$ を説明変数として（5.13）式のように定式化し，推定したのが表 5.5（p. 217）である．表 5.5 の $\bar{R}^2$ や係数の t 値は定数項を除き上式と同じである．

▶例 6.4　体重と脳重量

表 6.4 のデータは 28 種類の動物の脳重量（$BRAINW$，単位：g）と体重（$BODYW$，単位：kg）である．

$$Y = BRAINW,\quad X = BODYW$$

とおく．

Y の X への回帰は次のようにまったく説明力がない．（　）内は t 値である．

表 6.4 脳重量（*BRAINW*）と体重（*BODYW*）

i	動物名	*BRAINW*	*BODYW*	*i*	動物名	*BRAINW*	*BODYW*
1	ヤマビーバー	8.100	1.350	15	アフリカゾウ	5712.000	6654.000
2	ウシ	423.000	465.000	16	トリケラトプス	70.000	9400.000
3	オオカミ	119.500	36.330	17	アカゲザル	179.000	6.800
4	ヤギ	115.000	27.660	18	カンガルー	56.000	35.000
5	テンジクネズミ	5.500	1.040	19	ハムスター	1.000	0.120
6	ディプロドクス	50.000	11700.000	20	ハツカネズミ	0.400	0.023
7	アジアゾウ	4603.000	2547.000	21	ウサギ	12.100	2.500
8	ロバ	419.000	187.100	22	ヒツジ	175.000	55.500
9	ウマ	655.000	521.000	23	ジャガー	157.000	100.000
10	ポタールザル	115.000	10.000	24	チンパンジー	440.000	52.160
11	ネコ	25.600	3.300	25	ブラキオサウルス	154.500	87000.000
12	キリン	680.000	529.000	26	クマネズミ	1.900	0.280
13	ゴリラ	406.000	207.000	27	モグラ	3.000	0.122
14	ヒト	1320.000	62.000	28	ブタ	180.000	192.000

出所：Rousseeuw and Leroy (2003), p. 57, Table 7

表 6.5 log(*Y*) および $Y^{-0.2704}$ の推定結果

説明変数	log(*Y*) の log(*X*) への回帰			$Y^{-0.2704}$ の $X^{-0.2704}$ への回帰		
	係数	標準偏差	*t* 値	係数	標準偏差	*t* 値
定数項	2.555	0.413	6.18	0.12553	0.0223	5.64
変換した *X*	0.496	0.078	6.35	0.42708	0.0259	16.51
$\bar{R}^2$	0.5925			$\bar{R}^2$	0.9096	
s	1.532			*s*	0.0862	
RESET(2)	24.001(0.000)			RESET(2)	0.00198(0.915)	
RESET(3)	14.467(0.000)			RESET(3)	1.353(0.278)	
BP	8.031(0.005)	df=1		BP	0.0308(0.861)	df=1
W	15.527(0.000)	df=2		W	0.0308(0.985)	df=2
GK	8.031(0.005)	df=1		GK	0.0308(0.861)	df=1

$$\underset{(2.17)}{Y = 576.372} - \underset{(-0.027)}{0.43264 \times 10^{-3}X}$$

$$\bar{R}^2 = -0.038, \quad s = 1360.34$$

$\log Y$ の $\log X$ への回帰を行ったときの推定結果は**表 6.5**，($\log X$, $\log Y$) の散布図に推定回帰線を描いたのが**図 6.11** である．誤差項の正規性は満たされているが，$\bar{R}^2=0.5925$ と低く，定式化ミス，不均一分散も検出される．図 6.11 からもわかるように，推定回帰線のまわりのバラつきが大きい不均一分散であり，右上の #6, #16, #25 の平方残差率は順に 17.74%, 13.26%, 16.33%と大きい．この 3 点は恐竜である．#14（ヒト）の平方残差率も 10.94% と 2 桁になる．

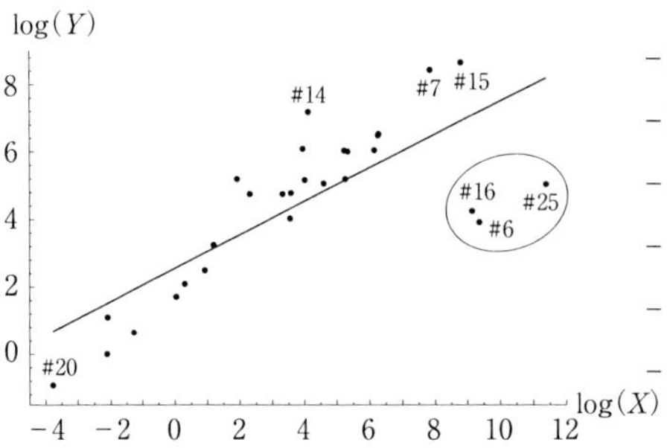

図 6.11 (log(X), log(Y)) プロットと推定回帰線

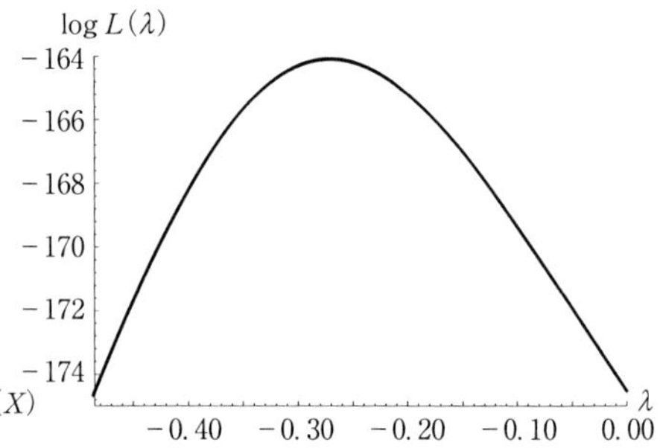

図 6.12 (6.34) 式の log L(λ)

X, Y 両変数にボックス・コックス変換をして最尤法によって λ を求めよう．モデルは

$$\frac{Y_i^{\lambda}-1}{\lambda}=\alpha_1+\alpha_2\left(\frac{X_i^{\lambda}-1}{\lambda}\right)+\varepsilon_i \tag{6.34}$$

である．対数尤度関数は（6.24）式である．

まず最初に，$\lambda=-3.0(0.1)3.1$ と動かし，$\lambda=-0.3$ で対数尤度が最大になったので，次に，$\lambda=-0.5(0.0001)0.0$ と変化させると $\lambda=-0.2704$ で対数尤度は最大になった．$\log L(\lambda)$ のグラフが**図 6.12** である．

（6.34）式の $\lambda=-0.2704$ の推定結果は以下のとおりである．

$$\frac{Y^{-0.2704}-1}{-0.2704}=\underset{(22.97)}{1.65454}+\underset{(16.51)}{0.42708}\left(\frac{X^{-0.2704}-1}{-0.2704}\right) \tag{6.35}$$

$$\bar{R}^2=0.9096,\quad s=0.3186$$

この結果を用いて，$Y^{-0.2704}$ の $X^{-0.2704}$ への回帰を行ったときの推定結果も表 6.5 に示されている．$\bar{R}^2$ は 0.9096 とかなり高くなり，定式化ミスも不均一分散も検出されない．

$\lambda=-0.2704$ は $\lambda=0$（対数変換）に近いので，（6.32）式を用いて

$$H_0: \lambda=0,\quad H_1: \lambda\neq 0$$

の仮説検定を行うと

$$\log(\boldsymbol{\theta}_0)=-174.54137,\quad \log L(\hat{\boldsymbol{\theta}})=-164.08858$$

が得られるので，（6.32）式の値は 20.906 となり，自由度 1 のカイ 2 乗分布から p 値は 0.000 となり，H_0 は棄却される．$\lambda=-0.2704$ は 0 と有意に異なる．

$Y^{-0.2704}$ の $X^{-0.2704}$ への推定回帰式からの $Y^{-0.2704}$ の推定値，残差，誤差率，平

表 6.6 $Y^{-0.2704}$ と推定値，残差，誤差率，平方残差率

i	$Y^{-0.2704}$	$Y^{-0.2704}$ の推定値	残差	誤差率	平方残差率
1	0.56800	0.51933	0.04867	8.57	1.23
2	0.19491	0.20667	−0.01176	−6.03	0.07
3	0.27433	0.28720	−0.01286	−4.69	0.09
4	0.27720	0.29957	−0.02237	−8.07	0.26
5	0.63068	0.54811	0.08257	13.09	3.53
6	0.34722	0.15945	0.18776	54.08	18.26
7	0.10221	0.17676	−0.07455	−72.93	2.88
8	0.19541	0.22932	−0.03391	−17.35	0.60
9	0.17318	0.20422	−0.03104	−17.92	0.50
10	0.27720	0.35468	−0.07748	−27.95	3.11
11	0.41611	0.43478	−0.01867	−4.49	0.18
12	0.17143	0.20389	−0.03246	−18.94	0.55
13	0.19709	0.22652	−0.02944	−14.94	0.45
14	0.14328	0.26544	−0.12216	−85.26	7.73
15	0.09642	0.16505	−0.06863	−71.18	2.44
16	0.31702	0.16152	0.15550	49.05	12.53
17	0.24594	0.37986	−0.13392	−54.45	9.29
18	0.33674	0.28884	0.04790	14.22	1.19
19	1.00000	0.88324	0.11676	11.68	7.06
20	1.28116	1.30993	−0.02877	−2.25	0.43
21	0.50958	0.45889	0.05070	9.95	1.33
22	0.24745	0.26970	−0.02225	−8.99	0.26
23	0.25482	0.24848	0.00634	2.49	0.02
24	0.19285	0.27214	−0.07929	−41.12	3.26
25	0.25593	0.14525	0.11067	43.24	6.35
26	0.84067	0.72809	0.11258	13.39	6.57
27	0.74300	0.87986	−0.13686	−18.42	9.70
28	0.24557	0.22860	0.01697	6.91	0.15

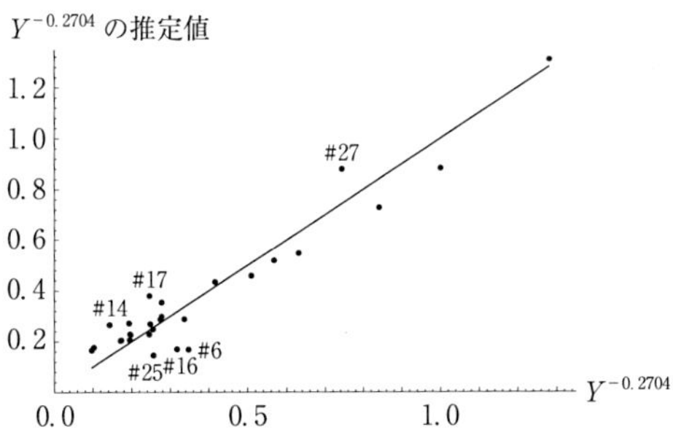

図 6.13 $Y^{-0.2704}$，$Y^{-0.2704}$ の推定値，完全決定線

表 6.7 $Y^{-0.1013}$ の推定結果

説明変数	$Y^{-0.1013}$ の $X^{-0.1013}$ への回帰			$\log(Y)$ の $\log(X)$ への回帰		
	係数	標準偏差	t 値	係数	標準偏差	t 値
定数項	0.15913	0.02771	5.74	2.150	0.2006	10.72
変換した X	0.64510	0.03379	19.09	0.752	0.0457	16.45
$\bar{R}^2$	0.9381			$\bar{R}^2$ 0.9183		
s	0.0448			s 0.7258		
RESET(2)	0.0266(0.872)			RESET(2) 0.944(0.342)		
RESET(3)	0.168(0.847)			RESET(3) 0.518(0.603)		
BP	0.134(0.714) df=1			BP 0.0158(0.900) df=1		
W	2.053(0.358) df=2			W 2.008(0.366) df=2		
GK	0.134(0.714) df=1			GK 0.0158(0.900) df=1		

方残差率が**表 6.6**，$Y^{-0.2704}$（横軸）とその推定値（縦軸）のプロットに推定値＝観測値の完全決定線を描いたのが**図 6.13** である．

恐竜 #6，#16，#25 の平方残差率は，この順に 18.26%，12.53%，6.35% であり，いずれも過小推定である．体重と比較すれば脳重量はもっと少ないはずと予想しているのが回帰モデルである．#17（アカゲザル），#27（モグラ）の平方残差率もそれぞれ 9.29%，9.70% と大きいが，この 2 種の動物の脳重量をモデルは過大推定している．#14（ヒト）も過大推定である．

恐竜 3 種で平方残差率の 37.14% を占めるから，この #6，#16，#25 を除き，$n=25$ とし，最尤法による (6.34) 式は $\lambda=-0.1013$ で対数尤度は最大になる．この λ を用いて $Y^{-0.1013}$ の $X^{-0.1013}$ への回帰を行ったときの推定結果は**表 6.7** に示されている．$n=28$ のときと比較して，λ は -0.2704 から -0.1013 へと大きく変化し，$\bar{R}^2$ も 0.9381 と少し大きくなっている．定式化ミス，不均一分散もない．

$\lambda=-0.1013$ は $\lambda=0$（対数）に近いから，(6.32) 式を用いて，仮説

$$H_0: \lambda=0, \quad H_1: \lambda \neq 0$$

を検定すると

$$\log L(\boldsymbol{\theta}_0) = -137.13228, \quad \log(\hat{\boldsymbol{\theta}}) = -135.93296$$

であるから，(6.32) 式の検定統計量の値は 2.399 となり，自由度 1 のカイ 2 乗分布から p 値

$$P(\chi^2 > 2.399) = 0.121$$

が得られ，H_0 は棄却されない．したがって 3 種の恐竜を除くと，$\lambda=0$ のとき，すなわち

$$\log Y_i = \beta_1 + \beta_2 \log X_i + \varepsilon_i, \quad i = 1, \cdots, n$$

の定式化でも良いということがわかる．

$n=25$ による上式の推定結果も表 6.7 に示されている．表 6.5 の全データを用いて上式を推定したときとくらべると，$\bar{R}^2$ は 0.5925 から 0.9183 へと大きく増加し，$\hat{\beta}_2$ も 0.496 から 0.752 へと変化し，定式化ミス，不均一分散も検出されない．

脳重量の体重弾性値

$$\eta = \frac{d \log Y}{d \log X} = \frac{X}{Y} \frac{dY}{dX}$$

の値は定式化によって異なった値になる．

$$Y^{\lambda} = \alpha_1 + \alpha_2 X^{\lambda} + u$$

のとき，$Y^{\lambda} = e^{\lambda \log Y}$ であるから

$$\frac{dY^{\lambda}}{dY} = \frac{\lambda}{Y} Y^{\lambda} = \lambda Y^{\lambda - 1}$$

となる．この結果を用いて

$$\frac{dY}{dX} = \frac{dY}{dY^{\lambda}} \frac{dY^{\lambda}}{dX^{\lambda}} \frac{dX^{\lambda}}{dX} = \lambda^{-1} Y^{1-\lambda} \alpha_2 \lambda X^{\lambda - 1} = \alpha_2 \left(\frac{X}{Y} \right)^{\lambda - 1}$$

となるから

$$\eta = \alpha_2 \left(\frac{X}{Y} \right)^{\lambda}$$

が得られる．X/Y の値によって η は変化するが，以下，$\lambda \neq 0$ のとき，η_i の平均

$$\bar{\eta} = \frac{1}{n} \sum_{i=1}^{n} \eta_i$$

を示す．

$\lambda = -0.2704$，$\hat{\alpha}_2 = 0.42708$ のとき　（表 6.5）

$\bar{\eta} = 0.590$

である．

3 種の恐竜を除いた $n=25$ のとき　（表 6.7）

$\lambda = -0.1013$，$\hat{\alpha}_2 = 0.64510$ であるから

$\bar{\eta} = 0.748$

となる．$n=25$ のとき両対数のモデルも信頼できるから，表 6.7 より $\log X$ の係数が η であり

$$\eta = 0.752$$

である．$n=25$ のとき，$\lambda=-0.1013$ の $\bar{\eta}$ とこの η はほとんど等しく約 0.75，$n=28$ のとき $\bar{\eta}\fallingdotseq 0.6$ である．

例 2.4 で示した $AGE^{1.825}$ の 1.825 も，AGE のみのボックス・コックス変換から最尤法によって得られた値である．

6.7　一般化最小 2 乗法（GLS）

重回帰モデル

$$\underset{n\times 1}{\boldsymbol{y}} = \underset{n\times k}{\boldsymbol{X}}\underset{k\times 1}{\boldsymbol{\beta}} + \underset{n\times 1}{\boldsymbol{u}}$$

において，$\boldsymbol{u}$ の共分散行列

$$E(\boldsymbol{uu}') = E\begin{bmatrix} u_1^2 & u_1u_2 & \cdots & u_1u_n \\ u_2u_1 & u_2^2 & \cdots & u_2u_n \\ \vdots & \vdots & & \vdots \\ u_nu_1 & u_nu_2 & \cdots & u_n^2 \end{bmatrix}$$

$$= \begin{bmatrix} \mathrm{var}(u_1) & \mathrm{cov}(u_1, u_2) & \cdots & \mathrm{cov}(u_1, u_n) \\ \mathrm{cov}(u_2, u_1) & \mathrm{var}(u_2) & \cdots & \mathrm{cov}(u_2, u_n) \\ \vdots & \vdots & & \vdots \\ \mathrm{cov}(u_n, u_1) & \mathrm{cov}(u_n, u_2) & \cdots & \mathrm{var}(u_n) \end{bmatrix}$$

であるから

$$E(\boldsymbol{uu}') = \sigma^2\boldsymbol{I}$$

の仮定は誤差項が均一分散であり，自己相関もしていないということを意味する．しかし，$\boldsymbol{u}$ が不均一分散であり，あるいは自己相関しており，あるいはこの両者が同時に生じているときには，一般に

$$E(\boldsymbol{uu}') = \sigma^2\boldsymbol{\Omega} \tag{6.36}$$

と表される．（6.36）式の $\boldsymbol{\Omega}=\mathrm{diag}\{\omega_i\}$ とすれば，（6.2）式の $\sigma_i^2=\sigma^2\omega_i$ とみなせばよい．$\boldsymbol{\Omega}$ は $n\times n$ の正値定符号行列とする．$\boldsymbol{u}$ がこのような共分散行列をもつとき，通常の最小 2 乗推定量 $\hat{\boldsymbol{\beta}}$ は，$\boldsymbol{X}$ 所与のとき依然不偏推定量ではあるが，もはや $\boldsymbol{\beta}$ の BLUE ではない．

$\hat{\boldsymbol{\beta}}$ よりももっと良い特性をもつ推定量を求めよう．$\boldsymbol{\Omega}$ は正値定符号であるから，

数学付録 F(2) の系より

$$\boldsymbol{P\Omega P'}=\boldsymbol{I}$$

となる $n \times n$ の非特異行列 $\boldsymbol{P}$ が存在する．したがって

$$\boldsymbol{\Omega}^{-1}=\boldsymbol{P'P}$$

と表すことができる．この $\boldsymbol{P}$ を

$$\boldsymbol{y}=\boldsymbol{X\beta}+\boldsymbol{u}$$

の両辺に左からかけると

$$\boldsymbol{Py}=\boldsymbol{PX\beta}+\boldsymbol{Pu} \tag{6.37}$$

となる．ところが

$$E(\boldsymbol{Pu})=\boldsymbol{P}E(\boldsymbol{u})=\boldsymbol{0}$$

$$\begin{aligned}\operatorname{var}(\boldsymbol{Pu})&=E\left[\boldsymbol{Pu}(\boldsymbol{Pu})'\right]=\boldsymbol{P}E(\boldsymbol{uu}')\boldsymbol{P}'\\&=\boldsymbol{P}(\sigma^2\boldsymbol{\Omega})\boldsymbol{P}'=\sigma^2\boldsymbol{P\Omega P}'=\sigma^2\boldsymbol{I}\end{aligned}$$

であるから，$\boldsymbol{Pu}$ は期待値 $\boldsymbol{0}$，自己相関なし，均一分散という 3.2 節の線形回帰モデルの誤差項の仮定を満たしている．

したがって $\boldsymbol{Py}$ を被説明変数，$\boldsymbol{PX}$ を説明変数として（6.37）式に通常の最小 2 乗法を適用して得られる $\boldsymbol{\beta}$ の推定量を $\tilde{\boldsymbol{\beta}}$ とすれば，$\tilde{\boldsymbol{\beta}}$ は $\boldsymbol{\beta}$ の BLUE であり，$\boldsymbol{u}$ が正規分布すれば $\boldsymbol{\beta}$ の MVUE である．

$$\begin{aligned}\tilde{\boldsymbol{\beta}}&=\left[(\boldsymbol{PX})'(\boldsymbol{PX})\right]^{-1}(\boldsymbol{PX})'\boldsymbol{Py}=(\boldsymbol{X'P'PX})^{-1}\boldsymbol{X'P'Py}\\&=(\boldsymbol{X'\Omega}^{-1}\boldsymbol{X})^{-1}\boldsymbol{X'\Omega}^{-1}\boldsymbol{y}\end{aligned}$$

は $\boldsymbol{\beta}$ の一般化最小 2 乗推定量（GLSE, generalized least square's estimator）とよばれる．

$\tilde{\boldsymbol{\beta}}$ を求める方法は 2 つあることを上述の結果は示している．

$$\tilde{\boldsymbol{\beta}}=(\boldsymbol{X'\Omega}^{-1}\boldsymbol{X})^{-1}\boldsymbol{X'\Omega}^{-1}\boldsymbol{y} \tag{6.38}$$

による方法と，もし上述の $\boldsymbol{P}$ が簡単に求められる場合には $\boldsymbol{y}$ を $\boldsymbol{Py}$, $\boldsymbol{X}$ を $\boldsymbol{PX}$ と変換して通常の最小 2 乗推定量

$$\tilde{\boldsymbol{\beta}}=\left[(\boldsymbol{PX})'(\boldsymbol{PX})\right]^{-1}(\boldsymbol{PX})'\boldsymbol{Py} \tag{6.39}$$

として求める方法である．

$$\begin{aligned}\tilde{\boldsymbol{\beta}}&=(\boldsymbol{X'\Omega}^{-1}\boldsymbol{X})^{-1}\boldsymbol{X'\Omega}^{-1}(\boldsymbol{X\beta}+\boldsymbol{u})\\&=\boldsymbol{\beta}+(\boldsymbol{X'\Omega}^{-1}\boldsymbol{X})^{-1}\boldsymbol{X'\Omega}^{-1}\boldsymbol{u}\end{aligned}$$

であるから

$$
\begin{aligned}
E(\tilde{\boldsymbol{\beta}}) &= \boldsymbol{\beta} \\
\mathrm{var}(\tilde{\boldsymbol{\beta}}) &= E(\tilde{\boldsymbol{\beta}}-\boldsymbol{\beta})(\tilde{\boldsymbol{\beta}}-\boldsymbol{\beta})' \\
&= E\left\{(\boldsymbol{X}'\boldsymbol{\Omega}^{-1}\boldsymbol{X})^{-1}\boldsymbol{X}'\boldsymbol{\Omega}^{-1}\boldsymbol{u}\boldsymbol{u}'\boldsymbol{\Omega}^{-1}\boldsymbol{X}(\boldsymbol{X}'\boldsymbol{\Omega}^{-1}\boldsymbol{X})^{-1}\right\} \\
&= (\boldsymbol{X}'\boldsymbol{\Omega}^{-1}\boldsymbol{X})^{-1}\boldsymbol{X}'\boldsymbol{\Omega}^{-1}(\sigma^2\boldsymbol{\Omega})\boldsymbol{\Omega}^{-1}\boldsymbol{X}(\boldsymbol{X}'\boldsymbol{\Omega}^{-1}\boldsymbol{X})^{-1} \\
&= \sigma^2(\boldsymbol{X}'\boldsymbol{\Omega}^{-1}\boldsymbol{X})^{-1}
\end{aligned} \tag{6.40}
$$

あるいは

$$
\mathrm{var}(\tilde{\boldsymbol{\beta}}) = \sigma^2\left[(\boldsymbol{PX})'(\boldsymbol{PX})\right]^{-1} \tag{6.41}
$$

となる．$\tilde{\boldsymbol{\beta}}$ は $E(\boldsymbol{Pu})=\mathbf{0}$, $\mathrm{var}(\boldsymbol{Pu})=\sigma^2\boldsymbol{I}$ を満たす (6.37) 式の OLSE であるから，$\boldsymbol{\beta}$ の BLUE である．$\boldsymbol{u}$ が正規分布すれば $\tilde{\boldsymbol{\beta}}$ は $\boldsymbol{\beta}$ の MVUE である．

前述の $\boldsymbol{P}$ が簡単に求められるかどうかは $\boldsymbol{\Omega}$ に依存している．

σ^2 の不偏推定量は

$$
\tilde{\boldsymbol{e}} = \boldsymbol{Py} - \boldsymbol{PX}\tilde{\boldsymbol{\beta}}
$$

とすれば

$$
\tilde{\sigma}^2 = \frac{\tilde{\boldsymbol{e}}'\tilde{\boldsymbol{e}}}{n-k} \tag{6.42}
$$

によって与えられる．あるいは

$$
\tilde{\boldsymbol{u}} = \boldsymbol{y} - \boldsymbol{X}\tilde{\boldsymbol{\beta}}
$$

とすれば，$\tilde{\boldsymbol{e}} = \boldsymbol{P}\tilde{\boldsymbol{u}}$ であるから

$$
\tilde{\boldsymbol{e}}'\tilde{\boldsymbol{e}} = \tilde{\boldsymbol{u}}'\boldsymbol{P}'\boldsymbol{P}\tilde{\boldsymbol{u}} = \tilde{\boldsymbol{u}}'\boldsymbol{\Omega}^{-1}\tilde{\boldsymbol{u}}
$$

となり

$$
\tilde{\sigma}^2 = \frac{\tilde{\boldsymbol{u}}'\boldsymbol{\Omega}^{-1}\tilde{\boldsymbol{u}}}{n-k} \tag{6.43}
$$

と表すこともできる．

不均一分散の型が，もし

$$
\sigma_i^2 = \sigma^2 X_{2i}^2, \quad i = 1, \cdots, n
$$

とわかるならば

$$
\boldsymbol{\Omega} = \begin{bmatrix} X_{21}^2 & 0 & \cdots & 0 \\ 0 & X_{22}^2 & \cdots & 0 \\ \vdots & \vdots & \ddots & \vdots \\ 0 & 0 & \cdots & X_{2n}^2 \end{bmatrix}, \quad \boldsymbol{\Omega}^{-1} = \begin{bmatrix} X_{21}^{-2} & 0 & \cdots & 0 \\ 0 & X_{22}^{-2} & \cdots & 0 \\ \vdots & \vdots & \ddots & \vdots \\ 0 & 0 & \cdots & X_{2n}^{-2} \end{bmatrix}
$$

であるから

$$\boldsymbol{P}'=\boldsymbol{P}=\begin{bmatrix} X_{21}^{-1} & 0 & \cdots & 0 \\ 0 & X_{22}^{-1} & \cdots & 0 \\ \vdots & \vdots & \ddots & \vdots \\ 0 & 0 & \cdots & X_{2n}^{-1} \end{bmatrix}$$

となり，定数項のあるモデルのとき

$$\boldsymbol{Py}=\begin{bmatrix} Y_1/X_{21} \\ Y_2/X_{22} \\ \vdots \\ Y_n/X_{2n} \end{bmatrix}$$

$$\boldsymbol{PX}=\begin{bmatrix} X_{21}^{-1} & 1 & X_{31}/X_{21} & \cdots & X_{k1}/X_{21} \\ X_{22}^{-1} & 1 & X_{32}/X_{22} & \cdots & X_{k2}/X_{22} \\ \vdots & \vdots & \vdots & & \vdots \\ X_{2n}^{-1} & 1 & X_{3n}/X_{2n} & \cdots & X_{kn}/X_{2n} \end{bmatrix}$$

になる．すなわち，(6.37) 式は

$$\frac{Y_i}{X_{2i}}=\beta_1\left(\frac{1}{X_{2i}}\right)+\beta_2+\beta_3\left(\frac{X_{3i}}{X_{2i}}\right)+\cdots+\beta_k\left(\frac{X_{ki}}{X_{2i}}\right)+\frac{u_i}{X_{2i}} \tag{6.44}$$

$$i=1,\cdots,n$$

になる．上式の誤差項は

$$E\left(\frac{u_i}{X_{2i}}\right)=0$$

$$\mathrm{var}\left(\frac{u_i}{X_{2i}}\right)=\frac{1}{X_{2i}^2}(\sigma^2X_{2i}^2)=\sigma^2$$

となり，均一分散になる．ただしこの変換は n 個の X_{2i} に 1 個でも 0 があれば不可能である．たとえば (5.30) 式の BP テストは

$$\underset{}{\frac{e_i^2}{\hat{\sigma}^2}}=\underset{(1.32)}{0.442}+\underset{(0.22)}{0.237}RU^{-1.699}+\underset{(2.25)}{0.145}CPIDOT$$

$$\mathrm{BP}=nR^2=8.517(0.014)$$

となり

$$\sigma_i^2=\sigma^2CPIDOT_i$$

の不均一分散が示唆されるが，1986 年度の $CPIDOT=0$ であり

$$\frac{WDOT_i}{(CPIDOT_i)^{\frac{1}{2}}}$$

という変換はできない.

6.8 不均一分散のもとでの var$(\hat{\boldsymbol{\beta}})$ の一致推定量

重回帰モデル

$$\boldsymbol{y} = \boldsymbol{X\beta} + \boldsymbol{u} \tag{6.45}$$
$$E(\boldsymbol{u}) = \boldsymbol{0}$$
$$E(\boldsymbol{uu}') = \sigma^2\boldsymbol{\Omega}$$

のとき, $\boldsymbol{\beta}$ の OLSE は

$$\hat{\boldsymbol{\beta}} = (\boldsymbol{X}'\boldsymbol{X})^{-1}\boldsymbol{X}'\boldsymbol{y}$$

である.

$$\hat{\boldsymbol{\beta}} = (\boldsymbol{X}'\boldsymbol{X})^{-1}\boldsymbol{X}'(\boldsymbol{X\beta} + \boldsymbol{u}) = \boldsymbol{\beta} + (\boldsymbol{X}'\boldsymbol{X})^{-1}\boldsymbol{X}'\boldsymbol{u}$$

と表すと, $\boldsymbol{X}$ 所与のとき, 不均一分散であっても

$$E(\hat{\boldsymbol{\beta}}) = \boldsymbol{\beta} \tag{6.46}$$

が得られるから, $\hat{\boldsymbol{\beta}}$ は不偏性をもつ. $\hat{\boldsymbol{\beta}}$ の真の共分散行列は

$$\begin{aligned} \mathrm{var}(\hat{\boldsymbol{\beta}}) &= E(\hat{\boldsymbol{\beta}} - \boldsymbol{\beta})(\hat{\boldsymbol{\beta}} - \boldsymbol{\beta})' = E\left[(\boldsymbol{X}'\boldsymbol{X})^{-1}\boldsymbol{X}'\boldsymbol{uu}'\boldsymbol{X}(\boldsymbol{X}'\boldsymbol{X})^{-1}\right] \\ &= (\boldsymbol{X}'\boldsymbol{X})^{-1}\boldsymbol{X}'E(\boldsymbol{uu}')\boldsymbol{X}(\boldsymbol{X}'\boldsymbol{X})^{-1} \\ &= (\boldsymbol{X}'\boldsymbol{X})^{-1}\boldsymbol{X}'(\sigma^2\boldsymbol{\Omega})\boldsymbol{X}(\boldsymbol{X}'\boldsymbol{X})^{-1} \end{aligned} \tag{6.47}$$

となる.

不均一分散の型がわからなければ $\boldsymbol{\Omega}$ が不明であり, (6.47) 式によって $\hat{\boldsymbol{\beta}}$ の共分散行列を推定することはできない.

(6.47) 式で推定しなければならないのは $\sigma^2\boldsymbol{\Omega}$ である.

$$E(\boldsymbol{uu}') = \boldsymbol{V} = \begin{bmatrix} \sigma_1^2 & \cdots & 0 \\ \vdots & \ddots & \vdots \\ 0 & \cdots & \sigma_n^2 \end{bmatrix} \tag{6.48}$$

と書き直すことにしよう. すなわちモデル (6.45) 式の $\sigma^2\boldsymbol{\Omega} = \boldsymbol{V}$ である. このとき (6.47) 式は次のように表すことができる.

$$\mathrm{var}(\hat{\boldsymbol{\beta}}) = (\boldsymbol{X}'\boldsymbol{X})^{-1}\boldsymbol{X}'\boldsymbol{VX}(\boldsymbol{X}'\boldsymbol{X})^{-1} \tag{6.49}$$

$n\times k$ 行列 $\boldsymbol{X}$ は n 本の $1\times k$ ベクトル $\boldsymbol{x}_j'$ を用いて

$$\boldsymbol{X}=\begin{bmatrix}\boldsymbol{x}_1'\\ \boldsymbol{x}_2'\\ \vdots\\ \boldsymbol{x}_n'\end{bmatrix}$$

と表すことができるから

$$\boldsymbol{X}'\boldsymbol{V}\boldsymbol{X}=\sum_{i=1}^{n}\sigma_i^2\boldsymbol{x}_i\boldsymbol{x}_i' \tag{6.50}$$

となる．White (1980) は

$$\hat{\boldsymbol{V}}=\mathrm{diag}(e_1^2,\cdots,e_n^2)=\begin{bmatrix}e_1^2 & \cdots & 0\\ \vdots & e_2^2 & \vdots\\ & \ddots & \\ 0 & \cdots & e_n^2\end{bmatrix} \tag{6.51}$$

とするとき，かなり一般的な条件のもとで

$$\frac{1}{n}\boldsymbol{X}'\hat{\boldsymbol{V}}\boldsymbol{X}=\frac{1}{n}\sum_{i=1}^{n}e_i^2\boldsymbol{x}_i\boldsymbol{x}_i' \tag{6.52}$$

は

$$\frac{1}{n}\boldsymbol{X}'\boldsymbol{V}\boldsymbol{X}=\frac{1}{n}\sum_{i=1}^{n}\sigma_i^2\boldsymbol{x}_i\boldsymbol{x}_i'$$

の一致推定量を与えることを示した．したがって，(6.49) 式の一致推定量は

$$\begin{aligned}&n(\boldsymbol{X}'\boldsymbol{X})^{-1}\left(\frac{1}{n}\boldsymbol{X}'\hat{\boldsymbol{V}}\boldsymbol{X}\right)(\boldsymbol{X}'\boldsymbol{X})^{-1}\\ &=(\boldsymbol{X}'\boldsymbol{X})^{-1}\boldsymbol{X}'\hat{\boldsymbol{V}}\boldsymbol{X}(\boldsymbol{X}'\boldsymbol{X})^{-1}\end{aligned} \tag{6.53}$$

となる．この結果は不均一分散の型にかかわらず，var$(\hat{\boldsymbol{\beta}})$ の一致推定量を与える重要な結果であり，不均一分散一致推定量 heteroscedasticity-consistent estimator とよばれ広く用いられている．標準偏差は HCSE (heteroscedastic consistent standard error の略) と略されることもある．

ホワイトの HCSE で割った“t 値”は漸近的に標準正規分布する．

$$\begin{aligned}\hat{\boldsymbol{\beta}}&=\boldsymbol{\beta}+(\boldsymbol{X}'\boldsymbol{X})^{-1}\boldsymbol{X}'\boldsymbol{u}\\ &=\boldsymbol{\beta}+\left(\frac{\boldsymbol{X}'\boldsymbol{X}}{n}\right)^{-1}\left(\frac{\boldsymbol{X}'\boldsymbol{u}}{n}\right)\end{aligned}$$

であるから

$$\boldsymbol{X}'\boldsymbol{u} = (\underset{k\times 1}{\boldsymbol{x}_1} \cdots \underset{k\times 1}{\boldsymbol{x}_n}) \begin{bmatrix} u_1 \\ \vdots \\ u_n \end{bmatrix} = \sum_{i=1}^{n} \boldsymbol{x}_i u_i$$

と表すと

$$\sqrt{n}\,(\hat{\boldsymbol{\beta}} - \boldsymbol{\beta}) = \left(\frac{\boldsymbol{X}'\boldsymbol{X}}{n}\right)^{-1}\left(\frac{1}{\sqrt{n}}\sum_{i=1}^{n} \boldsymbol{x}_i u_i\right)$$

となる．

$$\lim\left(\frac{\boldsymbol{X}'\boldsymbol{X}}{n}\right) = \boldsymbol{Q},\ \ \boldsymbol{Q}\ \text{は正値定符号}$$

を仮定し，$\boldsymbol{x}_i u_i$ は独立であるから

$$\frac{1}{n}\sum_{i=1}^{n} \mathrm{var}(\boldsymbol{x}_i u_i) \xrightarrow{p} \boldsymbol{A},\ \ \boldsymbol{A}\ \text{は正値定符号}$$

とすると，中心極限定理から次式が得られる．

$$\sqrt{n}\,(\hat{\boldsymbol{\beta}} - \boldsymbol{\beta}) \xrightarrow{d} N(\boldsymbol{0}, \boldsymbol{Q}^{-1}\boldsymbol{A}\boldsymbol{Q}^{-1}) \tag{6.54}$$

(6.49) 式と (6.50) 式の関係から

$$\boldsymbol{A} = \frac{1}{n}\boldsymbol{X}'\boldsymbol{V}\boldsymbol{X} = \frac{1}{n}\sum_{i=1}^{n} \sigma_i^2 \boldsymbol{x}_i \boldsymbol{x}_i'$$

である．

$\boldsymbol{A}$ の一致推定量が (6.52) 式で与えられることをホワイトは示したから，(6.53) 式の (j, j) 要素を s_j^2 とすれば

$$\frac{\hat{\beta}_j - \beta_j}{s_j} \xrightarrow{d} N(0, 1) \tag{6.55}$$

が成立し，ホワイトの SE で割った上式左辺は t 分布ではなく，漸近的に標準正規分布に従う．

▶例 6.5　貨幣賃金率変化率関数の HCSE

(5.13) 式の誤差項は不均一分散であり

$$\sigma_i^2 = \sigma^2 CPIDOT_i$$

が不均一分散の型と考えられるが，$CPIDOT_i$ には 0 の値（1986 年度）も負の値（1995 年度，1999〜2005 年度，2009〜2012 年度）もあるから

$$\boldsymbol{P} = \mathrm{diag}\left\{CPIDOT_i^{-\frac{1}{2}}\right\},\quad i = 1, \cdots, 53$$

も定義できないし，0 があるから

$$\boldsymbol{\Omega}=\mathrm{diag}\{CPIDOT_i\},\quad i=1,\cdots,53$$

の $\boldsymbol{\Omega}^{-1}$ も存在しないから，GLS も変数変換も適用できない．

したがって (6.53) 式によって var($\hat{\boldsymbol{\beta}}$) の一致推定量を求め，$\hat{\beta}_j$ の HCSE s_j を求め

$$H_0:\beta_j=0,\quad H_1:\beta_j\neq 0$$

を漸近的な正規検定

$$z=\frac{\hat{\beta}_j}{s_j}\underset{\mathrm{asy}}{\overset{H_0}{\sim}}N(0,1)$$

によって検定しよう．

(5.13) 式の OLS 残差 e_i から

$$\hat{\boldsymbol{V}}=\mathrm{diag}\{e_i^2\},\quad i=1,\cdots,53$$

を作り，(6.49) 式の var($\hat{\boldsymbol{\beta}}$) の一致推定量を計算すると（対称行列であるから下 3 角のみ示す）

$$(\boldsymbol{X}'\boldsymbol{X})^{-1}(\boldsymbol{X}'\hat{\boldsymbol{V}}\boldsymbol{X})(\boldsymbol{X}'\boldsymbol{X})^{-1}$$
$$=\begin{bmatrix}0.064573280 & & \\ -0.18921848 & 1.68819699 & \\ 0.0036870214 & -0.098042610 & 0.0098995741\end{bmatrix}$$

となる．したがって $\hat{\beta}_j$ の HCSE は次のようになる．

$$s_1=(0.064573280)^{\frac{1}{2}}=0.2541$$

$$s_2=(1.68819699)^{\frac{1}{2}}=1.2993$$

$$s_3=(0.0098995741)^{\frac{1}{2}}=0.9950\times 10^{-1}$$

この s_j と (5.13) 式の β_j の OLSE $\hat{\beta}_j$ を用いて

$$z_1=\frac{\hat{\beta}_1}{s_1}=\frac{-1.829}{0.2541}=-7.20$$

$$z_2=\frac{\hat{\beta}_2}{s_2}=\frac{14.529}{1.2993}=11.18$$

$$z_3=\frac{\hat{\beta}_3}{s_3}=\frac{0.946}{0.9950\times 10^{-1}}=9.51$$

が得られる．z 値はいずれも大きく，不均一分散を考慮して HCSE を用いても，(5.13) 式の説明変数はすべて有意である．

簡単な実験でこれまで述べてきたことを確かめてみよう.

DGP（X, Yのデータを発生させた真のプロセス）

$$Y_i = 0.5 + 4X_i + u_i$$
$$X_i = 0.1 + 0.8X_{i-1} + v_i$$
$$X_0 = 10$$
$$u_i \sim N(0, \sigma_i^2)$$
$$\sigma_i^2 = 2 \times \left[E(Y_i)\right]^2$$
$$v_i \sim N(0, 8^2)$$
$$i = 1, \cdots, n, \quad n = 40$$

モデル

$$Y_i = \alpha + \beta X_i + \varepsilon_i$$
$$i = 1, \cdots, n, \quad n = 40$$
$$\hat{\beta} \ (\beta \text{ の OLSE}) = \frac{\sum xy}{\sum x^2}$$
$$\tilde{\alpha}, \ \tilde{\beta} \ (\alpha, \ \beta \text{ の GLSE})$$
$$\begin{bmatrix} \tilde{\alpha} \\ \tilde{\beta} \end{bmatrix} = (\boldsymbol{X}'\boldsymbol{\Omega}^{-1}\boldsymbol{X})^{-1}\boldsymbol{X}'\boldsymbol{\Omega}^{-1}\boldsymbol{y}$$
$$\boldsymbol{X} = \begin{bmatrix} 1 & X_1 \\ 1 & X_2 \\ \vdots & \vdots \\ 1 & X_n \end{bmatrix}, \quad \boldsymbol{y} = \begin{bmatrix} Y_1 \\ Y_2 \\ \vdots \\ Y_n \end{bmatrix}, \quad \boldsymbol{\Omega} = \mathrm{diag}\{\sigma_i^2\}$$
$$i = 1, \cdots, n$$

より，和の演算1からnは省略して

$$\tilde{\beta} = \frac{1}{D}\left[(\sum\sigma_i^{-2})(\sum\sigma_i^{-2}X_iY_i) - (\sum\sigma_i^{-2}X_i)(\sum\sigma_i^{-2}Y_i)\right]$$
$$D = (\sum\sigma_i^{-2})(\sum\sigma_i^{-2}X_i^2) - (\sum\sigma_i^{-2}X_i)^2$$

5000回の実験によって得られた$\hat{\beta}$と$\tilde{\beta}$のカーネル密度関数を**図6.14**に示した. $E(\hat{\beta}) = E(\tilde{\beta}) = 4$はほぼ満たされているが，明らかに$\hat{\beta}$の分散（5000回の実験から得られた5000個の$\hat{\beta}$の分散）は$\tilde{\beta}$の分散より大きい.

5000回の実験結果は次のとおりである.

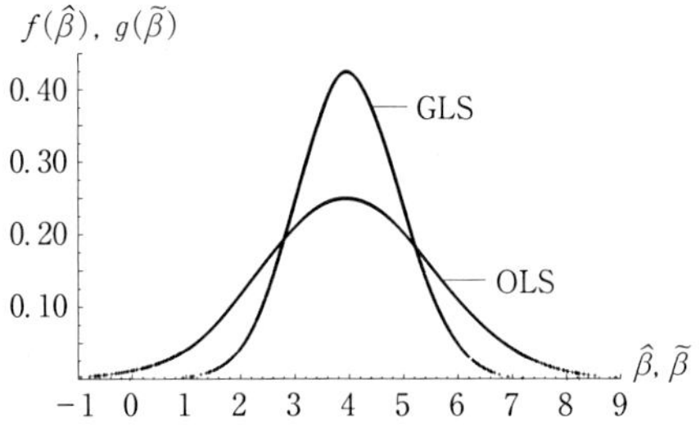

図 6.14　不均一分散のときの β の OLSE と GLSE のカーネル密度関数

	平均	標準偏差	最小値	最大値
$\hat{\beta}$	3.978	1.539	−5.678	11.366
$\tilde{\beta}$	4.003	0.904	−0.043	8.236

不均一分散であるにもかかわらず，均一分散と考え，$\hat{\beta}$ の分散を

$$V(\hat{\beta}) = s^2 q^{22}, \quad q^{22} = (\boldsymbol{X}'\boldsymbol{X})^{-1} \text{ の } (2,2) \text{ 要素}$$

標準偏差の推定量を

$$S(\hat{\beta}) = s(q^{22})^{\frac{1}{2}}$$

としたとき，これを計算式からの推定量とよぶことにする．

OLSE $\hat{\beta}$ の真の分散は (6.49) 式の (2, 2) 要素から得られるから，真の標準偏差を $S_T(\hat{\beta})$ とする．実験で σ_i^2 はわかっているから，(6.49) 式の $\boldsymbol{V}$ を与えることができたが，通常，σ_i^2 は不明であるから，(6.53) 式で var$(\hat{\boldsymbol{\beta}})$ の一致推定量を求める．(6.53) 式の (2, 2) 要素の平方根（標準偏差）を $S_W(\hat{\beta})$ とする．GLSE $\tilde{\beta}$ の標準偏差を $S(\tilde{\beta})$ とすると，5000 回の実験からの平均は次のようになる．

$$S(\hat{\beta}) = 0.98047$$
$$S_T(\hat{\beta}) = 1.50723$$
$$S_W(\hat{\beta}) = 1.34487$$
$$S(\tilde{\beta}) = 0.91054$$

HCSE $S_W(\hat{\beta})$ は実験によって変動するが

$$S(\tilde{\beta}) < S(\hat{\beta}) < S_T(\hat{\beta})$$

すなわち，β の標準偏差の推定量の間に

$$\text{GLSE} < \text{OLSE の計算式からの値} < \text{OLSE の正しい値}$$

という不等式が得られたが，この関係は一般的に成立する（Dhrymes（2000），pp. 212-216）．

β の OLSE $\hat{\beta}$ は，β の MVUE である GLSE $\tilde{\beta}$ より効率は悪い．さらに $\hat{\beta}$ の計算式からの標準偏差は，OLSE の正しい標準偏差を過小推定するから，$\hat{\beta}/S(\hat{\beta})$ は $\hat{\beta}/S_T(\hat{\beta})$ より大きくなり，OLS による通常の t 検定は $H_0:\beta=0$ を棄却しやすくする．したがって第 I 種の過誤（$H_0:\beta=0$ が正しいとき，H_0 を棄却し，間違っている $H_1:\beta\neq 0$ を採択するというエラー）を大きくする．

●数学注　(6.5) 式の証明

最小 2 乗残差を e_i とすると，3.5 節で示されているように

$$\sum_{i=1}^{n} e_i^2 = \boldsymbol{e}'\boldsymbol{e} = \boldsymbol{u}'\boldsymbol{M}\boldsymbol{u}$$

であるから

$$\begin{aligned} E(\boldsymbol{e}'\boldsymbol{e}) &= E(\boldsymbol{u}'\boldsymbol{M}\boldsymbol{u}) = E\left[\mathrm{tr}(\boldsymbol{u}'\boldsymbol{M}\boldsymbol{u})\right] = E\left[\mathrm{tr}(\boldsymbol{M}\boldsymbol{u}\boldsymbol{u}')\right] \\ &= \mathrm{tr}\left[\boldsymbol{M}E(\boldsymbol{u}\boldsymbol{u}')\right] = \mathrm{tr}(\boldsymbol{M}\boldsymbol{\Omega}) = \mathrm{tr}\left[(\boldsymbol{I}-\boldsymbol{H})\boldsymbol{\Omega}\right] \\ &= \mathrm{tr}(\boldsymbol{\Omega}) - \mathrm{tr}(\boldsymbol{H}\boldsymbol{\Omega}) \end{aligned}$$

ここで

$$\boldsymbol{\Omega} = \begin{bmatrix} \sigma_1^2 & & & \\ & \sigma_2^2 & & \boldsymbol{0} \\ & & \ddots & \\ & \boldsymbol{0} & & \sigma_n^2 \end{bmatrix}, \quad \boldsymbol{H} = \boldsymbol{X}(\boldsymbol{X}'\boldsymbol{X})^{-1}\boldsymbol{X}'$$

であるから，$\boldsymbol{H}=\{h_{ij}\}$，$i, j=1, \cdots, n$ とすると

$$\mathrm{tr}(\boldsymbol{\Omega}) = \sum_{i=1}^{n} \sigma_i^2$$

$$\mathrm{tr}(\boldsymbol{H}\boldsymbol{\Omega}) = \sum_{i=1}^{n} \sigma_i^2 h_{ii}$$

となる．

単純回帰モデルのとき

$$\boldsymbol{X} = \begin{bmatrix} 1 & X_1 \\ 1 & X_2 \\ \vdots & \vdots \\ 1 & X_n \end{bmatrix}$$

であるから

$$(\boldsymbol{X}'\boldsymbol{X})^{-1}=\begin{bmatrix} n & \sum X \\ \sum X & \sum X^2 \end{bmatrix}^{-1}=\frac{1}{n\sum x^2}\begin{bmatrix} \sum X^2 & -\sum X \\ -\sum X & n \end{bmatrix}$$

となる．和の演算は 1 から n まで，小文字 $x_i=X_i-\bar{X}$ である．この結果を用いると

$$\boldsymbol{H}=\boldsymbol{X}(\boldsymbol{X}'\boldsymbol{X})^{-1}\boldsymbol{X}'$$

の (i, j) 要素 h_{ij} は以下のようになる．

$$\begin{aligned} h_{ij} &= \frac{1}{n\sum x^2}(\sum X^2 - X_i\sum X - X_j\sum X + nX_iX_j) \\ &= \frac{1}{n\sum x^2}\left[\sum x^2 + n\bar{X}^2 - (X_i+X_j)\sum X + nX_iX_j\right] \\ &= \frac{1}{n\sum x^2}\left[\sum x^2 + n(X_i-\bar{X})(X_j-\bar{X})\right] \\ &= \frac{1}{n} + \frac{x_ix_j}{\sum x^2} \end{aligned}$$

したがって

$$h_{ii}=\frac{1}{n}+\frac{x_i^2}{\sum x^2}$$

となる．

この h_{ii} を用いると

$$\mathrm{tr}(\boldsymbol{H\Omega}) = \sum_{i=1}^{n}\sigma_i^2 h_{ii} = \sum\sigma_i^2\left(\frac{1}{n}+\frac{x_i^2}{\sum x^2}\right)$$

と表すことができるから

$$\begin{aligned} E(\boldsymbol{e}'\boldsymbol{e}) &= \sum\sigma_i^2 - \sum\sigma_i^2\left(\frac{1}{n}+\frac{x_i^2}{\sum x^2}\right) \\ &= \left(\frac{n-1}{n}\right)\sum\sigma_i^2 - \frac{\sum x_i^2\sigma_i^2}{\sum x^2} \end{aligned}$$

$$\sigma_i^2=\bar{\sigma}^2+\theta_i$$

を代入して，$\sum\theta_i = 0$ に注意すれば

$$\begin{aligned} E(\boldsymbol{e}'\boldsymbol{e}) &= \left(\frac{n-1}{n}\right)\sum(\bar{\sigma}^2+\theta_i) - \frac{\sum x_i^2(\bar{\sigma}^2+\theta_i)}{\sum x^2} \\ &= (n-1)\bar{\sigma}^2 - \left(\bar{\sigma}^2 + \frac{\sum x_i^2\theta_i}{\sum x^2}\right) \\ &= (n-2)\bar{\sigma}^2 - \frac{\sum x_i^2\theta_i}{\sum x^2} \end{aligned}$$

となる．この残差平方和の期待値を $n-2$ で割れば (6.5) 式が得られる．

7

自 己 相 関

7.1 は じ め に

時系列データを用いる回帰分析では自己相関が生じやすい．自己相関のなかでも，とくに，1 階の自己回帰過程（AR(1)）とよばれる

$$u_t = \rho u_{t-1} + \varepsilon_t$$
$$|\rho| < 1$$
$$\varepsilon_t \sim \mathrm{NID}(0, \sigma_\varepsilon^2)$$

が，しばしば発生する．本章はこの AR(1) を問題とする．

7.2 節で AR(1) はどのような特徴を有しているかを説明する．回帰モデルの誤差項が AR(1) のとき，この AR(1) に気付かず，あるいは無視してこれまで通り OLS によって回帰係数を推定し，誤差分散の推定量 s^2 を求め，係数＝0 の仮説を t 検定すると，どのような問題が起きるかを示しているのが 7.3 節である．

誤差項が AR(1) かどうかの検定法は 7.4 節であつかい，OLS 残差のグラフの活用，ダービン・ワトソン検定（DW 検定），DW 検定が有している欠点に対処する m テストと h 統計量を説明する．

7.5 節から 7.7 節は，誤差項が AR(1) のときのパラメータ推定法を，具体例も入れ，説明する．GLS（7.5 節），実行可能な GLS として 2 ステッププレイス・ウインステン（2SPW），格子探索法が 7.6 節である．

7.7 節は ML である．AR(1) のときの対数尤度関数 $\log L$ を求め，MLE を求める必要条件が非線形となるため，ρ を与えて最大の $\log L$ を探す格子探索法（7.7.2 項）ともっとも良く利用されているビーチ・マッキノン法（BM）を 7.7.3 項で詳細に説明した．

ユール（Yule, George Udny, 1871-1951）は，1926 年に，すでに「時系列間

でなぜ無意味な相関が得られることがあるのか？」と問いかけ，1974年には Granger and Newbold が，モンテ・カルロ実験によって，時系列データによる回帰分析からは見せかけの回帰が生じやすいことに警告を発した．現在は，なぜ時系列データによって見せかけの回帰が生じやすいかが統計理論から明らかとなり，見せかけの回帰ではなく，安定的な回帰関数かどうかの検定法も知られている．

7.8節は2つのモンテ・カルロ実験による見せかけの回帰の紹介であり，統計理論は展開していない．1つは Y, X とも AR(1) の単純回帰モデルにおける見せかけの回帰，もう1つの実験は，見せかけの回帰の可能性がきわめて高くなる Y, X ともランダム・ウォークするときの単純回帰モデルである．

7.2　1階の自己回帰過程 AR(1)

自己相関は時系列データを用いる回帰分析で生ずることが多いので，変数の添字を i ではなく t に変える．

重回帰モデル

$$Y_t = \beta_1 + \beta_2 X_{2t} + \cdots + \beta_k X_{kt} + u_t \tag{7.1}$$

において，誤差項 u_t が1階の自己回帰過程 autoregressive process of order one, AR(1) に従う

$$u_t = \rho u_{t-1} + \varepsilon_t \tag{7.2}$$
$$|\rho| < 1$$
$$\varepsilon_t \sim \mathrm{NID}(0, \sigma_\varepsilon^2)$$

の場合を考えよう．回帰モデルのその他の仮定は満たされているものとする．(7.2) 式を逐次代入すると

$$\begin{aligned} u_t &= \rho(\rho u_{t-2} + \varepsilon_{t-1}) + \varepsilon_t \\ &= \rho^2 u_{t-2} + \varepsilon_t + \rho\varepsilon_{t-1} \\ &= \rho^2(\rho u_{t-3} + \varepsilon_{t-2}) + \varepsilon_t + \rho\varepsilon_{t-1} \\ &= \rho^3 u_{t-3} + \varepsilon_t + \rho\varepsilon_{t-1} + \rho^2\varepsilon_{t-2} \\ &\quad\vdots \\ &= \varepsilon_t + \rho\varepsilon_{t-1} + \rho^2\varepsilon_{t-2} + \cdots \end{aligned}$$

$$= \sum_{i=0}^{\infty} \rho^i \varepsilon_{t-i} \tag{7.3}$$

が得られる．この（7.3）式を用いると，u_t の期待値，分散，共分散は次のようになる．

$$E(u_t) = \sum_{i=0}^{\infty} \rho^i E(\varepsilon_{t-i}) = 0 \tag{7.4}$$

$$\begin{aligned} E(u_t^2) &= E\left(\sum_{i=0}^{\infty} \rho^i \varepsilon_{t-i}\right)^2 = \sum_{i=0}^{\infty}\sum_{j=0}^{\infty} \rho^i \rho^j E(\varepsilon_{t-i}\varepsilon_{t-j}) \\ &= \sum_{i=0}^{\infty} \rho^{2i} E(\varepsilon_{t-i}^2) + \sum_{i \neq j}\sum \rho^i \rho^j E(\varepsilon_{t-i}\varepsilon_{t-j}) \\ &= \sigma_\varepsilon^2 (1 + \rho^2 + \rho^4 + \cdots) \\ &= \frac{\sigma_\varepsilon^2}{1-\rho^2} \quad (|\rho| < 1 \text{ の仮定を使用}) \end{aligned}$$

が得られる．均一分散である．$E(u_t^2) = \sigma_u^2$ とおけば

$$\sigma_u^2 = \frac{\sigma_\varepsilon^2}{1-\rho^2} \tag{7.5}$$

の関係が σ_u^2 と σ_ε^2 にある．

$$\begin{aligned} &\mathrm{cov}(u_t, u_{t-s}) \\ &\quad = E(u_t u_{t-s}) \\ &\quad = E\left[(\varepsilon_t + \rho\varepsilon_{t-1} + \rho^2\varepsilon_{t-2} + \cdots)(\varepsilon_{t-s} + \rho\varepsilon_{t-s-1} + \rho^2\varepsilon_{t-s-2} + \cdots)\right] \\ &\quad = \rho^s \sigma_\varepsilon^2 (1 + \rho^2 + \rho^4 + \cdots) \\ &\quad = \frac{\rho^s \sigma_\varepsilon^2}{1-\rho^2} = \rho^s \sigma_u^2 \end{aligned} \tag{7.6}$$

となる．（7.6）式で次の点に注目すべきである．

（1）　$\mathrm{cov}(u_t, u_{t-s})$ の値は，2 つの誤差項 u_t と u_{t-s} の時間間隔 s が大きくなれば，幾何級数的に小さくなる．

（2）　$\mathrm{cov}(u_t, u_{t-s})$ は時間間隔 s のみに依存し，t と独立である．たとえば

$$E(u_t u_{t-1}) = E(u_{t-1} u_{t-2}) = \cdots = E(u_{t-s} u_{t-s-1}) = \rho\sigma_u^2$$

である．

（7.4），（7.5），（7.6）式は，u_t の期待値，分散，共分散いずれも t とは独立であるということを示している．このような u_t は（弱）定常過程に従うといわれる．

7.3 OLS の 結 果

誤差項が AR(1) に従っているとき，そのことを無視して，あるいは気がつかないで，(7.1) 式に通常の最小 2 乗法 OLS を適用してパラメータを推定し，仮説検定を行うときの主な結果およびどのような問題が生ずるかをみておこう．(7.1) 式のパラメータベクトルを $\boldsymbol{\beta}=(\beta_1, \beta_2, \cdots, \beta_k)'$ とし，$\boldsymbol{\beta}$ の OLSE を $\hat{\boldsymbol{\beta}}$ とする．

(1) $E(\hat{\boldsymbol{\beta}})=\boldsymbol{\beta}$ は成り立つ．

(3.27) 式から $\hat{\boldsymbol{\beta}}$ の不偏性の証明には $\boldsymbol{X}$ 所与と $E(\boldsymbol{u})=\mathbf{0}$ の仮定が成立していればよいことは明らかであろう．

(2) $\hat{\boldsymbol{\beta}}$ は $\boldsymbol{\beta}$ の最良線形不偏推定量 BLUE ではない．

自己相関なしの仮定がくずれているから，$\hat{\boldsymbol{\beta}}$ はもはや $\boldsymbol{\beta}$ の BLUE ではない (3.13.1 項 (2) 参照)．$\boldsymbol{\beta}$ の BLUE は 6.7 節で説明した一般化最小 2 乗法によって得られる．

(3) $\hat{\boldsymbol{\beta}}$ の共分散行列は次式で与えられる．

$$\mathrm{var}(\hat{\boldsymbol{\beta}})=\sigma_u^2(\boldsymbol{X}'\boldsymbol{X})^{-1}\boldsymbol{X}'\boldsymbol{\Omega}\boldsymbol{X}(\boldsymbol{X}'\boldsymbol{X})^{-1} \tag{7.7}$$

ここで

$$E(\boldsymbol{u}\boldsymbol{u}')=\sigma_u^2\boldsymbol{\Omega} \tag{7.8}$$

であり，u～AR(1) のとき $\boldsymbol{\Omega}$ は (7.5)，(7.6) 式より次のようになる．

$$E(\boldsymbol{u}\boldsymbol{u}')=\sigma_u^2\boldsymbol{\Omega}=\frac{\sigma_\varepsilon^2}{1-\rho^2}\begin{bmatrix} 1 & \rho & \rho^2 & \cdots & \rho^{n-1} \\ \rho & 1 & \rho & \cdots & \rho^{n-2} \\ \vdots & \vdots & \vdots & & \vdots \\ \rho^{n-1} & \rho^{n-2} & \rho^{n-3} & \cdots & 1 \end{bmatrix} \tag{7.9}$$

(6.47) 式と同様に (7.7) 式を証明することができる．

$\boldsymbol{u}$ の共分散行列が (7.8) 式のとき，OLSE $\hat{\boldsymbol{\beta}}$ の真の共分散行列は (7.7) 式である．しかし実際には，OLS を用いるとき，$E(\boldsymbol{u}\boldsymbol{u}')=\sigma_u^2\boldsymbol{I}$ の仮定が成立していると考えているから，$\hat{\boldsymbol{\beta}}$ の共分散行列は

$$\sigma_u^2(\boldsymbol{X}'\boldsymbol{X})^{-1}$$

を想定している．OLS で $\boldsymbol{\beta}$ を推定すれば (7.7) 式ではなくこの式にもとづいて分散，共分散は計算される．これを $\hat{\boldsymbol{\beta}}$ の共分散行列の計算式とよび $V(\hat{\boldsymbol{\beta}})$ で表

すことにする．このときどのような問題が生ずるであろうか．

(4)　$V(\hat{\boldsymbol{\beta}})$ は $\mathrm{var}(\hat{\boldsymbol{\beta}})$ を過小推定しがちである．

単純回帰モデルで説明しよう．

次の単純回帰モデルを考える．

$$
\begin{aligned}
Y_t &= \alpha+\beta X_t+u_t \qquad (7.10)\\
&E(u_t)=0\\
&u_t=\rho u_{t-1}+\varepsilon_t,\quad |\rho|<1\\
&\varepsilon_t \sim \mathrm{NID}(0,\sigma_\varepsilon^2)\\
&X \text{ は所与}
\end{aligned}
$$

このとき（7.5）式，（7.6）式から

$$E(u_t^2)=\sigma_u^2=\frac{\sigma_\varepsilon^2}{1-\rho^2}$$

$$\mathrm{cov}(u_t,u_s)=E(u_tu_s)=\rho^{|t-s|}\sigma_u^2$$

である．

$\hat{\beta}$ を β の OLSE，$x_t=X_t-\bar{X}$ とすると

$$\hat{\beta}=\beta+\sum_{t=1}^n w_tu_t,\quad w_t=\frac{x_t}{\sum_{t=1}^n x_t^2}$$

と表すことができる（(1.49) 式）．

$$
\begin{aligned}
\mathrm{var}(\hat{\beta}) &= E(\hat{\beta}-\beta)^2=E\left(\sum_{t=1}^n w_tu_t\right)^2\\
&=\sum_{t=1}^n\sum_{s=1}^n w_tw_sE(u_tu_s)\\
&=\sigma_u^2\sum_{t=1}^n w_t^2+\sum_{\substack{t=1\\t\neq s}}^n\sum_{s=1}^n w_tw_s\rho^{|t-s|}\sigma_u^2\\
&=\frac{\sigma_u^2}{\sum_{t=1}^n x_t^2}+\sigma_u^2\sum\sum_{t\neq s} w_tw_s\rho^{|t-s|} \qquad (7.11)
\end{aligned}
$$

となる．

$$V(\hat{\beta})=\hat{\beta}\text{ の分散の計算式}=\frac{\sigma_u^2}{\sum_{t=1}^n x_t^2}$$

であるから $V(\hat{\beta})$ によって $\hat{\beta}$ の分散を推定する通常の最小 2 乗法は，AR(1) の

とき（7.11）式の右辺第 2 項の分だけ間違っている．

（7.11）式右辺第 2 項の

$$w_t w_s = \frac{\sum (X_t - \bar{X})(X_s - \bar{X})}{\sum x_t^2 \sum x_s^2}$$

の分子は X_t と X_s の相関係数の分子であるから，時系列データでよくみられるように X_t と X_s が正の相関をしており，$0<\rho<1$ ならば，（7.11）式の右辺第 2 項は正になる．したがって，このとき

$$V(\hat{\beta}) < \mathrm{var}(\hat{\beta})$$

となる．

（5） s^2 は σ_u^2 を平均的に過小推定する．すなわち

$$E(s^2) < \sigma_u^2$$

である．このことをやはり単純回帰モデルで以下に示しておこう．

$$\begin{aligned} e_t &= Y_t - \hat{Y}_t = Y_t - (\hat{\alpha} + \hat{\beta} X_t) = Y_t - (\bar{Y} - \hat{\beta}\bar{X} + \hat{\beta} X_t) \\ &= y_t - \hat{\beta} x_t = \beta x_t + u_t - \bar{u} - \hat{\beta} x_t = (\beta - \hat{\beta}) x_t + u_t^* \end{aligned}$$

と表す．$u_t^* = u_t - \bar{u}$ である．このとき

$$\begin{aligned} \sum e_t^2 &= \sum \left\{ (\beta - \hat{\beta}) x_t + u_t^* \right\}^2 \\ &= (\hat{\beta} - \beta)^2 \sum x_t^2 + \sum u_t^{*2} - 2(\hat{\beta} - \beta) \sum x_t u_t^* \end{aligned}$$

$\hat{\beta} - \beta = \dfrac{\sum x_t u_t}{\sum x_t^2} = \dfrac{\sum x_t u_t^*}{\sum x_t^2}$ であるから，$\sum x_t u_t^* = (\hat{\beta} - \beta) \sum x_t^2$ を上式右辺第 3 項に代入し

$$\sum e_t^2 = \sum u_t^{*2} - (\hat{\beta} - \beta)^2 \sum x_t^2$$

となる．

$$\begin{aligned} E\left(\sum u_t^{*2}\right) &= E\left[\sum (u_t - \bar{u})^2\right] = E\left[\sum u_t^2 - \frac{1}{n}\left(\sum u_t\right)^2\right] \\ &= \sum E(u_t^2) - \frac{1}{n} E\left(\sum u_t\right)^2 \\ &= n\sigma_u^2 - \frac{1}{n} E\left(\sum u_t\right)^2 \end{aligned}$$

$$\begin{aligned} E\left(\sum u_t\right)^2 &= \sum_s \sum_t E(u_t u_s) \\ &= \sum_t E(u_t^2) + 2 \sum_{s} \sum_{t} {}_{s<t} E(u_s u_t) \end{aligned}$$

$$\sum_{\substack{s=1\\s<t}}^{n}\sum_{t=1}^{n}E(u_s u_t)=E(u_1u_2)+E(u_1u_3)+\cdots+E(u_1u_n)$$
$$+E(u_2u_3)+E(u_2u_4)+\cdots+E(u_2u_n)$$
$$\vdots$$
$$+E(u_{n-2}u_{n-1})+E(u_{n-2}u_n)$$
$$+E(u_{n-1}u_n)$$
$$=\left\{(n-1)\rho+(n-2)\rho^2+\cdots+[n-(n-1)]\rho^{n-1}\right\}\sigma_u^2$$

$$\sum_{t=1}^{n}E(u_t^2)=n\sigma_u^2$$

したがって

$$\frac{1}{n}E\left(\sum_{t=1}^{n}u_t\right)^2=\left\{1+2\left[\left(\frac{n-1}{n}\right)\rho+\left(\frac{n-2}{n}\right)\rho^2+\cdots+\left(\frac{n-(n-1)}{n}\right)\rho^{n-1}\right]\right\}\times\sigma_u^2$$

となるから，$n\to\infty$ のとき上式右辺{ }内は，$|\rho|<1$ であるから

$$1+2(\rho+\rho^2+\cdots+\rho^{n-1})\underset{n\to\infty}{\longrightarrow}1+\frac{2\rho}{1-\rho}=\frac{1+\rho}{1-\rho}$$

に収束し，結局

$$\frac{1}{n}E\left(\sum_{t=1}^{n}u_t\right)^2\underset{n\to\infty}{\longrightarrow}\sigma_u^2\left(\frac{1+\rho}{1-\rho}\right)$$

となる．

したがって，n が十分大きいとき

$$E(s^2)=\frac{1}{n-2}E(\sum e_t)^2=\frac{1}{n-2}\left\{n\sigma_u^2-\frac{1+\rho}{1-\rho}\sigma_u^2-\mathrm{var}(\hat{\beta})\sum x_t^2\right\}$$
$$\fallingdotseq\sigma_u^2-\mathrm{var}(\hat{\beta})\left(\frac{\sum x_t^2}{n}\right)<\sigma_u^2 \tag{7.12}$$

となり，平均的に s^2 は σ_u^2 を過小推定する．さらに前項2(4) で示したように $0<\rho<1$，X も正の相関をするとき

$$V(\hat{\beta})\ \text{の推定量}=\frac{s^2}{\sum x^2}=\frac{\sigma_u^2}{\sum x^2}\frac{s^2}{\sigma_u^2}=V(\hat{\beta})\frac{s^2}{\sigma_u^2}<V(\hat{\beta})<\mathrm{var}(\hat{\beta})$$

となり，$s^2/\sum x_t^2$ は OLE の真の分散 $\mathrm{var}(\hat{\beta})$ を，平均的に，一層過小推定する．

(6) $\dfrac{\hat{\beta}_j-\beta_j}{s_j}\neq t(n-k)$

OLSE $\hat{\boldsymbol{\beta}}$ は

$$\hat{\boldsymbol{\beta}}=\boldsymbol{\beta}+(\boldsymbol{X}'\boldsymbol{X})^{-1}\boldsymbol{X}'\boldsymbol{u}$$

と正規分布をする $\boldsymbol{u}$ の線形関数であるから，$\hat{\boldsymbol{\beta}}$ は正規分布し

$$\hat{\boldsymbol{\beta}}\sim N\left(\boldsymbol{\beta},\ \sigma_u^2(\boldsymbol{X}'\boldsymbol{X})^{-1}\boldsymbol{X}'\boldsymbol{\Omega}\boldsymbol{X}(\boldsymbol{X}'\boldsymbol{X})^{-1}\right) \tag{7.13}$$

であるが，$\boldsymbol{u}\sim N(\boldsymbol{0},\ \sigma_u^2\boldsymbol{\Omega})$ であるから

$$\frac{(n-k)s^2}{\sigma_u^2}=\frac{\boldsymbol{e}'\boldsymbol{e}}{\sigma_u^2}=\frac{\boldsymbol{u}'\boldsymbol{M}\boldsymbol{u}}{\sigma_u^2}\not\sim\chi^2(n-k)$$

さらに

$$\begin{aligned}\mathrm{cov}(\hat{\boldsymbol{\beta}},\ \boldsymbol{e})&=E\left[(\hat{\boldsymbol{\beta}}-\boldsymbol{\beta})\boldsymbol{e}'\right]=E\left[(\boldsymbol{X}'\boldsymbol{X})^{-1}\boldsymbol{X}'\boldsymbol{u}\boldsymbol{u}'\boldsymbol{M}\right]\\&=\sigma_u^2(\boldsymbol{X}'\boldsymbol{X})^{-1}\boldsymbol{X}'\boldsymbol{\Omega}\boldsymbol{M}\neq\boldsymbol{0}\end{aligned}$$

であるから，$\hat{\boldsymbol{\beta}}$ と $\boldsymbol{e}$ は独立でもない．

したがって

$$\frac{\hat{\beta}_j-\beta_j}{s_j}\not\sim t(n-k)$$

であるから，β_j に関する仮説検定や区間推定に t 分布を使うことはできない．s_j を $\hat{\beta}_j$ の真の分散の推定量

$$\hat{\sigma}_j^2=s^2(\boldsymbol{X}'\boldsymbol{X})^{-1}\boldsymbol{X}'\boldsymbol{\Omega}\boldsymbol{X}(\boldsymbol{X}'\boldsymbol{X})^{-1}\ \text{の}\ (j,\ j)\ \text{要素}$$

の平方根 $\hat{\sigma}_j$ に変えても t 分布はしない．

7.4　自己相関 AR(1) の検定

u_t が AR(1)

$$\begin{aligned}u_t&=\rho u_{t-1}+\varepsilon_t\\|\rho|&<1\\\varepsilon_t&\sim\mathrm{NID}(0,\ \sigma_\varepsilon^2)\end{aligned} \tag{7.14}$$

に従うと仮定したとき

H_0：$\rho=0$

H_1：$\rho>0$（あるいは $\rho<0$ あるいは $\rho\neq0$）

を検定したい．

7.4.1　残差のグラフを描く

(7.14) 式に従う ε_t と u_t のひとつの例が図 7.1(a) から図 7.1(c) である．図 7.1(a) は

$$\varepsilon_t \sim N(0, 2^2), \quad t=1, \cdots, 40$$

に従う独立な $\varepsilon_1, \cdots, \varepsilon_{40}$ である．

図 7.1(b) はこの ε_t と $u_0=0$ を用いた

$$u_t = 0.8u_{t-1} + \varepsilon_t, \quad t=1, \cdots, 40$$

図 7.1(c) は

$$u_t = -0.8u_{t-1} + \varepsilon_t, \quad t=1, \cdots, 40$$

である．

u_t が正の AR(1) に従うとき，一度正になるとしばらく正の値が続き，負になると負の値が何期か続くというパターンを示す．

u_t が負の AR(1) のときは，u_{t-1} に -0.8 の ρ が掛けられるから，頻繁に正，

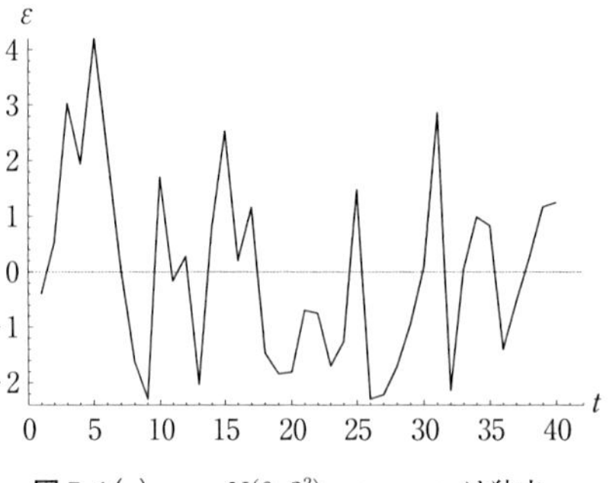

図 7.1(a)　$\varepsilon_t \sim N(0, 2^2)$，$\varepsilon_1, \cdots, \varepsilon_n$ は独立

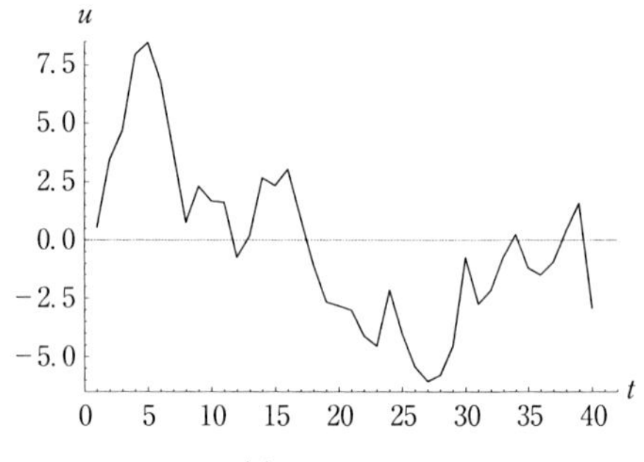

図 7.1(b)　$u_t = 0.8u_{t-1} + \varepsilon_t$

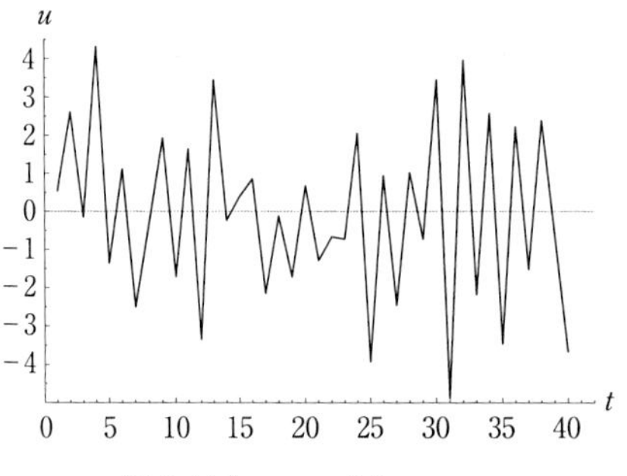

図 7.1(c)　$u_t = -0.8u_{t-1} + \varepsilon_t$

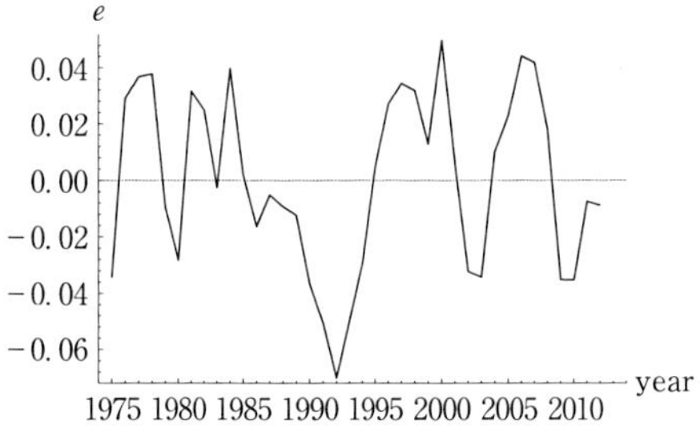

図 7.2 アメリカの輸入関数（(7.47) 式）の OLS 残差

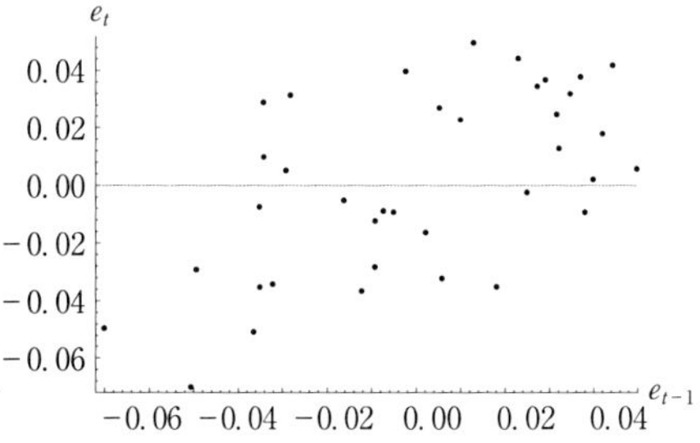

図 7.3 アメリカの輸入関数（(7.47) 式）の (e_{t-1}, e_t) プロット

負の値が入れ代わるというパターンを示す.

図 7.1(b), (c) は u のグラフであるが, u_t が AR(1) ならば残差 e にも同じようなパターンが現れるにちがいない. 図 7.2 は例 7.3 で説明するアメリカの輸入関数の OLS 残差であり, ρ の推定値 $\hat{\rho}=0.64$ のケースである.

折れ線グラフではなく, (e_{t-1}, e_t) のプロットの方が, 正の AR(1) か負の AR(1) かを判別するにあたって有用である. **図 7.3** は図 7.2 のアメリカの輸入関数の残差の (e_{t-1}, e_t) のプロットである. この図 7.3 を見れば e_t と e_{t-1} の間に, 強くはないが正の相関がある, と判断することができる.

残差の折れ線グラフや (e_{t-1}, e_t) のプロットから ρ の値まで推定することはできないが, AR(1) でないかどうかの判断には役立つ.

7.4.2 ダービン・ワトソン検定

誤差項が AR(1) で自己相関していないかどうかを検定するために, もっともよく使われているのがダービン・ワトソン検定である.

誤差項が (7.14) 式の AR(1) に従うとき, 帰無仮説

$$H_0: \rho=0$$

を

$$H_1: \rho>0 \text{（あるいは } \rho<0\text{, あるいは } \rho\neq0\text{）}$$

に対して検定したい.

この帰無仮説の検定のために用いられる検定統計量がダービン・ワトソン比であり, 次式で表される.

$$DW=\frac{\sum_{t=2}^{n}(e_t-e_{t-1})^2}{\sum_{t=1}^{n}e_t^2} \tag{7.15}$$

ここで e は OLS 残差である．

このDWを用いる検定の棄却域を考えよう．DW の分子は

$$\sum_{t=2}^{n}(e_t-e_{t-1})^2=\sum_{t=2}^{n}e_t^2+\sum_{t=2}^{n}e_{t-1}^2-2\sum_{t=2}^{n}e_te_{t-1}$$

となる．n が十分大きければ

$$\frac{e_1^2}{\sum_{t=1}^{n}e_t^2}\fallingdotseq 0, \quad \frac{e_n^2}{\sum_{t=1}^{n}e_t^2}\fallingdotseq 0$$

と近似することができる．このとき

$$\frac{\sum_{t=2}^{n}e_t^2+\sum_{t=2}^{n}e_{t-1}^2}{\sum_{t=1}^{n}e_t^2}\fallingdotseq 2$$

となる．他方

$$\mathrm{var}(u_t)=\sigma_u^2$$
$$\mathrm{cov}(u_t, u_{t-1})=\rho\sigma_u^2$$

の関係から

$$\rho=\frac{\mathrm{cov}(u_t, u_{t-1})}{\mathrm{var}(u_t)}$$

である．いま

$$\mathrm{var}(u_t) \text{ を } \frac{1}{n}\sum_{t=1}^{n}e_t^2$$
$$\mathrm{cov}(u_t, u_{t-1}) \text{ を } \frac{1}{n}\sum_{t=2}^{n}e_te_{t-1}$$

によって推定すれば，ρ は

$$\hat{\rho}=\frac{\sum_{t=2}^{n}e_te_{t-1}/n}{\sum_{t=1}^{n}e_t^2/n}=\frac{\sum_{t=2}^{n}e_te_{t-1}}{\sum_{t=1}^{n}e_t^2} \tag{7.16}$$

によって推定することができる．DW の分子を展開した前述の式の右辺第3項と分母の比はこの ρ の推定量 $\hat{\rho}$ を与えるから，結局，n が十分大きければ

$$DW \fallingdotseq 2(1-\hat{\rho}) \tag{7.17}$$

という近似式が得られる．

この (7.17) 式をもとにして $H_0 : \rho=0$ の棄却域を考えよう．もし，$H_0 : \rho=0$ が正しければ，ρ の推定値 $\hat{\rho}$ も 0 もしくは 0 に近い値となり，このとき (7.17) 式より DW は 2 もしくは 2 に近い値をとるであろう．いいかえれば DW が 2 近辺の値のとき，$H_0 : \rho=0$ を棄却する必要はない．

ρ が 1 に近いという強い正の 1 階の自己相関をしているときには，$\hat{\rho}$ も 1 に近い値となり，このとき (7.17) 式より DW は 0 もしくは 0 に近い値をとるであろう．(7.15) 式より，DW が負となることはないから，DW が最小値 0 に近い値をとればとるほど，これは $\rho>0$ を示唆し，$H_0 : \rho=0$ に不利な証拠を与え，$H_0 : \rho=0$ は棄却される．

他方，ρ が -1 に近いという負の強い 1 階の自己相関のとき，$\hat{\rho}$ も -1 に近い値をとり，このとき (7.17) 式からわかるように，DW は 4 に近い値をとる．いいかえれば，DW が 4 に近ければ $\rho<0$ が示唆され，やはり $H_0 : \rho=0$ を棄却すべき状況であることを示す．

仮説を

$$H_0 : \rho=0, \quad H_1 : \rho>0$$

とする．有意水準 α のとき，H_0 を棄却する臨界点を d_c とすると，前述の説明から，d_c は

$$P(DW<d_c)=\alpha$$

を満たし

$$DW<d_c \text{ ならば } H_0 : \rho=0 \text{ を棄却し，} H_1 : \rho>0 \text{ を採択}$$

という判断になる．

ところが H_0 のもとでの DW の分布は説明変数の値に依存しているから，説明変数の値が変われば DW の分布，したがって d_c の値も異なってくる．ダービンとワトソンは，DW には説明変数の値とは独立な下限分布 d_L と上限分布 d_U があり，下限分布で

$$P(DW<d_l)=\alpha$$

上限分布で

$$P(DW<d_u)=\alpha$$

を満たす d_l, d_u を求め，d_c は未知ではあるが

$$d_l < d_c < d_u$$

と d_l と d_u の間に入ることを見出した．d_l, d_u の値は α, n, k'（定数項を除く説明変数の数）に依存している（計量経済学のテキストに種々の n, k' に対して，α＝0.05 と 0.01 のときの d_l, d_u の値が載っている）．

したがって

$$DW < d_l \Rightarrow DW < d_c \text{ であるから } H_0: \rho = 0 \text{ 棄却，} H_1: \rho > 0 \text{ 採択}$$

$$DW > d_u \Rightarrow DW > d_c \text{ であるから } H_0: \rho = 0 \text{ 棄却しない}$$

という検定方式になる．

しかし

$$d_l < DW < d_u$$

のときは，$d_l < d_c < DW$ なのか，$d_l < DW < d_c$ なのか不明のため結論を保留せざるを得ない，というあいまいさが残る．$4 - d_U$, $4 - d_L$ の分布はそれぞれ d_L, d_U の分布に等しいから，仮説が

$$H_0: \rho = 0, \quad H_1: \rho < 0$$

のとき

$$DW > 4 - d_l \text{ ならば } H_0 \text{ 棄却，} H_1 \text{ 採択}$$

$$d_u < DW < 4 - d_u \text{ ならば } H_0 \text{ 棄却しない}$$

$$4 - d_u < DW < 4 - d_l \text{ ならば結論保留}$$

という検定方式になる．

7.4.3　ダービン・ワトソン検定の問題点

ダービン・ワトソン検定は次の 2 つの弱点をもっている．

（1）　結論保留領域がある．

（2）　説明変数に被説明変数の 1 期前が含まれているとき，DW は 2 の方向に偏る．

（1）のとき，$H_0: \rho = 0$ を棄却すべきかどうか結論を出すことはできないが，分析者の行動としては $H_0: \rho = 0$ を棄却しなくてもよいという自らのモデルにとって好都合な方を採るにちがいない．しかし，DW が結論保留領域に落ちたとき，むしろ 1 階の自己相関があると判断した方がよい．というのは，説明変数の多くがそうであるように，急激な変化ではなく，ゆるやかに変化しながら推移している場合には，DW の実際の分布は上限分布に近い（Theil and Nagar (1961)）．

したがって $DW<d_u$ のときには1階の正の自己相関，$DW>4-d_l$ のときには1階の負の自己相関があると判断した方がよいとタイルとナガールは述べている.

しかし，最近の統計解析ソフトは DW の，$H_0: \rho=0$ のもとでの p 値を計算してくれるので，p 値が得られれば結論にあいまいさは残らない.

(2) の問題は，たとえば

$$Y_t=\beta_1+\beta_2X_t+\beta_3Y_{t-1}+u_t$$
$$Y_t=\beta_1+\beta_2X_t+\beta_3Y_{t-1}+\beta_4Y_{t-2}+u_t$$

のように，説明変数に Y_{t-1} が現れるモデルの場合には，実際には，たとえば誤差項に正の1階の自己相関があるとき，DW が2の方向に偏りをもつために，自己相関はない，という間違った判断をする可能性が高くなるということである.このように，被説明変数の1期前 Y_{t-1} が説明変数として現れる場合には，H_0: $\rho=0$ の検定は，DW による検定ではなく，次の m テストあるいは n が十分大きければ h 統計量による検定の方がよい.

7.4.4　m テスト

m テストといわれる検定は次のように行う．モデル

$$Y_t=\beta_1+\beta_2X_t+\beta_3Y_{t-1}+u_t \tag{7.18}$$

を例としよう．(7.18) 式に OLS を適用して最小2乗残差 e を求め

$$e_t=\gamma_0+\gamma_1e_{t-1}+\gamma_2X_t+\gamma_3Y_{t-1}+\varepsilon_t \tag{7.19}$$

に OLS を適用し，$H_0: \gamma_1=0$ の t 検定を行う．$H_0: \gamma_1=0$ が棄却され，$\hat{\gamma}_1>0$ ならば正の1階の自己相関，$\hat{\gamma}_1<0$ ならば負の1階の自己相関があると判断する. $H_0: \gamma_1=0$ が棄却されなければ，誤差項 u_t に1階の自己相関はないと考えてよい.

7.4.5　h 統計量

(7.18) 式のモデルを例にとると，h 統計量は次式で定義される.

$$\mathrm{h}=\hat{\rho}\sqrt{\frac{n}{1-ns_3^2}}\ \underset{\text{asy}}{\overset{H_0}{\sim}}\ N(0,1) \tag{7.20}$$

$\hat{\rho}$ は ρ の推定値，s_3^2 は $\mathrm{var}(\hat{\beta}_3)$ の推定値である．一般的には Y_{t-1} の係数を β_h とし，$\mathrm{var}(\hat{\beta}_h)$ の推定値を s_h^2 とすれば，$1-ns_h^2$ が (7.20) 式右辺の平方根の中の分母となる.

n が大きければ，といっても30をこえるぐらいでよいが，$H_0: \rho=0$ が正しい

とき，h は標準正規分布で近似することができる.

このh統計量を用いて，$H_0: \rho=0$ を，$H_1: \rho>0$ に対して検定する場合を考えよう．もし，$H_0: \rho=0$ が正しければ，ρ の推定値 $\hat{\rho}$ も 0 近辺の値をとり，このとき（7.20）式の h も 0 に近い値をとる．いいかえれば，h が 0 近辺の値であれば $H_0: \rho=0$ を棄却すべき証拠とはならない．他方，$H_1: \rho>0$ が正しければ，$\hat{\rho}$ も正の値をとり，h も正の値をとる．h の値が大きな正の値をとればとるほどそれは $H_0: \rho=0$ に不利な証拠となり，$H_0: \rho=0$ は棄却され，$H_1: \rho>0$ が採択される．h 統計量は標準正規分布で近似されるから，棄却域を与える臨界点は，たとえば有意水準 5% ならば 1.645，有意水準 1% ならば 2.326 である.

h 統計量は（7.20）式の平方根のなかの値が負になれば適用できない．そのときには m テストを用いなければならない．このような h 統計量を計算できないときばかりでなく，一般に，m テストの方が h 統計量による検定よりも検定力（$H_1: \rho>0$ が正しいときに，$H_0: \rho=0$ を棄却し，H_1 を採択するという正しい判断をする確率）が高いといわれている．とくに小標本のときは m テストを用いる方がよい.

▶例 7.1　マクロ消費関数（4.52）式の AR(1) の検定

（4.52）式

$$C_t=\beta_1 YD_t+\beta_2 C_{t-1}+u_t$$

の推定結果は表 4.18 に示されている．この推定式の残差を用いて

$$DW=1.963$$

が得られる．ほとんど 2 に近い値であるから，u_t が AR(1) とは考えられない．しかし説明変数に C_{t-1} があるので，m テストと h 統計量を求めてみよう.

m テストの結果は次式である．（　）内は t 値である.

$$e_t=\underset{(0.0093)}{0.312\times 10^{-2}} e_{t-1}+\underset{(0.129)}{0.019} YD_t-\underset{(-0.129)}{0.023} C_{t-1}$$

e_{t-1} の t 値 0.0093 から e_{t-1} の係数は 0 と有意に異ならず，m テストからも u_t は AR(1) ではない.

次に，（7.20）式の h を求めるために，ρ を（7.29）式によって推定すると

$$\hat{\rho}=0.0312$$

が得られる．（7.20）式の

$s_3^2 = \mathrm{var}(\hat{\beta}_2)$ の推定量 $= (0.12402)^2 = 0.15381 \times 10^{-1}$

$n = 18$

であるから

$$\mathrm{h} = 0.156$$

となる．$Z \sim N(0, 1)$ とすると p 値

$$P(Z > \mathrm{h}) = 0.438$$

より，u_t に関する AR(1) の仮説

$$H_0 : \rho = 0, \quad H_1 : \rho > 0$$

は h 統計量からも H_0 は棄却されない．

結局，(4.52) 式の u_t は AR(1) ではないと判断することができる．

▶例 7.2　貨幣賃金率変化率 (5.13) 式の AR(1) の検定

(5.13) 式の推定結果は表 5.5，残差は表 5.6 にある．この残差から

$$DW = 1.597$$

を得る．有意水準 5%，$n = 53$，k'（定数項を除く説明変数の数）$= 2$ のとき

$$d_l = 1.479, \quad d_u = 1.636$$

である（$n = 50$ と $n = 55$ の間で線形補間）．

$DW = 1.597$ は d_l と d_u の間に入り，結論保留領域である．しかし DW の p 値 0.040 が得られるので，有意水準 5% で $H_0 : \rho = 0$ は棄却され，$H_1 : \rho > 0$ が採択される．

(7.27) 式，(7.28) 式，$\hat{\rho} \fallingdotseq 1 - DW/2$，および (7.29) 式で ρ を推定すると，この順に

$$\hat{\rho} = 0.195, \quad 0.193, \quad 0.202, \quad 0.206$$

となり，$\hat{\rho} \fallingdotseq 0.2$ で余り大きくない．

(5.13) 式の u_t に AR (1) を仮定して，7.7.3 項で説明するビーチ・マッキノン法による ML を用いて，(5.13) 式を推定すると次の結果を得る．(　) 内は t 値である．

$$\underset{}{WDOT} = \underset{(-4.51)}{-1.797} + \underset{(11.55)}{14.690}RU^{-1.699} + \underset{(12.54)}{0.924}CPIDOT$$

$$\hat{\rho} = 0.203(1.46)$$

$$\bar{R}^2 = 0.954, \quad s = 1.502$$

係数推定値は表 5.5 の値と少し異なっているが，大きな差はない．$\hat{\rho}$ の標準偏

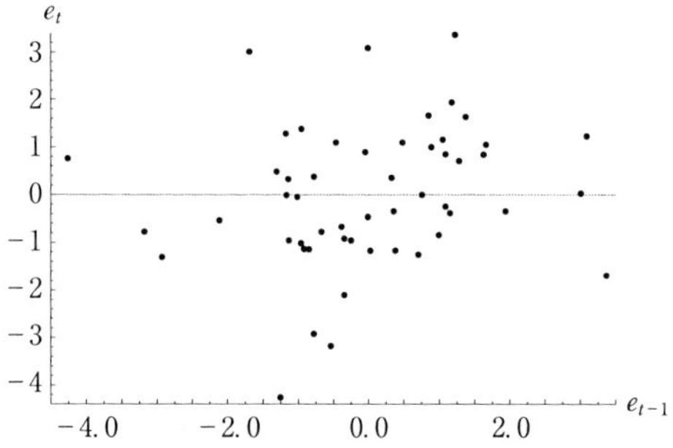

図 7.4 (5.13) 式の OLS 残差 (e_{t-1}, e_t)

差は $H_0: \rho=0$ のもとで $1/\sqrt{n-1}=0.1387$ となるから (数学注 (1) 参照), $H_0: \rho=0$ のもとで

$$z=\frac{0.203}{0.1387}\fallingdotseq 1.46$$

となる. t 検定ではなく, 漸近的な標準正規分布を用いる検定であるが, 1.46 の値から $H_0: \rho=0$ は有意水準5% でも棄却されない. したがって DW 検定とは矛盾する.

実際, (5.13) 式の OLS 残差の (e_{t-1}, e_t) プロットは**図 7.4** となり, 正の AR(1) があるようには見えない.

7.5 パラメータ推定――一般化最小 2 乗法

時系列データを用いて回帰分析をするとき, 誤差項が自己相関している, とくに正の AR(1) のケースはきわめて多い. AR(1) を前提とするパラメータ推定法として一般化最小 2 乗法 (GLS), 実行可能な GLS, 最尤法 (ML) を説明する. まず GLS について述べる.

u∼AR(1) のとき, u の共分散行列は (7.9) 式になる. そして

$$\boldsymbol{\Omega}^{-1}=\frac{1}{1-\rho^2}\begin{bmatrix} 1 & -\rho & 0 & \cdots & 0 & 0 & 0 \\ -\rho & 1+\rho^2 & -\rho & \cdots & 0 & 0 & 0 \\ 0 & -\rho & 1+\rho^2 & \cdots & 0 & 0 & 0 \\ \vdots & \vdots & \vdots & & \vdots & \vdots & \vdots \\ 0 & 0 & 0 & \cdots & -\rho & 1+\rho^2 & -\rho \\ 0 & 0 & 0 & \cdots & 0 & -\rho & 1 \end{bmatrix} \tag{7.21}$$

となり (Graybill (1969), p. 182)

$$\boldsymbol{P}=\begin{bmatrix}\sqrt{1-\rho^2} & 0 & 0 & \cdots & 0 & 0\\ -\rho & 1 & 0 & \cdots & 0 & 0\\ 0 & -\rho & 1 & \cdots & 0 & 0\\ \vdots & \vdots & \vdots & & \vdots & \vdots\\ 0 & 0 & 0 & \cdots & -\rho & 1\end{bmatrix} \tag{7.22}$$

とすれば

$$\boldsymbol{P}'\boldsymbol{P}=(1-\rho^2)\boldsymbol{\Omega}^{-1} \tag{7.23}$$

の関係がある.

したがって (6.38) 式の $\boldsymbol{\beta}$ の一般化最小2乗推定量 GLSE $\tilde{\boldsymbol{\beta}}$ は

$$\begin{aligned}\tilde{\boldsymbol{\beta}}&=(\boldsymbol{X}'\boldsymbol{\Omega}^{-1}\boldsymbol{X})^{-1}\boldsymbol{X}'\boldsymbol{\Omega}^{-1}\boldsymbol{y}\\ &=\left[(1-\rho^2)^{-1}\boldsymbol{X}'\boldsymbol{P}'\boldsymbol{P}\boldsymbol{X}\right]^{-1}\boldsymbol{X}'(1-\rho^2)^{-1}\boldsymbol{P}'\boldsymbol{P}\boldsymbol{y}\\ &=\left[(\boldsymbol{P}\boldsymbol{X})'\boldsymbol{P}\boldsymbol{X}\right]^{-1}(\boldsymbol{P}\boldsymbol{X})'\boldsymbol{P}\boldsymbol{y}\end{aligned}$$

と表すことができるから, GLSE は $\boldsymbol{Py}$ の $\boldsymbol{PX}$ への回帰を行うことによって求めることができる.

$$\boldsymbol{Py}=\begin{bmatrix}\sqrt{1-\rho^2}\,Y_1\\ Y_2-\rho Y_1\\ \vdots\\ Y_n-\rho Y_{n-1}\end{bmatrix} \tag{7.24}$$

$$\boldsymbol{PX}=\begin{bmatrix}\sqrt{1-\rho^2} & \sqrt{1-\rho^2}\,X_{2,1} & \cdots & \sqrt{1-\rho^2}\,X_{k,1}\\ 1-\rho & X_{2,2}-\rho X_{2,1} & \cdots & X_{k,2}-\rho X_{k,1}\\ \vdots & \vdots & & \vdots\\ 1-\rho & X_{2,n}-\rho X_{2,n-1} & \cdots & X_{k,n}-\rho X_{k,n-1}\end{bmatrix} \tag{7.25}$$

である. この $\boldsymbol{P}$ を用いる $\boldsymbol{y}$ から $\boldsymbol{Py}$, $\boldsymbol{X}$ から $\boldsymbol{PX}$ への変換は, $\boldsymbol{P}$ を導いたプレイス・ウインステンの名に因んで, プレイス・ウインステン変換 Prais-Winsten transformation とよばれる. 以下 PW 変換と略す.

7.6 実行可能な GLS

7.6.1 2 SPW

ρ は未知であるから $\boldsymbol{\Omega}$ は未知である．したがって $\boldsymbol{\Omega}$ の推定量 $\hat{\boldsymbol{\Omega}}$ を用いて $\boldsymbol{\beta}$ の GLSE を求めなければならない．$\hat{\boldsymbol{\Omega}}^{-1}$ は存在すると仮定する．このとき

$$\tilde{\boldsymbol{\beta}}_* = (\boldsymbol{X}'\hat{\boldsymbol{\Omega}}^{-1}\boldsymbol{X})^{-1}\boldsymbol{X}'\hat{\boldsymbol{\Omega}}^{-1}\boldsymbol{y} \tag{7.26}$$

は実行可能な一般化最小 2 乗推定量とよばれる．

$\boldsymbol{\Omega}$ は $n(n+1)/2$ 個の異なった要素をもつことができるが，通常，$\boldsymbol{\Omega}$ は有限個のパラメータ $\theta_1, \cdots, \theta_m$ に依存している．たとえば，u_t が AR(1)

$$u_t = \rho u_{t-1} + \varepsilon_t, \quad |\rho| < 1$$

に従うとき，(7.9) 式からわかるように，$\boldsymbol{\Omega}$ は 1 個のパラメータ ρ のみに依存している．

実行可能な GLS について重要な点は以下の通りである．

(1)　パラメータ θ_j の推定量を $\hat{\theta}_j$ とするとき，$\operatorname*{plim}_{n\to\infty}\hat{\theta}_j = \theta_j$, $j=1, \cdots, m$ ならば，$\hat{\boldsymbol{\Omega}}$ は $\boldsymbol{\Omega}$ の一致推定量である．

(2)　$\tilde{\boldsymbol{\beta}}_*$ が $\boldsymbol{\beta}$ の一致推定量となるための十分条件は

$$\operatorname*{plim}_{n\to\infty}\left(\frac{\boldsymbol{X}'\hat{\boldsymbol{\Omega}}^{-1}\boldsymbol{X}}{n}\right)^{-1} = \boldsymbol{Q}, \quad \boldsymbol{Q}\ \text{は非特異}$$

かつ

$$\operatorname*{plim}_{n\to\infty}\left(\frac{\boldsymbol{X}'\hat{\boldsymbol{\Omega}}^{-1}\boldsymbol{u}}{n}\right) = \boldsymbol{0}$$

である．

この十分条件は

$$\begin{aligned}\tilde{\boldsymbol{\beta}}_* &= (\boldsymbol{X}'\hat{\boldsymbol{\Omega}}^{-1}\boldsymbol{X})^{-1}\boldsymbol{X}'\hat{\boldsymbol{\Omega}}^{-1}(\boldsymbol{X}\boldsymbol{\beta}+\boldsymbol{u}) \\ &= \boldsymbol{\beta} + (\boldsymbol{X}'\hat{\boldsymbol{\Omega}}^{-1}\boldsymbol{X})^{-1}\boldsymbol{X}'\hat{\boldsymbol{\Omega}}^{-1}\boldsymbol{u}\end{aligned}$$

より

$$\operatorname*{plim}_{n\to\infty}\tilde{\boldsymbol{\beta}}_* = \boldsymbol{\beta} + \operatorname*{plim}_{n\to\infty}\left(\frac{\boldsymbol{X}'\hat{\boldsymbol{\Omega}}^{-1}\boldsymbol{X}}{n}\right)^{-1}\operatorname*{plim}_{n\to\infty}\left(\frac{\boldsymbol{X}'\hat{\boldsymbol{\Omega}}^{-1}\boldsymbol{u}}{n}\right)$$

となることから明らかである．

(3)　実行可能な GLSE $\tilde{\boldsymbol{\beta}}_*$ の漸近的分布が GLSE $\tilde{\boldsymbol{\beta}}$ と同じ分布

$$N(\boldsymbol{\beta}, \sigma_u^2(\boldsymbol{X}'\boldsymbol{\Omega}^{-1}\boldsymbol{X})^{-1})$$

をもつための十分条件は

$$\operatorname*{plim}_{n\to\infty}\left(\frac{\boldsymbol{X}'\hat{\boldsymbol{\Omega}}^{-1}\boldsymbol{X}}{n}\right)=\operatorname*{plim}_{n\to\infty}\left(\frac{\boldsymbol{X}'\boldsymbol{\Omega}^{-1}\boldsymbol{X}}{n}\right)$$

かつ

$$\operatorname*{plim}_{n\to\infty}\left(\frac{\boldsymbol{X}'\hat{\boldsymbol{\Omega}}^{-1}\boldsymbol{u}}{\sqrt{n}}\right)=\operatorname*{plim}_{n\to\infty}\left(\frac{\boldsymbol{X}'\boldsymbol{\Omega}^{-1}\boldsymbol{u}}{\sqrt{n}}\right)=\boldsymbol{0}$$

である．

この十分条件は次のようにして得られる．

$$\sqrt{n}\,(\tilde{\boldsymbol{\beta}}-\boldsymbol{\beta})=\left(\frac{\boldsymbol{X}'\boldsymbol{\Omega}^{-1}\boldsymbol{X}}{n}\right)^{-1}\left(\frac{\boldsymbol{X}'\boldsymbol{\Omega}^{-1}\boldsymbol{u}}{\sqrt{n}}\right)$$

$$\sqrt{n}\,(\tilde{\boldsymbol{\beta}}_*-\boldsymbol{\beta})=\left(\frac{\boldsymbol{X}'\hat{\boldsymbol{\Omega}}^{-1}\boldsymbol{X}}{n}\right)^{-1}\left(\frac{\boldsymbol{X}'\hat{\boldsymbol{\Omega}}^{-1}\boldsymbol{u}}{\sqrt{n}}\right)$$

であるから，前述の 2 つの条件が成立すれば

$$\operatorname*{plim}_{n\to\infty}\sqrt{n}\,(\tilde{\boldsymbol{\beta}}-\tilde{\boldsymbol{\beta}}_*)=\boldsymbol{0}$$

となることから明らかである．

実行可能な GLS の代表的な方法は 2SPW（2 Step Prais-Winsten）である．

ρ の値が既知であれば $\boldsymbol{y}, \boldsymbol{X}$ を PW 変換して $\boldsymbol{y}^*=\boldsymbol{P}\boldsymbol{y}, \boldsymbol{X}^*=\boldsymbol{P}\boldsymbol{X}$ を作り，$\boldsymbol{y}^*$ の $\boldsymbol{X}^*$ への定数項なし最小 2 乗法を適用すれば，それが $\boldsymbol{\beta}$ の GLSE を与える．しかし ρ の値は未知である．したがって実際には ρ を推定して実行可能な GLS を行う．2SPW は次のステップで OLS が 2 度適用される．

第 1 ステップ

(7.1)式に OLS を適用し，残差 e から ρ を推定する．ρ の推定方法は種々あるが，代表的な ρ 推定法は次の 3 通りである．

(i)　最小 2 乗原理

u_t が AR(1) に従っているとき，残差にも同様の

$$e_t=\hat{\rho}e_{t-1}+\hat{\varepsilon}_t$$

という関係があると考えることができる．この式の $\hat{\rho}$ を最小 2 乗法で求めれば

$$\hat{\rho}=\frac{\sum_{t=2}^{n}e_te_{t-1}}{\sum_{t=2}^{n}e_{t-1}^2} \tag{7.27}$$

である．

（ii） u の分散，共分散から，$\mathrm{cov}(u_t, u_{t-s})=\gamma_s$ とすると

$$\hat{\rho}=\frac{\hat{\gamma}_1}{\hat{\gamma}_0}=\frac{\sum_{t=2}^{n} e_t e_{t-1}}{\sum_{t=1}^{n} e_t^2} \tag{7.28}$$

分母に e_1^2 が含まれるから（7.27）式の $\hat{\rho}$ より小さくなる．

（iii） タイル・ナガール

n が十分大きければ

$$DW \fallingdotseq 2(1-\hat{\rho})$$

の関係より

$$\hat{\rho}=1-\frac{DW}{2}$$

が得られる．しかし n がそれほど大きくないときには，上式は ρ を過小推定するので次のように修正するほうがよいということを Theil and Nagar（1961）が示した．

$$\hat{\rho}=\frac{n^2\left(1-\dfrac{DW}{2}\right)+k^2}{n^2-k^2} \tag{7.29}$$

k は定数項を含む説明変数の数である．

第 2 ステップ

ρ の推定値 $\hat{\rho}$ を用いて $\boldsymbol{y}$ および $\boldsymbol{X}$ を PW 変換して $\boldsymbol{y}^*$, $\boldsymbol{X}^*$ を作り，$\boldsymbol{y}^*$ の $\boldsymbol{X}^*$ への（定数項なし）線形回帰を行う．（7.25）式の $\boldsymbol{PX}$ の第 1 列をみればわかるように，$\boldsymbol{X}$ のすべての要素が 1 のベクトルも PW 変換されるから定数項なしの回帰になる．この結果得られる $\boldsymbol{\beta}$ の推定量は（7.26）式で示されている実行可能な GLSE $\tilde{\boldsymbol{\beta}}_*$ である．

7.6.2 GLS —— 格子探索法

2SPW は $\hat{\rho}$ を求めるにあたって，どの方法を用いるべきかを一義的に決めることはできない．次のような方法もある．ρ を与えれば，与えられた ρ を用いて GLS を行うことができる．次に ρ を変え，GLS を行う．このようにして ρ を ρ_0 からステップ幅 h で ρ_1 まで動かし（$\rho=\rho_0(h)\rho_1$ と表す），そのなかで残差平方和

を最小にする ρ とその ρ に対応する GLSE を採用する．これが格子探索法 grid search による GLS（GRID）である．

$|\rho|<1$ であるが，ρ の推定値 $\hat{\rho}$ があればその近辺で ρ を動かせばよい．ρ の推定値がなければ

$$\hat{\rho} \fallingdotseq 1 - \frac{DW}{2}$$

の関係から ρ のおおよその値を知ることができる．

7.7　パラメータ推定 —— 最尤法

7.7.1　尤度関数と必要条件

（7.1）式の $\boldsymbol{u}$ は

$$\boldsymbol{u} \sim N(\boldsymbol{0}, \sigma_u^2 \boldsymbol{\Omega})$$

であるから，$u_1, u_2, \cdots, u_n$ の同時確率密度関数は

$$\begin{aligned} &f(u_1, u_2, \cdots, u_n) \\ &= (2\pi)^{-\frac{n}{2}} |\sigma_u^2 \boldsymbol{\Omega}|^{-\frac{1}{2}} \exp\left[-\frac{1}{2} \boldsymbol{u}' (\sigma_u^2 \boldsymbol{\Omega})^{-1} \boldsymbol{u} \right] \end{aligned} \tag{7.30}$$

となる．したがって対数尤度関数は次式になる．

$$\log L = -\frac{n}{2} \log 2\pi - \frac{1}{2} \log |\sigma_u^2 \boldsymbol{\Omega}| - \frac{1}{2\sigma_u^2} (\boldsymbol{y} - \boldsymbol{X\beta})' \boldsymbol{\Omega}^{-1} (\boldsymbol{y} - \boldsymbol{X\beta}) \tag{7.31}$$

そして（7.23）式の関係より

$$|\boldsymbol{\Omega}| = |(1-\rho^2)(\boldsymbol{P}'\boldsymbol{P})^{-1}| = (1-\rho^2)^n |\boldsymbol{P}'\boldsymbol{P}|^{-1}$$

が得られるが

$$|\boldsymbol{P}'\boldsymbol{P}| = |\boldsymbol{P}'||\boldsymbol{P}| = |\boldsymbol{P}|^2 = \left[(1-\rho^2)^{\frac{1}{2}} \right]^2 = (1-\rho^2)$$

であるから，σ_u^2 に（7.5）式を代入し，次の結果が得られる．

$$\begin{aligned} |\sigma_u^2 \boldsymbol{\Omega}| &= (\sigma_u^2)^n |\boldsymbol{\Omega}| = (\sigma_u^2)^n (1-\rho^2)^{n-1} \\ &= (1-\rho^2)^{-n} (\sigma_\varepsilon^2)^n (1-\rho^2)^{n-1} = (1-\rho^2)^{-1} (\sigma_\varepsilon^2)^n \end{aligned}$$

他方

$$\begin{aligned} (\boldsymbol{y} - \boldsymbol{X\beta})' \boldsymbol{\Omega}^{-1} (\boldsymbol{y} - \boldsymbol{X\beta}) &= (\boldsymbol{y} - \boldsymbol{X\beta})' (1-\rho^2)^{-1} \boldsymbol{P}'\boldsymbol{P} (\boldsymbol{y} - \boldsymbol{X\beta}) \\ &= (1-\rho^2)^{-1} (\boldsymbol{Py} - \boldsymbol{PX\beta})' (\boldsymbol{Py} - \boldsymbol{PX\beta}) \end{aligned}$$

$$(1-\rho^2)\sigma_u^2 = \sigma_\varepsilon^2$$

であるから

$$-\frac{1}{2\sigma_u^2}(\boldsymbol{y}-\boldsymbol{X\beta})'\boldsymbol{\Omega}^{-1}(\boldsymbol{y}-\boldsymbol{X\beta})$$

$$=-\frac{1}{2(1-\rho^2)\sigma_u^2}(\boldsymbol{Py}-\boldsymbol{PX\beta})'(\boldsymbol{Py}-\boldsymbol{PX\beta})$$

$$=-\frac{1}{2\sigma_\varepsilon^2}(\boldsymbol{y}^*-\boldsymbol{X}^*\boldsymbol{\beta})'(\boldsymbol{y}^*-\boldsymbol{X}^*\boldsymbol{\beta})$$

ここで $\boldsymbol{y}^*=\boldsymbol{Py}$, $\boldsymbol{X}^*=\boldsymbol{PX}$ である.

以上の結果を (7.31) 式へ代入すれば

$$\log L=-\frac{n}{2}\log 2\pi-\frac{n}{2}\log\sigma_\varepsilon^2+\frac{1}{2}\log(1-\rho^2)-\frac{1}{2\sigma_\varepsilon^2}(\boldsymbol{y}^*-\boldsymbol{X}^*\boldsymbol{\beta})'(\boldsymbol{y}^*-\boldsymbol{X}^*\boldsymbol{\beta}) \tag{7.32}$$

を得る.

$$\underset{n\times k}{\boldsymbol{X}}=\begin{bmatrix}\boldsymbol{x}_1' \\ \boldsymbol{x}_2' \\ \vdots \\ \boldsymbol{x}_n'\end{bmatrix}\begin{matrix}1\times k \\ 1\times k \\ \\ 1\times k\end{matrix}$$

とおくと

$$\boldsymbol{X}^*=\boldsymbol{PX}=\begin{bmatrix}\sqrt{1-\rho^2}\,\boldsymbol{x}_1' \\ \boldsymbol{x}_2'-\rho\boldsymbol{x}_1' \\ \vdots \\ \boldsymbol{x}_n'-\rho\boldsymbol{x}_{n-1}'\end{bmatrix},\quad \boldsymbol{y}^*=\begin{bmatrix}\sqrt{1-\rho^2}\,Y_1 \\ Y_2-\rho Y_1 \\ \vdots \\ Y_n-\rho Y_{n-1}\end{bmatrix}$$

であるから

$$(\boldsymbol{y}^*-\boldsymbol{X}^*\boldsymbol{\beta})'(\boldsymbol{y}^*-\boldsymbol{X}^*\boldsymbol{\beta})$$

$$=\left[\sqrt{1-\rho^2}\,(Y_1-\boldsymbol{x}_1'\boldsymbol{\beta})\right]^2+\sum_{t=2}^{n}\left[Y_t-\rho Y_{t-1}-(\boldsymbol{x}_t'-\rho\boldsymbol{x}_{t-1}')\boldsymbol{\beta}\right]^2$$

と表すこともできる.

ρ, $\boldsymbol{\beta}$, σ_ε^2 の最尤推定量は次の必要条件を解くことによって得られる.

$$\frac{\partial\log \mathrm{L}}{\partial\rho}=\frac{-\rho}{1-\rho^2}+\frac{\rho}{\sigma_\varepsilon^2}(Y_1-\boldsymbol{x}_1'\boldsymbol{\beta})^2+\frac{1}{\sigma_\varepsilon^2}\sum_{t=2}^{n}\left[Y_t-\boldsymbol{x}_t'\boldsymbol{\beta}-\rho(Y_{t-1}-\boldsymbol{x}_{t-1}'\boldsymbol{\beta})\right](Y_{t-1}-\boldsymbol{x}_{t-1}'\boldsymbol{\beta})=0$$

$$\frac{\partial \log \mathrm{L}}{\partial \boldsymbol{\beta}} = \frac{1}{\sigma_\varepsilon^2}(\boldsymbol{X}^{*\prime}\boldsymbol{y}^* - \boldsymbol{X}^{*\prime}\boldsymbol{X}^*\boldsymbol{\beta}) = 0$$

$$\frac{\partial \log \mathrm{L}}{\partial \sigma_\varepsilon^2} = -\frac{n}{2\sigma_\varepsilon^2} + \frac{1}{2\sigma_\varepsilon^4}\ (\boldsymbol{y}^* - \boldsymbol{X}^*\boldsymbol{\beta})'(\boldsymbol{y}^* - \boldsymbol{X}^*\boldsymbol{\beta}) = 0$$

しかしこの必要条件は，$\boldsymbol{y}^*$, $\boldsymbol{X}^*$が ρ の関数であるから，ρ, $\boldsymbol{\beta}$, σ_ε^2 について非線形になり，簡単に解くことはできない．ρ を与える次の 7.7.2 項の格子探索法かあるいは Beach and MacKinnon (1978) の方法を用いなければならない．

7.7.2　最尤法 ── 格子探索法

ρ を与えれば必要条件の最初の式は不要になり，所与の ρ に対して $\boldsymbol{y}^*$, $\boldsymbol{X}^*$を求め，必要条件の 2 番目と 3 番目の式から，$\boldsymbol{\beta}$ と σ_ε^2 の最尤推定量は次式で与えられる．

$$\hat{\boldsymbol{\beta}}(\rho) = (\boldsymbol{X}^{*\prime}\boldsymbol{X}^*)^{-1}\boldsymbol{X}^{*\prime}\boldsymbol{y}^* \tag{7.33}$$

$$\hat{\sigma}_\varepsilon^2(\rho) = \frac{1}{n}\left[\boldsymbol{y}^* - \boldsymbol{X}^*\hat{\boldsymbol{\beta}}(\rho)\right]'\left[\boldsymbol{y}^* - \boldsymbol{X}^*\hat{\boldsymbol{\beta}}(\rho)\right] \tag{7.34}$$

この $\hat{\boldsymbol{\beta}}(\rho)$ と $\hat{\sigma}_\varepsilon^2(\rho)$ をそれぞれ対数尤度関数 $\log L$ の $\boldsymbol{\beta}$ と $\hat{\sigma}_\varepsilon^2$ へ代入することによって ρ に尤度が集中した集中対数尤度関数

$$\log L^*(\rho) = -\frac{n}{2}(\log 2\pi + 1) + \frac{1}{2}\log(1-\rho^2) - \frac{n}{2}\log \hat{\sigma}_\varepsilon^2(\rho) \tag{7.35}$$

が得られる．$\log L^*(\rho)$ を最大にする ρ は

$$S(\rho) = \frac{n}{2}\log \hat{\sigma}_\varepsilon^2(\rho) - \frac{1}{2}\log(1-\rho^2) \tag{7.36}$$

を最小にする ρ である．

したがって格子探索法 ML(GRID) は次のように行えばよい．ρ を与えて (7.33) および (7.34) 式によって $\hat{\boldsymbol{\beta}}(\rho)$, $\hat{\sigma}_\varepsilon^2(\rho)$ を求め，次に (7.36) 式より $S(\rho)$ の値を計算する．$\rho = \rho_0(h)\rho_1$ と動かし, $\min S(\rho)$ となる ρ, $\hat{\boldsymbol{\beta}}(\rho)$, $\hat{\sigma}_\varepsilon^2(\rho)$ を採用する．

7.7.3　最尤法 ── ビーチ・マッキノン法

Beach and Mackinnon (1978) は次のような方法によって $\boldsymbol{\beta}$, σ_ε^2, ρ の最尤推定量を求めることができることを示した. 最尤法を適用する場合はこのビーチ・マッ

キノン法 ML(BM) が一番良いと思われるので, ML(BM) をくわしく説明しよう.

格子探索法は ρ を与え, 所与の ρ に対して $\boldsymbol{\beta}$ と σ_ε^2 の最尤推定量を求める方法である. 他方, ML(BM) は, $\boldsymbol{\beta}$ に初期値を与え, この所与の $\boldsymbol{\beta}$ に対して ρ と σ_ε^2 の最尤推定量をくりかえし収束法で求める方法である.

所与の $\boldsymbol{\beta}$ に対する誤差を

$$A_i = Y_i - \beta_1 - \beta_2 X_{2i} - \cdots - \beta_k X_{ki}$$

とおくと

$$\begin{aligned}
&(\boldsymbol{y}^* - \boldsymbol{X}^*\boldsymbol{\beta})'(\boldsymbol{y}^* - \boldsymbol{X}^*\boldsymbol{\beta}) \\
&\quad = (1-\rho^2)(Y_1 - \beta_1 - \beta_2 X_{21} - \cdots - \beta_k X_{k1})^2 \\
&\qquad + \sum_{i=2}^{n}\Big[Y_i - \rho Y_{i-1} - \beta_1(1-\rho) - \beta_2(X_{2i} - \rho X_{2,i-1}) - \cdots - \beta_k(X_{ki} - \rho X_{k,i-1})\Big]^2 \\
&\quad = (1-\rho^2)A_1^2 + \sum_{i=2}^{n}(A_i - \rho A_{i-1})^2 \\
&\quad = (1-\rho^2)A_1^2 + \sum_{i=2}^{n}A_i^2 - 2\rho\sum_{i=2}^{n}A_iA_{i-1} + \rho^2\sum_{i=2}^{n}A_{i-1}^2 \\
&\quad = (1-\rho^2)A_1^2 + \sum_{i=2}^{n-1}A_i^2 + A_n^2 - 2\rho\sum_{i=2}^{n}A_iA_{i-1} + \rho^2\left(\sum_{i=2}^{n-1}A_i^2 + A_1^2\right) \\
&\quad = A_1^2 + A_n^2 - 2\rho\sum_{i=2}^{n}A_iA_{i-1} + (1+\rho^2)\sum_{i=2}^{n-1}A_i^2
\end{aligned}$$

と表すことができる. そして

$$\begin{aligned}
P &= A_1^2 + A_n^2 \\
Q &= \sum_{i=2}^{n}A_iA_{i-1} \qquad (7.37) \\
R &= \sum_{i=2}^{n-1}A_i^2
\end{aligned}$$

とおくと

$$(\boldsymbol{y}^* - \boldsymbol{X}^*\boldsymbol{\beta})'(\boldsymbol{y}^* - \boldsymbol{X}^*\boldsymbol{\beta}) = P - 2\rho Q + (1+\rho^2)R \qquad (7.38)$$

となる.

したがって対数尤度関数 (7.32) 式は次のように表すことができる.

$$\begin{aligned}
\log L = &-\frac{n}{2}\log 2\pi - \frac{n}{2}\log\sigma_\varepsilon^2 + \frac{1}{2}\log(1-\rho^2) \\
&-\frac{1}{2\sigma_\varepsilon^2}\Big[P - 2\rho Q + (1+\rho^2)R\Big] \qquad (7.39)
\end{aligned}$$

σ_ε^2 と ρ の最尤推定量を求めるために $\log L$ を σ_ε^2 と ρ に関して偏微分して 0 とおく.

$$\frac{\partial \log L}{\partial \sigma_\varepsilon^2} = -\frac{n}{2\sigma_\varepsilon^2} + \frac{P - 2\rho Q + (1+\rho^2)R}{2\sigma_\varepsilon^4} = 0$$

$$\frac{\partial \log L}{\partial \rho} = -\frac{\rho}{1-\rho^2} + \frac{Q}{\sigma_\varepsilon^2} - \frac{\rho R}{\sigma_\varepsilon^2} = 0$$

この必要条件より次式を得る.

$$\hat{\sigma}_\varepsilon^2 = \frac{P - 2\hat{\rho}Q + (1+\hat{\rho}^2)R}{n}$$

$$(1-\hat{\rho}^2)(Q - \hat{\rho}R) - \hat{\rho}\left[\frac{P - 2\hat{\rho}Q + (1+\hat{\rho}^2)R}{n}\right] = 0$$

上式を整理して次のような $\hat{\rho}$ の 3 次方程式が得られる.

$$\hat{\rho}^3\left(\frac{n-1}{n}\right)R - \hat{\rho}^2\left(\frac{n-2}{n}\right)Q - \hat{\rho}\left[\left(\frac{n+1}{n}\right)R + \frac{P}{n}\right] + Q = 0 \tag{7.40}$$

この (7.40) 式は

$$f(\hat{\rho}) = \hat{\rho}^3 + a\hat{\rho}^2 + b\hat{\rho} + c = 0 \tag{7.41}$$

$$a = -\frac{(n-2)Q}{(n-1)R}$$

$$b = -\frac{(n+1)R + P}{(n-1)R} \tag{7.42}$$

$$c = \frac{nQ}{(n-1)R}$$

と書き直すことができる.

3 次方程式の 3 つの根は, 3 つとも実根 (1 組重根の場合を含む), 1 つ実根 2 つ虚根の場合があるが, (7.41) 式の 3 つの根はすべて実根であり, しかもそのなかで 1 つの根のみが安定条件 $|\rho| < 1$ を満たす.

実際

$$f(-1) = \frac{1}{(n-1)R}\sum_{i=2}^{n}(A_i + A_{i-1})^2 > 0$$

$$f(1) = \frac{-1}{(n-1)R}\sum_{i=2}^{n}(A_i - A_{i-1})^2 < 0 \tag{7.43}$$

$$f(0) = \frac{n}{(n-1)R}\sum_{i=2}^{n}A_i A_{i-1}$$

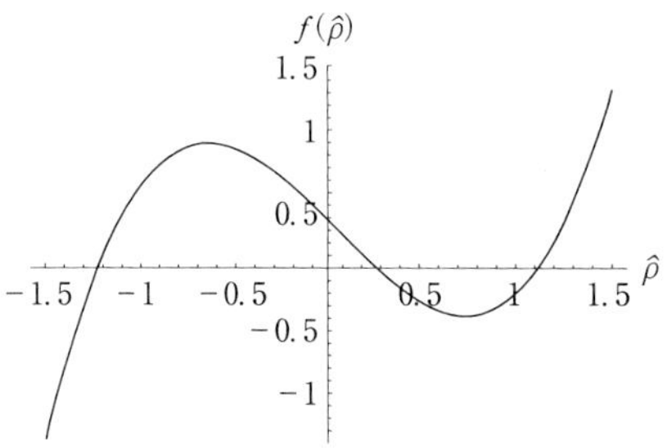

図 7.5(a) $\sum A_i A_{i-1} > 0$

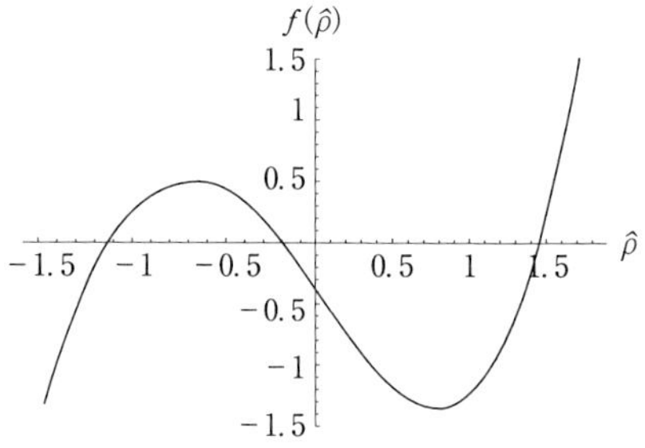

図 7.5(b) $\sum A_i A_{i-1} < 0$

であるから，中間値の定理より，$f(\hat{\rho})$ は$\sum_{i=2}^{n} A_i A_{i-1} > 0$ のとき（0, 1）で１つの実根をもつ(図 7.5(a))．$\sum_{i=2}^{n} A_i A_{i-1} = 0$ のとき根０をもち，$\sum_{i=2}^{n} A_i A_{i-1} < 0$ のとき(−1, 0）で１つの実根をもつ（図 7.5(b)）．$f(\hat{\rho}) = 0$ の根のなかで安定条件 $|\hat{\rho}| < 1$ を満たす根は

$$\hat{\rho} = -2\sqrt{-\frac{p}{3}}\cos\left(\frac{\phi}{3} + \frac{\pi}{3}\right) - \frac{a}{3} \tag{7.44}$$

によって与えられる(『応用数学ハンドブック』日刊工業新聞社，p. 813)．ここで

$$\begin{aligned} \cos\phi &= \frac{\sqrt{27}\, q}{2p\sqrt{-p}} \\ p &= b - \frac{a^2}{3} \\ q &= c - \frac{ab}{3} + \frac{2a^3}{27} \end{aligned} \tag{7.45}$$

(7.41) 式の他の２根

$$\begin{aligned} \hat{\rho}_1 &= 2\sqrt{-\frac{p}{3}}\cos\frac{\phi}{3} - \frac{a}{3} \\ \hat{\rho}_2 &= -2\sqrt{-\frac{p}{3}}\cos\left(-\frac{\phi}{3} + \frac{\pi}{3}\right) - \frac{a}{3} \end{aligned} \tag{7.46}$$

は，$\hat{\rho}_1 > 1$, $\hat{\rho}_2 < -1$ となり，安定条件を満たさない．

(7.41) 式の３つの根すべてが実根になることは，(7.44) 式の安定条件を満たす根を $\hat{\rho}_s$ とすると，(7.41) 式は

$$f(\hat{\rho})=(\hat{\rho}-\hat{\rho}_s)(\hat{\rho}^2+B\hat{\rho}+C)=0$$

と表すことができるから

$$\hat{\rho}^2+B\hat{\rho}+C=0$$

の判別式が正となることを確かめればよい.

このビーチ・マッキノン法の計算手順は次の通りである.

1. (7.1) 式に OLS を適用し, 残差 e_i から, たとえば, (7.27) 式によって $\tilde{\rho}$ を求める.
2. $\tilde{\rho}$ を用いて PW 変換を行い, $\boldsymbol{y}^*$, $\boldsymbol{X}^*$ を計算し, $\boldsymbol{y}^*$ の $\boldsymbol{X}^*$ への回帰 (定数項なし最小 2 乗法) を行い $\boldsymbol{\beta}$ の推定値 $\boldsymbol{b}^*$ を求める.
3. $\boldsymbol{b}^*$ を $\boldsymbol{\beta}$ の初期値として用い

$$A_i=Y_i-b_1^*-b_2^*X_{2i}-\cdots-b_k^*X_{ki}, \quad i=1, \cdots, n$$

を求める.

4. (7.37)式を用いて P, Q, R, (7.42)式を用いて, a, b, c, (7.45)式を用いて p, q, ϕ を求め, (7.44) 式より $\hat{\rho}$ を求める. (7.45) 式で $\cos\phi=x$ とおくと, $x<0$ のときは $\phi=\cos^{-1}x+\pi$ とする.
5. $\left|\dfrac{\hat{\rho}-\tilde{\rho}}{\tilde{\rho}}\right|\leq\delta, \quad \delta=0.00001$

を満たしているかどうか調べる.

NO ⇒ $\tilde{\rho}\leftarrow\hat{\rho}$ とし, ステップ 2 へ戻る.

YES ⇒ ストップ

ビーチ・マッキノン法のいくつかの特徴を述べておこう. 第 1 に, $\hat{\boldsymbol{\beta}}$ の初期値として何を与えるかで種々の方法がありうるが, 上記のステップ 2 は 2SPW の $\boldsymbol{b}^*$ を $\boldsymbol{\beta}$ の初期値としている. $\boldsymbol{\beta}$ の OLSE を初期値としても収束結果は同じになるので, 初期値に迷う必要はない. 第 2 にステップ 1 でどの方法で $\tilde{\rho}$ を求めるかによって変種がありうる. しかし私の実験によれば, ステップ 1 で ρ の推定に (7.27)〜(7.29) 式のどの方法を用いても, 収束計算に入れば, ρ を (7.44) 式によって求めるから, 初期値とは関係なく, ML(BM) は同じ ρ の値に収束する. したがってステップ 1 の ρ の推定方法に悩む必要はない. 第 3 にくりかえし PW (ITERPW) が格子探索法による残差平方和最小の ρ へ到達しないで収束してしまうことが多いのに対して, ML(BM) と格子探索法による最尤推定量は同じ値になる. 第 4 に, ステップ 5 の収束チェックを $\hat{\rho}$ ではなく, $\boldsymbol{b}^*$ のノルム $\|\boldsymbol{b}^*\|=$

$\left(\sum_{j=1}^{k} b_j^{*2}\right)^{\frac{1}{2}}$ によって行う方法もある．ML(BM) は $\boldsymbol{\beta}$ に初期値を与えてくりかえし計算に入るから $\|\boldsymbol{b}^*\|$ が収束するまで計算をくりかえす方がよいかもしれない．しかしやはり例 7.3 で示すように収束チェックを $\hat{\rho}$ で行っても，$\|\boldsymbol{b}^*\|$ で行っても収束結果は同じである．くりかえし GLS (ITERGLS) の場合には収束を $\hat{\rho}$ で判定するか，$\|\boldsymbol{b}^*\|$ で判定するかによって収束結果は相当異なることが多い．第 5 にこの ML(BM) は，Beach and MacKinnon (1978) が述べた通り，収束回数も少なく，計算速度が速い．これらのことを考えると，ML(BM) は，誤差項に 1 階の自己相関があるときのすぐれたパラメータ推定方法である．

▶例 7.3 アメリカの輸入関数

アメリカの財・サービスの輸入関数

$$\log(MGSUSA)_t = \beta_1 + \beta_2 \log(GDPUSA)_t + \beta_3 \log P_{t-1} + u_t \tag{7.47}$$

を推定する．**表 7.1** のデータは上式を推定するためのデータであり，変数は次の意味である．

表 7.1 アメリカの輸入関数のデータ

年	*MGSUSA*	*GDPUSA*	*PMGSUSA*	*PPUSA*	年	*MGSUSA*	*GDPUSA*	*PMGSUSA*	*PPUSA*
1974	283.3	4885.7	44.989	52.6	1994	873.9	8863.1	93.075	125.5
1975	251.8	4875.4	48.734	58.2	1995	943.9	9086.0	95.625	127.9
1976	301.1	5136.9	50.201	60.8	1996	1026.0	9425.8	93.958	131.3
1977	334.0	5373.1	54.624	64.7	1997	1164.1	9845.9	90.691	131.8
1978	362.9	5672.8	58.482	69.8	1998	1300.2	10274.7	85.809	130.7
1979	369.0	5850.1	68.483	77.6	1999	1449.9	10770.7	86.311	133.0
1980	344.5	5834.0	85.301	88.0	2000	1638.7	11216.4	90.027	138.0
1981	353.5	5982.1	89.886	96.1	2001	1592.6	11337.5	87.824	140.7
1982	349.1	5865.9	86.855	100.0	2002	1646.8	11543.1	86.846	138.9
1983	393.1	6130.9	83.601	101.6	2003	1719.7	11836.4	89.851	143.3
1984	488.8	6571.5	82.879	103.7	2004	1910.4	12246.9	94.164	148.5
1985	520.5	6843.4	80.157	104.7	2005	2027.8	12623.0	100.000	155.7
1986	565.0	7080.5	80.154	103.2	2006	2151.5	12958.5	104.131	160.4
1987	598.4	7307.0	85.008	105.4	2007	2203.2	13206.4	107.785	166.6
1988	621.9	7607.4	89.074	108.0	2008	2144.0	13161.9	119.237	177.1
1989	649.3	7879.2	91.021	113.6	2009	1853.8	12757.9	106.598	172.5
1990	672.6	8027.1	93.630	119.2	2010	2085.2	13063.0	112.989	179.8
1991	671.6	8008.3	92.848	121.7	2011	2184.9	13299.1	121.851	190.5
1992	718.7	8280.0	92.922	123.2	2012	2237.6	13591.1	122.616	194.2
1993	780.8	8516.2	92.100	124.7					

出所：Economic Report of the President, 2013,『米国経済白書』2013，毎日新聞社

表 7.2 (7.47) 式の OLS 推定結果

説明変数	係数	標準偏差	t 値
定数項	−10.006	0.4480	−22.34
log(*GDPUSA*)	1.862	0.0476	39.10
log(P_{-1})	−0.859	0.1187	−7.24
$\bar{R}^2$	0.9979		
s	0.0323		
DW	0.826		
RESET(2)	2.308(0.138)		
RESET(3)	1.319(0.281)		
BP(df=2)	0.608(0.997)		
W(df=5)	1.322(0.933)		
GK(df=1)	0.803×10^{-3}(0.977)		

MGSUSA = 財・サービスの輸入，2005 年連鎖価格，実質，10 億ドル

GDPUSA = 国内総生産，2005 年連鎖価格，実質，10 億ドル

$$P=\frac{PMGSUSA}{PP/1.557}$$

PMGSUSA = *MGSUSA* のデフレータ，2005 年 = 100

PP = 生産者物価指数，完成品，1982 年 = 100（2005 年の *PP* は 155.7）

1975 年から 2012 年までを推定期間とする．(7.47) 式を OLS で推定した結果は**表 7.2** に示されている．$\bar{R}^2=0.9979$ と説明力は高く，定式化ミスはなく，不均一分散でもないが，$DW=0.826$ と小さい．$n=38$，$k'=2$ の $d_l=1.373$，$d_u=1.594$ であるから

$$DW<d_l$$

であり，(7.47) 式の u_t は AR(1) である．$H_0:\rho=0$ のもとでの $DW=0.826$ に対する p 値は 0.000 である．(7.47) 式の OLS 残差のグラフが**図 7.2**，**図 7.3** である．

(7.47) 式の u_t が AR(1) に従っているという前提で，7.6.2 項の GLS(GRID)，(7.29) 式による $\hat{\rho}$ を用いた 7.6.1 項の 2SPW(TN) による推定結果が**表 7.3** (a)，7.7.2 項の ML(GRID)，7.7.3 項のビーチ・マッキノン法による ML の推定結果が表 7.3(b) である．

GLS(GRID) はまず $\rho=0.5(0.01)0.8$ と動かし，$\rho=0.66$ で残差平方和が最小になったので，次に $\rho=0.64(0.0001)0.68$ と動かし，残差平方和は 0.6628 で最

表 7.3(a)　(7.47) 式の GLS(GRID) および 2SPW(TN) の推定結果

説明変数	GLS(GRID)			2SPW(TN)		
	係数	標準偏差	t 値	係数	標準偏差	t 値
定数項	−10.838	0.5379	−20.15	−10.729	0.5171	−20.75
$\log(GDPUSA)$	1.951	0.0576	33.86	1.939	0.0553	35.09
$\log(P_{-1})$	−0.659	0.1321	−4.99	−0.680	0.1308	−5.20
$\bar{R}^2$	0.9953			0.9955		
s	0.0255			0.0256		
ρ	0.6628			0.5971		

表 7.3(b)　(7.47) 式の ML(GRID) および ML(BM) の推定結果

説明変数	ML(GRID)			ML(BM)		
	係数	標準偏差	t 値	係数	標準偏差	t 値
定数項	−10.804	0.5308	−20.36	−10.804	0.5307	−20.36
$\log(GDPUSA)$	1.947	0.0568	34.28	1.947	0.0568	34.28
$\log(P_{-1})$	−0.665	0.1317	−5.05	−0.665	0.1317	−5.05
$\bar{R}^2$	0.9954			0.9954		
s	0.0255			0.0255		
ρ	0.6429			0.642898		

小になった．この 0.6628 が表 7.3(a) に示されている ρ である．

2SPW(TN) の $\rho=0.5971$ は (7.29) 式のタイル・ナガールの提唱した ρ の推定値である．$n=38$, $k=3$ である．

表 7.3(b) の ML(GRID) は，1 回目は $\rho=0.5(0.01)0.8$ と変化させ，$\rho=0.64$ で $\log L$ が最大になったので，2 回目の探索は $\rho=0.62(0.0001)0.66$ と変化させ，$\log L$ を最大にする ρ は 0.6429 であった．この値が表 7.3(b) ML(GRID) の $\rho=0.6429$ である．

ビーチ・マッキノン法による ML(BM) の $\boldsymbol{\beta}$ の初期値は OLSE を用いても，2SPW(TN) を用いても収束結果は同じであった．また $\hat{\rho}$ による収束判定でも，$\boldsymbol{\beta}$ の推定値 $\boldsymbol{b}^*$ のノルム $\|\boldsymbol{b}^*\|=\left(\sum_{j=1}^{3} b_j^{*2}\right)^{\frac{1}{2}}$ による収束判定でも，ともに収束回数 6 回，収束結果も同じであった．

$\hat{\rho}$ の 3 つの実根のなかで，安定条件 $|\rho|<1$ を満たす $\hat{\rho}$ が表 7.3(b) の 0.642898 である．安定条件を満たさない (7.46) 式の他の 2 根は

$$\hat{\rho}_1=1.0258,\quad \hat{\rho}_2=-1.0270$$

であり，わずかであるが絶対値で 1 を超える．

GLS(GRID) と ML で $\hat{\rho}$ の値がかなり異なるのは，GLS の目的関数は残差平方和 $n\hat{\sigma}_\varepsilon^2$ 最小に対し，ML の目的関数は $\log L$ 最大，(7.36) 式でいえば S 最小であり，ヤコービアンでもある $\log(1-\rho^2)/2$ の分だけ目的関数が相違しているからである．$\rho=0$ であれば両者に相違はなく，ρ が 1 あるいは -1 に近いほど相違は広がる．

β_j の推定値は 2SPW(TN) が他と少し異なるが，大きな差ではない．GLSE と MLE はほぼ同じである．アメリカの財・サービスの輸入の所得弾力性は約 1.95，価格弾力性は -0.66 から -0.67 ぐらいであり，絶対値で 1 より小さい．OLS による所得弾性値 1.86 より GLSE，MLE は少し大きく，価格弾性値は OLS の -0.86 より絶対値で小さい．

ML(BM) は，$\hat{\rho}$ に収束値 0.642898 を用いて，被説明変数，定数項を含む説明変数に PW 変換し，OLS を適用した結果と同じになる．したがって $\hat{\rho}=0.642898$ の PW 変換の OLS による偏回帰作用点プロットを描き，$\log(GDPUSA)$ と $\log(P_{-1})$ の重回帰モデルにおける役割を調べてみよう．PW 変換した変数の 1 は $\log(MGSUSA)$，2 は $\log(GDPUSA)$，3 は $\log(P_{-1})$ を示すものとし

Rij = 変数 i の PW 変換した定数項と変数 j への線形回帰を行ったときの OLS 残差

とすると，回帰

$$R13 = b_{12}R23$$
$$R12 = b_{13}R32$$

の b_{12}，b_{13} はそれぞれ (7.47) 式の β_2，β_3 の ML(BM) の推定値に等しい．

図 7.6 は ($R23$, $R13$) のプロット，直線の勾配は $\tilde{\beta}_2=1.947$ であり，直線の

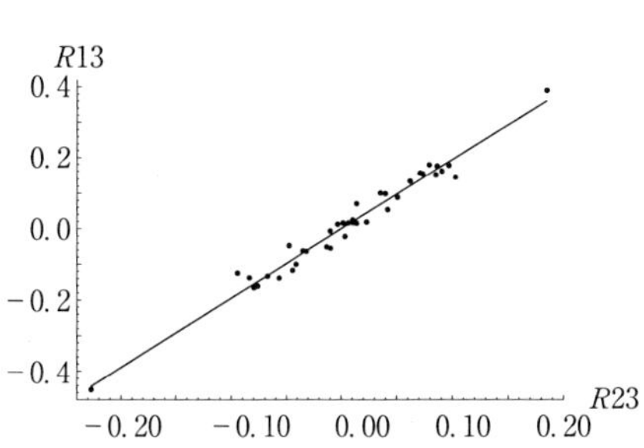

図 7.6 偏回帰作用点プロット ($\tilde{\beta}_2$) ((7.47) 式の $\hat{\rho}=0.642898$ を用いた PW 変換)

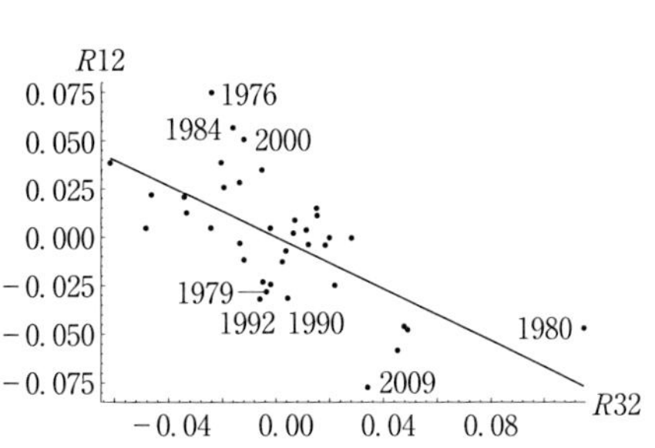

図 7.7 偏回帰作用点プロット ($\tilde{\beta}_3$) ((7.47) 式の $\hat{\rho}=0.642898$ を用いた PW 変換)

まわりの点（PW 変換の残差）の散らばりはきわめて小さい．t 値からも予想されるように，この輸入関数において，log(*GDPUSA*) の説明力は非常に大きい．

他方，**図 7.7** の（$R32$, $R12$）のプロットにおける直線（勾配は $\tilde{\beta}_3=-0.665$）のまわりの点の散らばりは大きく，とくに，1976 年，2009 年の残差は大きい．相対価格 $\log(P_{-1})$ のこの輸入関数における説明力は log(*GDPUSA*) より著しく小さい．アメリカの財・サービス輸入関数における所得効果は価格効果よりパラメータ推定値も絶対値で大きく，説明力も圧倒的である．

▶例 7.4　定式化ミスによる AR(1)

表 7.4 のデータは 20 年間のある銘柄の練り歯磨きのマーケットシェア（Y）と 1 ポンド当たりの販売価格（P）である．

$$Y_t=\alpha+\beta P_t+u_t \tag{7.48}$$

と定式化して OLS で（7.48）式を推定した結果は**表 7.5** の左側に示されている．$\bar{R}^2=0.9484$ と説明力も高く，RESET(2) = 3.569 の p 値 0.076 であるから有意水準 0.05 で定式化ミスはないと判断され，RESET(3) でも定式化ミスは検出されない．不均一分散でもない．他方，$DW=1.136$ は，$n=20$, $k'=1$ の 5% 点

$$d_l=1.201,\quad d_u=1.411$$

であるから，d_l より小さく，（7.48）式の u_t は AR(1) である．$H_0:\rho=0$ のもとで $DW=1.136$ の p 値は 0.010 と小さい．

しかし，この u_t の AR(1) は

表 7.4　練り歯磨きのマーケットシェア（Y）とその販売価格（P）

YEAR	Y	P	YEAR	Y	P
1	3.63	0.97	11	7.25	0.79
2	4.20	0.95	12	6.09	0.83
3	3.33	0.99	13	6.80	0.81
4	4.54	0.91	14	8.65	0.77
5	2.89	0.98	15	8.43	0.76
6	4.87	0.90	16	8.29	0.80
7	4.90	0.89	17	7.18	0.83
8	5.29	0.86	18	7.90	0.79
9	6.18	0.85	19	8.45	0.76
10	7.20	0.82	20	8.23	0.78

出所：Montgomery et al. (2012), p. 483, Table 14.5

表 7.5 (7.48) 式および (7.49) 式の OLS 推定結果

説明変数	(7.48) 式			(7.49) 式		
	係数	標準偏差	t 値	係数	標準偏差	t 値
定数項	26.910	1.1100	24.25	1.151	0.0344	33.43
P	−24.290	1.2980	−18.72			
$\log(P)$				−3.815	0.1865	−20.45
$\bar{R}^2$	0.9484			0.9564		
s	0.4287			0.0710		
DW	1.136(0.010)			1.912(0.334)		
RESET(2)	3.569(0.076)			2.295(0.148)		
RESET(3)	1.875(0.185)			1.145(0.343)		
BP(df=1)	0.116(0.733)			0.986(0.321)		
W(df=2)	1.483(0.476)			1.525(0.466)		
GK(df=1)	0.116(0.732)			0.986(0.321)		

$$\log Y_t = \beta_1 + \beta_2 \log P_t + \varepsilon_t \tag{7.49}$$

と両対数モデルで定式化することによって，(7.49)式の ε_t に AR(1) はない．表 7.5 の右側が OLS による (7.49) 式の推定結果である．$DW=1.912$ は d_u より大きく，$4-d_u=2.589$ より小さいから，$H_0:\rho=0$, $H_1:\rho<0$ の H_0 も棄却されない．$H_0:\rho=0$ のもとでの $DW=1.912$ の p 値は 0.334 である．RESET(2)，(3) の p 値も大きく，不均一分散も生じていない．$\bar{R}^2$ も 0.9564 と高い．

RESET テストによって (7.48) 式の定式化ミスは検出されないが，さまざまな関数形を試みることなく，安易に AR(1) と速断し，ML や GLS を適用すべきではない，という例である．

マーケットシェアの価格弾性値 −3.815 は絶対値でかなり大きな値であり，販売価格が 1% 上昇するとマーケットシェアが約 3.8% 下がるということを意味する．データは Montgomery et al. (2012) に示されているが，どこの国のいつからの 20 年間なのか明示されておらず，人為的なデータではないかと疑問が残る．

(7.49) 式からの $\log(Y)$ の推定値，残差，誤差率，平方残差率は**表 7.6** である．#5 の平方残差率 30.74% は異常に大きい．P が 0.98 まで上昇し，Y が 2.9% まで小さくなった年である．#16, #17 の平方残差率も 2 桁と大きい．

図 7.8 は $(\log(P), \log(Y))$ のプロットと (7.49) 式の推定回帰線であり，**図 7.9** は横軸 $\log(Y)$，縦軸 $\log(Y)$ の推定値のプロットと $\log(Y)$ の推定値 $=\log(Y)$ となる完全決定線である．#5 は過大推定，#16, #17 は過小推定である．

#5 を除去して $n=19$ で (7.49) 式を推定すると次式が得られる．(　) 内は t

表 7.6 log(Y), log(Y) の推定値, 残差, 誤差率, 平方残差率

YEAR	log(Y)	log(Y) の推定値	残差	誤差率	平方残差率
1	1.28923	1.26737	0.02186	1.70	0.53
2	1.43508	1.34686	0.08823	6.15	8.58
3	1.20297	1.18951	0.01346	1.12	0.20
4	1.51293	1.51097	0.00196	0.13	0.00
5	1.06126	1.22824	−0.16699	−15.73	30.74
6	1.58309	1.55313	0.02997	1.89	0.99
7	1.58924	1.59575	−0.00652	−0.41	0.05
8	1.66582	1.72657	−0.06075	−3.65	4.07
9	1.82132	1.77119	0.05013	2.75	2.77
10	1.97408	1.90827	0.06581	3.33	4.77
11	1.98100	2.05047	−0.06947	−3.51	5.32
12	1.80665	1.86203	−0.05538	−3.07	3.38
13	1.91692	1.95508	−0.03816	−1.99	1.61
14	2.15756	2.14829	0.00927	0.43	0.09
15	2.13180	2.19816	−0.06637	−3.11	4.86
16	2.11505	2.00248	0.11257	5.32	13.97
17	1.97130	1.86203	0.10927	5.54	13.16
18	2.06686	2.05047	0.01640	0.79	0.30
19	2.13417	2.19816	−0.06400	−3.00	4.52
20	2.10779	2.09907	0.00872	0.41	0.08

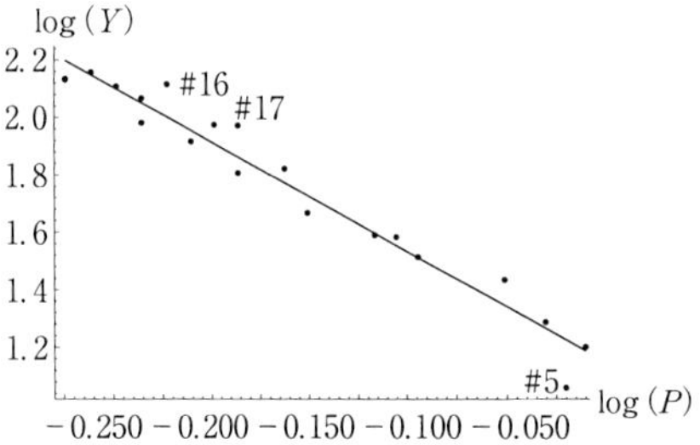

図 7.8 例 7.4 の (log(P), log(Y)) プロットと (7.49) 式の推定回帰線

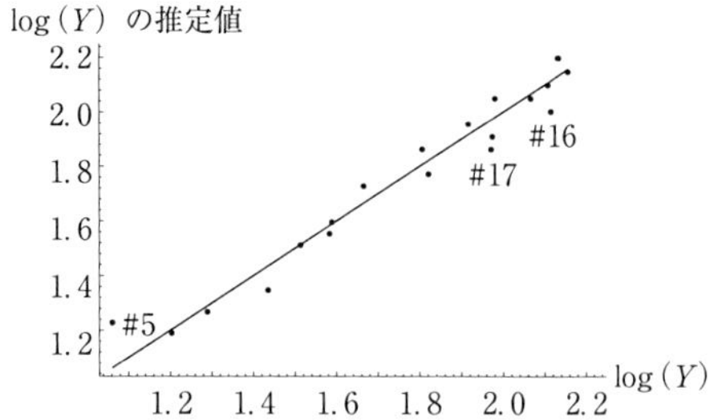

図 7.9 例 7.4 の log(Y) と log(Y) の推定値と完全決定線

値である.

$$\log(Y) = \underset{(38.52)}{1.195} - \underset{(-22.03)}{3.610}\ \log(P)$$

$$\bar{R}^2 = 0.9642, \quad s = 0.0575, \quad DW = 1.784(0.234)$$

$\bar{R}^2$ は少し大きくなり, 価格弾性値も −3.61 と絶対値で少し小さくなる. #5 を除いて推定しても定式化ミスや不均一分散はなく, AR(1) も生じていない.

▶例 7.5 AR(1) のときの第 I 種の過誤 —— モンテ・カルロ実験

モンテ・カルロ実験によって，以下の DGP とモデルのもとで，仮説検定の第 I 種の過誤を $P(\mathrm{I})$，すなわち

$$P(\mathrm{I}) = P(H_0 \text{ を棄却} | H_0 \text{ が真})$$

が，AR(1) のとき OLS を適用すると，きわめて大きくなることを示す．

DGP

$$\begin{aligned} &Y_t = 10 + u_t \\ &u_t = 0.8u_{t-1} + \varepsilon_t, \quad u_0 = 0 \\ &\varepsilon_t \sim \mathrm{NID}(0, 10^2) \\ &X_t = 0.6X_{t-1} + v_t \\ &v_t \sim \mathrm{NID}(0, 20^2) \\ &\qquad t = 1, \cdots, 100 \end{aligned}$$

モデル

$$\begin{aligned} &Y_t = \alpha + \beta X_t + w_t \\ &\qquad t = 1, \cdots, 100 \end{aligned}$$

仮説

$$H_0 : \beta = 0, \quad H_1 : \beta \neq 0$$

DGP から明らかなように，Y と X は独立であるから，単純回帰モデルを設定したとき，仮説 $H_0 : \beta = 0$ が正しい．したがって有意水準を，たとえば 0.05 (5%) とすれば，$P(\mathrm{I})$ は 5% 近くでコントロールされていなければならない．

$P(\mathrm{I})$ を求めたのは以下の 5 通りのパラメータ推定法と "t" 値による．

(1) OLS

$$\begin{aligned} &\hat{\beta} = \frac{\sum xy}{\sum x^2} \\ &s_{\hat{\beta}}^2 = s^2 / \sum x^2, \quad s^2 = \sum e^2 / (n-2) \\ &t = \hat{\beta} / s_{\hat{\beta}} \end{aligned}$$

(2) OLS（真の標準偏差）= OLS（真の SE）

$\hat{\beta}$ は (1) に同じ

$\sigma_{\hat{\beta}}^2 =$ (7.7) 式，σ_u^2，ρ したがって $\boldsymbol{\Omega}$ には真の値を使用

$t = \hat{\beta} / \sigma_{\hat{\beta}} \sim N(0, 1)$

(3) 2SPW(TN)，TN は Theil and Nagar の意味

$\hat{\rho}$に（7.29）式を用いる2SPW（真のρ=0.8を用いていない）によってβを推定し，t値.

（4） GLS

真のρ=0.8を用いるPW変換によってβを推定し，t値.

（5） ML(BM), BMはビーチ・マッキノン法の意味

ビーチ・マッキノン法によるβの推定とt値.

$n=100$，実験回数10,000回から得られた（1）～(5）の"t"値のカーネル密度関数を**図7.10**，βのOLSEとMLEのカーネル密度関数を**図7.11**に示した.

この実験で正しいパラメータ推定法はGLSであり，（3）の2SPW(TN）は$\hat{\rho}$を用いているから実行可能なGLSである．ML(BM）もρを推定しているから，実際に適用可能なMLである．（2）のOLS（真のSE）はパラメータ推定にOLSを用いたときの真のvar($\hat{\beta}$）を求めている．実際には適用不可能なvar($\hat{\beta}$）の計算をしている.

図7.10から2SPW(TN), GLS, ML(BM)の"t"値の分布はほとんど同じであり，OLS（真のSE）の"t"値の分布（破線）は少し左に寄っている．大きく異なるのは（1）OLSの"t"値の分布であり，他の方法にくらべて，きわめて大きなバラつきを示している．図7.11のOLSE $\hat{\beta}$の分布のバラつきもMLE $\tilde{\beta}$とくらべて非常に大きい.

実験結果は**表7.7**に示した．$H_0:\beta=0$が正しいから，モデルの$Y_t=\alpha+w_t=10+u_t$となり，$w_t=u_t$であり，AR(1）である.

OLS以外の4つの方法は有意水準10%, 5%, 1%のP(I）はコントロールされている．しかし，OLSは31.85%, 23.02%, 11.83%とP(I）は非常に大きい．モ

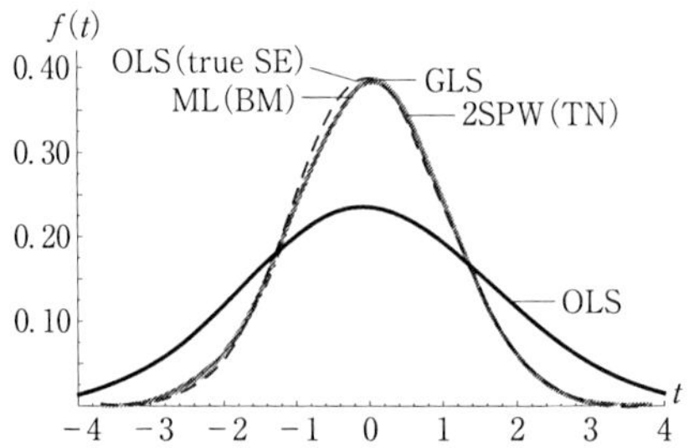

図7.10 例7.5の"t"値のカーネル密度関数

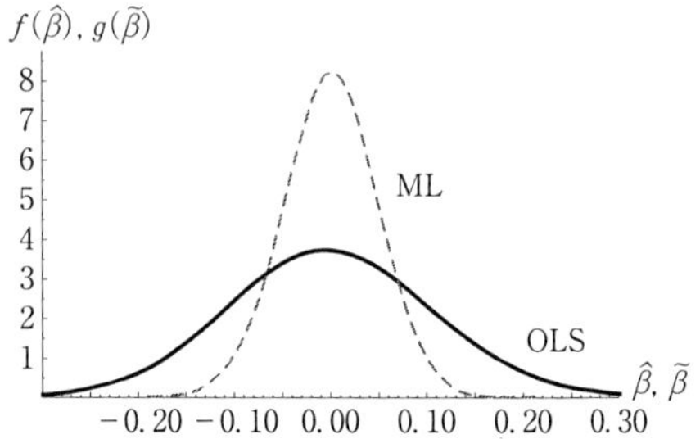

図7.11 例7.5のβのOLSE$\hat{\beta}$とMLE$\tilde{\beta}$のカーネル密度関数

表 7.7 AR(1) のときの P(I) ── モンテ・カルロ実験

推定法	P(I)			"t" 値		
	10%	5%	1%	平均	最小値	最大値
OLS	31.85	23.02	11.83	0.00360	−7.82	6.9
OLS(真の SE)	9.63	5.07	1.07	0.00161	−4.13	3.7
2SPW(TN)	10.62	5.39	1.09	0.00522	−5.02	3.8
GLS	10.29	5.35	1.07	0.00466	−4.02	3.78
ML(BM)	10.75	5.47	1.13	0.00479	−4.44	3.81

デルの誤差項が正の AR(1) に従っており，X も正の相関をしているとき，AR(1) を無視して OLS を適用すると，$\beta=0$ すなわち X は Y を説明する要因でないにもかかわらず．$H_0: \beta=0$ を棄却して，X は Y の系統的要因であるというエラー P(I) がきわめて大きくなる．別の言い方をすれば，無意味なモデルを意味のあるモデルと主張する見せかけの回帰 spurious regression の可能性が高くなる，という OLS の問題である．

表 7.7 の 5 通りの推定法のなかで，未知パラメータ ρ も推定する実際に適用可能であるのは ML(BM) と 2SPW(TN) である．

7.8 見せかけの回帰

例 7.5 も見せかけの回帰であるが，時系例データによる回帰分析においては見せかけの回帰が生じやすい．見せかけの回帰の例の実際のデータを用いたケースとモンテ・カルロ実験の 2 ケースを以下に示す．

▶例 7.6 見せかけの回帰 ── アメリカの輸入関数

次の推定結果は実際のデータを用いた OLS による推定である．係数の下の( )内は t 値である．

$$\log(MGSUSA) = \underset{(-11.42)}{-42.49} + \underset{(2.14)}{1.23}\log(YJ) + \underset{(5.07)}{2.58}\log(YJ_{-1}) - \underset{(-10.52)}{2.21}\log(P_{-1})$$

$\bar{R}^2=0.980,\quad s=0.0385,\quad DW=1.471\ (0.038)$

RESET(2) = 1.997(0.181)，RESET(3) = 1.011(0.393)

BP = 2.811(0.422)，W = 12.499(0.187)

推定期間：1995 年〜2012 年

DW の値が小さく，誤差項は AR(1) である．という点を除けば，すべての説明変数は有意であり，説明力も高く，RESET テストによる定式化ミスも不均一分散もない．輸入の所得弾力性は約 3.8，価格弾力性は −2.2 と絶対値で大きい．統計的観点のみからはこのように述べても間違いではない．しかし，この推定式は常識で考えても無意味であるのは，YJ= 日本の実質 GDP（2005 暦年基準，連鎖価格）であり，しかも年度データである．$MGSUSA$，P_{-1} は例 7.3 と同じである．

このような無意味な回帰式を推定する人はいないが，重要な点は，説明変数から被説明変数への影響を説明できる理論，メカニズム，少なくとも常識が伴わなければ，例 7.6 のような統計的検討のみでは限界がある，ということである．

▶例 7.7　Y, X とも AR(1) のときの見せかけの回帰 —— モンテ・カルロ実験

誤差項の AR(1) ではなく，Y と X が独立であるにもかかわらず，Y, X ともに AR(1) のときにも見せかけの回帰が生じやすい．次の DGP とモデルを仮定し，10,000 回実験を行う．

DGP

$$Y_t = 0.01 + 0.6Y_{t-1} + \varepsilon_t, \quad Y_0 = 0$$
$$\varepsilon_t \sim \mathrm{NID}(0, 3^2)$$
$$X_t = 0.02 + 0.8X_{t-1} + v_t, \quad X_0 = 0$$
$$v_t \sim \mathrm{NID}(0, 6^2)$$

モデル

$$Y_t = \alpha + \beta X_t + u_t$$
$$t = 1, \cdots, n$$

仮説を

$$H_0 : \beta = 0, \quad H_1 : \beta \neq 0$$

とすると，$P(\mathrm{I})$ は H_0 が正しいとき，H_0 を棄却する確率，すなわち

$$P(\mathrm{I}) = P(H_0 \text{ を棄却} | H_0 \text{ が真})$$

である．

DGP から，Y, X ともに AR(1) であるが，ε, v は AR(1) ではなく，独立であるから，Y と X も独立であり，したがって，$H_0 : \beta = 0$ が正しい，

$n = 30, 60, 100, 200$ のそれぞれに 10,000 回実験を行った．実験結果は**表 7.8** に $P(\mathrm{I})$，$\hat{\beta}$，t 値，DW，R^2 が示されている．平均は 10,000 回の平均値である．

表 7.8 見せかけの回帰，Y, X とも AR(1) ── モンテ・カルロ実験

n	$P(\mathrm{I})$			$\hat{\beta}$			t		
	10%	5%	1%	平均	最小値	最大値	平均	最小値	最大値
30	29.29	20.76	9.22	0.110×10^{-2}	−0.608	0.611	0.0112	−9.01	8.38
60	31.32	23.04	11.42	0.552×10^{-3}	−0.328	0.400	0.0073	−7.27	7.31
100	32.01	23.57	12.17	0.766×10^{-3}	−0.281	0.320	0.0164	−6.56	7.10
200	31.72	23.57	11.93	0.383×10^{-3}	−0.201	0.184	0.0131	−7.60	6.53

n	DW			R^2		
	平均	最小値	最大値	平均	最小値	最大値
30	1.068	0.206	2.572	0.07610	0.6390×10^{-9}	0.7437
60	0.935	0.327	2.005	0.04280	0.9214×10^{-9}	0.4797
100	0.883	0.423	1.780	0.02690	0.4994×10^{-9}	0.3398
200	0.838	0.477	1.381	0.01350	0.9018×10^{-11}	0.2258

有意水準は 0.10（表の 10%），0.05，0.01 の 3 通りを設定し，この有意水準に対する $P(\mathrm{I})$ を % で示した．たとえば，有意水準 5% のとき，$P(\mathrm{I})$ は 5% の近辺でコントロールされるべきであるが，n の大きさと余り関係なく，21% から 24% もの $P(\mathrm{I})$ になる．Y と X は独立であるから，$H_0: \beta=0$ が正しいにもかかわらず，この正しい H_0 を棄却して間違っている $H_1: \beta\neq0$ を採択し，意味のある回帰式が得られたと言明する見せかけの回帰の可能性が高くなる．

統計理論上は Y と X の共分散は 0 であるにもかかわらず，有限標本においては，このような見せかけの回帰が，ともに AR(1) の Y と X によって生ずる．数学注(2)を参照されたい．

見せかけの回帰がきわめて頻繁に，しかも n が大きくなるほど生じやすいのが，次のランダム・ウォークする Y, X のケースである．

▶例 7.8 Y, X ともランダム・ウォークのときの見せかけの回帰 ── モンテ・カルロ実験

Y_t の AR(1)

$$Y_t=\rho Y_{t-1}+\varepsilon_t$$
$$\varepsilon_t \sim \mathrm{iid}(0, \sigma_\varepsilon^2)$$

において，$\rho=1$ という特別な場合がランダム・ウォーク random walk といわれる．

Y_t がランダム・ウォークするとき，Y_t の分散も Y_t と Y_{t-s} の共分散も時間 t とともに変化し，7.2 項で述べた定常過程ではない．すなわちランダム・ウォークは非定常過程である（証明は数学注 (3)）．

Y, X ともにランダム・ウォークを仮定し，次の DGP とモデルのもとで実験を 10,000 回行った．

DGP

$$
\begin{aligned}
&Y_t = 0.01 + Y_{t-1} + \varepsilon_t, \quad Y_0 = 0 \\
&\varepsilon_t \sim \mathrm{NID}(0, 3^2) \\
&X_t = 0.02 + X_{t-1} + v_t, \quad X_0 = 0 \\
&v_t \sim \mathrm{NID}(0, 6^2)
\end{aligned}
$$

モデル

$$
Y_t = \alpha + \beta X_t + u_t
$$
$$
t = 1, \cdots, n
$$

DGP は例 7.7 の Y_{t-1}, X_{t-1} の係数 1 の場合であり，その他は例 7.7 と同じである．

図 7.12 は上記 DGP によって得られた Y, X の 1 例である．実験結果は**表 7.9** に示されている．表 7.8 とくらべ，すべての n において P(I) が著しく大きくなり，$\hat{\beta}$, t, R^2 の範囲（＝最大値－最小値）も広がっている．

実験結果は次のことを示している．

(i) $\hat{\beta} = \sum xy / \sum x^2$ は真の値 $\beta = 0$ に確率収束しない．

(ii) $H_0 : \beta = 0$ の検定統計量 $t = \hat{\beta}/s_{\hat{\beta}}$ は $\sqrt{n}$ に比例して大きくなる．したがって n が大きくなるほど，正しい $H_0 : \beta = 0$ を棄却して間違っている H_1:

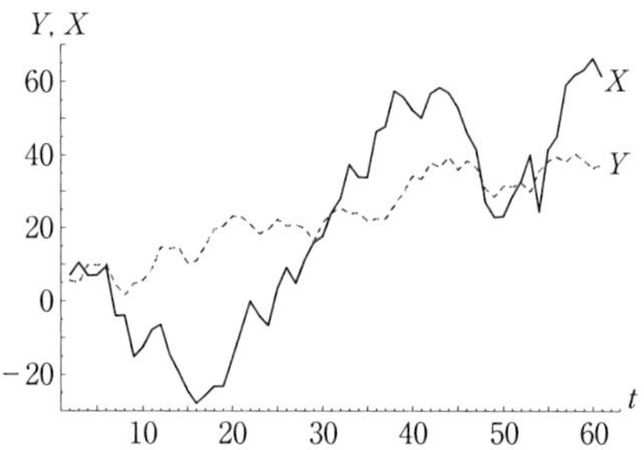

図 7.12 Y, X ともランダム・ウォークの 1 例

表 7.9 見せかけの回帰，Y, X ともランダム・ウォーク ── モンテ・カルロ実験

n	$P(\mathrm{I})$			$\hat{\beta}$			t		
	10%	5%	1%	平均	最小値	最大値	平均	最小値	最大値
30	63.23	56.66	45.22	$(-0.547)\times10^{-3}$	−1.559	1.965	−0.052	−17.35	18.23
60	74.09	69.16	59.62	$(-0.703)\times10^{-2}$	−1.713	1.569	−0.084	−32.39	26.20
100	80.28	76.75	69.30	$(-0.985)\times10^{-3}$	−1.488	1.457	0.015	−38.43	37.83
200	86.41	83.81	78.68	0.271×10^{-2}	−1.815	1.532	0.116	−55.91	43.51

n	DW			R^2		
	平均	最小値	最大値	平均	最小値	最大値
30	0.524	0.032	2.197	0.2451	0.1244×10^{-9}	0.9223
60	0.283	0.018	1.314	0.2442	0.1344×10^{-10}	0.9476
100	0.175	0.0069	0.871	0.2426	0.7201×10^{-12}	0.9378
200	0.0883	0.0042	0.479	0.2421	0.7570×10^{-10}	0.9404

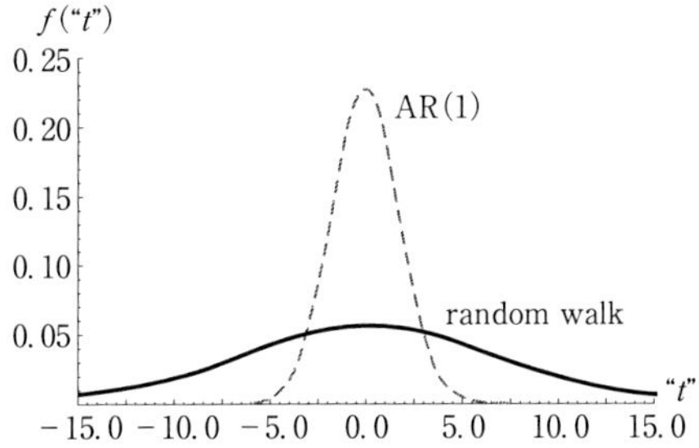

図 7.13 例 7.7（Y, X とも AR(1)）および例 7.8（Y, X ともランダム・ウォーク）の "t" 値のカーネル密度関数

$\beta \neq 0$ を採択する確率（$P(\mathrm{I})$）が大きくなる．

(iii) DW は n が大きくなるほど小さくなり，0 に近づく．

(iv) R^2 は n とは関係なく，正しい値 0 に確率収束しない．この例では 0.24 ぐらいに収束している．

(i)～(iv) はこの実験のみに適用できる特徴ではなく一般的に成立する．数学的結果のみ示し，証明はしていないが，(i)～(iv) については数学注 (3) を参照されたい．

図 7.13 は例 7.7 と例 7.8 の $t=\hat{\beta}/s_{\hat{\beta}}$ のカーネル密度関数である．ともに "t" 値の分布は t 分布ではない．例 7.7 の "t" を AR(1)，例 7.8 の "t" を random walk としている．

もちろん非定常過程に従う変数間の回帰分析がすべて見せかけの回帰ではなく，長期的に安定した関係をもつモデルは多数ある．そのようなモデルの Y と X，一般に Y と $X_2, \cdots, X_k$ は共和分 cointegration しているといわれる．

変数が1階の階差によって定常になる $I(1)$ かどうか（AR(1) でいえば $\rho=1$ のケースが $I(1)$ であるから単位根 unit root）の検定（単位根検定），$I(1)$ であっても見せかけの回帰ではなく，共和分しているかどうかの検定法に関しては計量経済学のテキストに詳しく説明されている．

●数学注（1）

重回帰モデル（7.1）式の u_t が AR(1)

$$u_t = \rho u_{t-1} + \varepsilon_t$$
$$|\rho| < 1$$
$$\varepsilon_t \sim \mathrm{NID}(0, \sigma_\varepsilon^2)$$
$$t = 1, \cdots, n$$

に従っているとき，$\boldsymbol{\theta} = (\boldsymbol{\beta}, \rho, \sigma_\varepsilon^2)'$ とすると，$\boldsymbol{\theta}$ の MLE のフィッシャーの情報行列は次のようになる（Fomby et al. (1984), p. 209）．$\mathbf{0}$ は $k \times 1$ のゼロベクトルである．

$$\boldsymbol{I}(\boldsymbol{\theta}) = \begin{bmatrix} \dfrac{1}{\sigma_\varepsilon^2}(\boldsymbol{X}'\boldsymbol{\Omega}^{-1}\boldsymbol{X}) & \mathbf{0} & \mathbf{0} \\ \mathbf{0}' & \dfrac{1}{1-\rho^2}\left(n-1+\dfrac{2\rho^2}{1-\rho^2}\right) & \dfrac{\rho}{\sigma_\varepsilon^2(1-\rho^2)} \\ \mathbf{0}' & \dfrac{\rho}{\sigma_\varepsilon^2(1-\rho^2)} & \dfrac{n}{2\sigma_\varepsilon^4} \end{bmatrix}$$

したがって $\boldsymbol{\theta}_2 = (\rho, \sigma_\varepsilon^2)'$ の情報行列は

$$\boldsymbol{I}(\boldsymbol{\theta}_2) = \begin{bmatrix} \dfrac{1}{1-\rho^2}\left(n-1+\dfrac{2\rho^2}{1-\rho^2}\right) & \dfrac{\rho}{\sigma_\varepsilon^2(1-\rho^2)} \\ \dfrac{\rho}{\sigma_\varepsilon^2(1-\rho^2)} & \dfrac{n}{2\sigma_\varepsilon^4} \end{bmatrix}$$

となる．$H_0 : \rho = 0$ が正しいとき

$$\boldsymbol{I}(\boldsymbol{\theta}_2) = \begin{bmatrix} n-1 & 0 \\ 0 & \dfrac{n}{2\sigma_\varepsilon^4} \end{bmatrix}$$

となるから

$$I(\boldsymbol{\Theta}_2)^{-1} = \begin{bmatrix} \dfrac{1}{n-1} & 0 \\ 0 & \dfrac{2\sigma_\varepsilon^4}{n} \end{bmatrix}$$

が得られ，$H_0: \rho=0$ のもとで MLE $\hat{\rho}$ の漸近的分散は $1/(n-1)$，標準偏差は $1/\sqrt{n-1}$ になる．したがって $H_0: \rho=0$ のもとで

$$Z = \frac{\hat{\rho}}{\dfrac{1}{\sqrt{n-1}}} = \sqrt{n-1}\,\hat{\rho} \underset{\text{asy}}{\overset{H_0}{\sim}} N(0, 1)$$

が成り立つ．

●数学注（2） 例 7.7 の実験

$$Y_t = \alpha_0 + \alpha_1 Y_{t-1} + \varepsilon_t$$
$$\varepsilon_t \sim \text{iid}(0, \sigma_\varepsilon^2) \quad (1)$$

と仮定する．iid は identically, independently, distributed の略，独立で期待値 0，分散 σ_ε^2 の同一の分布に従うという意味である．

（1）式の期を 1 期ずらし，逐次代入すると次式が得られる．

$$\begin{aligned} Y_t &= \alpha_0 + \alpha_1(\alpha_0 + \alpha_1 Y_{t-2} + \varepsilon_{t-1}) + \varepsilon_t \\ &= \alpha_0(1+\alpha_1) + \alpha_1^2 Y_{t-2} + \varepsilon_t + \alpha_1\varepsilon_{t-1} \\ &= \alpha_0(1+\alpha_1) + \alpha_1^2(\alpha_0 + \alpha_1 Y_{t-3} + \varepsilon_{t-2}) + \varepsilon_t + \alpha_1\varepsilon_{t-1} \\ &= \alpha_0(1+\alpha_1+\alpha_1^2) + \alpha_1^3 Y_{t-3} + \varepsilon_t + \alpha_1\varepsilon_{t-1} + \alpha_1^2\varepsilon_{t-2} \\ &\ \ \vdots \\ &= \alpha_0(1+\alpha_1+\alpha_1^2+\cdots+\alpha_1^{t-1}) + (\varepsilon_t + \alpha_1\varepsilon_{t-1} + \alpha_1^2\varepsilon_{t-2} + \cdots + \alpha_1^{t-1}\varepsilon_1) + \alpha_1^t Y_0 \end{aligned}$$

$Y_0=0$ とすると

$$E(Y_t) = \alpha_0(1+\alpha_1+\cdots+\alpha_1^{t-1}) = \frac{\alpha_0(1-\alpha_1^t)}{1-\alpha_1} \quad (2)$$

$$\begin{aligned} \text{var}(Y_t) &= E(\varepsilon_t + \alpha_1\varepsilon_{t-1} + \cdots + \alpha_1^{t-1}\varepsilon_1)^2 \\ &= \sigma_\varepsilon^2(1+\alpha_1^2+\cdots+\alpha_1^{2(t-1)}) \\ &= \begin{cases} \dfrac{\sigma_\varepsilon^2(1-\alpha_1^{2t})}{1-\alpha_1^2}, & |\alpha_1|<1 \text{ のとき} \\ \sigma_\varepsilon^2 t \qquad\quad , & \alpha_1 = 1 \text{ のとき} \end{cases} \end{aligned} \quad (3)$$

同様に

$$X_t = \gamma_0 + \gamma_1 X_{t-1} + v_t$$
$$v_t \sim \text{iid}(0, \sigma_v^2) \quad (4)$$

のとき，$X_0=0$ とすると

$$E(X_t)=\frac{\gamma_0(1-\gamma_1^t)}{1-\gamma_1} \tag{5}$$

$$\mathrm{var}(X_t)=\begin{cases}\dfrac{\sigma_v^2(1-\gamma_1^{2t})}{1-\gamma_1^2}, & |\gamma_1|<1 \text{ のとき}\\ \sigma_v^2 t, & \gamma_1=1 \text{ のとき}\end{cases} \tag{6}$$

となる．他方

$$\mathrm{cov}(X_t,\ Y_t)=E\left[(v_t+\gamma_1 v_{t-1}+\cdots+\gamma_1{}^{t-1}v_1)(\varepsilon_t+\alpha_1\varepsilon_{t-1}+\cdots+\alpha_1^{t-1}\varepsilon_1)\right] \tag{7}$$

となり，すべての $i, j=0, 1, \cdots, t-1$ に対して

$$\mathrm{cov}(v_{t-i},\ \varepsilon_{t-j})=0 \tag{8}$$

であるから，理論的には Y_t と X_t は無相関であるが，有限標本において，(8) 式は必ずしも成立しない．$\alpha_1=\gamma_1=0$ であれば

$$\mathrm{cov}(X_t,\ Y_t)=E(v_t\varepsilon_t)$$

であるから，X_t, Y_t が有限標本においても無相関となる可能性は高い．

しかし，(7) 式からわかるように，X, Y ともに AR(1) のとき有限標本においては単純回帰モデル

$$Y_t=\alpha+\beta X_t+u_t$$

を推定したとき，Y_t, X_t の標本共分散はつねに 0 とはならず，仮説 $H_0:\beta=0$ がしばしば棄却されるということが生じ得る．例 7.7 の実験は $\alpha_1=0.6$, $\gamma_1=0.8$ のケースである．

●数学注 (3) 例 7.8 の実験

数学注 (2) の (1) 式で $\alpha_1=1$ のとき Y_t はランダム・ウォーク，(4) 式で $\gamma_1=1$ のとき X_t はランダム・ウォークである．さらに $\alpha_0=\gamma_0=0$ とすれば，数学注 (2) で示した結果あるいは Y_t, X_t の逐次代入の式を用いて次式が得られる．

$$E(Y_t)=Y_0$$
$$\mathrm{var}(Y_t)=\sigma_\varepsilon^2 t$$
$$\mathrm{cov}(Y_t,\ Y_{t-s})=(t-s)\sigma_\varepsilon^2,\quad t-s>0$$

同様に

$$E(X_t)=X_0$$
$$\mathrm{var}(X_t)=\sigma_v^2 t$$
$$\mathrm{cov}(X_t, X_{t-s})=(t-s)\sigma_v^2,\quad t-s>0$$

である．

分散，共分散が時間 t とは独立でなく，時間 t とともに変化するランダム・ウォークは非定常過程である．$\alpha_0\neq 0$, $\alpha_1=1$ のときには $E(Y_t)=\alpha_0 t+Y_0$ となり，期待値も t とともに変化する．しかし，ランダム・ウォーク

$$Y_t=\alpha_0+Y_{t-1}+\varepsilon_t,\quad \varepsilon_t\sim \mathrm{iid}(0, \sigma_\varepsilon^2)$$

も 1 階の階差をとると

$$\Delta Y_t = Y_t - Y_{t-1} = \alpha_0 + \varepsilon_t$$

となり定常となる．非定常な系列が 1 回の階差をとることによって定常になるとき

$$Y_t \sim I(1)$$

と表され，Y_t は和分 integration の次数 1 であるといわれる．I は integration の頭文字である．

例 7.8 の単純回帰モデルは，互いに独立であるが，ともに $I(1)$ の Y の X への回帰である．

$I(1)$ 変数 Y の $I(1)$ 変数 X への回帰

$$Y_t = \alpha + \beta X_t + u_t$$

が，見せかけの回帰をもたらす可能性を大きくする，ということが理論的に解明されたのは Phillips（1986）によってである．本文の (i)～(iv) は次の結果による (Phillips（1986))．

DGP

$$Y_t = Y_{t-1} + \varepsilon_t$$
$$\varepsilon_t \sim \mathrm{iid}(0, \sigma_\varepsilon^2)$$
$$X_t = X_{t-1} + v_t$$
$$v_t \sim \mathrm{iid}(0, \sigma_v^2)$$

モデル

$$Y_t = \alpha + \beta X_t + u_t$$
$$t = 1, \cdots, n$$

$\{\varepsilon_t\}$, $\{v_t\}$ より得られる標準ブラウン運動をそれぞれ $W_\varepsilon(r)$，$W_v(r)$ とする．

$$A = \int_0^1 \left[W_\varepsilon(r)\right]^2 dr - \left[\int_0^1 W_\varepsilon(r)\,dr\right]^2$$
$$B = \int_0^1 \left[W_v(r)\right]^2 dr - \left[\int_0^1 W_v(r)\,dr\right]^2$$
$$C = \int_0^1 W_\varepsilon(r)\,W_v(r)\,dr - \int_0^1 W_\varepsilon(r)\,dr \int_0^1 W_v(r)\,dr$$

とおく．

(i) は $\hat{\beta} \xrightarrow{p} \left(\dfrac{\sigma_\varepsilon}{\sigma_v}\right)\left(\dfrac{C}{B}\right) \neq 0$

(ii) は $n^{-\frac{1}{2}} t \xrightarrow{d} \dfrac{C}{\mathrm{A}\cdot\mathrm{B} - C^2}$

(iii) は $nDW \xrightarrow{p} \dfrac{1 + \left(\dfrac{C}{B}\right)^2}{A - \left(\dfrac{C}{B}\right)^2 B}$

(iv) は $R^2 \xrightarrow{p} \dfrac{\left(\dfrac{C}{B}\right)^2 B}{A} \neq 0$

にもとづいている.

数　学　付　録

A1　クラメール・ラオ Cramér-Rao の不等式

$X_1, X_2, \cdots, X_n$ は $f(x_i\,;\theta)$ からの無作為標本とする．θ はスカラーとする．同時確率密度関数を

$$L=\prod_{i=1}^{n} f(x_i) \tag{A.1}$$

とする．表示を簡略化して，n 重積分

$$\underbrace{\int\cdots\int}_{n} \text{を} \int^{(n)}$$

と表し

$$dx_1dx_2\ \cdots\ dx_n \quad \text{を} \quad dx^{(n)}$$

と表すことにする．

そして

$$\int^{(n)} Ldx^{(n)}=1 \tag{A.2}$$

であるから，両辺を θ で微分すれば次式が得られる．

$$\int^{(n)}\frac{\partial L}{\partial\theta}dx^{(n)}=0 \tag{A.3}$$

ゆえに

$$E\left(\frac{\partial\log L}{\partial\theta}\right)=\int^{(n)}\left(\frac{1}{L}\frac{\partial L}{\partial\theta}\right)Ldx^{(n)}=0 \tag{A.4}$$

(A.4) 式を再び θ に関して微分すると次の結果を得る．

$$\int^{(n)}\left\{\left(\frac{1}{L}\frac{\partial L}{\partial\theta}\right)\frac{\partial L}{\partial\theta}+L\frac{\partial}{\partial\theta}\left(\frac{1}{L}\frac{\partial L}{\partial\theta}\right)\right\}dx^{(n)}=0 \tag{A.5}$$

そして

$$\left(\frac{1}{L}\frac{\partial L}{\partial \theta}\right)\frac{\partial L}{\partial \theta} = \left(\frac{1}{L}\frac{\partial L}{\partial \theta}\right)^2 L = \left(\frac{\partial \log L}{\partial \theta}\right)^2 L$$

$$\frac{\partial}{\partial \theta}\left(\frac{1}{L}\frac{\partial L}{\partial \theta}\right) = \frac{\partial}{\partial \theta}\left(\frac{\partial \log L}{\partial \theta}\right) = \frac{\partial^2 \log L}{\partial \theta^2}$$

であるから（A. 5）式は次のように書くことができる．

$$\int^{(n)}\left\{\left(\frac{\partial \log L}{\partial \theta}\right)^2 + \frac{\partial^2 \log L}{\partial \theta^2}\right\} L dx^{(n)} = 0$$

すなわち次の関係が得られる．

$$E\left[\left(\frac{\partial \log L}{\partial \theta}\right)^2\right] = -E\left(\frac{\partial^2 \log L}{\partial \theta^2}\right) \tag{A. 6}$$

$\hat{\theta} = \hat{\theta}(x_1, x_2, \cdots, x_n)$ は θ の推定量，$B(\hat{\theta}) = E(\hat{\theta}) - \theta$ は $\hat{\theta}$ の偏り bias を示すとすると

$$E(\hat{\theta}) = \theta + B(\hat{\theta}) \tag{A. 7}$$

と表すことができる．そして

$$E(\hat{\theta}) = \int^{(n)} \hat{\theta} L dx^{(n)} \tag{A. 8}$$

したがって

$$\int^{(n)} \hat{\theta} L dx^{(n)} = \theta + B(\hat{\theta}) \tag{A. 9}$$

（A. 9）式の両辺を θ に関して微分して次式を得る．

$$\int^{(n)} \hat{\theta} \frac{\partial \log L}{\partial \theta} L dx^{(n)} = 1 + B'(\hat{\theta}) \tag{A. 10}$$

（A. 4）式を用いると

$$\theta \int^{(n)} \frac{\partial \log L}{\partial \theta} L dx^{(n)} = 0$$

であるから，この結果と（A. 10）式より

$$\int^{(n)} [\hat{\theta} - \theta]\left(\frac{\partial \log L}{\partial \theta}\right) L dx^{(n)} = 1 + B'(\hat{\theta}) \tag{A. 11}$$

が得られる．

$$f_n(x_1, \cdots, x_n) = f_n$$

$$g_n(x_1, \cdots, x_n) = g_n$$

とすると，コーシー・シュワルツ Cauchy-Schwartz の不等式

$$\left[\int^{(n)} f_n g_n L dx^{(n)}\right]^2 \leq \left[\int^{(n)} f_n^2 L dx^{(n)}\right]\left[\int^{(n)} g_n^2 L dx^{(n)}\right] \tag{A. 12}$$

において

$$f_n(x_1, \cdots, x_n) = f_n = \hat{\theta} - \theta$$

$$g_n(x_1, \cdots, x_n) = g_n = \frac{\partial \log L}{\partial \theta}$$

とおくと

$$\int^{(n)} f_n^2 L dx^{(n)} = \mathrm{MSE}(\hat{\theta})$$

$$\int^{(n)} g_n^2 L dx^{(n)} = E\left(\frac{\partial \log L}{\partial \theta}\right)^2$$

$$\int^{(n)} f_n g_n L dx^{(n)}$$

$$= \int^{(n)} (\hat{\theta} - \theta)\left(\frac{\partial \log L}{\partial \theta}\right) L dx^{(n)}$$

$$= 1 + B'(\hat{\theta})$$

これらの結果を（A. 12）式へ代入すれば

$$\mathrm{MSE}(\hat{\theta}) E\left(\frac{\partial \log L}{\partial \theta}\right)^2 \geq [1 + B'(\hat{\theta})]^2 \tag{A. 13}$$

が成立する.

$\mathrm{MSE}(\hat{\theta}) = E(\hat{\theta} - \theta)^2 = E(f_n^2)$ は $\hat{\theta}$ の平均平方誤差 mean squared error である.

結局，次の結果が得られる.

$$\mathrm{MSE}(\hat{\theta}) \geq \frac{[1 + B'(\hat{\theta})]^2}{E\left(\frac{\partial \log L}{\partial \theta}\right)^2} \tag{A. 14}$$

あるいは（A. 6）式を用いれば次式を得る.

$$\mathrm{MSE}(\hat{\theta}) \geq -\frac{[1 + B'(\hat{\theta})]^2}{E\left(\frac{\partial^2 \log L}{\partial \theta^2}\right)} \tag{A. 15}$$

とくに $E(\hat{\theta}) = \theta$，すなわち $\hat{\theta}$ が不偏推定量で $B(\hat{\theta}) = 0$ のとき，（A. 14）は次式となる.

$$\mathrm{var}(\hat{\theta}) \geq \frac{1}{E\left(\frac{\partial \log L}{\partial \theta}\right)^2} \tag{A. 16}$$

クラメール・ラオの不等式（A. 14）式は次の（A. 18）式のように表すこともできる.

$$Z_i = \frac{\partial \log f(x_i ; \theta)}{\partial \theta}$$

とおくと

① $$E(Z_i) = \int \frac{\partial \log f}{\partial \theta} f dx_i = \int \frac{\partial f}{\partial \theta} dx_i = \frac{\partial}{\partial \theta} \int f dx_i$$

$$= \frac{\partial}{\partial \theta}(1) = 0$$

② $x_1, x_2, \cdots, x_n$ は同一の分散をもつから $Z_1, Z_2, \cdots, Z_n$ も同一の分散をもつ.
すなわち

$$E(Z_i^2) = E\left[\left(\frac{\partial \log f}{\partial \theta}\right)^2\right]$$

は すべての i について同じである.

③ Z_i と Z_j は独立であるから

$$E(Z_i Z_j) = \begin{cases} E(Z_i^2) & i=j \\ 0 & i \neq j \end{cases}$$

である.

$$L = \prod_{i=1}^{n} f(x_i ; \theta)$$

であるから

$$\log L = \sum_{i=1}^{n} \log f(x_i ; \theta)$$

$$\frac{\partial \log L}{\partial \theta} = \sum_{i=1}^{n} \left[\frac{\partial \log f(x_i ; \theta)}{\partial \theta} \right] = \sum_{i=1}^{n} Z_i$$

したがって

$$\begin{aligned} E\left(\frac{\partial \log L}{\partial \theta}\right)^2 &= E\left(\sum_{i=1}^{n} Z_i\right)^2 \\ &= E\left(\sum_{i=1}^{n}\sum_{j=1}^{n} Z_i Z_j\right) \\ &= \sum_{i=1}^{n}\sum_{j=1}^{n} E(Z_i Z_j) \\ &= \sum_{i=1}^{n} E(Z_i^2) \\ &= nE\left[\left(\frac{\partial \log f}{\partial \theta}\right)^2\right] \end{aligned} \tag{A.17}$$

この結果を（A. 14）式に代入すれば次式を得る.

$$\mathrm{MSE}(\hat{\theta}) \geq \frac{[1 + B'(\hat{\theta})]^2}{nE\left[\left(\frac{\partial \log f}{\partial \theta}\right)^2\right]} \tag{A.18}$$

$$S(\theta ; x) = \frac{\partial \log L}{\partial \theta} \left(= \sum_{i=1}^{n} \frac{\partial \log f(x_i ; \theta)}{\partial \theta} \right)$$

は標本のスコア score とよばれ,（A. 4）式,（A. 6）式より

$$E(S) = E\left(\frac{\partial \log L}{\partial \theta}\right) = 0 \tag{A.19}$$

$$\mathrm{var}(S) = E\left[\left(\frac{\partial \log L}{\partial \theta}\right)^2\right] = -E\left(\frac{\partial^2 \log L}{\partial \theta^2}\right) = I(\theta) \tag{A.20}$$

をもつ. $I(\theta)$ はフィッシャーの情報行列 information matrix ともよばれる（θ がスカラーの, このケースではスカラー）. コーシー・シュワルツの不等式（A. 12）式において等号が成立するのは $g_n = \alpha f_n$ のときに限られる. したがって θ の任意の不偏推定量を $\hat{\theta}$ とし, さらに $\mathrm{var}(\hat{\theta})$ がクラメール・ラオの下限（（A. 16）式の＝）に達するとき, すなわち $\hat{\theta}$ が θ の最小分散不偏推定量（MVUE）のとき

$$\frac{\partial \log L}{\partial \theta} = K(\theta)(\hat{\theta} - \theta)$$

と表すことができる．

もし $\hat{\theta}$ が MLE ならば，$\partial \log L/\partial\theta = 0$ の解でなければならない．したがって

MVUE が存在するならば，それは最尤法によって与えられる

ということがわかる（$K(\theta)=0$ の解は $x_1, \cdots, x_n$ の関数ではないから推定量ではない）．

次のようにしてこのことを確認することもできる．$E(\hat{\theta})=\theta$ のとき $E(f_n)=0$ であり，(A. 4) 式より $E(g_n)=0$ であるから，コーシー・シュワルツの不等式（A. 12）式は次のように表すこともできる．

$$\left[\mathrm{cov}(f_n, g_n)\right]^2 \leq \mathrm{var}(f_n)\cdot\mathrm{var}(g_n)$$

$g_n = \alpha f_n$ のとき $\mathrm{cov}(f_n, g_n) = \alpha\,\mathrm{var}(f_n)$，$\mathrm{var}(g_n) = \alpha^2\,\mathrm{var}(f_n)$ となるから，コーシー・シュワルツの不等式で等号が成立する．すなわち（A. 13）式において $\mathrm{MSE}(\hat{\theta}) = \mathrm{var}(\hat{\theta}) = \mathrm{var}(f_n)$，$B'(\theta)=0$ であるから

$$1 = \mathrm{var}(\hat{\theta})E\left(\frac{\partial \log L}{\partial \theta}\right)^2$$

が成立し，$\mathrm{var}(\hat{\theta})$ は（A. 16）式のクラメール・ラオの下限に等しい．

A2　クラメール・ラオ不等式の一般化

クラメール・ラオ不等式を，θ がパラメータベクトルの場合へと一般化しよう．

$$\boldsymbol{\theta}' = (\theta_1\ \theta_2\ \cdots\ \theta_k)$$

(A. 4) 式に対応する式は次のようになる．

$$E\left[\frac{\partial \log L(\boldsymbol{\theta})}{\partial \boldsymbol{\theta}}\right] = E\begin{bmatrix} \dfrac{\partial \log L(\boldsymbol{\theta})}{\partial \theta_1} \\ \vdots \\ \dfrac{\partial \log L(\boldsymbol{\theta})}{\partial \theta_k} \end{bmatrix} = \mathbf{0}$$

$$E\left(\frac{\partial \log L(\boldsymbol{\theta})}{\partial \theta_j}\right) = \int^{(n)} \frac{\partial \log L(\boldsymbol{\theta})}{\partial \theta_j} L(\boldsymbol{\theta})\,dx^{(n)} = 0 \qquad \text{(A. 21)}$$

上式の両辺をさらに θ_h に関して微分すると次式を得る．

$$\int^{(n)} \frac{\partial^2 \log L(\boldsymbol{\theta})}{\partial \theta_j \partial \theta_h} L(\boldsymbol{\theta})\,dx^{(n)} + \int^{(n)} \frac{\partial \log L(\boldsymbol{\theta})}{\partial \theta_j}\frac{\partial \log L(\boldsymbol{\theta})}{\partial \theta_h} L(\boldsymbol{\theta})\,dx^{(n)} = 0 \qquad \text{(A. 22)}$$

スコア$\dfrac{\partial \log L(\boldsymbol{\theta})}{\partial \theta_j}=S_j$と書くと（A. 21）式より

$$E(S_j)=0 \tag{A. 23}$$

である．したがって，（A. 22）式より

$$\mathrm{cov}(S_j, S_h)=E(S_jS_h)=-E\left(\frac{\partial^2 \log L(\boldsymbol{\theta})}{\partial \theta_j \partial \theta_h}\right) \tag{A. 24}$$

が得られる．行列表示すれば次のようになる．

$$\underset{k\times k}{-E\left[\frac{\partial^2 \log L(\boldsymbol{\theta})}{\partial \boldsymbol{\theta}\partial \boldsymbol{\theta}'}\right]}=\begin{bmatrix} -E\left(\dfrac{\partial^2 \log L(\boldsymbol{\theta})}{\partial \theta_1^2}\right) & \cdots & -E\left(\dfrac{\partial^2 \log L(\boldsymbol{\theta})}{\partial \theta_1 \partial \theta_k}\right) \\ \vdots & & \vdots \\ -E\left(\dfrac{\partial^2 \log L(\boldsymbol{\theta})}{\partial \theta_k \partial \theta_1}\right) & \cdots & -E\left(\dfrac{\partial^2 \log L(\boldsymbol{\theta})}{\partial \theta_k^2}\right) \end{bmatrix}$$

$$= \boldsymbol{V}(\boldsymbol{S}) \tag{A. 25}$$

$$\boldsymbol{S}'=(S_1 \ S_2 \ \cdots \ S_k)$$

すなわちスコアベクトル$\boldsymbol{S}$の共分散行列が得られ，（A. 25）式は（A. 20）式の一般化である．$k\times k$の行列

$$\boldsymbol{I}(\boldsymbol{\theta})=-E\left[\frac{\partial^2 \log L(\boldsymbol{\theta})}{\partial \boldsymbol{\theta}\partial \boldsymbol{\theta}'}\right] \tag{A. 26}$$

はフィッシャーの情報行列としても知られている．スコアS_jが1次独立とすれば，$\boldsymbol{I}(\boldsymbol{\theta})=\boldsymbol{V}(\boldsymbol{S})$は正値定符号である．

次にパラメータ$\boldsymbol{\theta}$の推定量$\hat{\boldsymbol{\theta}}$を考えよう．

$$\hat{\boldsymbol{\theta}}'=(\hat{\theta}_1 \ \hat{\theta}_2 \ \cdots \ \hat{\theta}_k)$$

であり，$\hat{\theta}_j=\hat{\theta}_j(x_1, \cdots, x_n)$である．

$$E(\hat{\boldsymbol{\theta}})=\int^{(n)} \hat{\boldsymbol{\theta}} L(\boldsymbol{\theta})\,dx^{(n)} \tag{A. 27}$$

であるから

$$\frac{\partial E(\hat{\boldsymbol{\theta}})}{\partial \theta_j}=\int^{(n)} \hat{\boldsymbol{\theta}} \frac{\partial \log L(\boldsymbol{\theta})}{\partial \theta_j} L(\boldsymbol{\theta})\,dx^{(n)}$$

$$=\begin{bmatrix} \displaystyle\int^{(n)} \hat{\theta}_1 S_j L(\boldsymbol{\theta})\,dx^{(n)} \\ \displaystyle\int^{(n)} \hat{\theta}_2 S_j L(\boldsymbol{\theta})\,dx^{(n)} \\ \vdots \\ \displaystyle\int^{(n)} \hat{\theta}_k S_j L(\boldsymbol{\theta})\,dx^{(n)} \end{bmatrix} \tag{A. 28}$$

となる．

ところがこのベクトルのi番目の要素は

$$\int^{(n)} \hat{\theta}_i S_j L(\boldsymbol{\theta})\, dx^{(n)}$$
$$= E(\hat{\theta}_i S_j)$$
$$= E\left\{\left[\hat{\theta}_i - E(\hat{\theta}_i)\right] S_j\right\}$$
$$= \mathrm{cov}(\hat{\theta}_i, S_j) \qquad \left(\because E(S_j) = 0\right) \tag{A.29}$$

である．したがって $k\times k$ の行列

$$\frac{\partial E(\hat{\boldsymbol{\theta}})}{\partial \boldsymbol{\theta}'} = \left[\frac{\partial E(\hat{\boldsymbol{\theta}})}{\partial \theta_1} \ \cdots \ \frac{\partial E(\hat{\boldsymbol{\theta}})}{\partial \theta_k}\right]$$
$$= E\left[\hat{\boldsymbol{\theta}} \frac{\partial \log L(\boldsymbol{\theta})}{\partial \boldsymbol{\theta}}\right] = \mathrm{cov}(\hat{\boldsymbol{\theta}}, \boldsymbol{S}) \tag{A.30}$$

の (i, j) 要素は $\hat{\theta}_i$ と S_j の共分散を与える．

$E(\hat{\theta}_i) = \theta_i$ のとき，$B'(\hat{\theta}_i) = 0$ であるから（A. 11）式の θ を θ_i, $\hat{\theta}$ を $\hat{\theta}_i$ と考えれば

$$\mathrm{cov}(\hat{\theta}_i, S_i) = 1$$

また，$E(\hat{\theta}_i) = \theta_i$ のとき，$i \neq j$ に対して

$$\mathrm{cov}(\hat{\theta}_i, S_j) = 0$$

となることを示そう．

$B(\theta_i) = 0$ であるから，（A. 9）式と同様に

$$\int^{(n)} \hat{\theta}_i L dx^{(n)} = \theta_i$$

を得る．

上式の両辺を $\theta_j (j \neq i)$ に関して微分すると

$$\int^{(n)} \hat{\theta}_i \frac{\partial \log L}{\partial \theta_j} L dx^{(n)} = 0$$

となるが，この式は

$$\mathrm{cov}(\hat{\theta}_i, S_j) = 0, \quad (i \neq j)$$

に等しい．

すなわち $E(\hat{\boldsymbol{\theta}}) = \boldsymbol{\theta}$ ならば $\mathrm{cov}(\hat{\boldsymbol{\theta}}, \boldsymbol{S})$ は $k\times k$ の単位行列 $\boldsymbol{I}_k$ となる．

さて $2k$ 個の要素をもつ確率ベクトル

$$\left[\hat{\theta}_1 \ \hat{\theta}_2 \ \cdots \ \hat{\theta}_k \ \frac{\partial \log L(\boldsymbol{\theta})}{\partial \theta_1} \ \cdots \ \frac{\partial \log L(\boldsymbol{\theta})}{\partial \theta_k}\right]$$
$$= [\hat{\theta}_1 \ \hat{\theta}_2 \ \cdots \ \hat{\theta}_k \ S_1 \ \cdots \ S_k]$$

の共分散行列を考えよう．$E(\hat{\boldsymbol{\theta}}) = \boldsymbol{\theta}$ とする．（A. 26）式，（A. 30）式を用いて，$E(\hat{\boldsymbol{\theta}}) = \boldsymbol{\theta}$ のとき，$\hat{\boldsymbol{\theta}}$ と $\boldsymbol{S}$ の共分散行列は次のように表すことができる．

$$\underset{2k\times 2k}{V}\begin{bmatrix} \hat{\boldsymbol{\theta}} \\ \boldsymbol{S} \end{bmatrix} = \begin{bmatrix} V(\hat{\boldsymbol{\theta}}) & \mathrm{cov}(\hat{\boldsymbol{\theta}}, \boldsymbol{S}) \\ \mathrm{cov}(\hat{\boldsymbol{\theta}}, \boldsymbol{S}) & \boldsymbol{I}(\boldsymbol{\theta}) \end{bmatrix} = \begin{bmatrix} V(\hat{\boldsymbol{\theta}}) & \boldsymbol{I}_k \\ \boldsymbol{I}_k & I(\boldsymbol{\theta}) \end{bmatrix} \tag{A.31}$$

（A. 31）式は正値半定符号であるから，任意の $2k\times 1$ ベクトル $\boldsymbol{c}$ に対して

$$\boldsymbol{c}'\begin{bmatrix} V(\hat{\boldsymbol{\theta}}) & \boldsymbol{I}_k \\ \boldsymbol{I}_k & I(\boldsymbol{\theta}) \end{bmatrix}\boldsymbol{c} \geq 0 \quad (\boldsymbol{c} \neq \boldsymbol{0}) \tag{A.32}$$

が成り立つ．

いま

$$\boldsymbol{c} = \begin{bmatrix} \boldsymbol{a} \\ -\boldsymbol{I}(\boldsymbol{\theta})^{-1}\boldsymbol{a} \end{bmatrix}, \quad \underset{k\times 1}{\boldsymbol{a}} \text{ は任意の } \boldsymbol{0} \text{ でないベクトル}$$

とおくと

$$\begin{aligned} &\begin{bmatrix} \boldsymbol{a}' & -\boldsymbol{a}'\boldsymbol{I}(\boldsymbol{\theta})^{-1} \end{bmatrix}\begin{bmatrix} V(\hat{\boldsymbol{\theta}}) & \boldsymbol{I}_k \\ \boldsymbol{I}_k & I(\boldsymbol{\theta}) \end{bmatrix}\begin{bmatrix} \boldsymbol{a} \\ -\boldsymbol{I}(\boldsymbol{\theta})^{-1}\boldsymbol{a} \end{bmatrix} \\ &= \boldsymbol{a}'\left\{\boldsymbol{V}(\hat{\boldsymbol{\theta}}) - \boldsymbol{I}(\boldsymbol{\theta})^{-1}\right\}\boldsymbol{a} \geq 0 \end{aligned}$$

すなわち

$$\boldsymbol{V}(\hat{\boldsymbol{\theta}}) - \boldsymbol{I}(\boldsymbol{\theta})^{-1} \text{ は正値半定符号} \tag{A.33}$$

となる．これはクラメール・ラオ不等式の一般化である．

$\mathrm{cov}(\hat{\boldsymbol{\theta}}, \boldsymbol{S}) = \boldsymbol{B}\ (\neq \boldsymbol{I}_k)$ のとき，すなわち $E(\hat{\boldsymbol{\theta}}) \neq \boldsymbol{\theta}$ のときには

$$\boldsymbol{V}(\hat{\boldsymbol{\theta}}) - \boldsymbol{B}\boldsymbol{I}(\boldsymbol{\theta})^{-1}\boldsymbol{B}' \text{ は正値半定符号} \tag{A.34}$$

となる．

$\boldsymbol{V}(\hat{\boldsymbol{\theta}}) = \boldsymbol{I}(\boldsymbol{\theta})^{-1}$ のとき，$\hat{\boldsymbol{\theta}}$ の共分散行列 $\boldsymbol{V}(\hat{\boldsymbol{\theta}})$ はクラメール・ラオの下限に等しく，$\hat{\boldsymbol{\theta}}$ は $\boldsymbol{\theta}$ の MVUE である．

B　行列とベクトルの微分

$\boldsymbol{x}$ を $n\times 1$ のベクトル，$\boldsymbol{X}$ を $n\times m$ の行列，$\boldsymbol{y}$ を $m\times 1$ のベクトルとする．すなわち

$$\boldsymbol{x} = \begin{bmatrix} x_1 \\ x_2 \\ \vdots \\ x_n \end{bmatrix}, \quad \boldsymbol{X} = \begin{bmatrix} x_{11} & \cdots & x_{1m} \\ \vdots & & \vdots \\ x_{n1} & \cdots & x_{nm} \end{bmatrix}, \quad \boldsymbol{y} = \begin{bmatrix} y_1 \\ y_2 \\ \vdots \\ y_m \end{bmatrix}$$

とする．

そして

$$\begin{aligned} &y = f(x_1, x_2, \cdots, x_n) \\ &z = g(x_{11}, \cdots, x_{1m}, x_{21}, \cdots, x_{2m}, \cdots, x_{n1}, \cdots, x_{nm}) \\ &y_j = h_j(x_1, \cdots, x_n), \quad j = 1, \cdots, m \end{aligned}$$

とする．以下の偏微分は，右辺の演算を意味する，という意味の定義である．

$$\underset{n\times 1}{\frac{\partial y}{\partial \boldsymbol{x}}} = \begin{bmatrix} \dfrac{\partial y}{\partial x_1} \\ \vdots \\ \dfrac{\partial y}{\partial x_n} \end{bmatrix} \tag{B. 1}$$

$$\underset{n\times m}{\frac{\partial z}{\partial \boldsymbol{X}}} = \begin{bmatrix} \dfrac{\partial z}{\partial x_{11}} & \cdots & \dfrac{\partial z}{\partial x_{1m}} \\ \vdots & & \vdots \\ \dfrac{\partial z}{\partial x_{n1}} & \cdots & \dfrac{\partial z}{\partial x_{nm}} \end{bmatrix} \tag{B. 2}$$

$$\underset{n\times m}{\frac{\partial \boldsymbol{y}}{\partial \boldsymbol{x}}} = \begin{bmatrix} \dfrac{\partial y_1}{\partial x_1} & \cdots & \dfrac{\partial y_m}{\partial x_1} \\ \vdots & & \vdots \\ \dfrac{\partial y_1}{\partial x_n} & \cdots & \dfrac{\partial y_m}{\partial x_n} \end{bmatrix} \tag{B. 3}$$

例 1 $y=\sum_{i=1}^{n} a_i x_i = \boldsymbol{a}'\boldsymbol{x} = \boldsymbol{x}'\boldsymbol{a}$ とする．ここで

$$\boldsymbol{a}' = (a_1 \ \ a_2 \ \ \cdots \ \ a_n)$$

である．このとき $\partial y/\partial x_i = a_i$ であるから

$$\frac{\partial \boldsymbol{x}'\boldsymbol{a}}{\partial \boldsymbol{x}} = \frac{\partial \boldsymbol{a}'\boldsymbol{x}}{\partial \boldsymbol{x}} = \boldsymbol{a} \tag{B. 4}$$

となる．

例 2

$$\underset{m\times 1}{\boldsymbol{y}} = \begin{bmatrix} y_1 \\ \vdots \\ y_m \end{bmatrix} = \begin{bmatrix} \boldsymbol{a}_1'\boldsymbol{x} \\ \vdots \\ \boldsymbol{a}_m'\boldsymbol{x} \end{bmatrix} = \underset{m\times n}{\boldsymbol{A}} \ \underset{n\times 1}{\boldsymbol{x}}$$

とする．ここで $\boldsymbol{x}$ は前と同じ $n\times 1$ のベクトル，

$$\boldsymbol{A} = \begin{bmatrix} \boldsymbol{a}_1' \\ \vdots \\ \boldsymbol{a}_m' \end{bmatrix} = \begin{bmatrix} a_{11} & \cdots & a_{1n} \\ \vdots & & \vdots \\ a_{m1} & \cdots & a_{mn} \end{bmatrix}$$

である．

$$y_j = \boldsymbol{a}_j'\boldsymbol{x} = a_{j1}x_1 + \cdots + a_{jn}x_n$$

であるから

$$\frac{\partial y_j}{\partial x_i} = a_{ji}$$

となる．したがって

$$\frac{\partial \boldsymbol{y}}{\partial \boldsymbol{x}} = \begin{bmatrix} \dfrac{\partial y_1}{\partial x_1} & \cdots & \dfrac{\partial y_m}{\partial x_1} \\ \vdots & & \vdots \\ \dfrac{\partial y_1}{\partial x_n} & \cdots & \dfrac{\partial y_m}{\partial x_n} \end{bmatrix} = \begin{bmatrix} a_{11} & \cdots & a_{m1} \\ \vdots & & \vdots \\ a_{1n} & \cdots & a_{mn} \end{bmatrix} = \boldsymbol{A}'$$

すなわち

$$\frac{\partial \boldsymbol{A}\boldsymbol{x}}{\partial \boldsymbol{x}} = \boldsymbol{A}' \tag{B.5}$$

が得られる.

例 3

$\boldsymbol{A}$ を $n \times n$ の行列とし，2 次形式

$$y = \sum_{i=1}^{n} \sum_{j=1}^{n} a_{ij} x_i x_j = \boldsymbol{x}'\boldsymbol{A}\boldsymbol{x}$$

において，$\boldsymbol{A} = \boldsymbol{A}'$ すなわち，すべての i, j について $a_{ij} = a_{ji}$ とする．このとき

$$\frac{\partial y}{\partial x_i} = \sum_{j=1}^{n} a_{ij} x_j + \sum_{j=1}^{n} a_{ji} x_j = 2\sum_{j=1}^{n} a_{ij} x_j = 2\boldsymbol{a}_i'\boldsymbol{x}$$

したがって

$$\frac{\partial y}{\partial \boldsymbol{x}} = \begin{bmatrix} \dfrac{\partial y}{\partial x_1} \\ \vdots \\ \dfrac{\partial y}{\partial x_n} \end{bmatrix} = 2 \begin{bmatrix} \sum_{j=1}^{n} a_{1j} x_j \\ \vdots \\ \sum_{j=1}^{n} a_{nj} x_j \end{bmatrix} = 2 \begin{bmatrix} \boldsymbol{a}_1'\boldsymbol{x} \\ \vdots \\ \boldsymbol{a}_n'\boldsymbol{x} \end{bmatrix} = 2\boldsymbol{A}\boldsymbol{x}$$

結局，$\boldsymbol{A} = \boldsymbol{A}'$ のとき

$$\frac{\partial \boldsymbol{x}'\boldsymbol{A}\boldsymbol{x}}{\partial \boldsymbol{x}} = 2\boldsymbol{A}\boldsymbol{x} \tag{B.6}$$

が得られる.

C 跡 trace の定義と性質

定義： $n \times n$ の正方行列 $\boldsymbol{A}$ の跡 trace（tr と略す）とは $\boldsymbol{A}$ の対角要素の和であり.

$$\mathrm{tr}(\boldsymbol{A}) = \sum_{i=1}^{n} a_{ii}$$

と定義される.

跡の主な性質を以下に示す．跡の定義に戻れば証明は簡単であるから，証明は省略する.

(1) $\boldsymbol{A}$ は $n \times m$，$\boldsymbol{B}$ は $m \times n$ とする．このとき

$$\mathrm{tr}(\boldsymbol{A}\boldsymbol{B}) = \mathrm{tr}(\boldsymbol{B}\boldsymbol{A})$$

特殊なケースとして

（i） $\boldsymbol{A}=\boldsymbol{a}'(1\times n)$，$\boldsymbol{B}=\boldsymbol{b}(n\times 1)$ のとき

$$\mathrm{tr}(\boldsymbol{a}'\boldsymbol{b})=\sum_{i=1}^{n}a_i b_i=\mathrm{tr}(\boldsymbol{b}\boldsymbol{a}')$$

（ii） $\boldsymbol{A}$ は $n\times n$ の非特異行列（逆行列が存在する行例），$\boldsymbol{B}=\boldsymbol{A}^{-1}$ のとき，$\boldsymbol{I}$ を単位行列とすると

$$\mathrm{tr}(\boldsymbol{AB})=\mathrm{tr}(\boldsymbol{BA})=\mathrm{tr}(\boldsymbol{I})=n$$

（2） $\boldsymbol{A},\boldsymbol{B}$ は $n\times n$，c,d はスカラーとする．このとき

$$\mathrm{tr}(c\boldsymbol{A}+d\boldsymbol{B})=c\,\mathrm{tr}(\boldsymbol{A})+d\,\mathrm{tr}(\boldsymbol{B})$$

とくに $c=d=1$ のとき

$$\mathrm{tr}(\boldsymbol{A}+\boldsymbol{B})=\mathrm{tr}(\boldsymbol{A})+\mathrm{tr}(\boldsymbol{B})$$

（3） $\boldsymbol{A}$ は $m\times n$ とすると

$\mathrm{tr}(\boldsymbol{A}'\boldsymbol{A})=\boldsymbol{0}$ となるのは $\boldsymbol{A}=\boldsymbol{0}$ のときに限られる．

（4） $\boldsymbol{A}$ は $n\times n$ とすると

$$\mathrm{tr}(\boldsymbol{A}')=\mathrm{tr}(\boldsymbol{A})$$

（5） A は $n\times m$ とする．このとき

$$\mathrm{tr}(\boldsymbol{AA}')=\mathrm{tr}(\boldsymbol{A}'\boldsymbol{A})=\sum_{j=1}^{m}\sum_{i=1}^{n}a_{ij}^2$$

（6） $\boldsymbol{A}$ は $n\times n$，$\boldsymbol{P}$ は任意の $n\times n$ の非特異行列とする．このとき

$$\mathrm{tr}(\boldsymbol{P}^{-1}\boldsymbol{AP})=\mathrm{tr}(\boldsymbol{A})$$

性質（1）で $\boldsymbol{A}=\boldsymbol{P}^{-1}$，$\boldsymbol{B}=\boldsymbol{AP}$ とおけば

$$\mathrm{tr}(\boldsymbol{P}^{-1}\boldsymbol{AP})=\mathrm{tr}(\boldsymbol{APP}^{-1})=\mathrm{tr}(\boldsymbol{A})$$

が得られる．

D　分割行列の逆行列

$n\times n$ 行列 $\boldsymbol{A}$ を

$$\boldsymbol{A}=\begin{bmatrix}\boldsymbol{A}_{11} & \boldsymbol{A}_{12}\\ \boldsymbol{A}_{21} & \boldsymbol{A}_{22}\end{bmatrix}$$

と分割する．$\boldsymbol{A}_{11}$ は $n_1\times n_1$，$\boldsymbol{A}_{12}$ は $n_1\times n_2$，$\boldsymbol{A}_{21}$ は $n_2\times n_1$，$\boldsymbol{A}_{22}$ は $n_2\times n_2$，$n_1+n_2=n$ である．

$$\boldsymbol{A}^{-1}=\begin{bmatrix}\boldsymbol{B}_{11} & \boldsymbol{B}_{12}\\ \boldsymbol{B}_{21} & \boldsymbol{B}_{22}\end{bmatrix}$$

とするとき，$\boldsymbol{A}_{11}^{-1}$ が存在するならば

$$\begin{aligned}\boldsymbol{B}_{11}&=\boldsymbol{A}_{11}^{-1}+\boldsymbol{A}_{11}^{-1}\boldsymbol{A}_{12}\boldsymbol{B}_{22}\boldsymbol{A}_{21}\boldsymbol{A}_{11}^{-1}\\ \boldsymbol{B}_{12}&=-\boldsymbol{A}_{11}^{-1}\boldsymbol{A}_{12}\boldsymbol{B}_{22}\\ \boldsymbol{B}_{21}&=-\boldsymbol{B}_{22}\boldsymbol{A}_{21}\boldsymbol{A}_{11}^{-1}\end{aligned}\qquad\text{(D.1)}$$

$$\boldsymbol{B}_{22}=(\boldsymbol{A}_{22}-\boldsymbol{A}_{21}\boldsymbol{A}_{11}^{-1}\boldsymbol{A}_{12})^{-1}$$

となる.

$\boldsymbol{A}_{22}^{-1}$ が存在するときには，次のように表すこともできる.

$$\begin{aligned}\boldsymbol{B}_{11}&=(\boldsymbol{A}_{11}-\boldsymbol{A}_{12}\boldsymbol{A}_{22}^{-1}\boldsymbol{A}_{21})^{-1}\\ \boldsymbol{B}_{12}&=-\boldsymbol{B}_{11}\boldsymbol{A}_{12}\boldsymbol{A}_{22}^{-1}\\ \boldsymbol{B}_{21}&=-\boldsymbol{A}_{22}^{-1}\boldsymbol{A}_{21}\boldsymbol{B}_{11}\\ \boldsymbol{B}_{22}&=\boldsymbol{A}_{22}^{-1}+\boldsymbol{A}_{22}^{-1}\boldsymbol{A}_{21}\boldsymbol{B}_{11}\boldsymbol{A}_{12}\boldsymbol{A}_{22}^{-1}\end{aligned} \tag{D. 2}$$

この（D. 1）式あるいは（D. 2）式は次のようにして得られる.

$$\boldsymbol{A}\boldsymbol{A}^{-1}=\boldsymbol{I}$$

すなわち

$$\begin{bmatrix}\boldsymbol{A}_{11} & \boldsymbol{A}_{12}\\ \boldsymbol{A}_{21} & \boldsymbol{A}_{22}\end{bmatrix}\begin{bmatrix}\boldsymbol{B}_{11} & \boldsymbol{B}_{12}\\ \boldsymbol{B}_{21} & \boldsymbol{B}_{22}\end{bmatrix}=\begin{bmatrix}\boldsymbol{I} & \boldsymbol{0}\\ \boldsymbol{0} & \boldsymbol{I}\end{bmatrix}$$

より

$$\begin{aligned}\boldsymbol{A}_{11}\boldsymbol{B}_{11}+\boldsymbol{A}_{12}\boldsymbol{B}_{21}&=\boldsymbol{I}\\ \boldsymbol{A}_{11}\boldsymbol{B}_{12}+\boldsymbol{A}_{12}\boldsymbol{B}_{22}&=\boldsymbol{0}\\ \boldsymbol{A}_{21}\boldsymbol{B}_{11}+\boldsymbol{A}_{22}\boldsymbol{B}_{21}&=\boldsymbol{0}\\ \boldsymbol{A}_{21}\boldsymbol{B}_{12}+\boldsymbol{A}_{22}\boldsymbol{B}_{22}&=\boldsymbol{I}\end{aligned}$$

の関係が得られるから，これらの式を $\boldsymbol{B}_{11}$, $\boldsymbol{B}_{12}$, $\boldsymbol{B}_{21}$, $\boldsymbol{B}_{22}$ について解けばよい.

E 固有値と固有ベクトル

$\boldsymbol{A}$ は $n\times n$ の行列，$\boldsymbol{x}$ は $n\times 1$ の非ゼロベクトルとする．このとき

$$\boldsymbol{A}\boldsymbol{x}=\lambda\boldsymbol{x} \tag{E. 1}$$

を満たす λ を固有値，$\boldsymbol{x}$ を固有ベクトルという.

（E. 1）式を

$$(\boldsymbol{A}-\lambda\boldsymbol{I})\boldsymbol{x}=\boldsymbol{0}$$

と表すと，$\boldsymbol{x}\neq\boldsymbol{0}$ であるから，$\boldsymbol{A}-\lambda\boldsymbol{I}$ は特異 singular であり

$$|\boldsymbol{A}-\lambda\boldsymbol{I}|=0$$

でなければならない．$\boldsymbol{A}-\lambda\boldsymbol{I}$ は λ の n 次方程式を与えるから，$|\boldsymbol{A}-\lambda\boldsymbol{I}|=0$ は λ_1, $\cdots$, λ_n の n 個の固有値をもたらす.

主要な事項を示す.

(1) $\boldsymbol{C}$ を $n\times n$ の任意の非特異行列とするとき，$\boldsymbol{A}$, $\boldsymbol{C}^{-1}\boldsymbol{A}\boldsymbol{C}$, $\boldsymbol{C}\boldsymbol{A}\boldsymbol{C}^{-1}$ は同じ固有値をもつ．証明は以下の通りである．λ を $\boldsymbol{A}$ の固有値，$\boldsymbol{x}(n\times 1)$ を固有ベクトルとすれば

$$\boldsymbol{A}\boldsymbol{x}=\lambda\boldsymbol{x}$$

である．$\boldsymbol{C}^{-1}\boldsymbol{A}\boldsymbol{C}=\boldsymbol{B}$ とおくと $\boldsymbol{A}=\boldsymbol{C}\boldsymbol{B}\boldsymbol{C}^{-1}$ となる．このとき

$$
\begin{aligned}
|\boldsymbol{A}-\lambda\boldsymbol{I}| &= |\boldsymbol{CBC}^{-1}-\lambda\boldsymbol{I}| = |\boldsymbol{C}(\boldsymbol{B}-\lambda\boldsymbol{I})\boldsymbol{C}^{-1}| \\
&= |\boldsymbol{C}||\boldsymbol{B}-\lambda\boldsymbol{I}||\boldsymbol{C}^{-1}| = |\boldsymbol{B}-\lambda\boldsymbol{I}||\boldsymbol{C}^{-1}||\boldsymbol{C}| \\
&= |\boldsymbol{B}-\lambda\boldsymbol{I}||\boldsymbol{C}^{-1}\boldsymbol{C}| = |\boldsymbol{B}-\lambda\boldsymbol{I}|
\end{aligned}
$$

$\boldsymbol{CAC}^{-1}$ の場合も同様である.

(2)　$\lambda_1\lambda_2\ \cdots\ \lambda_n = |\boldsymbol{A}|$

$$\sum_{i=1}^{n}\lambda_i = \mathrm{tr}(\boldsymbol{A})$$

$|\boldsymbol{A}-\lambda\boldsymbol{I}|=0$ から得られる $\boldsymbol{A}$ の固有値を $\lambda_1, \lambda_2, \cdots, \lambda_n$ とすると

$$|\boldsymbol{A}-\lambda\boldsymbol{I}| = (\lambda_1-\lambda)(\lambda_2-\lambda)\cdots(\lambda_n-\lambda)$$

と表すことができる．上式で $\lambda=0$ とおき

$$|\boldsymbol{A}| = \lambda_1\lambda_2\ \cdots\ \lambda_n$$

を得る．

次の定理を証明なしで用いる．

$\boldsymbol{A}$ を $n\times n$ の行列とするとき

$$\boldsymbol{P}^{-1}\boldsymbol{AP} = \boldsymbol{T}$$

となる非特異行列 $\boldsymbol{P}$ が存在する．ここで $\boldsymbol{T}$ は上方 3 角行列で，対角要素は $\boldsymbol{A}$ の固有値である（Graybill (1969), Theorem 8・6・9).

この定理を用いると

$$\mathrm{tr}(\boldsymbol{A}) = \mathrm{tr}(\boldsymbol{AI}) = \mathrm{tr}(\boldsymbol{APP}^{-1}) = \mathrm{tr}(\boldsymbol{P}^{-1}\boldsymbol{AP}) = \mathrm{tr}(\boldsymbol{T}) = \sum_{i=1}^{n}\lambda_i$$

(3)　$\boldsymbol{Ax}=\lambda\boldsymbol{x} \Rightarrow \boldsymbol{A}^k\boldsymbol{x}=\lambda^k\boldsymbol{x}$. すなわち, λ が $\boldsymbol{A}$ の固有値ならば, λ^k は $\boldsymbol{A}^k$ の固有値である．証明は次の通りである．

$$
\begin{aligned}
\boldsymbol{Ax}=\lambda\boldsymbol{x} \Rightarrow \boldsymbol{A}^k\boldsymbol{x} &= \boldsymbol{A}^{k-1}\boldsymbol{Ax} = \lambda\boldsymbol{A}^{k-1}\boldsymbol{x} = \lambda\boldsymbol{A}^{k-2}\boldsymbol{Ax} \\
&= \lambda\boldsymbol{A}^{k-2}(\lambda\boldsymbol{x}) = \lambda^2\boldsymbol{A}^{k-2}\boldsymbol{x} = \cdots = \lambda^k\boldsymbol{x}
\end{aligned}
$$

この (3) の重要な系として

ベキ等行列の固有値は 0 か 1

という結果が得られる．これは $\boldsymbol{A}=\boldsymbol{A}^2$ とすると

$$\boldsymbol{Ax}=\lambda\boldsymbol{x} \Rightarrow \boldsymbol{A}^2\boldsymbol{x}=\lambda^2\boldsymbol{x} \Rightarrow \boldsymbol{Ax}=\lambda^2\boldsymbol{x}$$

より，$\lambda=\lambda^2$，したがって $\lambda=0$ あるいは 1 である．

(4)　相異なる固有値に対応する固有ベクトルは直交する．すなわち

$$\boldsymbol{Ax}_i=\lambda_i\boldsymbol{x}_i,\quad \boldsymbol{Ax}_j=\lambda_j\boldsymbol{x}_j,\quad i\neq j$$

とすると

$$\boldsymbol{x}_i'\boldsymbol{x}_j=0,\quad i\neq j,\quad i, j=1, \cdots, n$$

である．また固有ベクトルは

$$\boldsymbol{x}_i'\boldsymbol{x}_i=1,\quad i=1, \cdots, n$$

と規準化することができる．

(5)　実対称行列の固有値はすべて実数である.

F　対称行列の変換

(1)　$\boldsymbol{A}=\boldsymbol{A}'\Rightarrow\boldsymbol{P}'\boldsymbol{A}\boldsymbol{P}=\boldsymbol{\Lambda}$ となる直交行列 $\boldsymbol{P}$ が存在する. ここで $\boldsymbol{A}$ は実対称行列であり

$$\boldsymbol{\Lambda}=\begin{bmatrix}\lambda_1 & \cdots & 0\\ \vdots & \ddots & \vdots\\ 0 & \cdots & \lambda_n\end{bmatrix}$$

$\lambda_1, \lambda_2, \cdots, \lambda_n$ は $\boldsymbol{A}$ の固有値

である. 証明は数学付録 E の (4) の性質を用いて次のようにすればよい.

$\boldsymbol{A}\boldsymbol{p}_i=\lambda_i\boldsymbol{p}_i,\quad \boldsymbol{P}=(\boldsymbol{p}_1\ \boldsymbol{p}_2\ \cdots\ \boldsymbol{p}_n)$ とする.

$$\begin{aligned}\boldsymbol{A}\boldsymbol{P}&=\boldsymbol{A}(\boldsymbol{p}_1\ \cdots\ \boldsymbol{p}_n)=(\boldsymbol{A}\boldsymbol{p}_1\ \cdots\ \boldsymbol{A}\boldsymbol{p}_n)\\ &=(\lambda_1\boldsymbol{p}_1\ \cdots\ \lambda_n\boldsymbol{p}_n)\\ &=(\boldsymbol{p}_1\ \cdots\ \boldsymbol{p}_n)\begin{bmatrix}\lambda_1 & 0 & \cdots & 0\\ 0 & \lambda_2 & \cdots & 0\\ \vdots & \vdots & \ddots & \vdots\\ 0 & 0 & \cdots & \lambda_n\end{bmatrix}=\boldsymbol{P}\boldsymbol{\Lambda}\end{aligned}$$

したがって

$$\boldsymbol{P}'\boldsymbol{A}\boldsymbol{P}=\boldsymbol{P}'\boldsymbol{P}\boldsymbol{\Lambda}$$

ところが

$$\begin{aligned}\boldsymbol{P}'\boldsymbol{P}&=\begin{bmatrix}\boldsymbol{p}_1'\\ \vdots\\ \boldsymbol{p}_n'\end{bmatrix}[\boldsymbol{p}_1\ \cdots\ \boldsymbol{p}_n]=\begin{bmatrix}\boldsymbol{p}_1'\boldsymbol{p}_1 & \cdots & \boldsymbol{p}_1'\boldsymbol{p}_n\\ \vdots & \ddots & \vdots\\ \boldsymbol{p}_n'\boldsymbol{p}_1 & \cdots & \boldsymbol{p}_n'\boldsymbol{p}_n\end{bmatrix}\\ &=\begin{bmatrix}1 & 0 & \cdots & 0\\ 0 & 1 & \cdots & 0\\ \vdots & \vdots & \ddots & \vdots\\ 0 & 0 & \cdots & 1\end{bmatrix}=\boldsymbol{I}\end{aligned}$$

ゆえに

$$\boldsymbol{P}'\boldsymbol{A}\boldsymbol{P}=\boldsymbol{P}'\boldsymbol{P}\boldsymbol{\Lambda}=\boldsymbol{\Lambda}$$

となり, $\boldsymbol{P}$ は直交行列である.

(2)　$\boldsymbol{A}$ は $n\times n$ の正値半定符号行列で, $\mathrm{rank}(\boldsymbol{A})=r\leq n$ とする. このとき

(i)　$\boldsymbol{A}=\boldsymbol{B}\boldsymbol{B}'$ となる $\mathrm{rank}(\boldsymbol{B})=r$ の $n\times r$ 行列 $\boldsymbol{B}$ が存在する.

(ii)　$\boldsymbol{A}=\boldsymbol{C}\begin{bmatrix}\boldsymbol{I}_r & 0\\ 0 & 0\end{bmatrix}\boldsymbol{C}'$ となる $n\times n$ 非特異行列 $\boldsymbol{C}$ が存在する.

証明は次の通りである.

(i)

$$\underset{r\times r}{\boldsymbol{D}_1}=\begin{bmatrix}\lambda_1 & \cdots & 0\\ \vdots & \ddots & \vdots\\ 0 & \cdots & \lambda_r\end{bmatrix}$$

とする．$\lambda_1, \cdots, \lambda_r$ は $\boldsymbol{A}$ の非ゼロ固有値であり，正である．$\boldsymbol{P}$ を

$$\boldsymbol{P}'\boldsymbol{A}\boldsymbol{P}=\begin{bmatrix}\lambda_1 & \cdots & 0 & \cdots\cdots & 0\\ \vdots & \ddots & \vdots & & \vdots\\ 0 & \cdots & \lambda_r & \cdots\cdots & 0\\ & & & 0 & \\ \vdots & & \vdots & \ddots & \vdots\\ 0 & \cdots & 0 & 0\cdots & 0\end{bmatrix}=\begin{bmatrix}\boldsymbol{D}_1 & \boldsymbol{0}\\ \boldsymbol{0} & \boldsymbol{0}\end{bmatrix}$$

となる $n\times n$ の直交行列とする．

$$\boldsymbol{P}=\left(\underset{n\times r}{\boldsymbol{P}_1}\quad \underset{n\times(n-r)}{\boldsymbol{P}_2}\right)$$

と分割すると

$$\boldsymbol{A}=\boldsymbol{P}\begin{bmatrix}\boldsymbol{D}_1 & \boldsymbol{0}\\ \boldsymbol{0} & \boldsymbol{0}\end{bmatrix}\boldsymbol{P}'=(\boldsymbol{P}_1\ \ \boldsymbol{P}_2)\begin{bmatrix}\boldsymbol{D}_1 & \boldsymbol{0}\\ \boldsymbol{0} & \boldsymbol{0}\end{bmatrix}\begin{bmatrix}\boldsymbol{P}_1'\\ \boldsymbol{P}_2'\end{bmatrix}=\boldsymbol{P}_1\boldsymbol{D}_1\boldsymbol{P}_1'$$

となる．

$$\boldsymbol{D}_1^{1/2}=\begin{bmatrix}\sqrt{\lambda_1} & 0 & \cdots & 0\\ 0 & \sqrt{\lambda_2} & \cdots & 0\\ \vdots & \vdots & \ddots & \vdots\\ 0 & 0 & \cdots & \sqrt{\lambda_r}\end{bmatrix}$$

とおくと

$$\boldsymbol{A}=\boldsymbol{P}_1\boldsymbol{D}_1^{1/2}\boldsymbol{D}_1^{1/2}\boldsymbol{P}_1'=\boldsymbol{B}\boldsymbol{B}'$$

と表すことができる．ここで

$$\boldsymbol{B}=\boldsymbol{P}_1\boldsymbol{D}_1^{1/2}$$

は $n\times r$ 行列で，$\mathrm{rank}(\boldsymbol{B})=r$ である．なぜなら $\mathrm{rank}(\boldsymbol{P}_1)=r$, $\boldsymbol{D}_1^{1/2}$ は非特異であるから，$\mathrm{rank}(\boldsymbol{B})=\mathrm{rank}(\boldsymbol{P}_1\boldsymbol{D}_1^{1/2})=\mathrm{rank}(\boldsymbol{P}_1)=r$ となるからである．

(ii)

$\underset{n\times r}{\boldsymbol{B}}=(\boldsymbol{b}_1\ \ \boldsymbol{b}_2\ \cdots\ \boldsymbol{b}_r)$ とし，この $\boldsymbol{b}_j$ を用いて，非特異行列 $\boldsymbol{C}$ を

$$\underset{n\times n}{\boldsymbol{C}}=(\boldsymbol{b}_1\ \ \boldsymbol{b}_2\ \cdots\ \boldsymbol{b}_r\ \ \boldsymbol{c}_{r+1}\ \cdots\ \boldsymbol{c}_n)=\left(\underset{n\times r}{\boldsymbol{B}}\quad \underset{n\times(n-r)}{\boldsymbol{C}_2}\right)$$

とおくと

$$\boldsymbol{C}\begin{bmatrix}\boldsymbol{I}_r & \boldsymbol{0}\\ \boldsymbol{0} & \boldsymbol{0}\end{bmatrix}\boldsymbol{C}'=(\boldsymbol{B}\ \ \boldsymbol{C}_2)\begin{bmatrix}\boldsymbol{I}_r & \boldsymbol{0}\\ \boldsymbol{0} & \boldsymbol{0}\end{bmatrix}\begin{bmatrix}\boldsymbol{B}'\\ \boldsymbol{C}_2'\end{bmatrix}=\boldsymbol{B}\boldsymbol{B}'=\boldsymbol{A}$$

となる．

(1)の系

$$\mathrm{rank}(\boldsymbol{\Lambda}) = \boldsymbol{\Lambda}\text{ の非ゼロ対角要素の数} = \boldsymbol{A}\text{ の非ゼロ固有値の数}$$

$$\mathrm{rank}(\boldsymbol{\Lambda}) = \mathrm{rank}(\boldsymbol{P}'\boldsymbol{A}\boldsymbol{P}) = \mathrm{rank}(\boldsymbol{A})$$

したがって

$$\mathrm{rank}(\boldsymbol{A}) = \boldsymbol{A}\text{ の非ゼロ固有値の数}$$

という結果が得られる.

(3)

$$\left.\begin{array}{l} \underset{n\times n}{\boldsymbol{A}} = \boldsymbol{A}' \\ \boldsymbol{A} = \boldsymbol{A}^2 \\ \mathrm{rank}(\boldsymbol{A}) = r \leq n \end{array}\right\} \Rightarrow \boldsymbol{P}'\boldsymbol{A}\boldsymbol{P} = \begin{bmatrix} \boldsymbol{I}_r & \boldsymbol{0} \\ \boldsymbol{0} & \boldsymbol{0} \end{bmatrix}\text{ となる直交行列 }\boldsymbol{P}\text{ が存在する}$$

ベキ等行列 $\boldsymbol{A}$ の固有値は 0 か 1 であり，対角行列 $\boldsymbol{P}'\boldsymbol{A}\boldsymbol{P}$ の rank は非ゼロ対角要素の数に等しいから，上の結果が得られる．あるいは (1) の系よりこの (3) は直ちに得られる．

(2)の系

(2)の $n\times n$ 行列 $\boldsymbol{A}$ は正値定符号のとき，$\mathrm{rank}(\boldsymbol{A}) = n$ であるから

$$\boldsymbol{A} = \boldsymbol{C}\boldsymbol{I}_n\boldsymbol{C}' = \boldsymbol{C}\boldsymbol{C}'$$

となる $n\times n$ の非特異行列 $\boldsymbol{C}$ が存在する．$\boldsymbol{C}^{-1} = \boldsymbol{P}$ とおくと，$\boldsymbol{A}$ が正値定符号の $n\times n$ 行列のとき

$$\boldsymbol{P}\boldsymbol{A}\boldsymbol{P}' = \boldsymbol{I}$$

となる非特異行列 $\boldsymbol{P}$ が存在する，と言うこともできる．

(3)の系

$$\left.\begin{array}{l} \underset{n\times n}{\boldsymbol{A}} = \boldsymbol{A}' \\ \boldsymbol{A} = \boldsymbol{A}^2 \end{array}\right\} \Rightarrow \mathrm{rank}(\boldsymbol{A}) = \mathrm{tr}(\boldsymbol{A})$$

いま $\mathrm{rank}(\boldsymbol{A}) = r$ とし

$$\boldsymbol{P}'\boldsymbol{A}\boldsymbol{P} = \begin{bmatrix} \boldsymbol{I}_r & \boldsymbol{0} \\ \boldsymbol{0} & \boldsymbol{0} \end{bmatrix}$$

となる直交行列を $\boldsymbol{P}$ とする．このとき

$$\begin{aligned} \mathrm{tr}(\boldsymbol{A}) &= \mathrm{tr}(\boldsymbol{A}\boldsymbol{P}\boldsymbol{P}') = \mathrm{tr}(\boldsymbol{P}'\boldsymbol{A}\boldsymbol{P}) \\ &= \mathrm{tr}\begin{bmatrix} \boldsymbol{I}_r & \boldsymbol{0} \\ \boldsymbol{0} & \boldsymbol{0} \end{bmatrix} = r = \mathrm{rank}(\boldsymbol{A}) \end{aligned}$$

が得られる．すなわち，ベキ等行列の階数は trace に等しい．

G 正規確率変数の2次形式の分布

(1) $n\times 1$ のベクトル $\boldsymbol{z}$ が

$$\boldsymbol{z}\sim N(\boldsymbol{0}, \boldsymbol{I})$$

のとき

$$\boldsymbol{z}'\boldsymbol{z}\sim \chi^2(n) \tag{G.1}$$

である.

(2) 少し仮定をゆるめて

$$\boldsymbol{z}\sim N(\boldsymbol{0}, \sigma^2\boldsymbol{I})$$

のとき

$$\frac{\boldsymbol{z}}{\sigma}\sim N(\boldsymbol{0}, \boldsymbol{I})$$

であるから

$$\left(\frac{\boldsymbol{z}}{\sigma}\right)'\left(\frac{\boldsymbol{z}}{\sigma}\right)=\frac{\boldsymbol{z}'\boldsymbol{z}}{\sigma^2}\sim \chi^2(n)$$

書き直せば

$$\boldsymbol{z}'(\sigma^2\boldsymbol{I})^{-1}\boldsymbol{z}\sim \chi^2(n) \tag{G.2}$$

が成立する.

(3) さらに仮定をゆるめ

$$\boldsymbol{z}\sim N(\boldsymbol{0}, \boldsymbol{\Sigma})$$

としよう. $\boldsymbol{\Sigma}$ は $n\times n$ の正値定符号行列とする. このとき, 数学付録F対称行列の変換3 (2)の系を用いれば, $\boldsymbol{\Sigma}=\boldsymbol{\Sigma}'$, $\mathrm{rank}(\boldsymbol{\Sigma})=n$ であるから

$$\boldsymbol{C}'\boldsymbol{\Sigma}\boldsymbol{C}=\boldsymbol{I}$$

となる非特異行列 $\boldsymbol{C}$ が存在する.

この $\boldsymbol{C}$ を用いて

$$\boldsymbol{x}=\boldsymbol{C}'\boldsymbol{z}$$

と変換すると

$$\begin{aligned}
&E(\boldsymbol{x})=\boldsymbol{0}\\
&\mathrm{var}(\boldsymbol{x})=E(\boldsymbol{x}\boldsymbol{x}')=E(\boldsymbol{C}'\boldsymbol{z}\boldsymbol{z}'\boldsymbol{C})=\boldsymbol{C}'E(\boldsymbol{z}\boldsymbol{z}')\boldsymbol{C}\\
&\qquad\quad=\boldsymbol{C}'\boldsymbol{\Sigma}\boldsymbol{C}=\boldsymbol{I}
\end{aligned}$$

したがって

$$\boldsymbol{x}\sim N(\boldsymbol{0}, \boldsymbol{I})$$

となるから

$$\boldsymbol{x}'\boldsymbol{x}\sim \chi^2(n)$$

である.

ところで

$$\boldsymbol{C}'\boldsymbol{\Sigma}\boldsymbol{C}=\boldsymbol{I}$$

より

$$\boldsymbol{\Sigma}=\boldsymbol{C}'^{-1}\boldsymbol{C}^{-1}=(\boldsymbol{C}\boldsymbol{C}')^{-1}$$
$$\boldsymbol{\Sigma}^{-1}=\boldsymbol{C}\boldsymbol{C}'$$

となるから

$$\boldsymbol{x}'\boldsymbol{x}=(\boldsymbol{C}'\boldsymbol{z})'(\boldsymbol{C}'\boldsymbol{z})=\boldsymbol{z}'\boldsymbol{C}\boldsymbol{C}'\boldsymbol{z}=\boldsymbol{z}'\boldsymbol{\Sigma}^{-1}\boldsymbol{z}\sim\chi^2(n)$$

すなわち

$$\boldsymbol{z}'\boldsymbol{\Sigma}^{-1}\boldsymbol{z}\sim\chi^2(n) \tag{G.3}$$

が得られる．

一般的なこの（G.3）式からみれば，（1）は $\boldsymbol{\Sigma}=\boldsymbol{I}$ の場合であり，（2）は $\boldsymbol{\Sigma}=\sigma^2\boldsymbol{I}$ の場合である．

（4）

$$\boldsymbol{z}\sim N(\boldsymbol{0},\boldsymbol{I})$$

のとき

$$\left.\begin{array}{l}\underset{n\times n}{\boldsymbol{A}}=\boldsymbol{A}'=\boldsymbol{A}^2\\ \mathrm{rank}(\boldsymbol{A})=r\leq n\end{array}\right\}\Leftrightarrow\boldsymbol{z}'\boldsymbol{A}\boldsymbol{z}\sim\chi^2(r) \tag{G.4}$$

$\boldsymbol{A}$ は対称，ベキ等行列で rank $(\boldsymbol{A})=r$ であるから，数学付録F 対称行列の変換3の（3）より

$$\boldsymbol{P}'\boldsymbol{A}\boldsymbol{P}=\begin{bmatrix}\boldsymbol{I}_r & \boldsymbol{0}\\ \boldsymbol{0} & \boldsymbol{0}\end{bmatrix}$$

となる直交行列 $\boldsymbol{P}$ が存在する．この $\boldsymbol{P}$ を用いて

$$\boldsymbol{x}=\boldsymbol{P}'\boldsymbol{z}$$

と変換すれば，$\boldsymbol{z}=\boldsymbol{P}\boldsymbol{x}$ であり

$$\begin{aligned}E(\boldsymbol{x})&=\boldsymbol{0}\\ \mathrm{var}(\boldsymbol{x})&=E(\boldsymbol{x}\boldsymbol{x}')=E(\boldsymbol{P}'\boldsymbol{z}\boldsymbol{z}'\boldsymbol{P})=\boldsymbol{P}'E(\boldsymbol{z}\boldsymbol{z}')\boldsymbol{P}\\ &=\boldsymbol{P}'\boldsymbol{P}=\boldsymbol{I}\end{aligned}$$

であるから

$$\boldsymbol{x}\sim N(\boldsymbol{0},\boldsymbol{I})$$

である．このとき

$$\boldsymbol{z}'\boldsymbol{A}\boldsymbol{z}=\boldsymbol{x}'\boldsymbol{P}'\boldsymbol{A}\boldsymbol{P}\boldsymbol{x}=\boldsymbol{x}'\begin{bmatrix}\boldsymbol{I}_r & \boldsymbol{0}\\ \boldsymbol{0} & \boldsymbol{0}\end{bmatrix}\boldsymbol{x}=\sum_{i=1}^{r}x_i^2$$

となる．ところが

$$x_i\sim\mathrm{NID}(0,1)$$

であるから，$\sum_{i=1}^{r} x_i^2 \sim \chi^2(r)$ であり，したがって

$$\boldsymbol{z}'\boldsymbol{A}\boldsymbol{z} \sim \chi^2(r)$$

が得られる．

また逆に $\boldsymbol{A}=\boldsymbol{A}'$ で，$\boldsymbol{A}$ の固有値を $\lambda_1, \cdots, \lambda_n$ とするとき

$$\boldsymbol{z}'\boldsymbol{A}\boldsymbol{z} = \sum_{i=1}^{r} \lambda_i x_i^2 = \sum_{i=1}^{r} x_i^2 \sim \chi^2(r)$$

となるのは，$\lambda_1=\lambda_2=\cdots=\lambda_r=1,\ \lambda_{r+1}, \cdots, \lambda_n=0$ のときに限られ，これは $\boldsymbol{A}=\boldsymbol{A}^2$, $\mathrm{rank}(\boldsymbol{A})=r$ を意味している．

(5)

$$\boldsymbol{z} \sim N(\boldsymbol{0}, \boldsymbol{\Sigma})$$

で，$\boldsymbol{\Sigma}$ は正値定符号とする．そして $n \times n$ 行列である $\boldsymbol{A}=\boldsymbol{A}'$，$\mathrm{rank}(\boldsymbol{A})=r \leq n$ とする．このとき

$$\boldsymbol{z}'\boldsymbol{A}\boldsymbol{z} \sim \chi^2(r) \Leftrightarrow \boldsymbol{A\Sigma A}=\boldsymbol{A} \tag{G.5}$$

$\boldsymbol{\Sigma}$ は正値定符号であるから

$$\boldsymbol{P}'\boldsymbol{\Sigma}\boldsymbol{P}=\boldsymbol{I}$$

となる非特異行列 $\boldsymbol{P}$ が存在する．上式より

$$\boldsymbol{\Sigma}=\boldsymbol{P}'^{-1}\boldsymbol{P}^{-1}=(\boldsymbol{P}\boldsymbol{P}')^{-1}, \quad \boldsymbol{\Sigma}^{-1}=\boldsymbol{P}\boldsymbol{P}'$$

が得られる．

$$\boldsymbol{x}=\boldsymbol{P}'\boldsymbol{z} \text{ とおくと } \boldsymbol{z}=\boldsymbol{P}'^{-1}\boldsymbol{x}$$

である．そして

$$\begin{aligned} &E(\boldsymbol{x})=\boldsymbol{0} \\ &\mathrm{var}(\boldsymbol{x})=E(\boldsymbol{x}\boldsymbol{x}')=E(\boldsymbol{P}'\boldsymbol{z}\boldsymbol{z}'\boldsymbol{P})=\boldsymbol{P}'E(\boldsymbol{z}\boldsymbol{z}')\boldsymbol{P} \\ &\qquad\quad =\boldsymbol{P}'\boldsymbol{\Sigma}\boldsymbol{P}=\boldsymbol{I} \end{aligned}$$

すなわち

$$\boldsymbol{x} \sim N(\boldsymbol{0}, \boldsymbol{I})$$

となる．したがって

$$\boldsymbol{z}'\boldsymbol{A}\boldsymbol{z}=\boldsymbol{x}'\boldsymbol{P}^{-1}\boldsymbol{A}\boldsymbol{P}'^{-1}\boldsymbol{x}$$

は，(4) より，$\boldsymbol{P}^{-1}\boldsymbol{A}\boldsymbol{P}'^{-1}$ がベキ等で，ランクが r のとき，そのときに限り $\chi^2(r)$ 分布をする．$\boldsymbol{P}^{-1}\boldsymbol{A}\boldsymbol{P}'^{-1}$ がベキ等のとき

$$\begin{aligned} \boldsymbol{P}^{-1}\boldsymbol{A}\boldsymbol{P}'^{-1}\cdot\boldsymbol{P}^{-1}\boldsymbol{A}\boldsymbol{P}'^{-1} &= \boldsymbol{P}^{-1}\boldsymbol{A}(\boldsymbol{P}\boldsymbol{P}')^{-1}\boldsymbol{A}\boldsymbol{P}'^{-1} \\ &= \boldsymbol{P}^{-1}\boldsymbol{A\Sigma A}\boldsymbol{P}'^{-1}=\boldsymbol{P}^{-1}\boldsymbol{A}\boldsymbol{P}'^{-1} \end{aligned}$$

が成立する．上式最後の等号で左から $\boldsymbol{P}$，右から $\boldsymbol{P}'$ を両辺にかけると

$$\boldsymbol{A\Sigma A}=\boldsymbol{A}$$

が得られる．

(6)

$$z \sim N(\mathbf{0}, \boldsymbol{Q})$$

において $\boldsymbol{Q}$ は特異であるとする．$\boldsymbol{A}=\boldsymbol{A}'$ のとき

$$\boldsymbol{z}'\boldsymbol{A}\boldsymbol{z} \sim \chi^2(r) \Leftrightarrow \boldsymbol{QAQAQ}=\boldsymbol{QAQ} \text{ および } \operatorname{rank}(\boldsymbol{QAQ})=r \tag{G.6}$$

証明は Pollock（1979），p. 319 をみよ．

（G. 6）式の系として

$$z \sim N(\mathbf{0}, \boldsymbol{Q}) \Rightarrow \boldsymbol{z}'\boldsymbol{Q}^{-}\boldsymbol{z} \sim \chi^2(q) \tag{G.7}$$

が得られる．$\boldsymbol{Q}^{-}$ は $\boldsymbol{Q}$ の一般逆行列，$q=\operatorname{rank}(\boldsymbol{Q})$ である．

H　正規確率変数の関数の独立

（1）　1 次関数と 2 次形式の独立

$$\boldsymbol{z} \sim N(\boldsymbol{\mu}, \sigma^2\boldsymbol{I})$$

とし，$\boldsymbol{B}$ は $q\times n$，$\boldsymbol{A}=\boldsymbol{A}'$ は $n\times n$ の行列とする．このとき

$$\boldsymbol{BA}=\mathbf{0} \Rightarrow \boldsymbol{Bz} \text{ と } \boldsymbol{z}'\boldsymbol{Az} \text{ は独立} \tag{H.1}$$

この結果は次のようにして示すことができる．$\boldsymbol{A}=\boldsymbol{A}'$ であるから

$$\boldsymbol{P}'\boldsymbol{AP}=\boldsymbol{D} \text{（対角行列）}$$

となる直交行列 $\boldsymbol{P}$ が存在する（数学付録 F(1)）．

$$\boldsymbol{y}=\boldsymbol{P}'\boldsymbol{z}$$

とおくと

$$\boldsymbol{y} \sim N(\boldsymbol{P}'\boldsymbol{\mu}, \sigma^2\boldsymbol{I})$$

である．

$$\boldsymbol{C}=\boldsymbol{BP}$$

$$\boldsymbol{D}=\begin{bmatrix} \boldsymbol{D}_1 & \mathbf{0} \\ \mathbf{0} & \mathbf{0} \end{bmatrix}$$

とおく，$\boldsymbol{D}_1$ は非ゼロの要素からなる対角行列である．$\boldsymbol{BA}=\mathbf{0}$ であるから $\boldsymbol{BAP}=\mathbf{0}$ である．ところが

$$\boldsymbol{BAP}=\boldsymbol{BPP}'\boldsymbol{AP}=\boldsymbol{CD}=\begin{bmatrix} \boldsymbol{C}_{11} & \boldsymbol{C}_{12} \\ \boldsymbol{C}_{21} & \boldsymbol{C}_{22} \end{bmatrix}\begin{bmatrix} \boldsymbol{D}_1 & \mathbf{0} \\ \mathbf{0} & \mathbf{0} \end{bmatrix}=\begin{bmatrix} \mathbf{0} & \mathbf{0} \\ \mathbf{0} & \mathbf{0} \end{bmatrix}$$

であるから

$$\boldsymbol{C}_{11}\boldsymbol{D}_1=\mathbf{0}, \quad \text{したがって } \boldsymbol{C}_{11}=\mathbf{0}$$

$$\boldsymbol{C}_{21}\boldsymbol{D}_1=\mathbf{0}, \quad \text{したがって } \boldsymbol{C}_{21}=\mathbf{0}$$

結局

$$\boldsymbol{C}=(\mathbf{0}\ \ \boldsymbol{C}_2) \quad \boldsymbol{C}_2=\begin{bmatrix} \boldsymbol{C}_{12} \\ \boldsymbol{C}_{22} \end{bmatrix}$$

と表すことができる．このとき

$$\boldsymbol{Bz} = \boldsymbol{BPP'z} = \boldsymbol{Cy} = (\boldsymbol{0}\ \ \boldsymbol{C}_2)\begin{bmatrix} \boldsymbol{y}_1 \\ \boldsymbol{y}_2 \end{bmatrix} = \boldsymbol{C}_2\boldsymbol{y}_2$$

$$\begin{aligned}\boldsymbol{z'Az} &= \boldsymbol{z'PP'APP'z} = \boldsymbol{y'Dy} = (\boldsymbol{y}_1'\ \ \boldsymbol{y}_2')\begin{bmatrix} \boldsymbol{D}_1 & \boldsymbol{0} \\ \boldsymbol{0} & \boldsymbol{0} \end{bmatrix}\begin{bmatrix} \boldsymbol{y}_1 \\ \boldsymbol{y}_2 \end{bmatrix} \\ &= \boldsymbol{y}_1'\boldsymbol{D}_1\boldsymbol{y}_1\end{aligned}$$

となる．$\boldsymbol{Bz}$ は $\boldsymbol{y}_2$ のみの，$\boldsymbol{z'Az}$ は $\boldsymbol{y}_1$ のみの関数であり，$\boldsymbol{y}_1$ と $\boldsymbol{y}_2$ は独立であるから，結局，$\boldsymbol{Bz}$ と $\boldsymbol{z'Az}$ は独立である．この定理で $\boldsymbol{A}$ が非特異であれば，$\boldsymbol{BA}=\boldsymbol{0}$ の条件より $\boldsymbol{B}=\boldsymbol{0}$ となり，これは無意味なケースとなるから $\boldsymbol{A}$ は特異行列である．

(2)　2つの2次形式の独立

$$\boldsymbol{z} \sim N(\boldsymbol{0}, \boldsymbol{I})$$

とし，$n \times n$ の2つの正値半定符号行列を $\boldsymbol{A}, \boldsymbol{B}$ とする．$\boldsymbol{A}=\boldsymbol{A}'$, $\boldsymbol{B}=\boldsymbol{B}'$ である．このとき

$$\boldsymbol{AB} = \boldsymbol{0} \Leftrightarrow \boldsymbol{z'Az} \text{ と } \boldsymbol{z'Bz} \text{ は独立} \tag{H.2}$$

この結果も次のようにして証明することができる．まず $\boldsymbol{AB}=\boldsymbol{0}$ が十分条件であることを示そう．

まず，$(\boldsymbol{AB})' = \boldsymbol{B'A'} = \boldsymbol{BA}$ であり，$\boldsymbol{AB}=\boldsymbol{0}$ であるから，$\boldsymbol{BA}=\boldsymbol{0}$ である．$\boldsymbol{A}, \boldsymbol{B}$ はともに対称行列であるから，$\boldsymbol{A}+\boldsymbol{B}$ も対称行列である．したがって $\boldsymbol{A}+\boldsymbol{B}$ を対角行列 $\boldsymbol{D}$ へ変換する，すなわち

$$\boldsymbol{P}'(\boldsymbol{A}+\boldsymbol{B})\boldsymbol{P} = \boldsymbol{D}$$

となる直交行列 $\boldsymbol{P}$ が存在する．$\boldsymbol{D}$ は対角行列であるから

$$\boldsymbol{P'AP} = \boldsymbol{D}_1, \quad \boldsymbol{P'BP} = \boldsymbol{D}_2, \quad \boldsymbol{D} = \boldsymbol{D}_1 + \boldsymbol{D}_2$$

と，2つの対角行列の和に分割することができる．さらに，$\boldsymbol{AB}=\boldsymbol{0}$ であるから

$$\boldsymbol{D}_1\boldsymbol{D}_2 = \boldsymbol{P'AP}\cdot\boldsymbol{P'BP} = \boldsymbol{P'ABP} = \boldsymbol{0}$$

となる．したがって $\boldsymbol{D}_1$ の非ゼロの要素から作られる対角行列を $\boldsymbol{D}_{11}(n_1 \times n_1)$，$\boldsymbol{D}_2$ の非ゼロの要素から作られる対角行列を $\boldsymbol{D}_{22}(n_2 \times n_2)$ とすると，

$$\boldsymbol{D}_1 = \begin{bmatrix} \boldsymbol{D}_{11} & \boldsymbol{0} & \boldsymbol{0} \\ \boldsymbol{0} & \boldsymbol{0} & \boldsymbol{0} \\ \boldsymbol{0} & \boldsymbol{0} & \boldsymbol{0} \end{bmatrix}, \quad \boldsymbol{D}_2 = \begin{bmatrix} \boldsymbol{0} & \boldsymbol{0} & \boldsymbol{0} \\ \boldsymbol{0} & \boldsymbol{D}_{22} & \boldsymbol{0} \\ \boldsymbol{0} & \boldsymbol{0} & \boldsymbol{0} \end{bmatrix}$$

と並べかえることができる（$n_1 + n_2 \leq n$）．

いま

$$\boldsymbol{y} = \boldsymbol{P'z} = \begin{bmatrix} \boldsymbol{y}_1 \\ \boldsymbol{y}_2 \\ \boldsymbol{y}_3 \end{bmatrix} \begin{matrix} n_1 \times 1 \\ n_2 \times 1 \\ (n - n_1 - n_2) \times 1 \end{matrix}$$

とすると

$$\boldsymbol{z}'\boldsymbol{A}\boldsymbol{z} = \boldsymbol{y}'\boldsymbol{P}'\boldsymbol{A}\boldsymbol{P}\boldsymbol{y} = \boldsymbol{y}'\boldsymbol{D}_1\boldsymbol{y}$$
$$= (\boldsymbol{y}_1' \ \boldsymbol{y}_2' \ \boldsymbol{y}_3')\begin{bmatrix} \boldsymbol{D}_{11} & 0 & 0 \\ 0 & 0 & 0 \\ 0 & 0 & 0 \end{bmatrix}\begin{bmatrix} \boldsymbol{y}_1 \\ \boldsymbol{y}_2 \\ \boldsymbol{y}_3 \end{bmatrix} = \boldsymbol{y}_1'\boldsymbol{D}_{11}\boldsymbol{y}_1$$

同様にして

$$\boldsymbol{z}'\boldsymbol{B}\boldsymbol{z} = \boldsymbol{y}_2\boldsymbol{D}_{22}\boldsymbol{y}_2$$

ところが $\boldsymbol{y} \sim N(\boldsymbol{0}, \boldsymbol{I})$ であるから，$\boldsymbol{y}_1$ と $\boldsymbol{y}_2$ は独立である．したがって $\boldsymbol{y}_1$ のみの関数である $\boldsymbol{z}'\boldsymbol{A}\boldsymbol{z}$ と，$\boldsymbol{y}_2$ のみの関数である $\boldsymbol{z}'\boldsymbol{B}\boldsymbol{z}$ は独立である．

逆に，$\boldsymbol{z}'\boldsymbol{A}\boldsymbol{z}$ と $\boldsymbol{z}'\boldsymbol{B}\boldsymbol{z}$ が独立とする．$x = \boldsymbol{z}'\boldsymbol{A}\boldsymbol{z}$，$y = \boldsymbol{z}'\boldsymbol{B}\boldsymbol{z}$ とおくと

$$E(xy) = E(x)E(y)$$

である．

(H. 3) 式の下，この注の最後に示したが

$$E(xy) = 2\mathrm{tr}(\boldsymbol{A}\boldsymbol{B}) + \left[\mathrm{tr}(\boldsymbol{A})\mathrm{tr}(\boldsymbol{B})\right]$$

が得られる．他方

$$E(x) = \mathrm{tr}(\boldsymbol{A}), \quad E(y) = \mathrm{tr}(\boldsymbol{B})$$

となるから，x, y が独立ならば

$$2\mathrm{tr}(\boldsymbol{A}\boldsymbol{B}) + \left[\mathrm{tr}(\boldsymbol{A})\mathrm{tr}(\boldsymbol{B})\right] = \left[\mathrm{tr}(\boldsymbol{A})\mathrm{tr}(\boldsymbol{B})\right]$$

が成り立つ．したがって

$$\mathrm{tr}(\boldsymbol{A}\boldsymbol{B}) = 0$$

ところが，$\boldsymbol{A}$ および $\boldsymbol{B}$ は正値半定符号であるから，これは $\boldsymbol{A}\boldsymbol{B} = \boldsymbol{0}$ を意味する（Graybill (1969)，Theorem 9. 1. 28)．

この定理で，とくに，$\boldsymbol{A} = \boldsymbol{A}' = \boldsymbol{A}^2$，$\mathrm{rank}(\boldsymbol{A}) = n_1$，$\boldsymbol{B} = \boldsymbol{B}' = \boldsymbol{B}^2$，$\mathrm{rank}(\boldsymbol{B}) = n_2$ のとき

$$\boldsymbol{A}\boldsymbol{B} = \boldsymbol{0} \Leftrightarrow \boldsymbol{z}'\boldsymbol{A}\boldsymbol{z} \sim \chi^2(n_1) \text{ と } \boldsymbol{z}'\boldsymbol{B}\boldsymbol{z} \sim \chi^2(n_2) \text{ は独立} \qquad \text{(H. 3)}$$

が成り立つ．

$$E(xy) = E(\boldsymbol{z}'\boldsymbol{A}\boldsymbol{z})(\boldsymbol{z}'\boldsymbol{B}\boldsymbol{z})$$
$$= E\Big(\sum_i\sum_j\sum_k\sum_l a_{ij}b_{kl}z_iz_jz_kz_l\Big)$$
$$= \sum_i\sum_j\sum_k\sum_l a_{ij}b_{kl}E(z_iz_jz_kz_l)$$

そして $z \sim N(0, 1)$ であるから

$$E(z_iz_jz_kz_l) = \begin{cases} E(z_i^4) = 3 & (i = j = k = l) \\ E(z_i^2z_j^2) = E(z_i^2)E(z_j^2) = 1 & \begin{pmatrix} i = k, \ j = l \\ i = l, \ j = k \end{pmatrix} \\ E(z_i^2z_k^2) = 1 & (i = j, \ k = l) \\ 0 & \text{その他} \end{cases}$$

となる.

したがって

$$
\begin{aligned}
&E(\boldsymbol{z}'\boldsymbol{A}\boldsymbol{z})(\boldsymbol{z}'\boldsymbol{B}\boldsymbol{z})\\
&=3\sum_i a_{ii}b_{ii}+\sum\sum_{i\neq j}a_{ij}b_{ij}+\sum\sum_{i\neq k}a_{ik}b_{ik}+\sum\sum_{i\neq k}a_{ii}b_{kk}\\
&=3\sum_i a_{ii}b_{ii}+2\sum_i\sum_j a_{ij}b_{ij}+\sum_i a_{ii}\sum_k b_{kk}-3\sum_i a_{ii}b_{ii}\\
&=2\mathrm{tr}(\boldsymbol{AB})+\left[\mathrm{tr}(\boldsymbol{A})\,\mathrm{tr}(\boldsymbol{B})\right]
\end{aligned}
$$

I カーネル密度関数

カーネル関数 kernel function とは，規準化相対度数柱状図を滑らかな曲線で近似した関数と考えることができる．規準化相対度数柱状図の背後に母集団の確率モデル $f(x)$ がある．

観測値 $x_1, x_2, \cdots, x_n$ があるとき，もちろん $f(x)$ の具体的な形状などわからないが，$f(x)$ は理論的には

$$f(x)=\lim_{h\to 0}\frac{P(x-h<X<x+h)}{2h}$$

と表すことができる．$f(x)$ は h が限りなく小さくなるとき，X が $x-h$ と $x+h$ の間に入る確率である．

この $f(x)$ は次式で推定することができる（$\#\{\ \}$ は集合の要素の個数を表す）．

$$\widehat{f(x)}=\frac{\#\{x_i\in(x-h,\ x+h)\}}{2nh}$$

この式の分子は，区間 $(x-h,\ x+h)$ に含まれる観測値 x_i の数を表す．規準化相対度数柱状図の柱の高さ $\dfrac{f_j}{nc_j}$ に $\widehat{f(x)}$ は対応している．ここで n は観測データの総数，f_j は区間 j に入る観測値の数（度数），c_j は区間 j の区間幅である．

この式を次のように表す．

$$\widehat{f(x)}=\frac{1}{nh}\sum_{i=1}^{n}K\left(\frac{x_i-x}{h}\right)=\frac{1}{nh}\sum_{i=1}^{n}K(u_i)$$

ここで

$$u_i=\frac{x_i-x}{h}$$

$$K(u)=\begin{cases}\dfrac{1}{2}, & -1\leq u\leq 1\ \text{のとき}\\ 0, & \text{その他}\end{cases}$$

である．この $K(u)$ は一様カーネル関数であり，$K(u)$ を用いて示されている上式の

$\widehat{f(x)}$ は，カーネル関数 K によるカーネル密度推定量 kernel density estimator といわれる．h はバンド幅 band width あるいは平滑化パラメータ smoothing parameter あるいはウインドー幅 window width とよばれている．

この一様カーネル関数は，観測値 x_i の，確率密度関数 pdf を推定しようとしている点 x からの距離が h より大きくなければ，観測値 x_i に 1/2 のウエイトを与える，ということを意味している．

一様カーネル関数より，むしろ次のカーネル関数の方が実証分析ではよく使われている．

ガウス（正規）カーネル関数 Gaussian (normal) kernel function

$$K(u)=\frac{1}{\sqrt{2\pi}}\exp\left(-\frac{1}{2}u^2\right),\quad -\infty<u<\infty$$

イパネクニコフカーネル関数 Epanechnikov kernel function

$$K(u)=\begin{cases}\dfrac{3}{4}(1-u^2), & -1\leq u\leq 1\\ 0, & \text{その他}\end{cases}$$

図 I. 1(a) から (c) に，一様，ガウス，イパネクニコフのカーネル関数のグラフを示した．

平滑化の程度は，平滑化パラメータ h によって決まる．h が大きくなるほど平滑化は大きくなる．Simonoff (1998) は，ガウスカーネル関数を用いるとき，バンド幅に

$$h_G=1.059\sigma n^{-0.2}$$

を与え，イパネクニコフカーネル関数のとき

$$h=2.214h_G$$

を与えるとよい，と述べている．

図 I. 2 は表 4.3 のカリフォルニア州 30 地域の年平均降雨量（$RAIN$）のガウスカーネル関数とイパネクニコフカーネル関数であり，両カーネル関数の間で相違はわずかである．本書で示しているカーネル密度関数はすべてガウスカーネル関数を用いている．

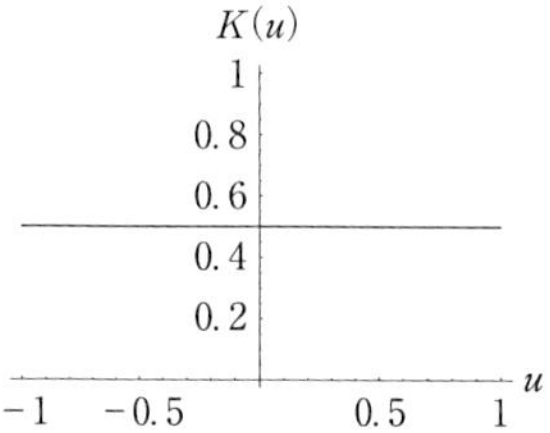

図 I. 1(a) 一様カーネル関数

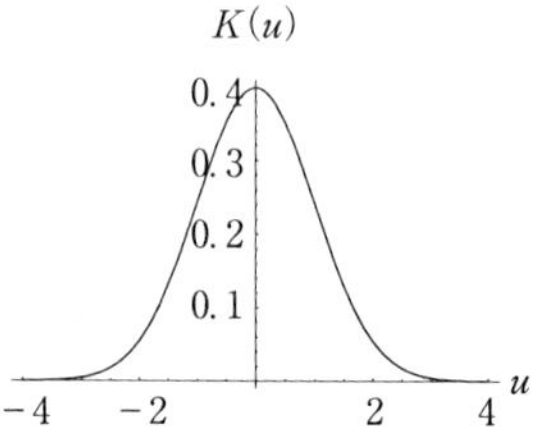

図 I. 1(b) ガウス（正規）カーネル関数

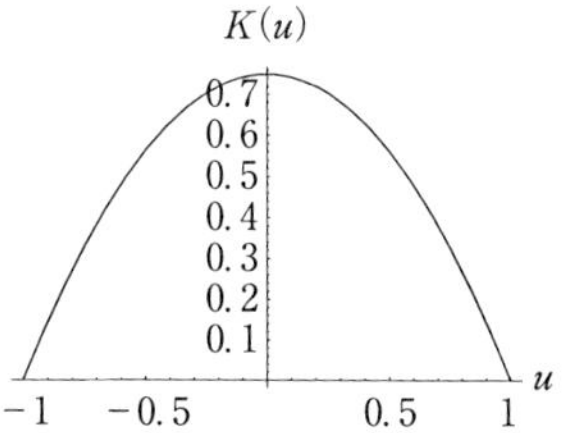

図 I. 1(c) イパネクニコフカーネル関数

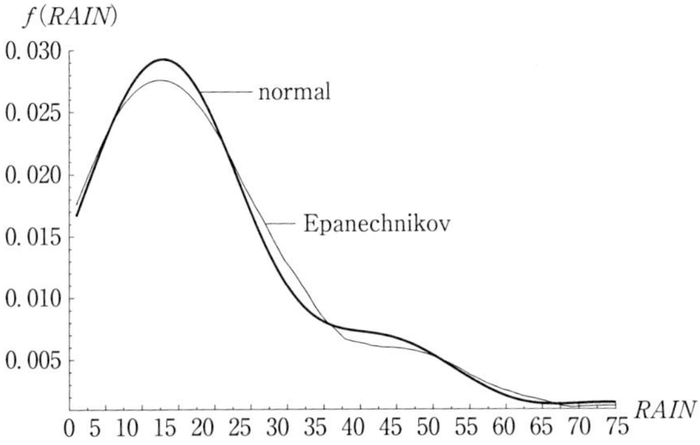

図 I.2　表 4.3 の *RAIN* のカーネル密度関数

参考文献

The Annual Report of the Council of Economic Advisers (2013). *Economic Report of the President.* (『米国経済白書』2013, 毎日新聞社, 2013.)

Beach, C. M. and MacKinnon, J. G. (1978). A maximum likelihood procedure for regression with autocorrelated errors, *Econometrica*, **46**, 51-58.

Belsley, D. A., Kuh, E. and Welsch, R. E. (1980). *Regression Diagnostics*, John Wiley & Sons.

Box, G. E. and Cox, D. R. (1964). An analysis of transformations, *Journal of the Royal Statistical Society B*, **26**, 211-252.

Breusch,T. S. and Pagan, A. R. (1979). A simple test of heteroskedasticity and random coefficient variation, *Econometrica*, **47**, 1287-1294.

Brown, T. M. (1952). Habit persistence and lags in consumer behaviour, *Econometrica*, **20**, 355-371.

Carroll, R. J. and Ruppert, D. (1988). *Transformation and Weighting in Regression*, Chapman and Hall.

Daniel, W. W. (2010). *Biostatistics—Basic Concepts and Methodology for the Health Sciences*, 9th ed., John Wiley & Sons.

Davidson, R., Godfrey, L. G. and MacKinnon, J. G. (1985). A simplified version of the differencing test, *International Economic Review*, **26**, 639-647.

Dhrymes, P. J. (2000). *Mathematics for Econometrics*, Springer.

Fomby, T. B., Hill, R. C. and Johnson, S. R. (1984). *Advanced Econometric Methods*, Springer-Verlag.

Godfrey, L. G. (1978). Testing for multiplicative heteroskedasticity, *Journal of Econometrics*, **16**, 227-236.

Granger, C. W. and Newbold, P. (1974). Spurious regression of econometrics, *Journal of Econometrics*, **14**, 114-120.

Graybill, F. A. (1969). *Introduction to Matrices with Applications in Statistics*, Wadsworth Publishing Company.

Hausman, J. A. (1978). Specification tests in econometrics, *Econometrica*, **46**, 1251-1271.

Hocking, R. R. (2013). *Methods and Applications of Linear Models*, Wiley.

Koenker, R. (1981). A note on studentizing a test for heteroskedasticity, *Journal of Econometrics*, **17**, 510-514.

Koenker, R. and Bassett, G. (1982). Robust test for heteroskedasticity based on regression quantiles, *Economerica*, **50**, 43-61.

国友直人(2007).「季節調整法」, 蓑谷・縄田・和合編『計量経済学ハンドブック』, 朝倉書店に所収.
Mendenhall, W. and Sincich, T. (2003). *Regression Analysis—A Second Course in Statistics—*, 6th ed., Pearson Education.
蓑谷千凰彦 (1992).『計量経済学の新しい展開』, 多賀出版.
蓑谷千凰彦 (1996).『計量経済学の理論と応用』, 日本評論社.
蓑谷千凰彦 (2003).『計量経済学』, 第2版, 多賀出版.
蓑谷千凰彦 (2007).『計量経済学大全』, 東洋経済新報社.
蓑谷千凰彦 (2009).『数理統計ハンドブック』, みみずく舎.
蓑谷千凰彦 (2012).『正規分布ハンドブック』, 朝倉書店.
Montgomery, D. C., Peck, E. A. and Vining, G. G. (2012). *Introduction to Linear Regression Analysis*, 5th ed., John Wiley & Sons.
内閣府『国民経済計算確報』, 内閣府ホームページ.
日本生産性本部『活用労働統計』2014年版, 日本生産性本部生産性労働情報センター, 2014.
Phillips, P. C. B. (1986). Understanding spurious regression in econometrics, *Journal of Econometrics*, **33**, 311-340.
Plosser, C. I., Schwert G. W. and White, H. (1982). Differencing as a test of specification, *International Economic Review*, **23**, 535-552.
Pollock, D. S. J. (1979). *The Algebra of Econometrics*, John Wiley & Sons.
Ramsey, J. B. (1969). Tests for specification errors in classical linear least squares regression analysis, *Journal of the Royal Statistical Society B*, **2**, 350-371.
Ramsey, J. B. (1974). Classical model selection through specification error tests, *in* Zarembka, P. (ed.), *Frontiers in Econometrics*, Academic Press.
Ramsey, J. B. and Schmidt, P. (1976). Some further results on the use of OLS and BLUS residuals in specification error tests, *Journal of the American Statistical Association*, **71**, 389-390.
Rousseeuw, P. J. and Leroy, A. M. (2003). *Robust Regression and Outlier Detection*, John Wiley & Sons.
Ryan, T. P. (2009). *Modern Regression Methods*, 2nd ed., John Wiley & Sons.
Simonoff, J. S. (1998). *Smoothing Methods in Statistics*, Springer-Verlag. (竹澤邦夫・大森宏訳『平滑化とノンパラメトリック回帰への招待』, 農林統計協会, 1999.)
Theil, H. and Nagar, A. L. (1961). Testing the independence of regression disturbances, *Journal of the American Statistical Association*, **56**, 793-806.
White, H. (1980). A heteroskedasticity-consistent covariance matrix estimator and a direct test for heteroskedasticity, *Econometrica*, **48**, 817-838.
Yule, G. U. (1926). Why do we sometimes get nonsense correlations between time series?—A study in sampling and nature of time series, *Journal of the Royal Statistical Society*, **89**, 1-64.

付表 1　標準正規分布（上側確率）

$$P(Z>z_{\alpha})=\alpha, \qquad \alpha=\int_{z_{\alpha}}^{\infty}\frac{1}{\sqrt{2\pi}}e^{-\frac{x^2}{2}}dx$$

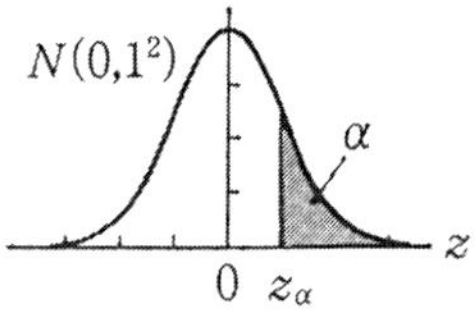

z_{α}	.00	.01	.02	.03	.04	.05	.06	.07	.08	.09
.0	.50000	.49601	.49202	.48803	.48405	.48006	.47608	.47210	.46812	.46414
.1	.46017	.45620	.45224	.44828	.44433	.44038	.43644	.43251	.42858	.42465
.2	.42074	.41683	.41294	.40905	.40517	.40129	.39743	.39358	.38974	.38591
.3	.38209	.37828	.37448	.37070	.36693	.36317	.35942	.35569	.35197	.34827
.4	.34458	.34090	.33724	.33360	.32997	.32636	.32276	.31918	.31561	.31207
.5	.30854	.30503	.30153	.29806	.29460	.29116	.28774	.28434	.28096	.27760
.6	.27425	.27093	.26763	.26435	.26109	.25785	.25463	.25143	.24825	.24510
.7	.24196	.23885	.23576	.23270	.22965	.22663	.22363	.22065	.21770	.21476
.8	.21186	.20897	.20611	.20327	.20045	.19766	.19489	.19215	.18943	.18673
.9	.18406	.18141	.17879	.17619	.17361	.17106	.16853	.16602	.16354	.16109
1.0	.15866	.15625	.15386	.15151	.14917	.14686	.14457	.14231	.14007	.13786
1.1	.13567	.13350	.13136	.12924	.12714	.12507	.12302	.12100	.11900	.11702
1.2	.11507	.11314	.11123	.10935	.10749	.10565	.10383	.10204	.10027	.098525
1.3	.096800	.095098	.093418	.091759	.090123	.088508	.086915	.085343	.083793	.082264
1.4	.080757	.079270	.077804	.076359	.074934	.073529	.072145	.070781	.069437	.068112
1.5	.066807	.065522	.064255	.063008	.061730	.060571	.059380	.058206	.057053	.055917
1.6	.054799	.053699	.052616	.051551	.050503	.049471	.048457	.047460	.046479	.045514
1.7	.044565	.043633	.042716	.041815	.040930	.040059	.039204	.038364	.037538	.036727
1.8	.035930	.035148	.034380	.033625	.032884	.032157	.031443	.030742	.030054	.029379
1.9	.028717	.028067	.027429	.026803	.026190	.025588	.024998	.024419	.023852	.023295
2.0	.022750	.022216	.021692	.021178	.020675	.020182	.019699	.019226	.018763	.018309
2.1	.017864	.017429	.017003	.016586	.016177	.015778	.015386	.015003	.014629	.014262
2.2	.013903	.013553	.013209	.012874	.012545	.012224	.011911	.011604	.011304	.011011
2.3	.010724	.010444	.010170	$.0^{2}99031$	$.0^{2}96419$	$.0^{2}93867$	$.0^{2}91375$	$.0^{2}88940$	$.0^{2}86563$	$.0^{2}84242$
2.4	$.0^{2}81975$	$.0^{2}79763$	$.0^{2}77603$	$.0^{2}75494$	$.0^{2}73436$	$.0^{2}71428$	$.0^{2}69469$	$.0^{2}67557$	$.0^{2}65691$	$.0^{2}63872$
2.5	$.0^{2}62097$	$.0^{2}60366$	$.0^{2}58677$	$.0^{2}57031$	$.0^{2}55426$	$.0^{2}53861$	$.0^{2}52336$	$.0^{2}50849$	$.0^{2}49400$	$.0^{2}47988$
2.6	$.0^{2}46612$	$.0^{2}45271$	$.0^{2}43965$	$.0^{2}42692$	$.0^{2}41453$	$.0^{2}40246$	$.0^{2}39070$	$.0^{2}37926$	$.0^{2}36811$	$.0^{2}35726$
2.7	$.0^{2}34670$	$.0^{2}33642$	$.0^{2}32641$	$.0^{2}31667$	$.0^{2}30720$	$.0^{2}29798$	$.0^{2}28901$	$.0^{2}28028$	$.0^{2}27179$	$.0^{2}26354$
2.8	$.0^{2}25551$	$.0^{2}24771$	$.0^{2}24012$	$.0^{2}23274$	$.0^{2}22557$	$.0^{2}21860$	$.0^{2}21182$	$.0^{2}20524$	$.0^{2}19884$	$.0^{2}19262$
2.9	$.0^{2}18658$	$.0^{2}18071$	$.0^{2}17502$	$.0^{2}16948$	$.0^{2}16411$	$.0^{2}15889$	$.0^{2}15382$	$.0^{2}14890$	$.0^{2}14412$	$.0^{2}13949$
3.0	$.0^{2}13499$	$.0^{2}13062$	$.0^{2}12639$	$.0^{2}12228$	$.0^{2}11829$	$.0^{2}11442$	$.0^{2}11067$	$.0^{2}10703$	$.0^{2}10350$	$.0^{2}10008$
3.1	$.0^{3}96760$	$.0^{3}93544$	$.0^{3}90426$	$.0^{3}87403$	$.0^{3}84474$	$.0^{3}81635$	$.0^{3}78885$	$.0^{3}76219$	$.0^{3}73638$	$.0^{3}71136$
3.2	$.0^{3}68714$	$.0^{3}66367$	$.0^{3}64095$	$.0^{3}61895$	$.0^{3}59765$	$.0^{3}57703$	$.0^{3}55706$	$.0^{3}53774$	$.0^{3}51904$	$.0^{3}50094$
3.3	$.0^{3}48342$	$.0^{3}46648$	$.0^{3}45009$	$.0^{3}43423$	$.0^{3}41889$	$.0^{3}40406$	$.0^{3}38971$	$.0^{3}37584$	$.0^{3}36243$	$.0^{3}34946$
3.4	$.0^{3}33693$	$.0^{3}32481$	$.0^{3}31311$	$.0^{3}30179$	$.0^{3}29086$	$.0^{3}28029$	$.0^{3}27009$	$.0^{3}26023$	$.0^{3}25071$	$.0^{3}24151$
3.5	$.0^{3}23263$	$.0^{3}22405$	$.0^{3}21577$	$.0^{3}20778$	$.0^{3}20006$	$.0^{3}19262$	$.0^{3}18543$	$.0^{3}17849$	$.0^{3}17180$	$.0^{3}16534$
3.6	$.0^{3}15911$	$.0^{3}15310$	$.0^{3}14730$	$.0^{3}14171$	$.0^{3}13632$	$.0^{3}13112$	$.0^{3}12611$	$.0^{3}12128$	$.0^{3}11662$	$.0^{3}11213$
3.7	$.0^{3}10780$	$.0^{3}10363$	$.0^{4}99611$	$.0^{4}95740$	$.0^{4}92010$	$.0^{4}88417$	$.0^{4}84957$	$.0^{4}81624$	$.0^{4}78414$	$.0^{4}75324$
3.8	$.0^{4}72348$	$.0^{4}69483$	$.0^{4}66726$	$.0^{4}64072$	$.0^{4}61517$	$.0^{4}59059$	$.0^{4}56694$	$.0^{4}54418$	$.0^{4}52228$	$.0^{4}50122$
3.9	$.0^{4}48096$	$.0^{4}46148$	$.0^{4}44274$	$.0^{4}42473$	$.0^{4}40741$	$.0^{4}39076$	$.0^{4}37475$	$.0^{4}35936$	$.0^{4}34458$	$.0^{4}33037$
4.0	$.0^{4}31671$	$.0^{4}30359$	$.0^{4}29099$	$.0^{4}27888$	$.0^{4}26726$	$.0^{4}25609$	$.0^{4}24536$	$.0^{4}23507$	$.0^{4}22518$	$.0^{4}21569$
4.1	$.0^{4}20658$	$.0^{4}19783$	$.0^{4}18944$	$.0^{4}18138$	$.0^{4}17365$	$.0^{4}16624$	$.0^{4}15912$	$.0^{4}15230$	$.0^{4}14575$	$.0^{4}13948$
4.2	$.0^{4}13346$	$.0^{4}12769$	$.0^{4}12215$	$.0^{4}11685$	$.0^{4}11176$	$.0^{4}10689$	$.0^{4}10221$	$.0^{5}97736$	$.0^{5}93447$	$.0^{5}89337$
4.3	$.0^{5}85399$	$.0^{5}81627$	$.0^{5}78015$	$.0^{5}74555$	$.0^{5}71241$	$.0^{5}68069$	$.0^{5}65031$	$.0^{5}62123$	$.0^{5}59340$	$.0^{5}56675$
4.4	$.0^{5}54125$	$.0^{5}51685$	$.0^{5}49350$	$.0^{5}47117$	$.0^{5}44979$	$.0^{5}42935$	$.0^{5}40980$	$.0^{5}39110$	$.0^{5}37322$	$.0^{5}35612$
4.5	$.0^{5}33977$	$.0^{5}32414$	$.0^{5}30920$	$.0^{5}29492$	$.0^{5}28127$	$.0^{5}26823$	$.0^{5}25577$	$.0^{5}24386$	$.0^{5}23249$	$.0^{5}22162$
4.6	$.0^{5}21125$	$.0^{5}20133$	$.0^{5}19187$	$.0^{5}18283$	$.0^{5}17420$	$.0^{5}16597$	$.0^{5}15810$	$.0^{5}15060$	$.0^{5}14344$	$.0^{5}13660$
4.7	$.0^{5}13008$	$.0^{5}12386$	$.0^{5}11792$	$.0^{5}11226$	$.0^{5}10686$	$.0^{5}10171$	$.0^{6}96796$	$.0^{6}92113$	$.0^{6}87648$	$.0^{6}83391$
4.8	$.0^{6}79333$	$.0^{6}75465$	$.0^{6}71779$	$.0^{6}68267$	$.0^{6}64920$	$.0^{6}61731$	$.0^{6}58693$	$.0^{6}55799$	$.0^{6}53043$	$.0^{6}50418$
4.9	$.0^{6}47918$	$.0^{6}45538$	$.0^{6}43272$	$.0^{6}41115$	$.0^{6}39061$	$.0^{6}37107$	$.0^{6}35247$	$.0^{6}33476$	$.0^{6}31792$	$.0^{6}30190$

注：$.0^{2}62097$＝.0062097,　$.0^{3}23263$＝.00023263 の意味である．

付表 2　t 分布

$P(|t_m| \geqq t_0) = p$

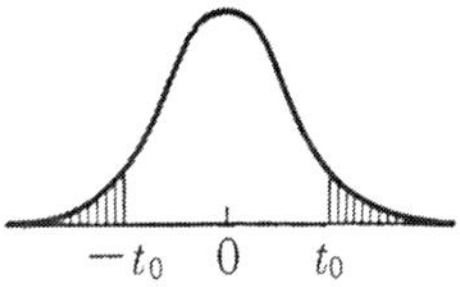

m \ p	.9	.8	.7	.6	.5	.4	.3	.2	.1	.05	.02	.01
1	.158	.325	.510	.727	1.000	1.376	1.963	3.078	6.314	12.706	31.821	63.657
2	.142	.289	.445	.617	.816	1.061	1.386	1.886	2.920	4.303	6.965	9.925
3	.137	.277	.424	.584	.765	.978	1.250	1.638	2.353	3.182	4.541	5.841
4	.134	.271	.414	.569	.741	.941	1.190	1.533	2.132	2.776	3.747	4.604
5	.132	.267	.408	.559	.727	.920	1.156	1.476	2.015	2.571	3.365	4.032
6	.131	.265	.404	.553	.718	.906	1.134	1.440	1.943	2.447	3.143	3.707
7	.130	.263	.402	.549	.711	.896	1.119	1.415	1.895	2.365	2.998	3.499
8	.130	.262	.399	.546	.706	.889	1.108	1.397	1.860	2.306	2.896	3.355
9	.129	.261	.398	.543	.703	.883	1.100	1.383	1.833	2.262	2.821	3.250
10	.129	.260	.397	.542	.700	.879	1.093	1.372	1.812	2.228	2.764	3.169
11	.129	.260	.396	.540	.697	.876	1.088	1.363	1.796	2.201	2.718	3.106
12	.128	.259	.395	.539	.695	.873	1.083	1.356	1.782	2.179	2.681	3.055
13	.128	.259	.394	.538	.694	.870	1.079	1.350	1.771	2.160	2.650	3.012
14	.128	.258	.393	.537	.692	.868	1.076	1.345	1.761	2.145	2.624	2.977
15	.128	.258	.393	.536	.691	.866	1.074	1.341	1.753	2.131	2.602	2.947
16	.128	.258	.392	.535	.690	.865	1.071	1.337	1.746	2.120	2.583	2.921
17	.128	.257	.392	.534	.689	.863	1.069	1.333	1.740	2.110	2.567	2.898
18	.127	.257	.392	.534	.688	.862	1.067	1.330	1.734	2.101	2.552	2.878
19	.127	.257	.391	.533	.688	.861	1.066	1.328	1.729	2.093	2.539	2.861
20	.127	.257	.391	.533	.687	.860	1.064	1.325	1.725	2.086	2.528	2.845
21	.127	.257	.391	.532	.686	.859	1.063	1.323	1.721	2.080	2.518	2.831
22	.127	.256	.390	.532	.686	.858	1.061	1.321	1.717	2.074	2.508	2.819
23	.127	.256	.390	.532	.685	.858	1.060	1.319	1.714	2.069	2.500	2.807
24	.127	.256	.390	.531	.685	.857	1.059	1.318	1.711	2.064	2.492	2.797
25	.127	.256	.390	.531	.684	.856	1.058	1.316	1.708	2.060	2.485	2.787
26	.127	.256	.390	.531	.684	.856	1.058	1.315	1.706	2.056	2.479	2.779
27	.127	.256	.389	.531	.684	.855	1.057	1.314	1.703	2.052	2.473	2.771
28	.127	.256	.389	.530	.683	.855	1.056	1.313	1.701	2.048	2.467	2.763
29	.127	.256	.389	.530	.683	.854	1.055	1.311	1.699	2.045	2.462	2.756
30	.127	.256	.389	.530	.683	.854	1.055	1.310	1.697	2.042	2.457	2.750
∞	.12566	.25335	.38532	.52440	.67449	.84162	1.03643	1.2815	1.64485	1.95996	2.32634	2.57582

注：$m>30$ のときは $N(0, 1)$ と考えてよい．

付表 3　χ^2 分布（上側確率）

$P(\chi_{\mathrm{m}}^2 > \chi_{\alpha}^2) = \alpha$

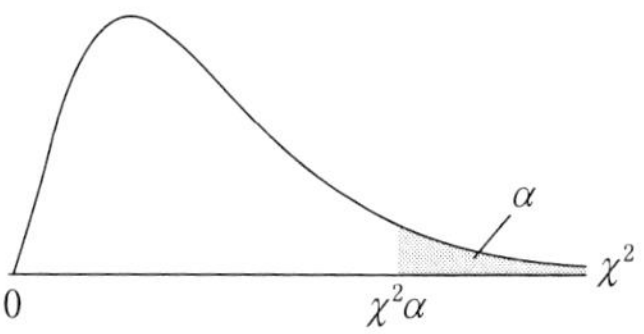

m \ α	0.100	0.050	0.025	0.010	0.005	0.995	0.990	0.975	0.950	0.900
1	2.706	3.841	5.024	6.635	7.879	$.0^{4}3927$	$.0^{3}1571$	$.0^{3}9821$	$.0^{2}3932$	0.01579
2	4.605	5.991	7.378	9.210	10.597	0.01003	0.02010	0.05064	0.1026	0.2107
3	6.251	7.815	9.348	11.345	12.838	0.07172	0.1148	0.2158	0.3518	0.5844
4	7.779	9.488	11.143	13.277	14.860	0.2070	0.2971	0.4844	0.7107	1.0636
5	9.236	11.070	12.833	15.086	16.750	0.4117	0.5543	0.8312	1.1455	1.6103
6	10.645	12.592	14.449	16.812	18.548	0.6757	0.8721	1.2373	1.6354	2.2041
7	12.017	14.067	16.013	18.475	20.278	0.9893	1.2390	1.6899	2.1674	2.8331
8	13.362	15.507	17.535	20.090	21.955	1.344	1.646	2.180	2.733	3.490
9	14.684	16.919	19.023	21.666	23.589	1.735	2.088	2.700	3.325	4.168
10	15.987	18.307	20.483	23.209	25.188	2.156	2.558	3.247	3.940	4.865
11	17.275	19.675	21.920	24.725	26.757	2.603	3.053	3.816	4.575	5.578
12	18.549	21.026	23.337	26.217	28.300	3.074	3.571	4.404	5.226	6.304
13	19.812	22.362	24.736	27.688	29.819	3.565	4.107	5.009	5.892	7.042
14	21.064	23.685	26.119	29.141	31.319	4.075	4.660	5.629	6.571	7.790
15	22.307	24.996	27.488	30.578	32.801	4.601	5.229	6.262	7.261	8.547
16	23.542	26.296	28.845	32.000	34.267	5.142	5.812	6.908	7.962	9.312
17	24.769	27.587	30.191	33.409	35.718	5.697	6.408	7.564	8.672	10.085
18	25.989	28.869	31.526	34.805	37.156	6.265	7.015	8.231	9.390	10.865
19	27.204	30.144	32.852	36.191	38.582	6.844	7.633	8.907	10.117	11.651
20	28.412	31.410	34.170	37.566	39.997	7.434	8.260	9.591	10.851	12.443
21	29.615	32.671	35.479	38.932	41.401	8.034	8.897	10.283	11.591	13.240
22	30.813	33.924	36.781	40.289	42.796	8.643	9.542	10.982	12.338	14.041
23	32.007	35.172	38.076	41.638	44.181	9.260	10.196	11.689	13.091	14.848
24	33.196	36.415	39.364	42.980	45.559	9.886	10.856	12.401	13.848	15.659
25	34.382	37.652	40.646	44.314	46.928	10.520	11.524	13.120	14.611	16.473
26	35.563	38.885	41.923	45.642	48.290	11.160	12.198	13.844	15.379	17.292
27	36.741	40.113	43.195	46.963	49.645	11.808	12.879	14.573	16.151	18.114
28	37.916	41.337	44.461	48.278	50.993	12.461	13.565	15.308	16.928	18.939
29	39.087	42.557	45.722	49.588	52.336	13.121	14.256	16.047	17.708	19.768
30	40.256	43.773	46.979	50.892	53.672	13.787	14.953	16.791	18.493	20.599

付表 4　F 分布（1% 点）

$P(F>F_0)=0.01$

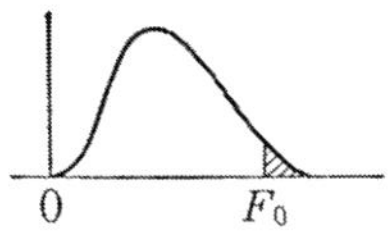

m_2 \ m_1	1	2	3	4	5	6	7	8	9	10	12	14	16	20	30	40	50	100	200	∞
1	4052	5000	5403	5625	5764	5859	5928	5982	6023	6056	6106	6142	6169	6209	6261	6287	6302	6334	6352	6366
2	98.50	99.00	99.17	99.25	99.30	99.33	99.36	99.37	99.39	99.40	99.42	99.43	99.44	99.45	99.47	99.47	99.48	99.49	99.49	99.50
3	34.12	30.82	29.46	28.71	28.24	27.91	27.67	27.49	27.35	27.23	27.05	26.92	26.38	26.69	26.51	26.41	26.30	26.23	26.18	26.13
4	21.20	18.00	16.69	15.98	15.52	15.21	14.98	14.80	14.66	14.55	14.37	14.24	14.15	14.02	13.84	13.75	13.69	13.57	13.52	13.46
5	16.26	13.27	12.06	11.39	10.97	10.67	10.46	10.29	10.16	10.05	9.89	9.77	9.68	9.55	9.38	9.29	9.24	9.13	9.07	9.02
6	13.75	10.93	9.78	9.15	8.75	8.47	8.26	8.10	7.98	7.87	7.72	7.60	7.52	7.40	7.23	7.14	7.09	6.99	6.94	6.88
7	12.25	9.55	8.45	7.85	7.46	7.19	6.99	6.84	6.72	6.62	6.47	6.35	6.27	6.16	5.99	5.91	5.85	5.75	5.70	5.65
8	11.26	8.65	7.59	7.01	6.63	6.37	6.18	6.03	5.91	5.81	5.67	5.56	5.48	5.36	5.20	5.12	5.06	4.96	4.91	4.86
9	10.56	8.02	6.99	6.42	6.06	5.80	5.61	5.47	5.35	5.26	5.11	5.00	4.92	4.81	4.65	4.57	4.51	4.41	4.36	4.31
10	10.04	7.56	6.55	5.99	5.64	5.39	5.20	5.06	4.94	4.85	4.71	4.60	4.52	4.41	4.25	4.17	4.12	4.01	3.96	3.91
12	9.33	6.93	5.95	5.41	5.06	4.82	4.64	4.50	4.39	4.30	4.16	4.05	3.98	3.86	3.70	3.62	3.56	3.46	3.41	3.36
14	8.86	6.51	5.56	5.04	4.70	4.46	4.28	4.14	4.03	3.94	3.80	3.70	3.62	3.51	3.35	3.27	3.21	3.11	3.06	3.00
16	8.53	6.23	5.29	4.77	4.44	4.20	4.03	3.89	3.78	3.69	3.55	3.45	3.37	3.26	3.10	3.02	2.96	2.86	2.80	2.75
18	8.29	6.01	5.09	4.58	4.25	4.01	3.84	3.71	3.60	3.51	3.37	3.27	3.19	3.08	2.92	2.84	2.78	2.68	2.62	2.57
20	8.10	5.85	4.94	4.43	4.10	3.87	3.70	3.56	3.46	3.37	3.23	3.13	3.05	2.94	2.78	2.69	2.63	2.53	2.47	2.42
30	7.56	5.39	4.51	4.02	3.70	3.47	3.30	3.17	3.07	2.98	2.84	2.74	2.66	2.55	2.39	2.30	2.24	2.13	2.07	2.01
40	7.31	5.18	4.31	3.83	3.51	3.29	3.12	2.99	2.89	2.80	2.66	2.56	2.49	2.37	2.20	2.11	2.05	1.94	1.88	1.80
50	7.17	5.06	4.20	3.72	3.41	3.18	3.02	2.83	2.78	2.70	2.56	2.46	2.39	2.26	2.10	2.00	1.94	1.82	1.76	1.68
100	6.90	4.82	3.98	3.51	3.20	2.99	2.82	2.69	2.59	2.51	2.36	2.26	2.19	2.06	1.89	1.79	1.73	1.59	1.51	1.43
200	6.76	4.71	3.88	3.41	3.11	2.90	2.73	2.60	2.50	2.41	2.28	2.17	2.09	1.97	1.79	1.69	1.62	1.48	1.39	1.28
∞	6.63	4.61	3.78	3.32	3.02	2.80	2.64	2.51	2.41	2.32	2.18	2.07	1.99	1.88	1.70	1.59	1.52	1.36	1.25	1.00

注：m_1 は分子，m_2 は分母の自由度．

付表 5　F 分布（5% 点）

$P(F>F_0)=0.05$

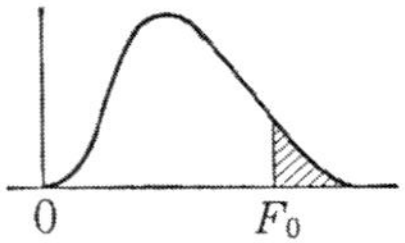

m_2 \ m_1	1	2	3	4	5	6	7	8	9	10	12	14	16	20	30	40	50	100	200	∞
1	161	200	216	225	230	234	237	239	241	242	244	245	246	248	250	251	252	253	254	254
2	18.51	19.00	19.16	19.25	19.30	19.33	19.35	19.37	19.39	19.40	19.41	19.42	19.43	19.45	19.46	19.47	19.47	19.49	19.49	19.50
3	10.13	9.55	9.28	9.12	9.01	8.94	8.89	8.85	8.81	8.79	8.74	8.71	8.69	8.66	8.62	8.60	8.58	8.56	8.54	8.53
4	7.71	6.94	6.59	6.39	6.26	6.16	6.09	6.04	6.00	5.96	5.91	5.87	5.84	5.80	5.74	5.72	5.70	5.66	5.65	5.63
5	6.61	5.79	5.41	5.19	5.05	4.95	4.88	4.82	4.77	4.74	4.68	4.64	4.60	4.56	4.50	4.46	4.44	4.40	4.38	4.37
6	5.99	5.14	4.76	4.53	4.39	4.28	4.21	4.15	4.10	4.06	4.00	3.96	3.92	3.87	3.81	3.77	3.75	3.71	3.69	3.67
7	5.59	4.74	4.35	4.12	3.97	3.87	3.79	3.73	3.68	3.64	3.57	3.52	3.49	3.44	3.38	3.34	3.32	3.28	3.25	3.23
8	5.32	4.46	4.07	3.84	3.69	3.58	3.50	3.44	3.39	3.35	3.28	3.23	3.20	3.15	3.08	3.04	3.03	2.98	2.96	2.93
9	5.12	4.26	3.86	3.63	3.48	3.37	3.29	3.23	3.18	3.14	3.07	3.02	2.98	2.94	2.86	2.83	2.80	2.76	2.73	2.71
10	4.96	4.10	3.71	3.48	3.33	3.22	3.14	3.07	3.02	2.98	2.91	2.86	2.82	2.77	2.70	2.66	2.64	2.59	2.56	2.54
12	4.75	3.89	3.49	3.26	3.11	3.00	2.91	2.85	2.80	2.75	2.69	2.64	2.60	2.54	2.47	2.43	2.40	2.35	2.32	2.30
14	4.60	3.74	3.34	3.11	2.96	2.85	2.76	2.70	2.65	2.60	2.53	2.48	2.44	2.39	2.31	2.27	2.24	2.19	2.16	2.13
16	4.49	3.63	3.24	3.01	2.85	2.74	2.66	2.59	2.54	2.49	2.42	2.37	2.33	2.28	2.19	2.15	2.13	2.07	2.04	2.01
18	4.41	3.55	3.16	2.93	2.77	2.66	2.58	2.51	2.46	2.41	2.34	2.29	2.25	2.19	2.11	2.06	2.04	1.98	1.95	1.92
20	4.35	3.49	3.10	2.87	2.71	2.60	2.51	2.45	2.39	2.35	2.28	2.23	2.18	2.12	2.04	1.99	1.96	1.90	1.87	1.84
30	4.17	3.32	2.92	2.69	2.53	2.42	2.33	2.27	2.21	2.16	2.09	2.04	1.99	1.93	1.84	1.79	1.76	1.69	1.66	1.62
40	4.08	3.23	2.84	2.61	2.45	2.34	2.25	2.18	2.12	2.08	2.00	1.95	1.90	1.84	1.74	1.69	1.66	1.59	1.55	1.51
50	4.03	3.18	2.79	2.56	2.40	2.29	2.20	2.13	2.07	2.02	1.95	1.90	1.85	1.78	1.69	1.63	1.60	1.52	1.48	1.44
100	3.94	3.09	2.70	2.46	2.30	2.19	2.10	2.03	1.97	1.92	1.85	1.79	1.75	1.68	1.57	1.51	1.48	1.39	1.34	1.28
200	3.89	3.04	2.65	2.41	2.26	2.14	2.05	1.98	1.92	1.87	1.80	1.74	1.69	1.62	1.52	1.45	1.42	1.32	1.26	1.19
∞	3.84	3.00	2.60	2.37	2.21	2.10	2.01	1.94	1.88	1.83	1.75	1.69	1.64	1.57	1.46	1.39	1.35	1.24	1.17	1.00

索　　引

ア　行

カ　行

サ　行

タ　行

ハ　行

マ　行

ヤ　行

ラ　行

ワ　行

著者略歴

蓑谷千凰彦（みのたに・ちおひこ）

1939 年　岐阜県に生まれる
1970 年　慶應義塾大学大学院経済学研究科博士課程修了
現　在　慶應義塾大学名誉教授
　　　　博士（経済学）
主　著　『計量経済学大全』（東洋経済新報社，2007）
　　　　『計量経済学ハンドブック』（編集，朝倉書店，2007）
　　　　『数理統計ハンドブック』（みみずく舎，2009）
　　　　『応用計量経済学ハンドブック』（編集，朝倉書店，2010）
　　　　『統計分布ハンドブック［増補版］』（朝倉書店，2010）
　　　　『正規分布ハンドブック』（朝倉書店，2012）
　　　　『一般化線形モデルと生存分析』（朝倉書店，2013）

統計ライブラリー
線形回帰分析　　　定価はカバーに表示

2015 年 3 月 20 日　初版第 1 刷

著　者　蓑　谷　千　凰　彦
発行者　朝　倉　邦　造
発行所　株式会社　朝　倉　書　店
東京都新宿区新小川町 6-29
郵 便 番 号　162-8707
電　話　03（3260）0141
F A X　03（3260）0180
http://www.asakura.co.jp

〈検印省略〉

印刷・製本　東国文化

ISBN 978-4-254-12834-5　C 3341　　Printed in Korea